中国水利教育协会
高等学校水利类专业教学指导委员会　共同组织

普通高等教育“十一五”国家级规划教材
全国水利行业“十三五”规划教材（普通高等教育）

地质地貌学

（第四版）

沈阳农业大学　左建　孔庆瑞　主编

中国水利水电出版社
www.waterpub.com.cn
·北京·

内 容 提 要

本教材是教育部批准的普通高等教育“十一五”国家级规划教材，是在高等学校统编教材《地质地貌学》和前两版的基础上修订而成的。

全书共十六章，主要内容包括：地球的宇宙环境、地壳的组成物质系统、地质构造的研究、风化作用系统、重力地貌系统、地面流水的地质作用及地貌特征、地下水的地质作用及水资源评价、风的地质作用及水土流失综合治理、冰川的地质作用及地貌特征、冻土地貌的形成及特征、研究湖沼与海洋的地质作用及地貌的重要意义、自然旅游地学资源的研究、土壤环境系统、植被对环境的影响、地质环境系统、“数字地球”产生的时代背景及应用示范。

本教材可作为农水、水保、遥感、测绘、地理、水电、水资源、土木专业教材，也可供工程技术人员、管理人员参考。

图书在版编目（CIP）数据

地质地貌学 / 左建，孔庆瑞主编. -- 4版. -- 北京：中国水利水电出版社，2019.1(2020.7重印)
普通高等教育“十一五”国家级规划教材 全国水利行业“十三五”规划教材. 普通高等教育
ISBN 978-7-5170-7359-8

Ⅰ. ①地… Ⅱ. ①左… ②孔… Ⅲ. ①地质学－高等学校－教材②地貌学－高等学校－教材 Ⅳ. ①P5②P931

中国版本图书馆CIP数据核字(2019)第009861号

审图号：GS（2012）1996 号

书　　名	普通高等教育“十一五”国家级规划教材 全国水利行业“十三五”规划教材（普通高等教育） **地质地貌学（第四版）** DIZHI DIMAOXUE
作　　者	沈阳农业大学　左建　孔庆瑞　主编
出版发行	中国水利水电出版社 （北京市海淀区玉渊潭南路 1 号 D 座　100038） 网址：www. waterpub. com. cn E - mail：sales@waterpub. com. cn 电话：（010）68367658（营销中心）
经　　售	北京科水图书销售中心（零售） 电话：（010）88383994、63202643、68545874 全国各地新华书店和相关出版物销售网点
排　　版	中国水利水电出版社微机排版中心
印　　刷	天津嘉恒印务有限公司
规　　格	184mm×260mm　16 开本　21.25 印张　504 千字
版　　次	2001 年 5 月第 1 版第 1 次印刷 2019 年 1 月第 4 版　2020 年 7 月第 2 次印刷
印　　数	3001—7000 册
定　　价	**52.00** 元

第四版前言

本教材是教育部批准的普通高等教育“十一五”国家级规划教材，是在高等学校统编教材《地质地貌学》的基础上修订的，被评为“全国高等学校水利类专业优秀教材”。从 2001 年第一版出版以来，已经使用了近 20 年，再版了两次，随着时代的发展，内容不断地完善。

经过 20 多年的实践与总结，研究的深入与成果的积累，《地质地貌学》已形成了自己的理论体系，概括为：以地质地貌条件研究为基础、以地质作用问题分析为核心、以环境地质评价为目的、以野外观察为手段。本书就是按照这一理论体系编写的。这一理论体系赋予本书以鲜明的层次和紧密的结构。这就是本书的基本特色。概括起来，该版与第三版比较，修改的地方有下列几点。

1. 本教材注重吸收最新的前沿科学成果，如数字地震观测系统、特殊沉积岩、区域地壳稳定性研究新方向、全球构造及新构造观。

2. 增加了“数字地球”产生的时代背景及其应用示范、21 世纪人类认识地球的新方式。

3. 介绍了水资源可持续发展研究，该研究不仅具有时代意义，而且是地球科学发展中带有基础性、前檐性、科学性的新难题。

本教材由沈阳农业大学左建、孔庆瑞等主编，参加教材编写的有：沈阳农业大学左建（绪论及第一、二、三章）、孔庆瑞（第四、五章）、靳轶群（第六章）、周林飞（第九章）、王忠霞（第十章），清华大学温庆博（第七章），南京航空航天大学王鑫（第八章），中国石油大学龙巍（第十一章），沈阳大学张婉慧（第十二章），辽宁大学张慰然（第十三章），沈阳工程学院左青（第十四章），中建七局第一建筑公司张索昊（第十五章），沈阳电视大学左莎（第十六章以及全书图稿的绘制工作）。

本教材由郑州大学万长吉教授主审，他对教材进行了认真的审阅，提出了许多宝贵的意见和建议。本书由左建统稿，又经多次反复修改后定稿出版。

本教材在编写过程中，曾广泛征求兄弟院校有关专家、教授的意见，许多单位，如北京大学、清华大学、中国地质大学、吉林大学、石家庄经济学院、郑州大学、河海大学、中国矿业大学等都提出了许多宝贵的意见和建议。另外，中国水利水电出版社朱双林、魏素洁两位编辑也给予了大力支持。在此，我们对他们一并表示衷心的感谢。

由于编者水平有限，书中缺点错误难免存在，恳请广大读者批评指正。

编　者

2017年11月

第一版前言

本教材是根据高等学校水利水电类专业教学指导委员会1997年新修订的水土保持专业和水资源专业教学计划中《地质地貌学》课程教学大纲所规定的学时和内容编写的。此外，还适当地反映了本学科的新成就和发展方向。

本教材适用于水土保持专业、水资源专业和农业水利工程专业，也可供水利电力类师生及其他专业工程技术人员参考。

本教材共十五章：第一部分是地球的基本知识和地壳的物质组成，重点讲述有关矿物、岩石的基本原理以及野外手测标本的鉴定；第二部分是介绍各种地质作用，重点是各种动力所形成的主要地貌和沉积物特点以及水文地质基础知识，并指出它们在土壤科学和农业生产中的作用；最后一部分简单介绍土壤的基本特征和我国地貌概况。

参加本教材编写的有：沈阳农业大学左建教授（绪论、第一、二、三、四、十五章），孔庆瑞教授（第五、六、七、八章），郭成久副教授（第九、十章），周林飞副教授（第十一、十二章），四川大学丁志茂副教授（第十三、十四章），全书图稿由沈阳石油化工厂左莎工程师绘制，并协助主编完成了抄写、整理书稿等工作。

本教材由郑州工业大学万长吉教授主审，他对教材进行了认真的审阅，提出了许多宝贵意见和建议。有关的兄弟院校参加了本教材编写大纲的讨论，并提供了多年的教学资料和经验。本教材经教学指导委员会岩土和地质教学组两次讨论，多次修改后出版，在此，谨向有关同志表示感谢。

鉴于编者水平有限，时间仓促，教材中难免有不当之处，请读者提出宝贵意见。

编　者

2000年6月

第二版前言

本教材是教育部批准的普通高等教育“十一五”国家级规划教材，是在高等学校统编教材《地质地貌学》的基础上修订的。

其主要特点是把地质学与地貌学有机结合起来，内容编写力求反映本课程的科学性、通俗性、应用性，以满足广大读者的需求。此外，还适当地反映了本学科新的成就和发展方向。

概括起来，该版与第一版比较，修改的地方有下列几点：

1. 适当加强了与本专业关系比较密切的内容。如常见矿物、岩石在野外的辨认；矿物、岩石风化难易的基本原理；主要营养元素的地质循环；矿物的利用。

2. 本教材注重吸收最新的前沿科学成果，如岩石的转化、特殊沉积岩、区域地壳稳定性研究新方向。

3. 补充和修正了重力地貌、自然旅游地学资源、环境地质问题、“数字地球”产生的时代背景及其应用示范。

此外，本书在某些小节和段落、标题、文字、插图等方面也作了一些增减或调整。

本书由东北大学左建担任主编。参加本教材修订的有：东北大学左建（绪论、第一、二、三、十二、十五章），孔庆瑞（第四、五、十六章），郭成久（第六、七章），杨武成（第八、九章），周林飞（第十、十一章），四川大学丁志茂（第十三、十四章），全书图稿由沈阳石油化工厂左莎绘制，并协助主编完成了抄写、整理书稿等工作。

本教材由郑州工业大学万长吉教授主审，他对教材进行了认真的审阅，提出了许多宝贵意见和建议。有关的兄弟院校参加了本教材编写大纲的讨论，并提供了多年的教学资料和经验。

本教材编写过程中，曾广泛征求兄弟院校有关专家、教授的意见，许多单位，如北京大学、清华大学、中国地质大学、吉林大学、石家庄经济学院、郑州大学、河海大学、中国矿业大学等，都提出了许多宝贵意见和建议。全书由左建统稿，又经多次反复修改后定稿。在此，谨向有关的老师表示衷心的感谢！

鉴于编写者水平有限，时间仓促，书中不当之处，恳请读者批评指正。

编　者

2006年9月

第三版前言

本教材第二版是教育部批准的普通高等教育“十一五”国家级规划教材，此次是在前两版的基础上修订而成，被评为“全国高等学校水利类专业优秀教材”。

其主要特点是把地质学与地貌学有机结合起来，内容编写力求反映本课程的科学性、通俗性、应用性，以满足广大读者的需求。此外，还适当地反映了本学科新的成就和发展方向。

地球科学自20世纪50—60年代以来发生了重大变化：

地质地貌学的任务也从较简单地保障社会生存和发展对各种资源的需求，转变为社会可持续发展的更多方面服务的轨道上来。地球科学本身及其任务的变化，决定地质地貌学教学内容必须更新和调整。

为面向21世纪人才培养的需要，在教材内容上也作了较大的改动。本新教材有以下一些特点：

(1) 以往在地壳运动的普遍性教学中一般遵循三段式，即：现象—机理—实例的模式。侧重在知识本身的传授，本教材加强了资源与环境、地质灾害与防护等与人类可持续发展密切相关的内容。

(2) 地球系统的未来，很大程度上取决人类活动作为一种地质因素，对地球系统的叠加效应。所以在教材中从地球的变迁、人类与地球系统关系、人类在地球系统中的作用等系统介绍了人—地的关系，使读者认识到人类只有一个地球，从而树立环境意识，并肩负起保护地球、保护环境的任务。

(3) 本教材大量介绍了国内外典型的地质现象和工程实例，为读者阅读国内外教材提供方便；更重要的是用四维空间思维研究地质特征以及地貌特征，这样便于学生对理论的理解，利于提高实际应用的能力。

(4) 从教材的科学性、系统性、先进性和逻辑性等方面考虑，本教材的编排以各种营力系统所形成的地貌类型为纲来分章叙述，并以构造背景、形成过程与发育阶段三方面来解释地貌的总体特征和种种变异，突出地貌四维理念，启发和培养学生的科学思维和创新能力。

（5）对当前人们关注的人类活动与环境地貌、地貌灾害和资源等问题，在本教材中均作了补充，增添了“人类活动形成的地貌”和“地貌灾害”等章节，删减了一些描述部分和静态构造地貌等内容，使教材更加精练，内容也更加符合当前地貌学的发展趋势。

（6）本教材注重吸收最新的前沿科学成果，如变质岩的转化、特殊沉积岩、区域地壳稳定研究新方向。图例系统、地球的能量系统、潮汐发电、海底的淡水开发、截雾取水，等等，已不是天方夜谭、新能源——可燃冰的开发利用技术的研究已收到较好的效果，从沙漠地下取水已成现实。

（7）修订和补充了重力地貌、旅游地学资源、地质环境问题、数字地球产生的时代背景及其应用示范等。

（8）增添了一些典型地貌照片，便于读者领略秀美和雄伟的地貌景观。

本教材由沈阳农业大学左建、孔庆瑞主编。参加教材编写的有：沈阳农业大学左建（绪论、第一、二、三、四章），孔庆瑞（第五、六、七、八章），郭成久（第九章），周林飞（第十一章），杨武成（第十二章）；沈阳职业技术学院左青（第十章）；四川大学丁志茂（第十三章）；清华大学温庆博（第八章）；沈阳大学张婉慧（第十四章）；沈阳农业大学靳轶群（第十五章）；沈阳石油化工厂左莎（第十六章以及全书图稿的绘制工作）。

本教材由郑州大学万长吉教授主审，他对教材进行了认真的审阅，提出了许多宝贵意见和建议。

本教材在编写过程中，曾广泛征求兄弟院校有关专家、教授的意见，许多单位，如北京大学、清华大学、中国地质大学、吉林大学、石家庄经济学院、郑州大学、河海大学、中国矿业大学等，都提出了许多宝贵意见和建议。全书由左建统稿，又经多次反复修改后定稿出版。在此，谨向有关的老师表示衷心的感谢！

鉴于编写者水平有限，时间仓促，书中不当之处，恳请读者批评指正。

编　者

2012 年 9 月

目录

绪　论

太阳系是由太阳、行星及其卫星、矮行星、小行星、彗星和行星际物质组成的一个天体系统。21世纪将是全面探测太阳系并为人类社会长期可持续发展服务的新时代。

一、地质地貌学研究的对象和任务

人类生活在地球上，从事各种生产劳动，人类的一切生活资料和生产资料都要取之于地球。人们为了更好地索取地球资源，就必须研究地球物质的组成和分布规律，以及形成和变化规律；研究这些物质的运动规律、发展过程及其结果；研究这些资源利用的技术方法。随着生产和科学的不断发展，逐渐形成了一门新的科学——地质地貌学。

地质地貌学研究的对象是地球，当前主要是研究地壳，即地球表面几十公里厚的岩石及地貌特征。

地质地貌学研究的主要内容有以下几点。

（1）研究地壳的形成和物质成分与结构的变化规律。

（2）研究地质作用的原因和条件，以及作用过程和结果的基本原理。

（3）研究地球表面的形态特征、成因、结构分布及其发育规律。

（4）研究地壳运动、变化和发展历史及古生物变化历史规律。

二、地质地貌学的特点和研究方法

地质地貌学和其他自然科学一样，应以辩证唯物主义作为研究的指导思想。

地壳是物质的，凡是物质都在运动，有运动才有变化和发展。因此，地壳是永远在运动和变化发展的。地壳的运动有时是很剧烈的（如地震），但多数是非常缓慢的（如地壳升降、风化、流水等所引起的变化），经过漫长的时间，就会出现由量变到质变的巨大变化。因此，在学习中必须以唯物的观点、辩证的方法来观察和分析各种地质现象，才能得出正确的结论。

地质地貌学具有以下特点。

1. 时间的悠久性

地球自形成迄今已有数十亿年的历史，多数地质变化要经过数百万年甚至数千万年的时间才能完成。有人打过这样的比喻：假如地球的历史是一部很厚的书籍，那么，人类的历史只不过是最后一卷、最后一页、最后一行而已。所以，学习地质地貌学要充分考虑时间悠久性这一特点。

2. 地区的差异性

地球拥有巨大的空间。在不同的地区有不同的物质基础和外界因素，因而也有不同的变化过程。在漫长的历史中，虽有统一的发展规律，但各地区的地质发展过程有很大的差异。例如，我国的华北和华南地区，由于地质经历不同，地质特点也就大不相同了。所以不能根据一个地区的情况去推测全球，而应根据各地区的具体情况进行具体分析，才能得出正确的规律。

3. 变化的复杂性

地球是一个非常庞大复杂的球体，既包括有机界又包括无机界，既有漫长的历史又有广阔的空间。在发展的过程中必然充满各种矛盾，因而决定了地壳变动的复杂性。在研究任何地质问题时，必须考虑各方因素的影响，抓住主要矛盾，来分析各种地质现象和变化规律。

根据上述几个特点，我们采取以下研究方法。

(1) 野外观察。为了认识地壳发展规律，必须进行野外调查研究。在野外调查实践中收集大量感性材料，将这些材料加以整理和分析，综合归纳出规律性。

(2) 实验和模拟实验。为了研究矿物、岩石的化学成分、物理性质及内部结构，必须采取各种手段进行实验和分析；同时为了生产的实际需要和探讨某些地质现象的成因和发展规律，也必须进行各种实验。

现在地质学研究中常用的仪器有等离子质谱仪、X射线衍射仪、电子探针等（图0-1和图0-2）。

图0-1　ICP-MS多通道高分辨率等离子质谱仪

室内研究工作通常还会使用大量的辅助工具，用来扩大人类的观察能力，如偏光显微镜、电子显微镜以及被广泛使用的电子计算机。

(3) 历史比较法。它是将对现代各种地质现象的观察和了解作为基础，根据现代的地质作用，推断过去的地质现象，恢复地质历史。例如，现在鱼是生活在水中的，但在高山地层中找到了鱼化石，由此可以判定这座高山所在地区过去是海洋。但历史发展并不是简单的重复和循环，必须分析比较，才能得出正确的结论。

三、本课程学习的目的要求

地质地貌学既然与土壤科学和农业生产有密切关系，因此要求学生通过学习，能用辩证唯物主义观点，理解地壳物质组成和地壳变化发展的一般规律。具体内容有下列几点。

图 0-2　电子探针 X 射线显微分析仪

（1）地球基本知识。了解地球（特别是地壳）的主要特征，初步建立正确的时间、空间观念。

（2）地壳物质组成。重点认识造岩矿物和常见岩石的基本特征及其风化产物特点，要求掌握野外对造岩矿物和常见岩石的鉴定方法；其次，对最主要的黏土矿物特征要有基本了解。

（3）地壳变化发展。亦即动力地质部分。内动力方面要求在对地壳运动和地质构造一般了解的基础上重点认识各种构造地貌及地层分布规律；在外动力方面要求了解各种外动力的地质作用基本原理，重点认识各种动力所形成的地貌和沉积体特点及其与农业生产的关系。

（4）地质发展的历史。只要求在了解一般原理的基础上对我国地质历史有初步的了解。

（5）地貌及第四纪沉积物。地貌及第四纪沉积物和土壤性质有直接关系，在前面几部分学习的基础上，总结性地重点学习第四纪沉积物、各种地貌特征，并对我国第四纪地层及地貌轮廓有一基本了解，掌握野外认识第四纪沉积物和各种地貌类型的方法。

（6）地下水。重点学习地下水运动规律、对环境的影响以及合理利用地下水的基本知识，以便合理地利用自然资源保护环境。

（7）要求能阅读有关的一般地质图。

学好上述几个方面基本知识、基本技能，为我国实现科学现代化服务。

第一章　地球的宇宙环境

地球是人类赖以生存的家园。人类的生存与繁衍、经济建设与社会发展，都离不开对地球资源的需求、对地球环境的保护以及对自然灾害的防治。了解作为一颗行星的地球演化、预测其发展趋势，对于人与自然的和谐、社会的可持续发展具有十分重要的意义。

第一节　地球在宇宙中的位置

在广阔无限的宇宙中，地球属于太阳系的一颗行星，而太阳又是银河系中无数恒星之一，宇宙则由很多个像银河系甚至更庞大的恒星集团所组成。

一、太阳系

太阳系以太阳为中心，周围有8个大行星携带着绕行自己旋转的卫星环绕着太阳旋转，此外还有许多小行星、彗星、流星等小天体环绕太阳转动，由这些天体组成太阳系（图1-1）。太阳系的范围很大，直径约120亿km，光从这一端到达另一端需11h。

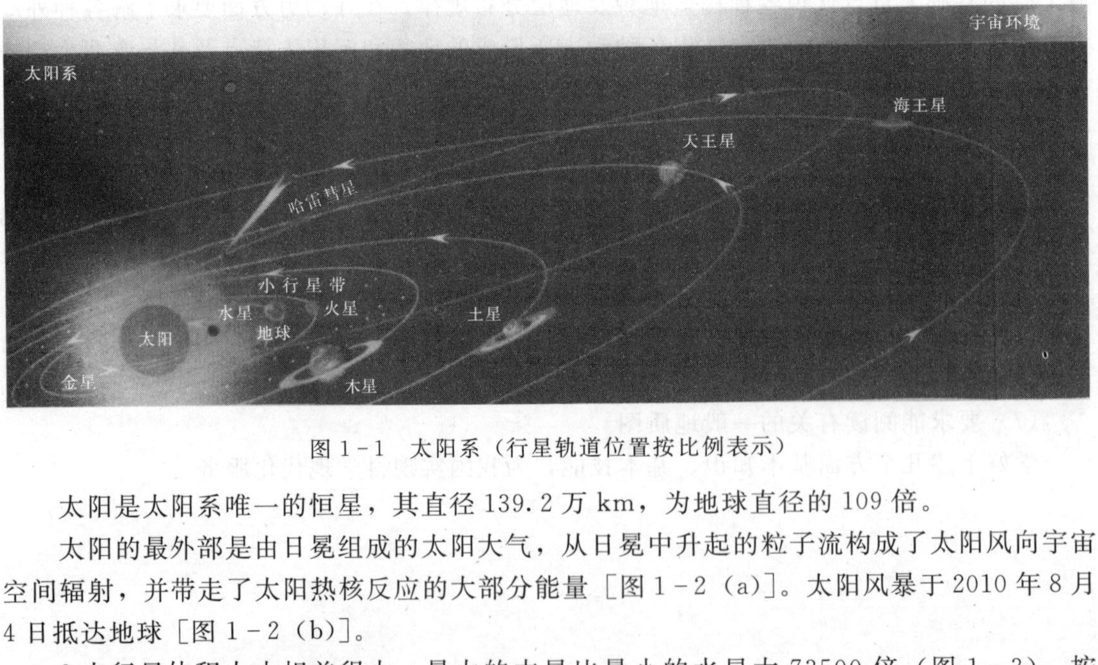

图1-1　太阳系（行星轨道位置按比例表示）

太阳是太阳系唯一的恒星，其直径139.2万km，为地球直径的109倍。

太阳的最外部是由日冕组成的太阳大气，从日冕中升起的粒子流构成了太阳风向宇宙空间辐射，并带走了太阳热核反应的大部分能量［图1-2（a）］。太阳风暴于2010年8月4日抵达地球［图1-2（b）］。

8大行星体积大小相差很大，最大的木星比最小的水星大73500倍（图1-3）。按特征把8大行星分两类：离太阳较近的4个行星（水星、金星、地球、火星），物理特征近似地球，叫类地行星，它们的体积较小，密度较大，卫星少，为固体表面，重元素较多；离太阳较远的 4 个行星（木星、土星、天王星、海王星），物理特征近似木星，叫类木行星，它们体积较大，密度较小，卫星多，没有固体表面，轻元素特别是气体多。太阳系各星体的运行数据和物理要素见表 1－1。而两类行星（及其卫星）之间则有明显不同。

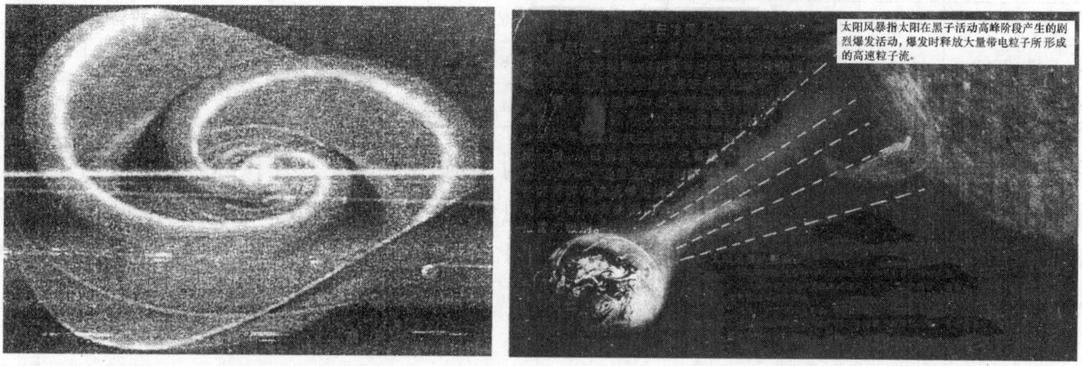

(a)　　(b)

图 1－2　太阳风的形态和太阳风暴

(a) 太阳风的形态；(b) 太阳风暴

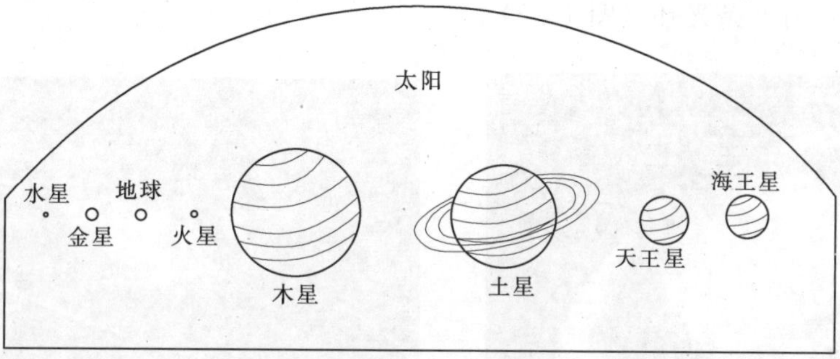

图 1－3　太阳系行星大小的比较

表 1－1　　太阳系的运行数据和物理要素

星体	距日平均距离		轨道面与黄道面交角	运转周期		运转速度/(km/s)		逃逸速度/(km/s)	平均半径		扁率
	10^6km	天文单位		公转	自转	公转	自转(赤道)		km	与地球比	$\frac{a-c}{a}$
太阳	—	—	—	2 亿年	25d(赤道)	250.0	2.06	617.23	695990	109.23	0.002
水星	57.9	0.39	7°0′17″	88d	59d	47.9	0.003	4.17	2433	0.38	0.029
金星	108.2	0.72	3°24′0″	224.7d	224d8h(逆转)	35.0	0.002	10.36	6053	0.95	0.000
地球	149.6	1.00	—	365.25d	23h56min	29.8	0.465	11.18	6371	1.00	0.0034
月球	距地球 0.384	距地球 0.0026	5°9′0″	27.32d	27.32d	1.0	0.005	2.37	1738	0.27	0.006
火星	227.9	1.52	1°51′0″	1.88 年	24h37min	24.1	0.240	5.03	3380	0.53	0.005

续表

星体	距日平均距离		轨道面与黄道面交角	运转周期		运转速度/(km/s)		逃逸速度/(km/s)	平均半径		扁率
	10^6km	天文单位		公转	自转	公转	自转(赤道)		km	与地球比	$\frac{a-c}{a}$
木星	778.3	5.20	1°18′54″	11.86年	9h50min	13.1	12.66	60.24	69758	10.95	0.066
土星	1427.0	9.54	2°29′58″	29.46年	10h14min	9.6	10.30	36.06	58219	9.14	0.103
天王星	2869.6	19.18	0°46′38″	84.0年	10h49min	6.8	3.89	22.19	23470	3.68	0.070
海王星	4496.6	30.06	1°47′14″	164.8年	15h48min	5.4	2.52	24.54	22716	3.57	0.079

地球稍大于金星，与其他类地行星所不同的是地球拥有液态外核和较快的自转速度，形成了很强的磁场。地球活动的外圈使外动力地质作用强烈地改造地壳的面貌，使地球的表面形态变得丰富多彩。地球是一切生命的源泉，地球是人类美丽的家园。我们要爱护地球，我们要保护地球。

土星橘黄色的表面，漂浮着明暗相间的彩云，配以赤道面上那发出柔和光辉的光环，显得非常妩媚（图1-4）。土星自转一周为10h14min。土星的平均密度比水还要小，仅有$0.7g/cm^3$。假如将土星放入水中，它会浮在水面上。土星最引人注目的是它的光环，其厚度只有15～20km，宽度却达2.0×10^5km，主要物质是石块和冰块。

天王星特点是自转轴与公转轨道平面平行，被称为“躺着的行星”。天王星表面温度在－200℃以下，有9条光环（图1-5）。

图1-4　土星美丽的光环最为耀眼

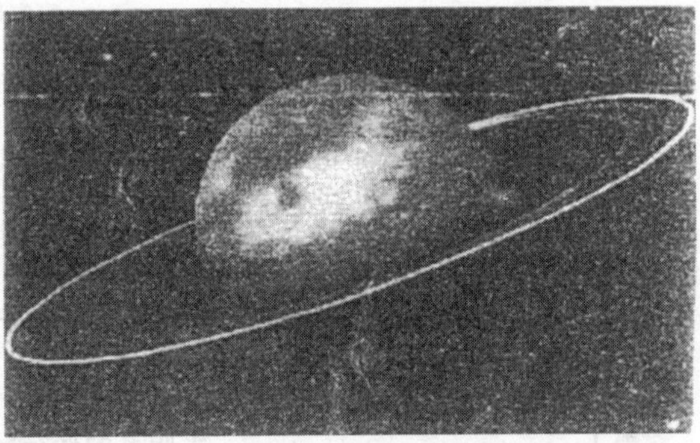

图1-5　天王星有9条光环

二、银河系

银河系是一个庞大的恒星集团，估计有1300亿颗以上的恒星，其中包括太阳，此外还有许多由气体、星际物质组成的星云。银河系里的恒星都绕银河系中心转动，但各部分运动速度是不同的，太阳及其附近的恒星绕银河系中心运动的速度约为230km/s，太阳绕银河系中心运行一周约需2亿年。银河系里的恒星绕银河系中心转动就相当于银河系的自转。银河系不但自转，还携带着成员以200km/s以上的速度朝着麒麟星座的方向运行着。

三、总星系

总星系就目前天文工具能观测到的范围半径约达100亿光年，可以观测到10亿个星系。全部观测到的星系的分布范围叫总星系。这是我们今天观测到的宇宙。

总星系以外还有其他总星系没有？肯定有的。因为在总星系范围内的星体密度没有减小的迹象，“天外有天”，宇宙是没有边的，只是今天的科学技术还观测不到罢了。

第二节　地球的基本特征

一、地球的形状和大小

地球是一个绕着地轴高速旋转的球体，它的表面形态并不是理想的球形，而是椭球形，即为赤道部分略为膨大，两极略为收缩的扁球形（图 1－6 和图 1－7）。它的数据如下：

地球赤道半径（a）：6378.137km；

地球极半径（b）：6356.752km；

地球平均半径$\left[\frac{(2a+b)}{3}\right]$：6371km；

地球扁度$\left(\frac{a-b}{a}\right)$：$\frac{1}{298.3}$；

地球赤道圆周长：40076.6km；

地球表面积：5.1 亿 km^2；

地球质量：5.98×10^{19}t；

地球平均密度：5.517g/cm^3；

地球体积：$108\times10^{10}km^3$。

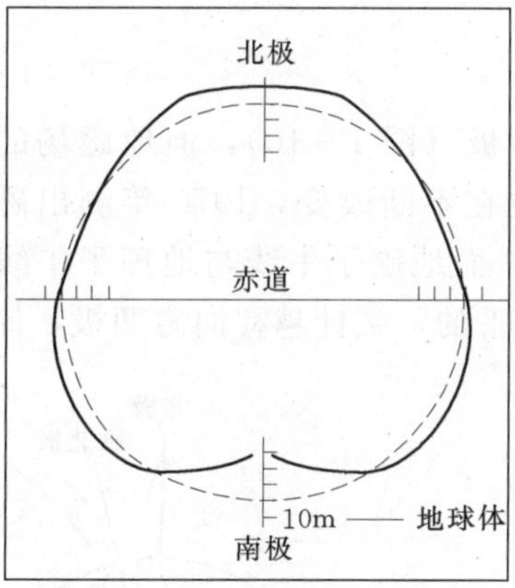

图 1－6　地球体形态示意图

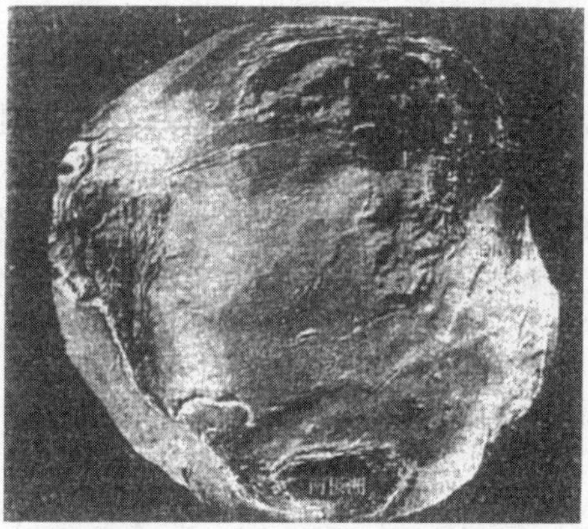

图 1－7　将固体表面高差扩大 5 倍的地球形态

二、地球的物理性质

地球的主要物理性质包括地球的密度、压力、重力、磁性、电性、地热、弹性和放射性等。现将地球的主要物理性质简述如下。

（一）地球的密度和压力

据计算，地球的平均密度为 5.517g/cm^3，而实际测得地壳物质的平均密度为 2.7～2.9g/cm^3。因此，可以推测地球内部深处物质的密度是随深度递增的。根据地震资料可知，地球内部物质的密度确实是随着深度的增加而逐渐增加的，并且分别在深度 984km、

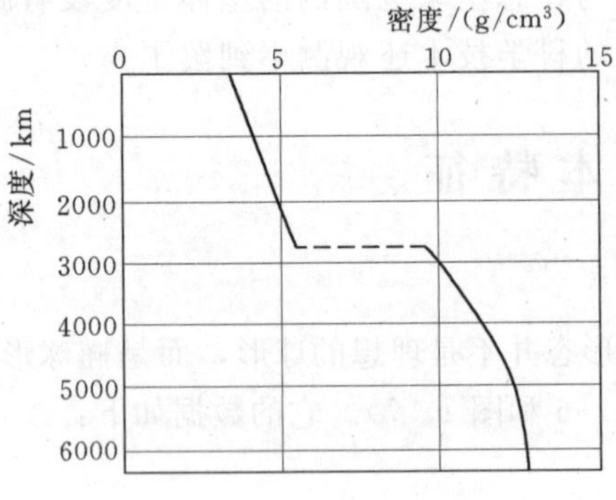

图 1-8　地球内部的密度分布

2898km 和 5125km 的地方作跳跃式增加。这表明地球内部物质是不均匀的，而地核的物质可能处于高密度状态（图1-8）。

地球内部的压力受上覆物质质量的影响，随着深度的增加而递增。它的变化情况为：

自地表到地深处约 33km 处是随深度增加而均匀增加的；从 33km 到 984km 深度范围内压力从 9000×10^5Pa 很快增加到 38.2×10^9Pa；然后随着深度的增加又缓慢地增加，在 2898km 深度可增加到 136×10^9Pa；最后向着地心缓慢地递增，地心压力可达 360×10^9Pa。

（二）地球表面的重力

地球表面的重力是指地面处所受的地心引力和该处的地球自转离心力的合力（图 1-9）。地心引力与物体质量成正比，与距地心距离的平方成反比。地球赤道半径大于两极半径，引力在两极比赤道大，离心力在两极接近于零，而赤道最大。但离心力值在重力值中所占的比例极小（仅为 1/300），因此，地球的重力随纬度增加而增大。根据重力与纬度关系所计算出的各地重力值，叫做正常重力值。由于各地岩石种类与构造不一样，用重力仪测定的重力值与正常重力值常不符合，这种偏差称为重力异常。重力异常表明：地下有密度较大的金属矿物或者有密度较小的石油、岩盐等物质分布，通过重力异常调查，可以研究地壳构造与寻找地下矿产。

（三）地球的磁性和电性

地球具有磁性，好像是一个巨大的磁体，也有两极（图 1-10），但地磁场的南北极与地理的南北极的位置不重合。同时地磁极的位置也在不断改变，1970 年测出磁北极在北纬 76°、西经 101°，磁南极在南纬 66°、东经 140°。而地磁子午线与地理子午线间有一夹角，叫做磁偏角。磁针只有在地磁赤道附近才是水平的，磁针越移向磁两极，倾斜程度

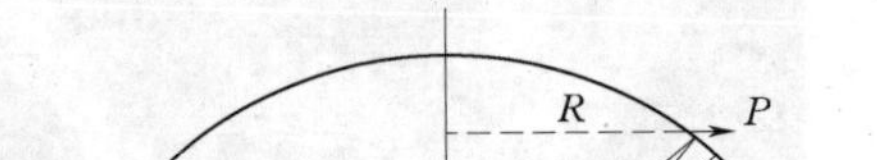

图 1-9　重力与地心引力和离心力关系（示意图）

zz—地球自转轴；*g*—重力；*F*—地心引力；

P—离心力；*R*—纬度圆半径

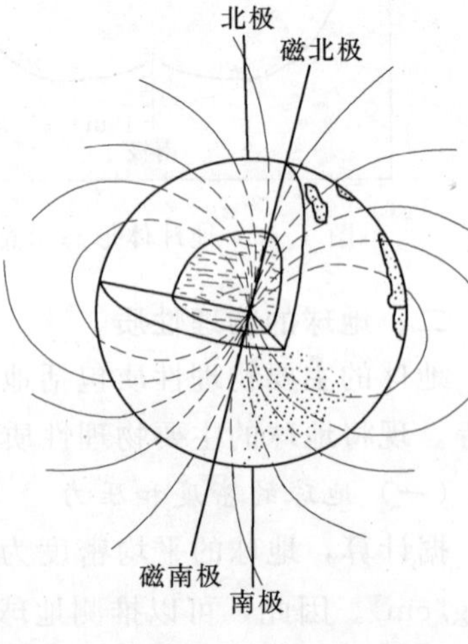

图 1-10　地磁场及其成因

越大。在磁极区，磁针直立，磁针与水平面的夹角称为磁倾角，地球某一点所受的磁力大小称为该点磁场强度。磁偏角、磁倾角、磁场强度叫地磁三要素。根据地磁在地球上的分布规律，可以计算出某地地磁三要素的正常值，实测数值与正常值不一致的现象叫地磁异常。地磁异常是地下有磁性矿床或地质构造发生变化的标志。因此，可以利用地磁异常勘测磁性矿床和地质构造情况。

地球既然存在磁场，则必然存在电场。大面积的地磁场感应，就可以形成大地电流，大地电流的平均密度约为 $2A/km^2$。大地电流的强度是不稳定的，其变化和磁场的变化有密切的关系，也可能和岩石所受的应力变化有关。同样利用大地电流的异常特征也可用于各种地质、地球物理的研究。

地球的电磁场构成了地球的第一个保护层，可以有效地保护地球生命免受太阳风和外太空的各种电磁辐射的威胁（图 1－11）。极光的形成就是太阳风沿地球两极磁场的薄弱处进入地球所引起的现象（图 1－12）。

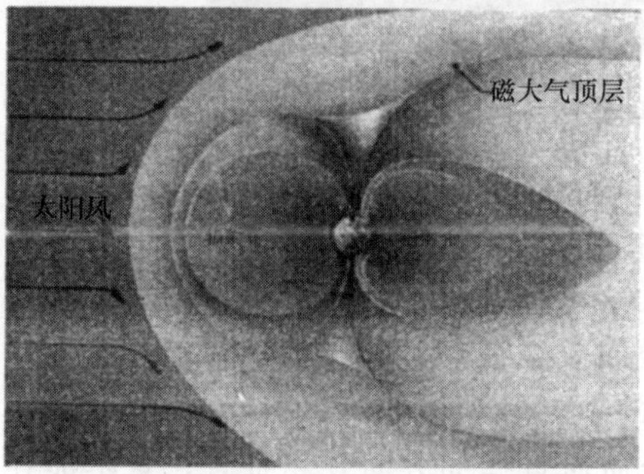

图 1－11　电磁层保护了地球生命免受电磁辐射的威胁

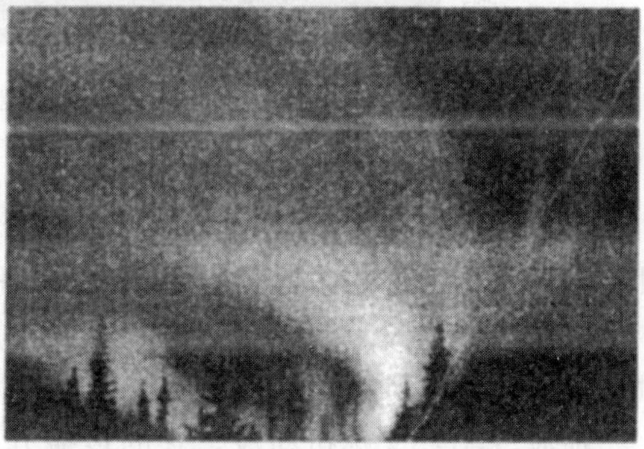

图 1－12　神秘的北极光

（四）地热

地球表面受太阳辐射热的影响而温度变化很大，在－70～70℃之间。温度随季节、纬度高低和海陆分布情况而有所差异。这种温度变化只影响地表不深的地方，平均约为15m。再往深处 20～25m 的地段，由于太阳辐射热影响不到，且保持当地常年平均温度，因此叫常温层。

钻探资料表明：常温层以下地层温度随深度的增加而有规律地增加，增加情况各地不同。地温每升高 1℃而往下增加的深度叫地温增加级。地温增加级一般平均为 33m，例如在亚洲大致为 40m（我国大庆为 20m，房山为 50m）。但地温也并非每加深 33m 就升高1℃，因为地内深处的物质密度、压力和状态各不相同，故温度增加到一定深度时，越深升温越慢，推测地心温度不会超过 2000～5000℃。

地热的来源，除地表来自太阳辐射外，主要来自地球内部。地球内部热源，主要是由放射性元素蜕变释放出来的，其次是重力能、化学反应能、结晶能和地球转动能等。

地球是一个庞大的热库，地热能是最廉价的能源之一，对它的开发利用已成为地质科学和综合科学技术之间的一个新领域（图 1－13）。

图 1-13 位于喜马拉雅造山带的西藏羊八井地热喷泉

（五）地球的弹性

据对地震及人工地震的研究，得知地球能够传播地震波（弹性波），说明地球具有弹性。根据其传播方式，地震波可分为纵波和横波。

纵波（P）：又称疏密波，它的传播方向与介质质点摆动方向相同，在固体、液体和气体介质中均能传播。传播速度较快，约为横波的 1.7 倍。

横波（S）：又称扭动波，它的传播方向与介质质点摆动方向互相垂直，它不能在液体和气体介质中传播而只能穿过固体介质。传播速度较慢。

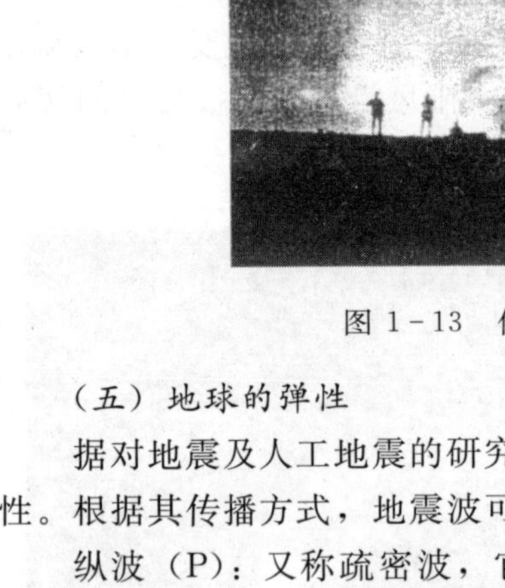

图 1-14 地震波在地内传播情况（示意图）

地震波在地下任一点的传播速度和该点介质的性质（密度、弹性、状态等）有关，公式为

$$V_{\mathrm{p}}^2=\frac{k+\frac{4}{3}\mu}{\rho}$$

$$V_{\mathrm{s}}^2=\frac{\mu}{\rho}$$

式中 V_{p}、V_{s}——纵波、横波的传播速度；
k——介质的容积弹性模量；
μ——刚性系数（或切变模量）；
ρ——介质的密度。

从关系式中可知，V_{p} 总是大于 V_{s}，由于流体介质的刚性系数为零，故横波在液体、气体介质中不能传播（图 1-14）。

由于地震波在地下传播的特点，故可利用人工地震来了解地下的地质情况。物探中的地震法就是利用这个原理来进行工作的。

第三节　地 球 的 结 构

地球的结构是指地球的组成物质在空间分布和彼此间的关系。地球物质的成分和分布是不均匀的，具有层圈结构。地球固体表面以上的各层圈为外部结构，地球固体表面以下的各层圈为内部结构。

一、地球的外部结构

地球的外部结构包括自地表以上的大气圈、水圈、生物圈和土壤岩石圈（图 1 - 15）。现将各圈的特征简述如下。

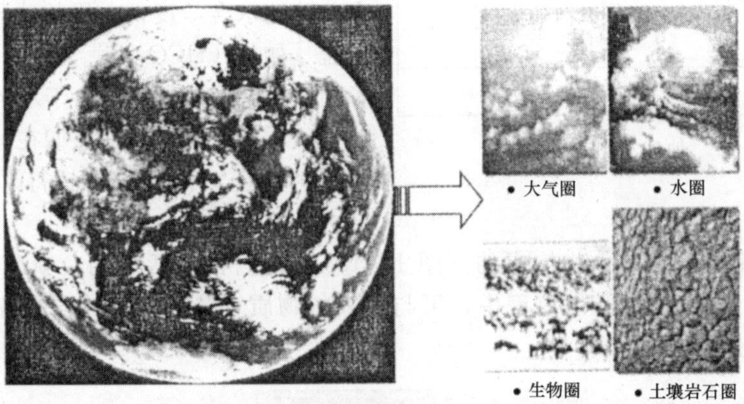

图 1 - 15　地球的结构圈层示意图

（一）大气圈

大气圈是由包围在地球最外面的气态物质所组成的层圈。这一层圈分布在地面以上至少高达 2000～3000km 的范围。此圈自下向上又分为对流层、平流层、电离层和扩散层（图 1 - 16），大气圈中的主要成分为氮、氧、氩、碳、氦和氢等元素。大气的总质量约为 513×10^3t，虽然约为地球的百万分之一，但对地面的物理情况和生活环境却有决定性的影响。大气的结构、成分和性质主要随着高度而变化。起初不同的分子渐渐地分解成原子，以后这些原子又受到太阳辐射粒子的作用而发生电离，变成离子和电子，所以大气可分为中性大气和电离大气。在约 500km 以上的高空，中性大气已经很少，主要是离子和电子，它们的运动由地球空间的磁场和太阳风决定。大气分布极不均匀，受地球引力作用，约有 79% 的质量集中在平均厚度 11km 范围内的对流层中。在对流层中，温度、湿度和压力等分布很不均匀，故气体

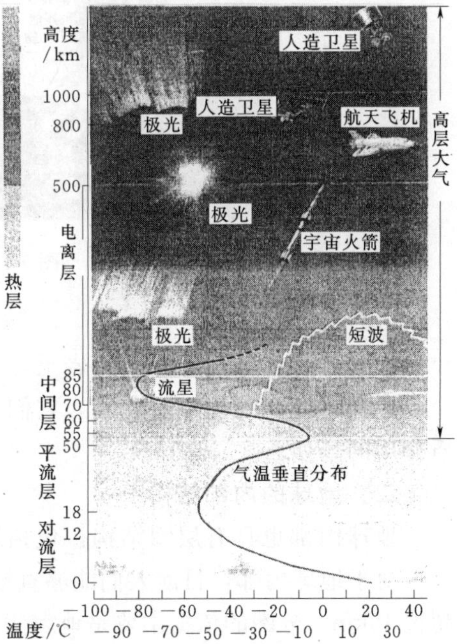

图 1 - 16　大气的垂直分层

常发生强烈的对流，产生风、云、雨、雪等，从而调节和促进水圈的循环。

（二）水圈

水圈由地球表层分布于海洋和陆地上的水和冰所构成。水的总体积约为14亿km^3，其中海洋水占总体积的98.1%，陆地水只占1.9%。可见，水在地表分布是很不均匀的，主要集中在海洋。水圈中各部分水的成分和物理性质有所不同，其成分除作为主体的水外，尚含有各种盐类。例如：海水含盐度高，平均为3.5%，以氯化物（如NaCl、$MgCl_2$等）为主；陆地水含盐度低，平均小于0.1%，以碳酸盐［如$Ca(HCO_3)_2$］为主。水受太阳热的影响，可不停地循环。由于水的循环，形成了外力地质作用的动力，它们在运动过程中可不断产生动能，对地球表面进行改造（图1-17）。

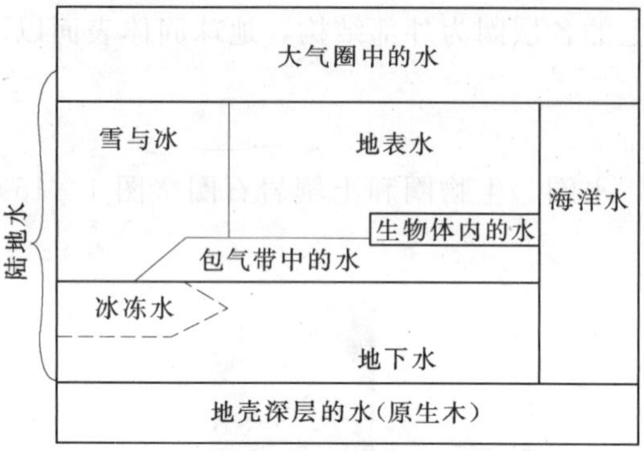

图1-17　地球水圈的结构图

（三）生物圈

生物圈是由地表各种生物构成的（图1-18）。它们在生活活动、新陈代谢及死后遗体分解出各种气体和有机酸等过程中，可与地表的物质直接或间接地发生各种物理、化学的作用，从而改造地表物质。

图1-18　自然界的生物循环

（四）土壤岩石圈

土壤岩石圈是地质表层的岩土，它与大气圈、水圈、生物圈各自形成连续的圈层。

这四者之间是相互关联的，它们与人类的活动特别是建设活动密切相关，更是各种地质作用的场所。

二、地球的内部结构

地球内部也具有层圈结构，包括地壳、地幔和地核3个主要层圈（图1-19）。

对于地球内部，目前人们能够直接获得资料进行观察的深度是很小的，最深的钻孔也没超过15km。分圈的依据主要是地震法。地震法是利用地震波（纵波与横波）在地内传播速度的变化，从而间接地分析了解地内物质分布情况（图1-19）。地震波在地内的传播速度是随深度而增加的，并在数处作跳跃式的变化；此外，横波不能通过地心。根据地震波在地内传播速度的变化，发现有两处极明显的分界面，叫地震分界面。第一地震分界面（又叫莫霍面），是在平均深度 33km 处；第二地震分界面（又叫古登堡面），是在地深 2898km 处，见表 1－2。

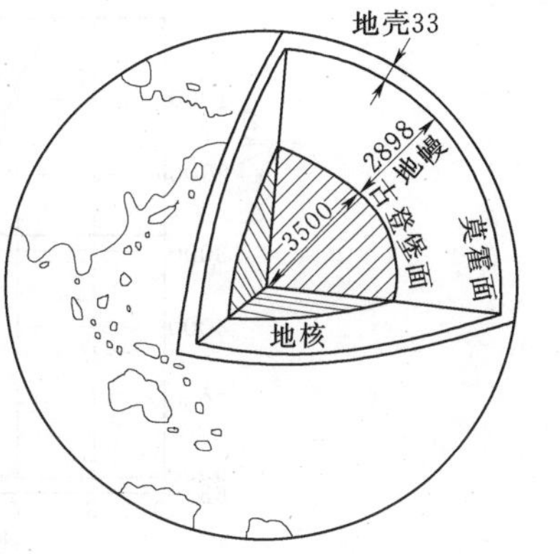

图 1－19　地球的内部结构
（单位：km）

现将地壳、地幔和地核（依据地震波在地内的传播速度区分）3 个主要层圈（图 1－20）的特征简述如下。

（一）地壳

地壳是地球上部的一个层圈，厚度很不均匀，主要是由硅、铝、氧化物组成，呈结晶质固体岩石，密度 2.7～2.9g/cm³。各种地质作用（如构造运动、岩浆作用、变质作用等）就发生在这里。但是地质作用和矿产的形成，在一定程度上还要受地壳以下物质的影响，特别是上地幔的影响。地壳占地球总质量的 1.5%。

表 1－2　地球内部层圈构造及有关数据

分层		深度（半径）/km	纵波（P）速度/(km/s)	横波（S）速度/(km/s)	密度/(g/cm³)	压力/Pa
地壳（大陆）		海平面（6371）	5.5 6.8	3.2 3.6	2.7 2.8 2.9	
	莫霍分界面	33（6338）				9.11925×10^{8}
地幔	低速度带	70 250	7.9～8.1	4.4	3.32	
	上地幔	413（5958）	8.97		3.64	1.41855×10^{10}
		720（最深地震）				2.735775×10^{10}
		984（5387）	11.42		4.64	3.85035×10^{10}
	下地幔		13.64	7.3	5.56	
	古登堡面	2898（3473）				1.386126×10^{11}
地核	外部地核	速度降低	8.10 9.7	通不过	9.71	
		4703（1668）			11.76	3.222135×10^{11}
	过渡层		10.31			
		5125（1246）		?	约 14	约 3.343725×10^{11}
	内部地核	6371（中心）	11.23		约 16	约 3.6477×10^{11}

（二）地幔

自地壳下限 33～2898km 的层圈称为地幔，它占地球总质量的 66%。根据地震波传播速度的特征，又分为上地幔和下地幔两部分。

上地幔内地震波传播速度是不均匀的，从莫霍面到 50km 深处，地震波传播速度较快，这一地段是由结晶质固体岩石组成的，与地壳连接在一起构成地球的岩石圈。自 70～250km 深处地震波传播速度较慢，为低速带，这一带的物质可能呈熔融状，称为软流层。

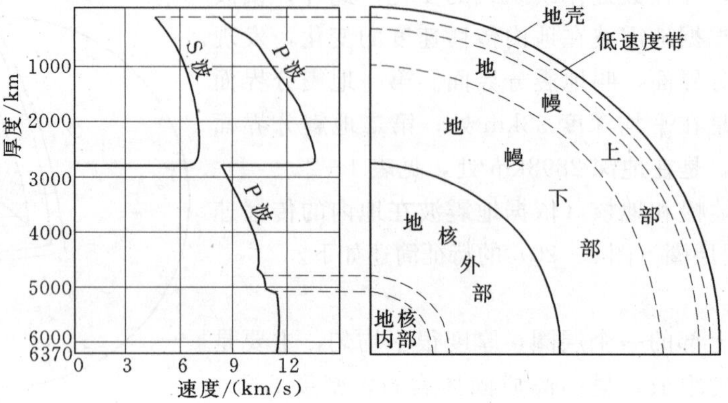

图 1-20　地球各层地震波传播速度

玄武岩质岩浆可能来源此带。250～984km 深处地震波传播速度较快，但变化很不均匀。上地幔的物质成分主要为镁铁硅酸盐，物质呈结晶质固体，塑性增大。物质的平均密度为 3.8g/cm^3，温度为 1200～1500℃，压力达到 3.8×10^{10}Pa。

下地幔中地震波传播速度平缓地增加。物质成分除硅酸盐外，金属氧化物、硫化物等，特别是铁、镍成分明显增加。物质的平均密度为 5.6kg/cm^3，温度为 1500～2000℃，压力可达 1.4×10^{11}Pa，物质呈非结晶质固体，塑性很大。

（三）地核

地核是自第二地震分界面到地心的部分，占地球总质量的 32.5%。根据地震波的传播速度特征又分为外部地核、过渡层和内部地核三层。外部地核是液态，从 2898km 以下，纵波速度突然下降，横波消失，其深达 4703km 深处；此带往下到 5125km 深处，为过渡层；由此层到地心为内部地核，是固态。物质密度可达 13g/cm^3，温度为 2000～5000℃，压力可达 3.6×10^{11}Pa。关于地核的物质成分目前说法不一，一般认为主要是由铁、镍组成，还含有少量的硅、硫等元素。

第四节　地壳及地质作用

地壳是地球最上面的一个固态层圈，以莫霍面为下限，地壳厚度很不均匀，最厚的大陆地壳（我国的青藏高原）厚度在 65km 以上，最薄的海洋地壳厚度仅有 5km。

一、地壳的表面形态

地壳表面高低起伏变化很大，基本上分为陆地和海洋两大部分（图 1-21）。陆地面积为 1.49 亿 km^2，占地壳表面积的 29.2%；海洋面积约为 3.61 亿 km^2，占地壳表面积的 70.8%。海陆分布是不均匀的，陆地主要集中在北半球，占北半球总面积的 39%，而南半球陆地面积只占 19%。陆地最高点是在我国西藏的珠穆朗玛峰，海拔高度为 8844.43m；海洋最深处是在太平洋西部的马里亚纳群岛附近的海沟，深达 11033m。

陆地地形按其起伏高度又分为山地、丘陵、高原、平原和盆地。

海底并不是平坦的，地形也有起伏变化，而且有的地方地形相当复杂。按海水深度和地形特点，海底地形可分为海岸带（滨海带）、浅海带（陆棚或大陆架）、半深海带（大陆坡）、深海带（洋床或洋盆）和深海沟、海岭等（图 1－22）。

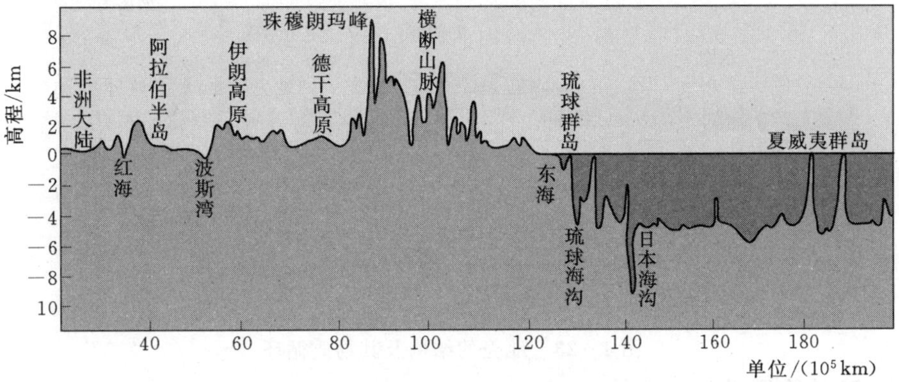

图 1－21 横切喜马拉雅山的东半球剖面

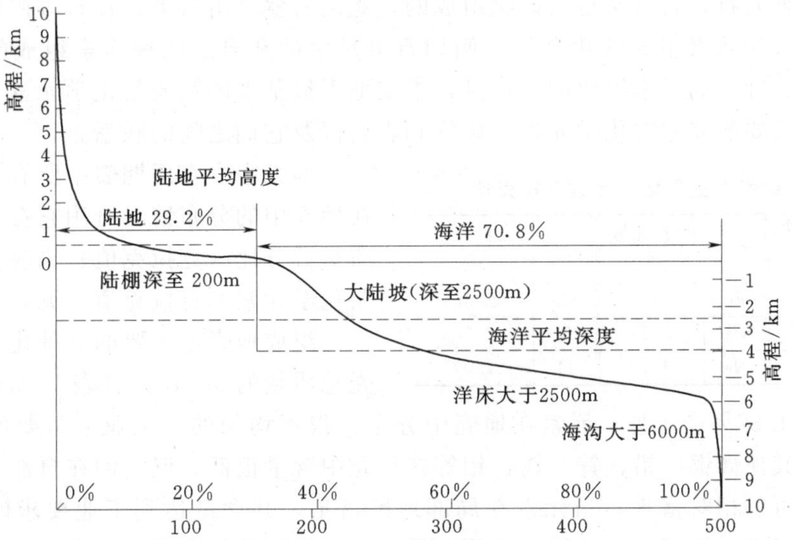

图 1－22 海洋分带图

二、地壳的结构及其物质循环

根据地壳组成物质的差异，将地壳分为两层（图 1－23）。

（一）花岗岩质层

花岗岩质层在地壳上部呈不连续分布，厚度为 0～22km。其在陆地上较厚，在海洋较薄或缺失。化学成分以硅、铝为主，故又称硅铝层。密度较小，平均为 2.7g/cm^3，压力小，放射性高。

（二）玄武岩质层

玄武岩质层是花岗岩质层下面连续分布的一层，以莫霍面为下限，深达 20～80km，各地不等，平均深 33km。化学成分除硅、铝外，铁、镁相对增多，故称为硅镁层。密度较大，约为 2.9g/cm^3，压力可达 9.11925×10^8Pa，温度在 1000℃以上。

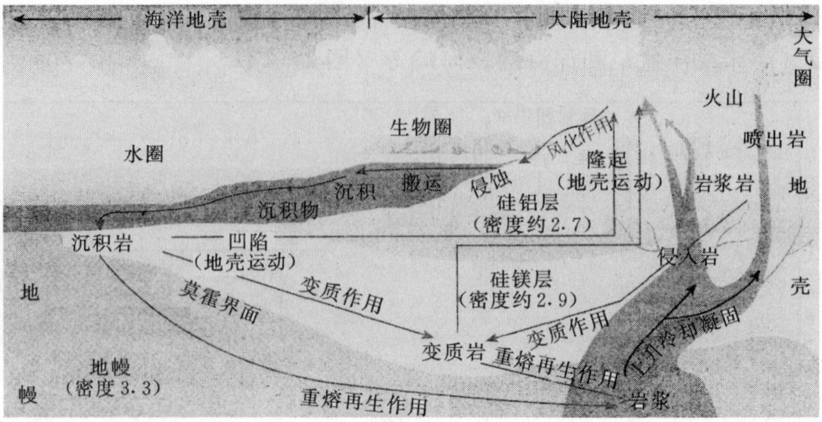

图 1-23 地壳的结构及其物质循环

三、地壳的物质成分

组成地壳的固体物质在地质学中称为岩石，地壳是由岩石组成的。例如：花岗岩是组成地壳的一种岩石，岩石又是由矿物组成的，花岗岩就是由石英、长石等矿物组成的。矿物是由各种化学元素组成的化合物，例如石英是由硅和氧这两种元素组成的；长石是由硅、铝、氧、钾、钙元素组成的。可见，组成地壳最基本的物质是化学元素。因此，研究地壳的物质就要研究它的化学元素、矿物和岩石以及它们之间的联系。

表 1-3 地壳中主要化学元素克拉克值

元素	克拉克值/%	元素	克拉克值/%	元素	克拉克值/%
O	49.13	Fe	4.20	Mg	2.35
Si	26.00	Ca	3.25	K	2.35
Al	7.45	Na	2.40	H	1.00

地壳中含有周期表中所有的元素。元素在地壳中的分布情况可用它在地壳中的平均质量百分比（克拉克值）来表示。地壳中主要化学元素的克拉克值，见表 1-3。

组成地壳最主要的 9 种化学元素占了地壳总质量的 98.13%（表 1-3），其余 90 多种元素只占 1.87%。可见，元素在地壳中分布是很不均匀的。工业上重要的金属元素除铁、铝外，其他如铜、铅、锌、锡、钼等在地壳中含量很低，但它们在自然界各种地质作用条件下，可以相对富集，当元素在局部地区富集，其含量达到工业要求时，就成为矿产。但有的元素，如铟、铪、锗、镓等不易富集，呈分散状态存在于岩石和矿物中，称为分散元素。

地壳中的化学元素除少数呈单质出现外，绝大部分以各种化合物形成出现，其中以含氧的化合物最常见。地壳上部（深约16km）按氧化物折算的平均化学成分质量百分比，见表 1-4。

表 1-4 地壳上部平均化学成分含量

化学成分	质量百分比/%	化学成分	质量百分比/%
SiO_2	59.87	Na_2O	2.39
Al_2O_3	15.02	H_2O	1.86
Fe_2O_3、FeO	5.98	TiO_2	0.72
CaO	4.79	CO_2	0.52
MgO	4.06	P_2O_5	0.26
K_2O	2.93		

表 1-4 表明，地壳中分布最多的是硅和铝的氧化物，它们共占总量的约 75%，其他只占 25%。

矿物在地壳中又形成有规律的集合体，称为岩石。组成地壳的岩石有三大类：岩浆岩（火成岩）、沉积岩和变质岩。

四、地质作用

（一）地质作用的概念

恩格斯在《自然辩证法》中指出：整个自然界，从最小的东西到最大的东西，从砂粒到太阳，从原始生物到人，都在不断地运动和变化中。地球自形成以来，一直处于变化之中，今天所看到的地球，只是它的全部运动和发展过程中的一个阶段。这种由于自然动力引起地壳的物质成分、构造和地面形态发生运动、变化和发展的各种作用，称为地质作用。地质作用是地壳形成以来极为普遍的自然现象。有的地质作用进行得很快，易于被人察觉，如火山喷发、地震、山崩、泥石流等。但更多的地质作用进行得非常缓慢，例如地壳升降运动，即使在相当剧烈的地区，每年升高也只不过几毫米，但经过长期发展变化，常常使地壳发生巨大的变化。大家熟知的喜马拉雅山地区在几千万年前却是一片汪洋，由于该地区地壳不断地上升，才形成今天这样雄伟的世界屋脊。

（二）地球的能量系统

地球并不是一个封闭的体系，她每时每刻都在宇宙中运动着，同时也在宇宙中进行着能量与物质的交换。而且能量和物质总是紧密地联系在一起的，伴随着物质的获得或丧失，地球系统也同时获得或丧失能量。

一切地质作用都以能量为基础，地球的能量系统由以下几个方面构成：太阳能、放射能、物理能和其他能源。

太阳能是地球从太阳辐射中获得的能量，虽然地球从太阳辐射中所获得的太阳能只是太阳辐射能的22亿分之一，但地球平均每秒钟仍可获得1.8×10^{17}J的太阳能（图1-24）。

太阳的辐射使植物和依靠光合作用繁殖的藻类生物大量繁殖，构成生物链的基础。在一定条件下，太阳能通过有机界的参与可以转化成煤和石油储存起来。太阳能还可以使大气发生环流形成风能，使水蒸气上升构成水的势能。因此可以说太阳能是地球生物活动（包括人类在内）的主要能源。

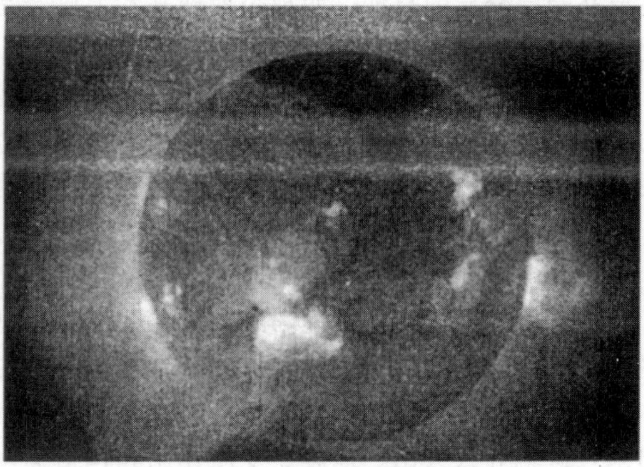

图1-24　太阳时刻向外辐射能量

放射能是地球中的放射性物质在裂变过程中所产生的能量（图1-25）。在地球形成的早期，短半衰期的放射性元素很多，这些放射性同位素大部分已经裂变成稳定元素。因此可以认为地球形成早期，应比现在具有更高的温度，很有可能在整个地球的表层都是岩浆的世界。由于地球仍然含有很多长半衰期的放射性元素，而且放射性物质的总量也很大，现今地球由放射性物质所产生的能量依然高达1.2×10^{14}J/s。

物理能主要是地球的旋转动能（包括自转和公转）和引力能。地球的旋转能在一定的时间尺度中基本保持在一定的总量范围里。地球公转所具有的能量在太阳系中处于平衡的

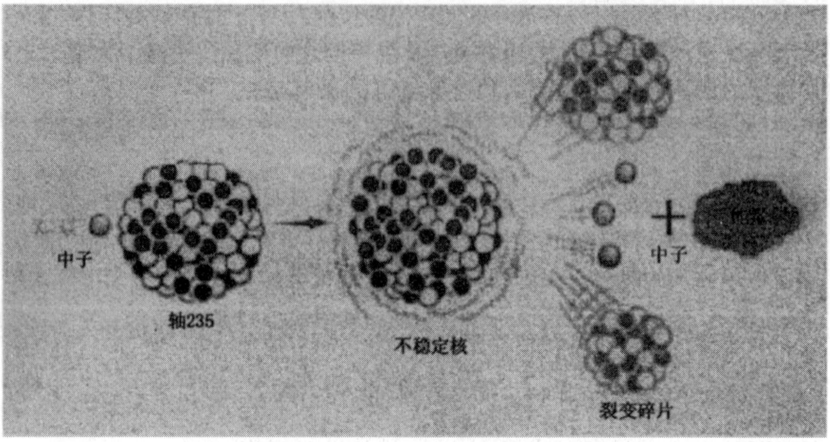

图 1-25 放射性元素裂变释放能量示意图

状态，只有在与其他天体相互作用时才发生改变，因此对地球本身的物质运动和平衡的影响要么是一种长周期的作用，要么是一种灾难性的作用。

据地球的自转速度计算，现今地球自转的总能量约为 2.14×10^{29}J，这样巨大的能量哪怕有亿分之一的变化，其能量变化就相当于 34000 次 8 级地震的能量变化，势必引起地球的剧烈变动。

地球的重力是地球物质产生的万有引力和自转离心力合力，构成了地球的重力场。重力能是一种势能，只有物质在重力场中发生位移时才产生能量的变化。地球获得的重力能主要在圈层分异的早期，而现今地球基本上已经是按物质的密度分层。因此，重力能的变化在现今地质作用中已经不起主导作用。

引潮力是太阳和月亮的引力对地球共同构成的作用力，由于地球的自转和太阳、月亮与地球的相对位置会发生周期性的变化，引潮力也发生周期性的变化。引潮力在地球上最明显的结果是引起海水的潮汐变化，其功率大约为 1.4×10^{12}J/s。

除此以外，地球的能量系统中还有化学能、结晶能、生物能等其他的能量形式（图 1-26），并在地球的演化中起到一定的作用。

由于岩石圈主要由刚性岩石组成，热导率很低，根据地壳的平均热流值计算，地壳的平均散热量为 1.8×10^{13}J/s，因此仍有大量热能在地球内部积聚，构成了地球内动力地质作用的能量基础。地球内部的能量在积累到一定程度之后就会转化成物质运动的形式释放出来，这就导致火山、地震、变质作用和构造运动等内动力地质作用的发生。

（三）地质作用的表现形式

没有能量地质作用就不可能发生，但并不是所有地球的能量都会转化成地质作用的形式。由能量转化而成的，能够导致地质作用发生的力称为营力。

像放射性能、动能、重力能、化学能、结晶能等来源于地球内部的能量称为地球的内能，以内能作为营力的地质作用称为内动力地质作用，内动力地质作用主要作用于地球的内圈并最终反映到地壳。来源于地球外部的能量称为外能，其相应的地质作用称为外动力地质作用，外动力作用则主要作用于地球的外圈和地球的表层系统。地质作用有不同的表

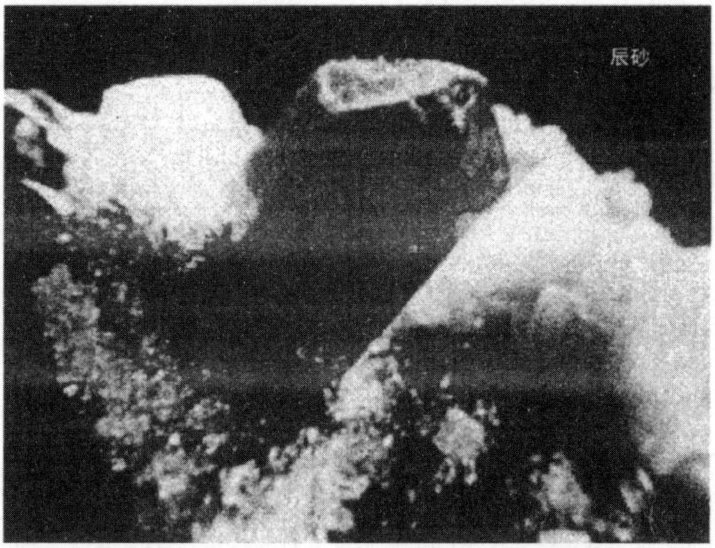

图 1-26 矿物在结晶过程中也会释放能量

现形式，内动力地质作用的形式主要有地壳运动、岩浆作用、变质作用和地震作用等方式（图 1-27）；外动力地质作用的主要形式是地球外圈对地壳的风化、侵蚀、搬运、沉积等过程，并对地球的表层系统进行改造。地质作用的主要形式见图 1-27。

五、太阳系探测的历程

半个世纪以来，人类共进行了 253 次太阳系探测（表 1-5）。

表 1-5　　太阳系探测概况（至 2007 年 12 月，共 253 次）

开始探测年份	探测对象	探测次数	新增探测领域
1958	月球	116	月球与临近地球的行星，太阳与太阳活动
1961	火星	41	
1961	金星	40	
1962	太阳	15	
1966	太阳风	6	
1972	木星与土星	11	太阳系其他行星，太阳系观测
1973	水星	2	
1977	天王星与海王星	1	
1978	全太阳系观测	4	
1984	彗星	9	太阳系小天体
1988	火卫一	2	
1996	小行星	4	
1997	土卫六	1	
2006	冥王星	1	

资料来源：McFadden et al.，2007；欧阳自远，1989；欧阳自远，2005。

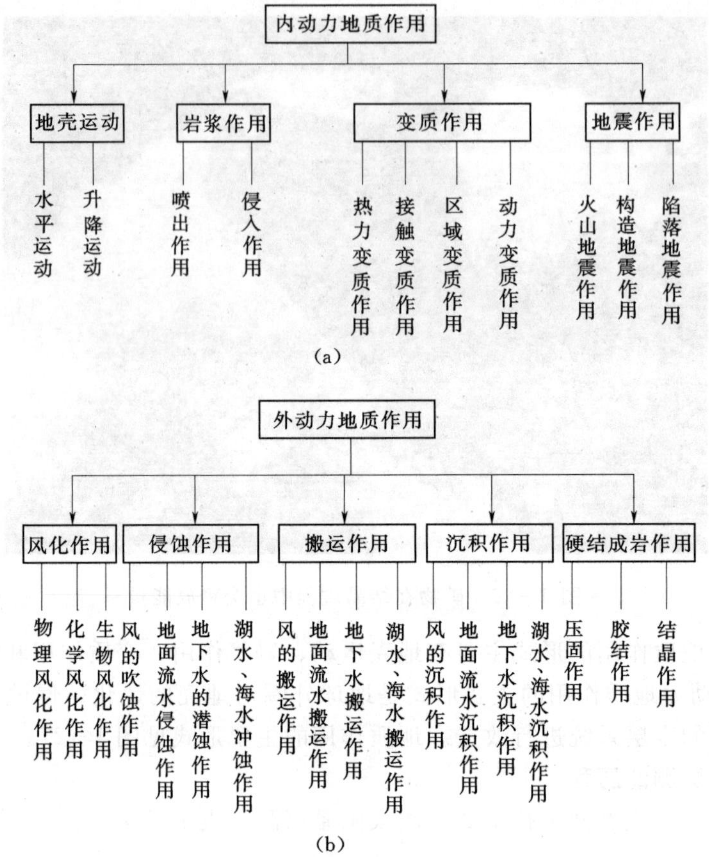

图 1-27　地质作用的主要形式

人类对于太阳系的探测，起始于20世纪50年代末，从探测地球的天然卫星——月球开始，逐渐开展邻近的行星——火星与金星的探测，太阳和行星际空间太阳风的探测。

70年代，逐步开展了太阳系其他行星——木星与土星、水星、天王星与海王星的探测以及全太阳系的空间观测。

80年代开始探测太阳系的各类小天体——彗星、火卫一、小行星、土卫六和冥王星等。人类的空间探测，由近至远，由易到难，经历了近半个世纪，实现了对太阳系的初步探测。因此，21世纪将是人类全面与精细探测太阳系各层次天体与行星际空间的新时代，是为人类社会的可持续发展提供支撑与服务的新世纪。

第五节　21世纪我国地球科学发展的方向

21世纪前20年，我国面临着优化经济结构、合理利用资源、保护生态环境、促进地区协调发展等一系列重大任务。这些重大的国家战略需求，促进了地球科学的发展。

当前，我国地球科学的发展，应当立足本国，面向全球，重新考虑我国地球科学的国际定位。从区域和全球的尺度考虑，我国地球科学的发展紧紧围绕着资源、生态、环境、灾害、社会发展等重大问题和深化对地球和行星的科学认知进行相应的调整，规划地球科学发展的未来方向和重点，为人类社会的可持续发展服务。

一、战略定位与目标

21世纪我国地球科学的发展，应当为保护人类生存和发展的地球环境、为解决社会可持续发展面临的资源、环境、生态、灾害问题提供科学支撑，以解决国家重大战略需求和社会需求为己任，促进地球科学向着资源导向、生态导向、环境导向、减灾导向、社会目标导向的学科发展，使地球科学真正成为人类社会可持续发展的支柱性科学体系，迎接地球科学的大发展。因此，我国地球科学发展的目标与战略定位是：在2020年前达到国际先进水平乃至一流水平，引领国际地球科学一些领域的发展，使中国从地学大国走向地学强国。

当前和今后，我国社会可持续发展面临以下紧迫的重大地球科学问题：水资源安全、土地资源与土地利用、生态系统变化与生物多样性、生态安全、气候变化、碳循环、生物地球化学循环、海洋环境变化与海洋资源开发、全球环境变化与人类健康、全球环境变化与食物生产和食物安全、紧缺矿产资源勘探、传统能源勘查与开发、新能源研发与能源安全、环境污染防治与环境安全、减灾科学等领域。必须在这些领域部署科技资源大力开展持续研究。

针对我国资源相对不足、生态环境承载力弱等基本国情，应以统筹人与自然和谐发展、实践科学发展观为宗旨，探索人口增长、经济发展与资源利用、生态环境保护之间的相互作用关系，加强对资源环境过程的观测、探测和监测能力，全面系统认识自然过程和人的活动对生态环境及人类自身发展影响的客观规律，为我国不同类型经济发展区域的资源高效利用、生态环境整治提供坚实的知识基础。

二、重大科学问题

在21世纪促进我国地球科学发展，应当围绕我国地球科学的发展目标与战略定位，站在国际地球科学发展前沿，瞄准我国重大资源与环境问题，从大科学、全球化、跨学科、跨部门、国际化和日益重视在高层次上综合集成的研究特点出发，突出地球系统科学，关注全球变化与地球各圈层相互作用及其变化的研究以及人类活动引发的重大环境变化研究；突出地球变化的动力过程研究，关注气候系统动力学与气候预测、地球深部与大陆动力学、生态系统动力学与管理、海洋生态动力学与海岸问题等；突出地球信息科学，关注数字地球、3S一体化、国内外数据资源共建共享和地球科学定量化的研究趋势；突出地球管理科学，关注减灾防灾、环境保护与治理、资源合理开发利用以及碳循环、水资源、食物与纤维、能源战略等问题；突出地球科学跨学科研究进展，关注经济社会发展对地球科学的影响与需求，地球科学在自然科学内部与其他学科的交叉融合以及高新技术在地球科学中的应用。

因此，综观国际地球科学发展态势及我国国情，21世纪我国地球科学面临的重大科学问题主要归结为以下8个方面。

（1）行星地球的物理、化学、生物过程及其协同演化。

（2）海洋的物理和生物地球化学过程及其资源环境效应。

（3）陆面地表过程、资源环境、人类活动与可持续发展。

(4) 天气、气候系统和空间天气的变化与趋势预测。

(5) 全球变化与地球系统科学。

(6) 矿产资源和能源的形成机制、勘查新技术与可利用性。

(7) 水资源与可持续发展。

(8) 自然灾害与防治。

复习思考题

1. 地球有哪些物理性质？

2. 什么是地球层圈构造？

3. 为什么地震波速度变化可作为划分地壳内部层圈构造的主要依据？

4. 地壳结构主要特点是什么？海洋地壳与大陆地壳有何差异？

5. 什么是地质作用？怎样区分内力作用和外力作用？它们各包括哪些内容？

第二章　地壳的组成物质系统

第一节　矿物的基本特征

一、矿物的概念

矿物的概念是随着人们认识客观物质世界的不断深入而日趋严谨的。在我国古文字中，“矿”写作“丱”，象征采矿的工具，其读音为“Gǒng”，源于采矿的声音；在西方，矿物一词来自拉丁文“Minera”，原意是矿石块的意思。由此可见，在古代人们对矿物与矿石的概念是未能区别的。大约到15世纪左右，人们才正确地将矿物与矿石、岩石的概念区分开来。此后，又经过长期反复认识，才逐渐对矿物建立起确切的概念。现在一般认为：矿物是地壳及上地幔中的化学元素经过各种地质作用所形成的，并在一定条件下相对稳定的自然产物。它们中间绝大部分是结晶质的单质和化合物，具有比较固定的化学成分和晶体结构，从而表现出一定的几何形态和物理、化学性质；它们中间的另一部分则以非晶质的液体（水、自然汞、石油等）、气体（碳酸气、硫化氢等）或胶体状态存在，因而其几何形态、物理性质与其成分、结构之间不像结晶质矿物那样存在依赖关系。

矿物的利用包括两个方面：一些矿物主要用其化学性质；一些矿物则主要用其物理性质。值得指出，近几年矿物物理性质的研究有了新的突破，在发展尖端工业方面日益受到重视。

综上所述，矿物是在地质作用下产生的具有一定的化学成分和物理性质的天然物体，是组成岩石的基本单元。

自然界的矿物绝大多数呈固体状态存在，只有少数呈液体（如石油、汞）和气体（如天然气）状态存在。固体矿物大部分是呈结晶物质出现，即组成它的各种化学元素的质点（原子、分子、离子等）都有规律的排列，形成结晶格子构造，如石盐（NaCl）中 Na^+ 和 Cl^- 呈立方形交替排列，其外形见图2-1。这种在形成过程中，其表面生长若干个多边形平面，形成有规则的几何图形的晶质就是晶体。但是，在岩石中大多数矿物结晶时，会受到许多条件和因素控制，形成不规则的形态。

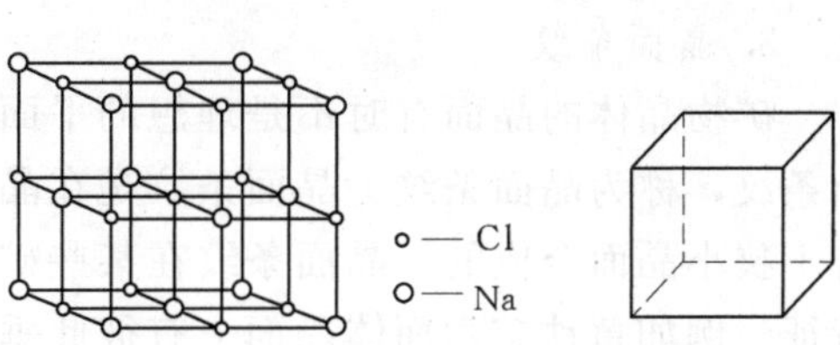

图2-1　石盐（NaCl）内部结构示意图

目前已发现的矿物有3000多种，而组成岩石的主要矿物约仅有30多种，这些组成岩石的矿物称为造岩矿物，例如石英、长石、云母、方解石、白云石、角闪石、辉石等。

二、矿物形态

矿物形态是指固体矿物的外表形态。其成因是由矿物的内部结构和化学成分决定的，同时也受生成环境的影响。矿物形态是矿物成因研究和肉眼鉴定的重要依据。

矿物形态包括单体形态和集合体形态。

（一）矿物的单体形态

矿物的单体形态是指矿物单个晶体的外形。主要包括晶面聚合形态、晶体习性和晶面条纹 3 个方面。

1. 晶面聚合形态

理想晶体的晶面聚合体形态很多，可归纳为两类。一类是由形状相同、大小相等的晶面聚合而形成的形体，称为单形。晶体共有 47 种不同的单形，常见的有 14 种，例如六面体、八面体等。另一类是由两个或两个以上的单形聚合而成的形体，称为聚形。聚形的特点是在一个晶体上具有大小不等、形状不同的晶面。聚形的种类没有一定的数目，常见的聚形有六面体、八面体聚、六方柱与六方双锥聚形等（图 2-2）。

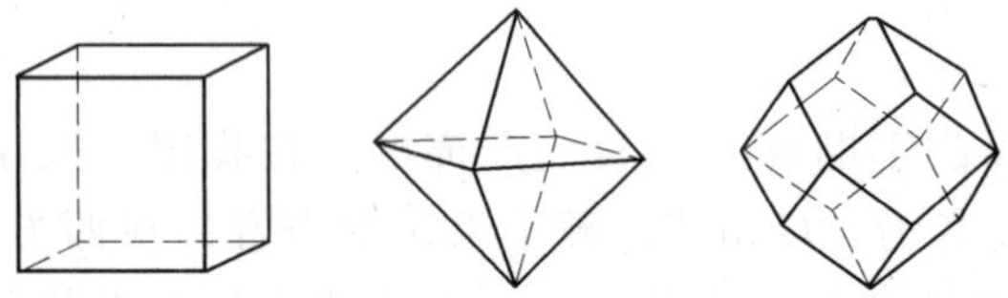

图 2-2　矿物的几何外形

(a) 立方体；(b) 八面体；(c) 菱形十二面体

实际上，在内部结构和外部环境因素的相互制约下，晶体不一定都能发育成十分理想的形态，而往往形成不十分规则，不完全的，甚至扭曲的晶体。

2. 晶体习性

在相同良好的生长条件下，同种矿物晶体往往具有常见的形态，称为晶体习性。根据各种晶体在三维空间上发育的相对程度，可分为 3 种基本类型。

(1) 一向延伸型。晶体沿一个方向发育，包括柱状、针状和纤维状，例如普通角闪石、石棉和辉锑矿等。

(2) 二向延伸型。晶体沿两个方向发育，即沿平面方向发育，包括板状、片状和鳞片状，如黑钨矿、云母和石墨等。

(3) 三向延伸型。晶体沿 3 个方向大致相等发育，包括粒状和等轴状，如石榴子石和黄铁矿等。

3. 晶面条纹

矿物晶体的晶面有时不是理想的平面，而且常常出现某些细微的，具有规则形状的凹凸条纹，称为晶面条纹。晶面条纹是在晶体生长过程中，由两种单形晶面交替发育长出的若干狭小晶面合成的。晶面条纹在某些矿物中是极为固定的，因此可作为某些矿物的鉴定特征。例如黄铁矿六面体晶面上有彼此垂直的三组条纹，石英柱面上的横纹，电气石柱面上的纵纹等。

（二）矿物的集合体形态

矿物集合体是指同种矿物的多个单体聚集在一起所形成的整体。大多数矿物是以集合体的形式出现。矿物集合体形态很多，根据矿物颗粒结晶程度，可分为显晶集合体、隐晶质和胶态集合体两类。

1. 显晶集合体

用肉眼或放大镜可以辨别出矿物颗粒界限的集合体，称为显晶集合体。显晶集合体的形态取决于单体形态和集合方式。一般有以下几种类型。

(1) 双晶。两个或两个以上的同种晶体有规律地连在一起的称为双晶，如长石双晶(图 2-3)。最常见的双晶有以下几种。

1) 接触双晶：由两个相同的晶体以一个简单平面接触而成。

2) 穿插双晶：由两个相同的晶体按一定角度互相穿插而成。

3) 聚片双晶：由两个以上的晶体按同一规律彼此平行重复连在一起而成。

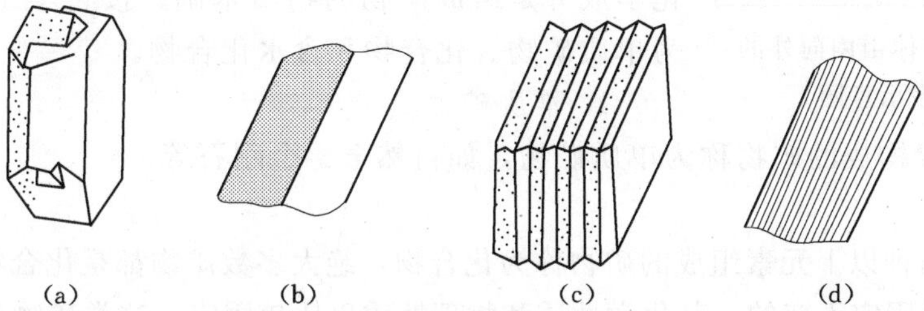

图 2-3 长石双晶

(a) 正长石卡氏双晶的外形；(b) 正长石卡氏双晶在解理面上的表现；
(c) 斜长石聚片双晶的外形；(d) 斜长石聚片双晶在解理面上的表现

(2) 粒状集合体。由各方向发育大致相等的矿物颗粒所组成的矿物集合体称为粒状集合体，如橄榄石、石榴子石等。

(3) 板状、片状、鳞片状集合体。由具有两向延长型习性的矿物单体集合而成，如云母、石膏、绿泥石等。

(4) 柱状、针状、纤维状、放射状集合体。由具有一向延伸型习性的矿物单体聚合而成的，如石英、角闪石、绿帘石、红柱石等。

(5) 致密块状体。指极细粒矿物晶体所组成的集合体，表面致密均匀，肉眼不能辨别颗粒彼此界限。矿物大部分属于此种类型。

(6) 晶簇。是一群发育良好的晶体，以洞壁或裂隙为共同基底，另一端向空间自由发育成簇状的集合体，如石英晶簇(图 2-4)。

图 2-4 石英晶簇

2. 隐晶质和胶态集合体的形态

隐晶质集合体的单晶颗粒小，肉眼不能辨别，只能通过高倍显微镜才能观察到它的形态。而胶态集合体不存在单体，故一般只笼统地称为集合体。常见的有以下几种。

(1) 结核和鲕状。结核是矿物质点围绕某一中心，自内向外生长成球状、凸镜状、团块状、不规则状的集合体，如钙结核、锰结核、黄铁矿等结核。大小和形状如鱼卵的结核集合在一起称为鲕状体，如鲕状赤铁矿，结核体由内向外的发育顺序示意图见图 2-5。

(2) 钟乳状和葡萄状。通常由胶体物质凝聚或溶液蒸发逐层沉积而形成圆锥状、圆柱状等矿物集合体。按其形状称为钟乳状体（如钟乳石、石笋）、葡萄状体（如硬锰矿）、肾状体（如肾状赤铁矿）等。它们一般形成于岩石洞穴或裂隙之中。

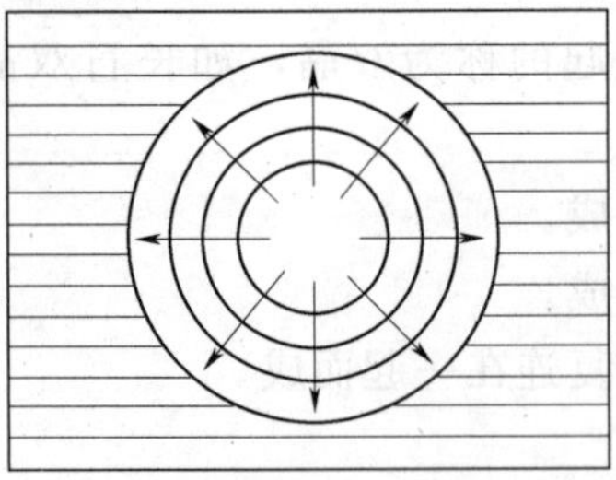

图 2-5　结核体由内向外的发育顺序示意图

（3）土状体。呈疏松粉末状的矿物集合体称为土状体。多是由岩石或矿物经风化作用而形成的，用放大镜不能分辨晶体结构，如高岭石、铝土矿等。

三、矿物的化学成分

（一）矿物化学成分类型

矿物是由若干种元素按一定规律结合而成的，矿物的化学成分是组成矿物的物质基础。按化学组成可将矿物分为单质矿物、化合物和含水化合物。

1. 单质矿物

由一种元素构成的矿物称为单质矿物，如自然金、金刚石等。

2. 化合物

由两种或两种以上元素组成的矿物称为化合物，绝大多数矿物都是化合物。有些矿物化学成分基本上是固定不变的，其化学性质和物理性质也比较固定，这类矿物包括：简单化合物，例如方铅矿（PbS）；络合物，如方解石（$CaCO_3$）；复化物，如铬铁矿（$FeCr_2O_4$）、白云石（$CaMg[CO_3]_2$）等。但大部分矿物的成分不太固定，有时可在一定范围内以任一比例发生变化。变化的原因有：类质同象、吸附水、胶体质点的吸附作用以及外来机械混入物等。

3. 含水化合物

含有 H_2O 和 OH^-、H^+、H_3O^- 离子的化合物为含水化合物，包括吸附水和结构水两类。

（1）吸附水。完全是由于吸附作用而存在于矿物中的水称为吸附水。其中，附着于矿物个体表面的称为薄膜水，填充在矿物个体或集合体间细微裂隙内的水称为毛细管水，以微弱的联结力依附在胶体粒子表面上的水称为胶体水。吸附水含量不固定，不参加晶格构造。

（2）结构水。参加矿物晶格构造的水称为结构水。如石膏（$CaSO_4 \cdot 2H_2O$）含有两个结晶水分子，高岭石（$Al_4[Si_4O_{10}][OH]_8$）含［OH^-］离子。结构水与其他离子的联系相当牢固，只有在高温条件下晶格被破坏时，才会以水分子形式逸出。结构水的失水温度是比较固定的，所以也可以以其失水温度来鉴定矿物。

（二）类质同象和同质多象

1. 类质同象

在一定结晶条件下，矿物晶体中部分质点的位置被另一种化学性质相似的质点所替代，但不破坏本身的结晶格架，这种现象称为类质同象。例如，黑钨矿（$[Mn,Fe][WO_4]$）晶体中一部分 Mn 被 Fe 替代，或一部分 Fe 被 Mn 替代。类质同象形成的主要条件是：互相置换的离子电荷符号相同，总电价相等，离子半径大小相近等。

根据互相替代的离子电价是否相同，可将类径同象分为等价类质同象和异价类质同象。黑钨矿是等价类质同象的例子；由钠长石（$Na[AlSi_3O_8]$）和钙长石（$Ca[Al_2Si_2O_8]$）所组成的斜长石是异价类质同象的例子，其中离子置换是成对进行的，总电价保持平衡，即 $Na^+ + Si^{4+} \rightleftharpoons Ca^{2+} + Al^{3+}$。

根据离子交换的数量比，又可将类质同象分为不完全类质同象和完全类质同象。闪锌矿（ZnS）是不完全类质同象的例子，闪锌矿中的 Zn^{2+} 被 Fe^{2+} 所置换的限度不能超过26%；斜长石是完全类质同象的例子，其中钠长石和钙长石可以以任何比例相混溶。

类质同象在矿物中极为常见，是引起矿物化学成分和物理化学性质变化的主要原因之一。地壳中稀有元素通常以类质同象的形式混入其他矿物之中，如镉、铟、镓经常存在于闪锌矿中，铼存在于辉钼矿中，如果它们达到一定的含量，就会具有工业价值，使矿物原料可供综合利用。

2. 同质多象

相同化学成分的物质，在不同的外界条件下（如温度、压力、介质性质等），结合两种或两种以上的晶体，形成结晶形态和物理性质都不同的矿物，这种现象称为同质多象。例如碳（C）在不同条件下分别形成金刚石和石墨，两者成分相同，但结晶形态和物理性质差异极大，见表 2-1、图 2-6 和图 2-7。

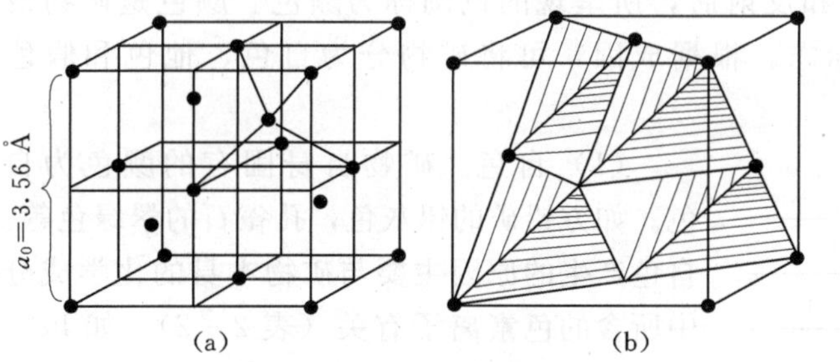

图 2-6　金刚石的晶体结构

（a）以原子中心表示的；（b）以四面体表示的

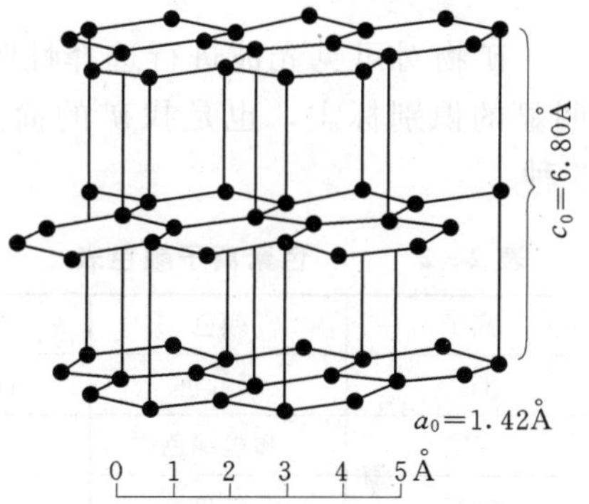

图 2-7　石墨的晶体结构

由于同质多象的形成与外界条件密切相关，因此可以据此推测矿物形成的物理化学条件。如 α 石英和 β 石英在常压条件下的转变温度为 573℃，这两种石英都可作为矿物温度计。又如 HgS 的两种变体——辰砂和黑辰砂，分别形成于碱性和酸性介质中，所以它们可以反映介质的酸碱性。此外，工业上还可以利用同质多象的转变规律制造人造矿物，如用石墨制造人造金刚石。

表 2-1　金刚石与石墨特征比较表

性　质	金刚石	石　墨
形态	八面体	六方片状
颜色	无色	黑色
透明度	透明	不透明
摩氏硬度	10	1
相对密度	3.47～3.56	2.09～2.23
光泽	金刚光泽	金属光泽
导电性	半导体	良导体

（三）胶体矿物

胶体矿物是由胶体溶液沉淀而成的非晶质矿物。其数量虽远比晶质矿物为少，但在地壳表层的分布却非常广泛。

胶体矿物的形成过程是：首先由出露地表的矿物风化为胶体质点并进入水中成为胶体溶液，胶体溶液在迁移过程中或汇聚于水盆地后，因与不同电荷质点发生电性中和而沉淀，或因水分蒸发而凝聚，经固结形成固态胶体矿物。如带负电荷的 SiO_2 胶体质点和带

正电荷的 $Fe(OH)_3$ 胶体质点相遇时，就凝聚而成含二氧化硅的褐铁矿。

胶体矿物内部质点排列是没有规律的，但是随着时间的增加、温度的变化，胶体矿物会逐渐失去水分而老化，并转变为晶质矿物，这种变化叫做胶体晶化。例如胶体矿物蛋白石（$SiO_2 \cdot nH_2O$）可以转变为隐晶质的玉髓（SiO_2）。

由于胶体质点表面吸附异号离子的种类和数量都不固定，因而胶体矿物的化学成分也不很固定。当胶体矿物中吸附离子的成分达到一定数量时，就具有工业价值了。

四、矿物的物理性质

矿物的物理性质决定于化学成分和内部构造，同时它也受形成环境的影响。因而它是矿物鉴定和研究成因的基本依据，在工业上也被广泛地加以利用。

（一）*矿物的光学性质*

矿物的光学性质是指矿物对可见自然光的反射、吸收和折射等性质，包括颜色、条痕、光泽和透明度。

1. 颜色

矿物对可见光波进行选择性吸收和反射后，所呈现的色调称为颜色。颜色是矿物最明显的识别标志，也是找矿的简易标志。根据成因，可将矿物分为自色、他色和假色3种。

（1）自色。矿物自身固有的颜色为自色。如方铅矿的铅灰色，孔雀石的翠绿色等。自色产生的原因主要与矿物本身的化学成分中所含的色素离子有关（表 2-2）。如 Fe^{3+} 使赤铁矿呈樱红色；Fe^{2+} 使普通角闪石呈暗绿色等。由无色离子构成的矿物因没有选择吸收和反射光谱中特定波段的能力，一般为无色或白色，如石盐 NaCl，水晶 SiO_2 等。

表 2-2　色素离子颜色表

离子	颜色	矿物
Ti^{4+}	褐红色	石榴子石
V^{3+}	橄榄绿色	辉石
Cr^{3+}	红色	刚玉
Mn^{4+}	黑色	软锰矿
Mn^{2+}	紫色	菱锰矿
Fe^{2+}	黑色	磁铁矿
Fe^{3+}	樱红色 褐色	赤铁矿 褐铁矿
Cu^{+}	深红色	赤铜矿
Cu^{2+}	蓝色 绿色	蓝铜矿 孔雀石

矿物的颜色还与晶体构造有关。例如，石墨和金刚石的化学成分都是碳元素，但前者为黑色，后者为无色，原因是它们各自的晶体构造不同。化学成分和晶体构造都比较固定的矿物，自色也比较固定，所以自色可作为其重要鉴定特征。

（2）他色。矿物因混入各种带色杂质所染成的颜色称为他色。他色随杂质成分不同而异，如纯净的石英晶体是无色透明的，但含有碳微粒时就呈烟灰色（墨水晶），含锰时就呈紫色（紫水晶），含氧化铁时则呈玫瑰色（蔷薇水晶）。由于他色具有不固定性，所以一般不能作为矿物的主要鉴定特征。

（3）假色。由于矿物内部的裂隙或表面氧化膜等引起光线干扰作用所呈现的颜色为假色。其中，由于裂隙所引起的假色称为晕色，如方解石的解理面上因光程差引起的干涉色彩（像虹彩）。由于氧化膜所引起的假色称为锖色，如斑铜矿表面常出现斑驳的蓝色和紫色。假色只有对少数矿物具有鉴定意义。

2. 条痕

条痕指矿物粉末的颜色。通常将矿物在素瓷条痕板上轻轻擦，即可得到条痕。由于条痕可消除假色，减弱他色，而显示自色，故此矿物颗粒的颜色更为固定，所以它对许多矿物有鉴定意义。例如赤铁矿有红、钢灰、铁黑等各种颜色，但其条痕却总是樱红色。矿物条痕色与矿物颜色可能一致，如自然金和黄铜矿两者都是金黄色。也可能不一致，如黄铁矿是浅黄铜色，而条痕色呈绿黑色。对于浅色矿物或透明矿物来说，因其条痕均呈白色或极淡的颜色，故鉴定意义不大。

3. 光泽

光泽是指矿物表面对可见光的反射能力。按反射光的强弱，光泽可分为以下几种。

（1）金属光泽。反光极强，类似于金属磨光面那样闪耀夺目。一些不透明的金属矿物具有金属光泽，如方铅矿、黄铜矿等。

（2）半金属光泽。反光较强，类似于未经磨光的铁器表面的反光。如磁铁矿、赤铁矿等。

（3）金刚光泽。反光不具金属感，像玻璃表面的反光。多数非金属矿物具有这种光泽，如金刚石、闪锌矿等。

（4）玻璃光泽。反光不具有金属感且相对较弱，像玻璃表面的反光。多数非金属矿物具有这种光泽，如石英、长石等。

以上是在矿物晶面、解理面上观察的光泽。此外，由于投射光受矿物的颜色、表面的平坦程度以及集合体形态的影响，使光泽强度减弱，而形成变异光泽。玻璃光泽的变异光泽有：因光线在不平坦面上散射，而变异为像油脂一样的脂肪光泽，如石英断口处的光泽，某些隐晶质或胶体矿物的致密块状体上也常有此光泽；反射光在纤维状矿物集合体表面相互干扰，则产生像蚕丝一样的绢丝光泽，如石棉、纤维状石膏的光泽；光线通过解理连续反射和相互干扰后，会呈现像蚌壳内面那种柔和多彩的珍珠光泽，如云母；金刚光泽在晶体断口处会变异为像涂了一层松脂的松脂光泽，如闪锌矿，见图 2-8。

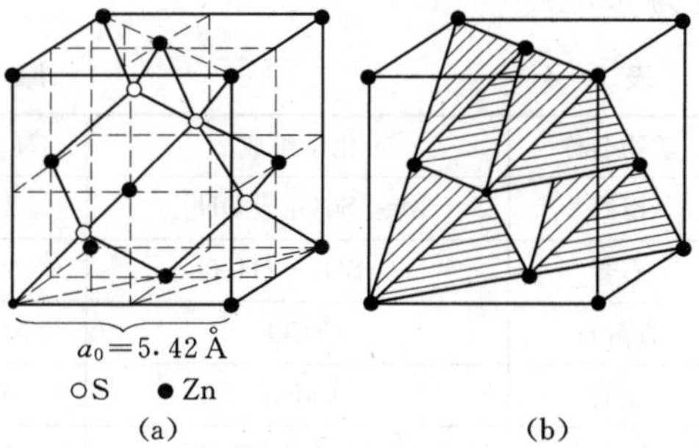

图 2-8　闪锌矿的晶体结构

（a）离子中心的排列；（b）以四面体的形式表示

4. 透明度

矿物的透光能力称为透明度。透明度取决于矿物对光线的反射率和吸收率。某些矿物初看是不透明的，将其磨成薄片时，却是透明的。肉眼鉴定时，以矿物边缘能否透过光线为标准。透明度可分为三级。

（1）透明。通过矿物碎片边缘能清晰地看到后面物体的轮廓，如水晶、萤石等。

（2）半透明。通过矿物碎片边缘只能模糊地看到后面物体的轮廓，如浅色闪锌矿等。

（3）不透明。通过矿物碎片边缘根本看不见后面物体的轮廓，如石墨、磁铁矿等。

同一种矿物的透明度，常受矿物机械混入的杂质、气泡、包裹体以及裂隙、解理和集合体形态的影响而产生差异。如无色透明矿物中含有细小气泡就会变成乳白色的半透明矿物。

由于矿物对光线的吸收、反射和折射所表现出来的物理现象是相互联系的，因此颜色、条痕、光泽和透明度之间具有一定内在联系（表 2-3）。掌握这些关系有助于正确鉴定矿物。

表 2-3　矿物的颜色、条痕、光泽和透明度之间的关系

颜色	无色	浅色	彩色	黑色或金属色
条痕	无色或白色	浅色或无色	浅色或彩色	黑绿、灰黑、褐黑或金属色
光泽	玻璃—金刚		半金属	金属
透明度	透明		半透明	不透明

（二）*矿物的力学性质*

矿物的力学性质是指矿物在外力作用下（如敲打、刻画、弯曲、拉伸、压力等）表现出来的各种特性，包括硬度、解理、断口、韧性等。

1. 硬度

硬度是指矿物抵抗外来机械作用（如刻画、压入、研磨）的能力。矿物内部质点间的联结力强，硬度就大；反之，硬度就小。鉴定时一般用两种不同矿物互相刻画来确定矿物的相对硬度。德国摩氏(F·Mohs)选择 10 种具有不同硬度的常见矿物作为标准，按大小顺序排列，排列在后边的矿物能刻动前边的矿物，由此把矿物的硬度分为 10 级，这 10 种矿物称摩氏硬度计（表 2-4）。其他矿物的硬度是通过与硬度计中的标准矿物相比较来确定的。例如某一矿物能刻动方解石，但又能被氟石所刻画，则该矿物的硬度为 3～4，可定为 3.5。

表 2-4　摩 氏 硬 度 计

矿物名称	化学组成	硬度	矿物名称	化学组成	硬度
滑石	$Mg_3[Si_4O_{10}][OH]_2$	1	正长石	$K[AlSi_3O_8]$	6
石膏	$CaSO_4 \cdot 2H_2O$	2	石英	SiO_2	7
方解石	$CaCO_3$	3	黄玉	$Al_2[SiO_4][F_1OH]_2$	8
萤石	$CaFe_2$	4	刚玉	Al_2O_3	9
磷灰石	$Ca_5[PO_4]_3[F_1Cl]$	5	金刚石	C	10

摩氏硬度计只表示矿物硬度的相对大小。根据力学测试，石英硬度约为滑石的 3500 倍，金刚石硬度约为石英的 1150 倍。在野外工作中，可用指甲（硬度约为 2～2.5）、小钢刀（硬度约为 5.0～5.5）等物来代替硬度计。据此，可把矿物硬度粗略分为三级。

（1）低硬度（软）。硬度小于指甲。

（2）中硬度（中）。硬度大于指甲小于小刀。

（3）高硬度（硬）。硬度大于小刀。

晶体具有异向性，因此矿物的硬度有时在同一晶面的不同方向或在不同晶面上会有差异，如蓝晶石在平行于晶体延长方向上的硬度为 4.5，在垂直于其延长方向上的硬度为 6.5。

2. 解理与断口

矿物受打击后，沿着一定结晶方向裂开，形成光滑平面的性质，称为解理。裂开的光滑平面，称为解理面。如果矿物受力后，沿任意方向破裂，并呈各种凹凸不平的形状，称为断口。

解理是由晶体内部构造所决定的。各种矿物的解理方向数目不一，有一组解理（如云母）、两组解理（如长石）、三组解理（如方解石）、四组解理（如氟石）、六组解理（如闪锌矿）等。互相平行的若干解理称为解理组。

根据解理破裂的难易程度和解理面的发育程度，通常把解理分为五级。

（1）最完全解理。矿物极易裂成薄片，甚至用指甲即可揭成片，解理面大而平滑，很难发生断口，如云母。

（2）完全解理。矿物容易裂成规则的解理块或薄片，解理面相当光滑，较难发生断口，如方解石（图 2-9）。

（3）中等解理。矿物较易裂成解理块，解理面小而不平滑，往往不能劈到底，常裂成小阶梯状，较易出现断口，如长石。

（4）不完全解理。矿物难于裂开，只能在细小碎块上才可以看到粗糙的解理面，容易出现断口，如磷灰石。

（5）极不完全解理（无解理）。矿物破裂形成各种断口，基本见不到解理，如石英。

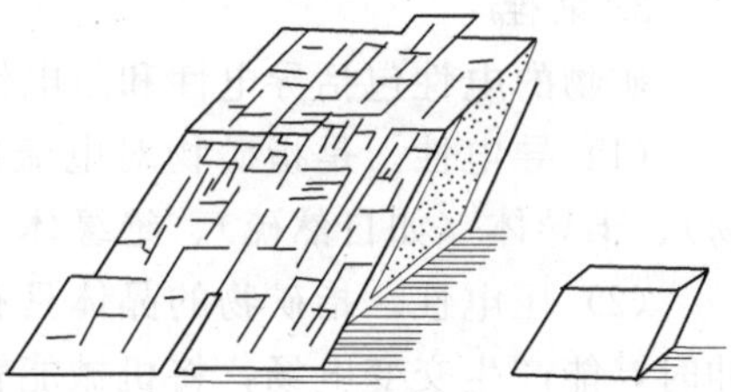

图 2-9 方解石的解理

不同的晶质矿物，其解理数目、解理完全程度和解理间的交角都不一样。例如正长石和斜长石，虽然都有两组完全解理，但正长石的两组解理交角为 90°，斜长石则为 86°24′～86°50′。所以解理是鉴定矿物的重要特征。

解理的完全程度是与断口发育的程度互为消长的。解理极完全，则无断口；断口发育，则无解理。断口常具有一定形状，故有时也可作为鉴定矿物的辅助依据，常见断口形状有以下几种。

1）贝壳状断口呈椭圆形的凹凸面，并具有同心圆纹，形似贝壳，如石英的断口。

2）锯齿状断口呈尖锐锯齿形状，如自然铜。

3）参差状断口呈参差不平的形状，如磷灰石。

4）平坦状断口呈较为平坦的形状，如块状高岭石。

3. 韧性

矿物抵抗切割、锤击、弯曲、拉引等外力作用的能力称为韧性。这一物理性质对于鉴定某些矿物具有重要意义。韧性可分为以下几种。

（1）脆性。指矿物容易被冲碎或压碎的性质。用小刀刻画这些矿物时极容易产生碎块或粉末，如方铅矿、黄铁矿等。

（2）延展性。指矿物在锤击和拉引下，容易形成薄片或细丝的性质。如自然铜、自然银等。用小刀刻画这些矿物往往形成光亮刻痕而不产生粉末。

（3）弹性。指矿物受外力弯曲时发生变形，而在外力释放后，又能恢复原状的性质，如云母。

(4) 挠性。指矿物受外力弯曲时变形，而在外力释放后不能恢复原状的性质，如片状绿泥石。

(5) 可塑性。指矿物加适量水分，可塑成任意形状的性质，如高岭石。

(三) 矿物的其他性质

1. 相对密度

矿物的密度与同体积4℃纯水的密度之比称为矿物的相对密度，不同矿物的相对密度差别很大，有小于1的地腊，也有23的铂族矿物。矿物相对密度大小主要取决于矿物所含元素原子量的大小和内部构造的紧密程度。鉴定矿物相对密度时，通常凭经验用手掂量估计。

2. 磁性

矿物可被磁场吸引，或能吸引铁屑等物体的性质，称为磁性。自然界有磁性的矿物并不多，主要是含 Fe、Co、Ni 等元素的少数矿物，如磁铁矿。

3. 电性

矿物的电性包括导电性和压电性等。

(1) 导电性。是指矿物对电流的传导能力。按导电能力可分为导体（如许多金属矿物）、半导体（如自然硫）、绝缘体（如白云母、石棉）。

(2) 压电性。指矿物的晶体具有机械能与电能的转换能力。如压电石英，在压缩和拉伸时，能产生交变电场，将机械能转化为电能。

4. 发光性

某些矿物在受到外界能量刺激时能够发出可见光的性质称为发光性。有的矿物只能在外界能量刺激的同时发光，称为荧光。如白钨矿在紫外线照射时发出淡蓝色荧光。有的矿物能储蓄光能，当外界能量移去后，仍然继续发光，称为磷光，如磷灰石。

5. 放射性

矿物的放射性为含铀、钍、雷等放射性元素的矿物特有性质。

6. 易燃性

某些矿物容易燃烧，即具易燃性，如硫黄、沥青等。

第二节　矿物的分类和主要矿物

一、矿物的分类

(一) 矿物的分类

目前已发现的矿物约有3000多种。为了系统地研究矿物，必须对矿物进行科学分类。矿物的分类方法很多，如成因分类、工业分类、晶体化学分类等，目前广泛采用晶体化学分类。除了与一定生成条件有关外，矿物的化学成分和晶体结构是决定矿物性质的基本因素，在一定程度上反映了自然界元素结合的规律，因此化学成分和晶体结构就成为矿物分类的主要依据。根据化合物的分类可将矿物分为五大类。具体分类如下。

1. 自然元素矿物

自然元素矿物是指自然界呈单质状态的矿物。目前已知的自然元素矿物约有40多种，约占地壳总重量的0.1%，分布极不均匀，其中有些可富集成具有工业意义的矿床，如自然铜、自然金、自然硫、金刚石、石墨等。按矿物性质，又可分为自然金属、半自然金属和自然非金属三类。

2. 硫化物及其类似化合物

硫化物及其类似化合物包括一系列金属元素与硫、硒、碲、砷等化合的化合物，共有370种左右的矿物，其中硫化物占2/3以上。它们绝大部分是热液作用的产物，常形成具有工业意义的矿床。

据统计，硫化物的总量仅占地壳总重量的0.001%。其中又以含铁的硫化物为主。

根据阴离子的特点，可分为以下三类。

(1) 简单硫化物。硫以 S^{2-} 离子形式和金属阳离子结合，如方铅矿（PbS）、闪锌矿（ZnS）等，见图2-10和图2-11。

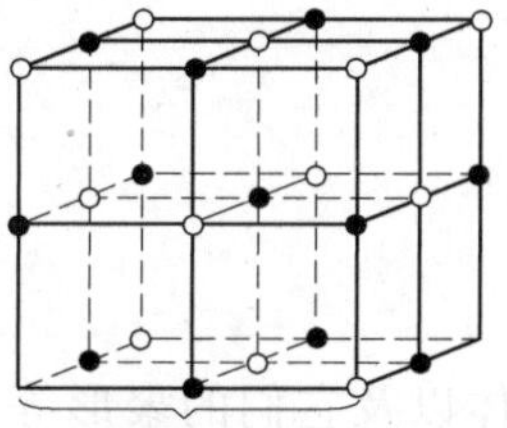

图2-10　方铅矿的晶体结构

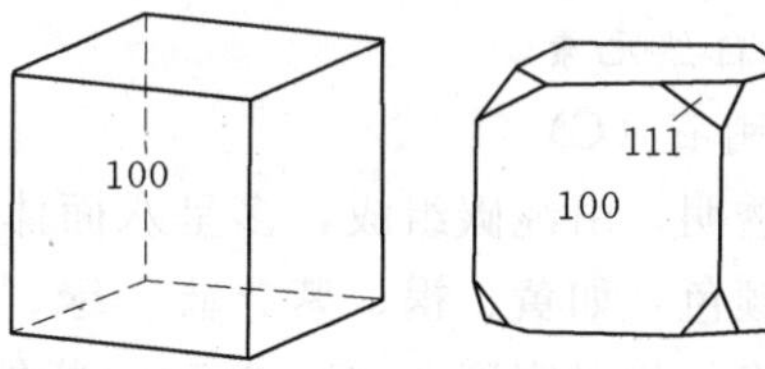

图2-11　方铅矿的晶形

(2) 复硫化物。硫以 $[S_2]^{2-}$、$[AsS]^{2-}$ 等形式和金属阳离子结合，如黄铁矿 $[FeS_2]$ 等。

(3) 含硫盐。硫与半金属元素结合形成铬阴离子，以 $[SbS_4]^{3-}$ 等形式与金属阳离子结合，如斜方硫砷铜矿（Cu_3AsS_4）等。

3. 氧化物和氢氧化物

氧化物和氢氧化物目前已知的约有200种，其中石英分布最广泛，铁的氧化物和氢氧化物也很多，其次为Al、Mn、Ti、Cr的氧化物。石英不仅是岩石的组成矿物之一，也是一种重要的非金属矿物。此外，本类矿物又是各种金属（特别是黑色金属）以及稀有放射性元素的重要来源之一，所以在国民经济中有很重要的意义。

4. 卤化物

卤化物主要是元素周期表中第Ⅶ族卤族元素的离子 F^-、Cl^-、Br^-、I与第Ⅰ、Ⅱ族轻金属元素的离子所组成的化合物。

5. 含氧盐

含氧盐是各种含氧酸所组成的复杂化合物。它们分布极广，在各种地质作用中都有产出，是各类岩石的主要造岩矿物。同时也是构成许多金属和非金属矿床的重要矿石矿物。

根据所含铬阴离子的不同，可将含氧盐分为硅酸盐、硼酸盐、磷酸盐、钨酸盐、硫酸盐、碳酸盐和硝酸盐。各大类还可根据阴离子或铬阴离子的种类再分为若干类。

(二) 矿物的命名

矿物的命名目前尚无统一的原则，大体以下述几个方面为依据。

(1) 矿物的化学成分。如钨锰铁矿（MnFe）[Wo_4]。

(2) 矿物的形态。如石榴子石四角三八面体或菱形十二面体（形似石榴子）。

(3) 矿物的物理性质。如重晶石（相对密度大）、方解石（具有菱面体解理）、孔雀石（孔雀绿色）。

(4) 矿物的化学成分和物理性质。如黄铜矿（$CuFeS_2$）的铜黄色，磁铁矿（Fe_2O_3）具有磁性等。

(5) 矿物的形态及物理性质。如绿柱石（绿色柱状晶体）。

(6) 地名。如高岭石（我国江西高岭地方出产的为名）。

有一部分矿物是沿用我国的传统名称，如石英、雄黄、雌黄等。有的矿物名称是从外文直译或意译而来的，如长石、角闪石等。

掌握矿物的命名依据，有助于认识矿物的特征。

二、主要矿物简述

(一) 自然元素

1. 金刚石（C）

无色透明，由纯碳组成，多呈八面体、菱形十二面体以及它们的聚形等。含有杂质可呈现不同颜色，如黄、褐、紫、蓝、绿、黑等，具有金刚光泽。硬度为10，八面体完全解理，性脆，相对密度3.47～3.56，紫外线下发荧光。

鉴定特征：最大硬度和典型金刚光泽。

主要用途：无色或色泽俱佳，晶形完好而透明者为高档宝石，即俗称之“钻石”或“金刚钻”。工业上利用其高硬度制造研磨和切削工具。在尖端技术方面用作人造卫星的窗口材料，也是高温半导体、高导热、红外线光谱仪的原材料。20世纪50年代以来，全世界有十几个国家，包括我国在内已采用石墨做原料，人工造出金刚石。

天然金刚石产于超基性岩（金伯利岩）中，南非是世界著名的金刚石产地。我国山东、辽宁、湖南、西藏等省区也有原生金刚石或金刚石砂。

2. 石墨（C）

纯净者极少，常含有各种杂质，如SiO_2、Al_2O_3、FeB、MgO等，还有的含有H_2O、沥青、黏土等。晶体完整极少，常呈鳞片状、粒状、块状集合体；铁黑色或钢灰色，弱金属光泽，不透明；硬度为1～2，一组完全解理；相对密度为2.09～2.53；易污手，有滑腻感；良导体，耐高温，不溶于酸。

鉴定特征：钢灰色、黑色、染手，有滑腻感。

主要用途：因化学性质稳定，冶金工业中用作坩埚铸件。机械工业中用作润滑剂，电池工业中用作电极，原子能工业中用作中子减速剂。

(二) 硫化物

硫化物除H_2S外，都是金属与硫的化合物，共有300多种，经常富集成有色金属矿石，具有很高的工业价值。

黄铁矿有两种同质多象的变体，一种是等轴晶系的黄铁矿，另一种为斜方晶系的白铁矿。

化学组成中 Fe 为 46.55%，S 为 53.45%，最常见的混入物有 Co、Ni、Cu、Au、Ag 和 As。

晶体发育良好，呈六面体、八面体、五角十二面体及其聚形（图 2-12）。六面体晶面上常见三组互相垂直的条纹，集合体为柱状、致密块状或结核状。浅黄铜色，表面常有黄褐色、锖色、条痕绿黑色，强金属光泽，不透明，硬度为 6～6.5，无解理，性脆，相对密度为 4.9～5.2。

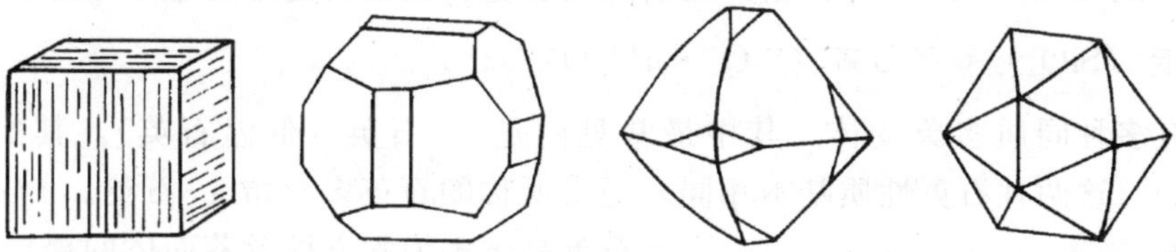

(a)　(b)　(c)　(d)

图 2-12　黄铁矿的晶形及晶面条纹

(a) 立方体晶形及晶面条纹；(b) 立方体与五角十二面体的聚晶；(c)、(d) 五角十二面体与八面体的聚晶

鉴定特征：根据晶形、晶面条纹、颜色和硬度，可与黄铜矿、毒砂区别。

主要用途：提取硫，是制取硫酸的主要原料，此外，还可以从中提取钴、金等。

（三）卤化物

卤化物包括 K、Na、Ca、Mg 等与 F、Cl、Br、I 的化合物，约有 100 多种。多为无色透明。硬度低、密度小。除氟石等外，易溶于水。

1. 氟石（又名萤石，CaF_2）

晶体呈六面体、八面体等，或六面体穿插双晶（图 2-13），集合体呈粒状或块状。颜色为浅绿、浅紫或白色，有时为玫瑰红色、条痕白色，玻璃光泽，透明至半透明。硬度为 4，八面体解理完全。相对密度为 3.0～3.25。在紫外线、阴极射线照射下或加热时，会发出蓝色或紫色荧光。

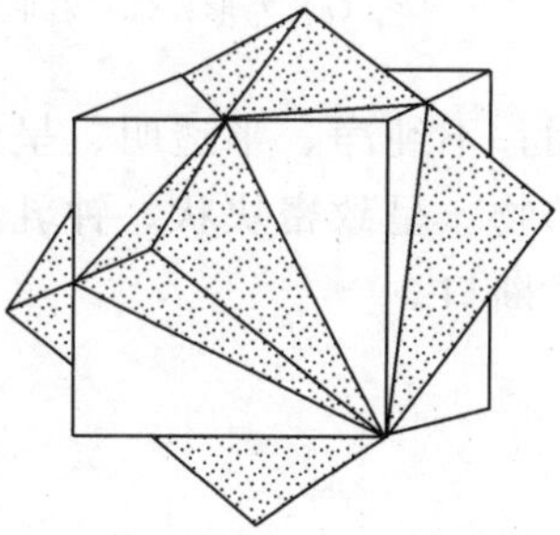

图 2-13　萤石的穿插双晶

鉴定特征：立方体晶形，鲜明颜色，中等硬度，完全解理。

氟石在冶金工业可做助熔剂，在化学工业是制造氢氟酸的原料，在火箭推进燃料中可做氧化剂，又可做农药，防止害虫。

我国氟石产于浙、鲁、辽、冀等省，而以浙江最著名。

2. 石盐（NaCl）和钾盐（KCl）

单晶体呈六面体，集合体常呈粒状或块状。无色透明，含杂质时呈浅灰、浅蓝、红色等，玻璃光泽。石盐硬度为 2～2.5，钾盐硬度为 1.5～2，三组立方体完全解理。石盐相对密度为 2.1～2.6，钾盐相对密度为 1.97～1.99，易溶于水。

鉴定特征：石盐和钾盐性质极相似。但钾盐味苦咸而涩，火焰为紫色，而石盐味咸，火焰为黄色。

石盐可作为食料和防腐剂，是制取纯碱（Na_2CO_3）、烧碱（NaOH）、盐酸、氯气等化工原料；钾盐可用于制造钾肥和化学工业中钾的化合物。

我国石盐储量丰富，分布很广。我国钾盐主要产于湖北应城，青海察尔汗盐湖是我国储量最大的钾盐产地。

（四）氧化物和氢氧化物

氧化物和氢氧化物约有 280 种，分布相当广泛。组成氧化物的元素达 41 种，以 Si、Al、Fe、Mn、Sn、Cr、Ti 等为主，是冶炼黑色金属及铝、锡等的主要工业矿物。

1. 石英（SiO_2）和蛋白石（$SiO_2 \cdot nH_2O$）

石英有多种同质多象变体。其中最常见的是 α-石英（低温石英），其次是 β-石英（高温石英）。这两种石英性质基本相同，通常所称的石英多泛指 α-石英。

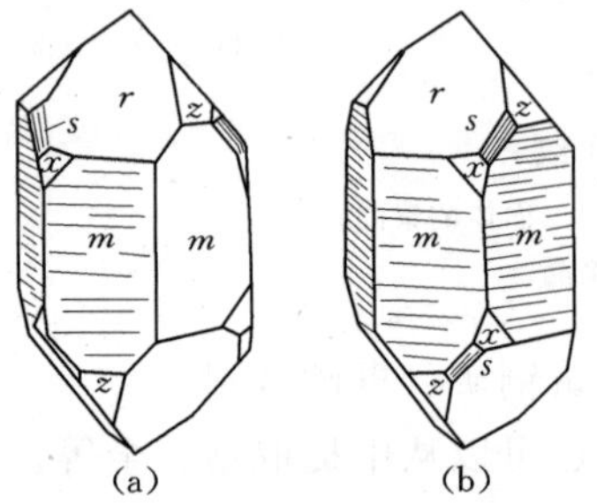

图 2-14　石英的左形和右形

$m\{10\bar{1}0\}$；$r\{10\bar{1}1\}$；$z\{01\bar{1}1\}$；$s\{11\bar{2}1\}$ 或 $\{2\bar{1}\bar{1}0\}$；$x\{51\bar{6}1\}$ 或 $\{6\bar{1}\bar{5}1\}$

（a）左形；（b）右形

石英晶体多为六方柱及菱面体的聚形，柱面上常有明显的晶纹，集合体多呈粒状、致密块状或晶簇。颜色多种多样，如无色透明（水晶）、紫色（紫水晶）、烟黄及烟褐色（烟水晶）、黑色（墨晶）、淡红色至蔷薇红色（蔷薇石英）、乳白色（脉石英）等，有典型的玻璃光泽，断口脂肪光泽、透明至半透明。硬度为 7，无解理，贝壳状断口。相对密度为 2.5～2.8，质纯者为 2.65。性脆，纯净的石英单晶有压电性（图 2-14 和图 2-15）。

隐晶质石英为白色、乳白色。呈钟乳状者称为玉髓（石髓），颜色较深；呈结核状者称为燧石；有不同颜色的同心层或平行条带状构造者称为玛瑙；不纯净、半透明、呈红绿各色的块状者称碧玉。蛋白石为含水的二氧化硅的胶体矿物。呈致密块状、钟乳状，多为乳白色，有珍珠或蜡状光泽，硬度为 5～5.5，贝壳状断口。

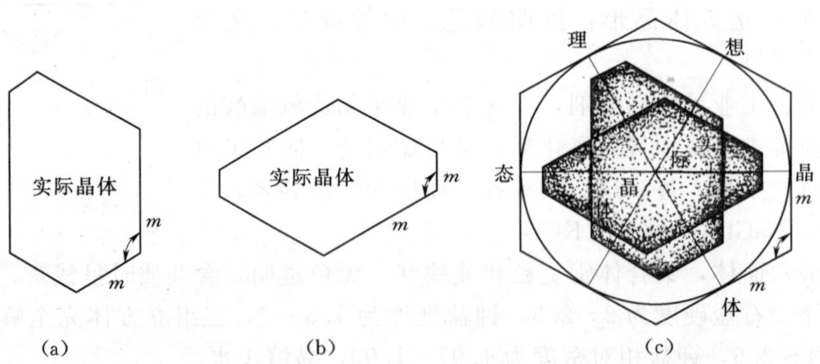

图 2-15　石英晶体的横断面，被歪曲的六边形（实际晶体）及正六边形（理想晶体形态）的晶面夹角不变（120°）

鉴定特征：石英晶体呈六方柱状，晶面有横纹，典型的玻璃光泽，硬度很大，无解理。

压电石英可作压电石英片和化学材料，用于无线电工业、超声波技术、光学仪器等。一般石英可作玻璃材料及精密仪器轴承，色美者可作宝石（如虎眼石、猫眼石、贵蛋白石等），是土壤中砂粒的重要组成。

我国的水晶产地主要有海南、青海、江苏、广西、云南、内蒙古等省（自治区）。

2. 刚玉（Al_2O_3）

晶体多呈六方柱状、桶状，晶面有粗糙条纹，集合体呈粒状，无色透明，因含杂质而具有各种颜色，常见色为蓝灰、黄灰，玻璃光泽。硬度为 9，无解理。相对密度为 3.9～4.1（图 2-16）。

鉴定特征：粗短的六方柱状，蓝灰色，硬度很大。

我国刚玉主要产地为河北、山东、新疆等省（自治区）。

刚玉主要用作激光及研磨材料、仪表轴承，美丽透明者可作宝石（如蓝宝石、红宝石、星光宝石等）。

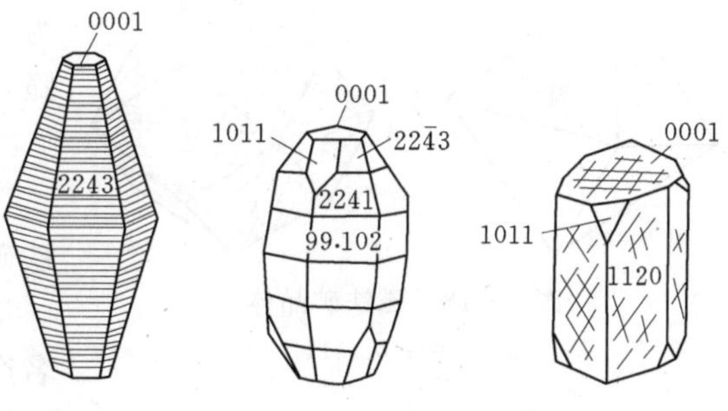

图 2-16　刚玉的晶形

3. 铝土矿（$Al_2O_3 \cdot nH_2O$）

铝土矿不是单一矿物，而是由三水铝石（Al［OH］$_3$）、一水硬铝石（$HAlO_2$）及一水软铝石（AlO［OH］）等铝的氢氧化物及其他矿物所组成的集合体。

通常呈胶体存在，多为豆状、鲕状、致密块状和土状。常呈灰白、白色，含杂质时，可呈紫色、紫红色等，条痕为白色，不透明，光泽暗淡或土状。硬度是 3 左右。半贝壳状至不平坦状断口。相对密度为 2.5～3.5。

鉴定特征：外表与黏土或黏土页岩相似，但硬度较高，密度较大，没有黏性、可塑性及滑腻感。

铝土矿是炼铝的最主要矿物。

我国铝土矿分布很广，河北开滦、山东淄博、河南平顶山、福建漳浦和金门以及贵州省均为著名产地。

4. 赤铁矿（Fe_2O_3）

晶体呈板状及叶片状，但少见，通常为致密块状、片状、鲕状、豆状集合体。钢灰色至铁黑色，有时为暗红色，条痕为樱红色，金属光泽至半金属光泽，晶体硬度为 5.5～6.5，风化后硬度可降至 2，无解理，性脆。相对密度为 5～5.3，无磁性。

鉴定特征：特有的樱红色条痕是最主要的特征，此外，显晶质呈板状、鳞片状集合体，钢灰色；隐晶质或胶体多为鲕状、肾状集合体，暗红色（图 2-17）。

赤铁矿是最重要的炼铁矿石之一，其粉末可作红色颜料，又能染红土壤。

我国赤铁矿产地甚多，除辽宁鞍山外，还有甘肃镜铁山、湖北大冶、河北宣化和龙关等地。

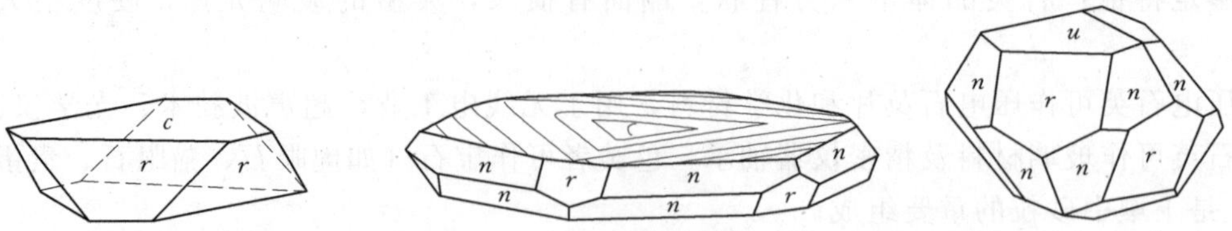

图 2-17 赤铁矿晶体

$c\ \{0001\}$；$r\ \{10\bar{1}1\}$；$u\ \{10\bar{1}4\}$；$n\ \{22\bar{4}3\}$

5. 磁铁矿（Fe_3O_4）

晶体多为小八面体及菱形十二面体（图 2-18），一般呈粒状或块状集合体。铁黑色，条痕黑色，不透明，金属或半金属光泽。硬度为 5.5～6，无解理。相对密度为 4.9～5.2。性脆，具强磁性。

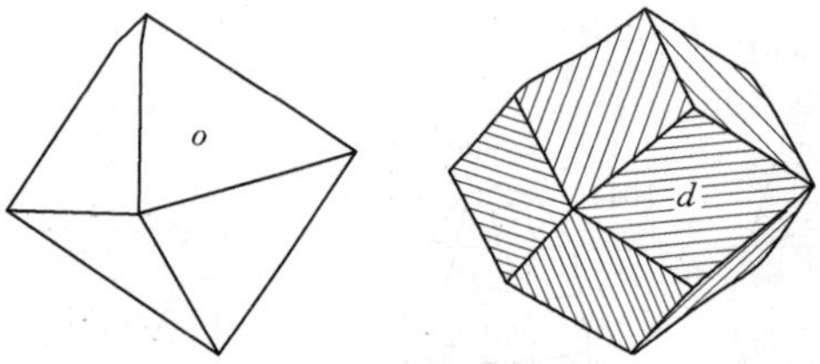

图 2-18 磁铁矿晶体

$d\ \{110\}$；$o\ \{111\}$

鉴定特征：铁黑色，黑色条痕，具有强磁性。

磁铁矿是炼铁的主要原料之一。另有钛磁铁矿和钒钛磁铁矿，是炼钛、钒等金属的原料。

我国四川攀枝花、河北大庙为磁铁矿的著名产地。

（五）含氧盐

含氧盐是由金属元素与各种含氧酸根（如 $[CO_3]^{2-}$、$[SiO_4]^{4-}$ 等）化合所成的盐。含氧盐约占已知矿物总数的 2/3，是地壳中分布最广泛、最常见的矿物。

1. 橄榄石（$(Mg、Fe)[SiO_4]$）

晶体为扁柱状，多呈粒状集合体。橄榄绿色，随铁含量的增多，可由浅黄绿至深绿色，玻璃光泽，透明至半透明。硬度为 6.5～7，解理中等或不完全，常有贝壳状断口，性脆。相对密度为 3.3～3.5。

鉴定特征：橄榄绿色，玻璃光泽，硬度较大。

富镁的橄榄石可作耐火材料，透明色美丽的橄榄石可作宝石（称为贵橄榄石）。

2. 红柱石（$Al_2[SiO_4]O$ 或 $Al_2O_3 \cdot SiO_2$）

晶体呈长柱状，横截面近正方形，集合体呈柱状或放射状（形似菊花，俗名菊花石）。灰白色，有时呈浅红色，弱玻璃光泽，半透明。硬度为 6.5～7.5，柱面解理中等（图 2-19）。相对密度为 3.16～3.2。有时晶体中心有碳质充填，横断面中呈十字形，故称空晶石。

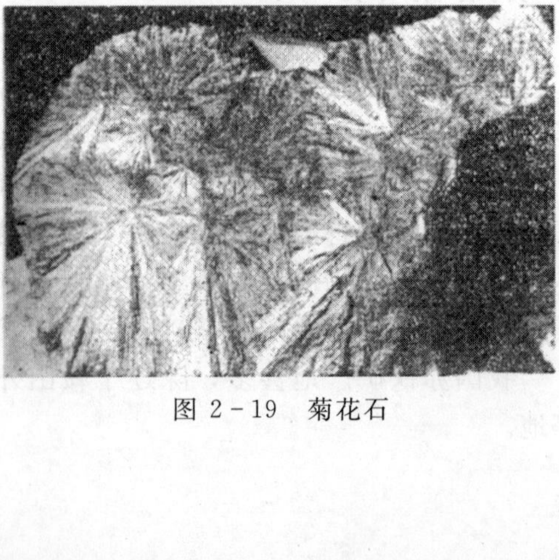

图 2-19 菊花石

鉴定特征：放射状集合体，长柱状晶体，或有碳质黑心。

红柱石可作高级耐火、耐酸制品材料，色泽鲜艳者可作宝石。

北京西山、红山口、菊花石沟及周口店等地皆产红柱石。

3. 绿柱石（$Be_3Al_2[Si_6O_{18}]$）

六方柱状晶体，柱面上有纵纹，集合体有时呈晶簇或针状，有时可形成伟晶，长可达5m，重达18t。多为浅绿色，有时呈浅蓝色，玻璃光泽，透明至半透明。硬度为7.5～8，解理不清楚。相对密度为2.7。

鉴定特征：有纵纹的六方柱状晶体，浅绿色，硬度很大。

绿柱石是炼铍的主要矿石，色泽绚丽者是珍贵的宝石（祖母绿、纯绿宝石）。

4. 滑石（$Mg_3[Si_4O_{10}][OH]_2$）

晶体微细，但较少见，一般为致密块状或叶片状集合体（图2-20）。白色或各种浅色，条痕为白色，脂肪光泽，或珍珠光泽；半透明，硬度为1～1.5；一组极完全解理，薄片有挠性；相对密度为2.7～2.8；绝热及绝缘性强。

鉴定特征：根据浅色、低硬度有滑感、一组完全解理的特性，可与叶蜡石、块状蛇纹石等外表相似的矿物相区别。

滑石广泛用于造纸、陶瓷、橡胶、油漆、耐火器材、纺织、染料、铸造及制药等工业。

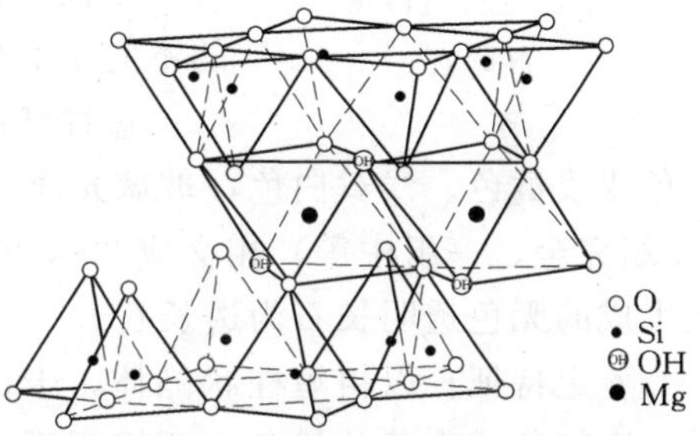

图2-20　滑石的晶体结构

我国滑石储量丰富，产地甚多，以辽宁大石桥、山东掖县、蓬莱等地最著名，在福建、河北、陕西、四川等省均有产出。

5. 云母

晶体为假六方柱体，多数呈片状、鳞片状集合体。有各种颜色，玻璃光泽及珍珠光泽，透明或半透明。硬度为2～3，有一组极完全解理，薄片富弹性，相对密度为2.7～3.1。有高度不导电性和耐火性。云母是一族矿物，按成分和颜色可分为白云母、金云母、黑云母等（图2-21）。

(1) 白云母（$KAl_2[AlSi_3O_{10}][OH]_2$）是基本不含色素离子的云母，无色或浅灰、浅绿色等。

(2) 金云母（$K(MgFe)_3[Si_3O_{10}][OH]_2$）是含镁的云母，黄褐色或金黄色，解理面上具有半金属光泽。

(3) 黑云母（$K(MgFe)_3[AlSi_3O_{10}][OH]_2$）是含铁、镁的云母，黑、绿黑或褐黑色。

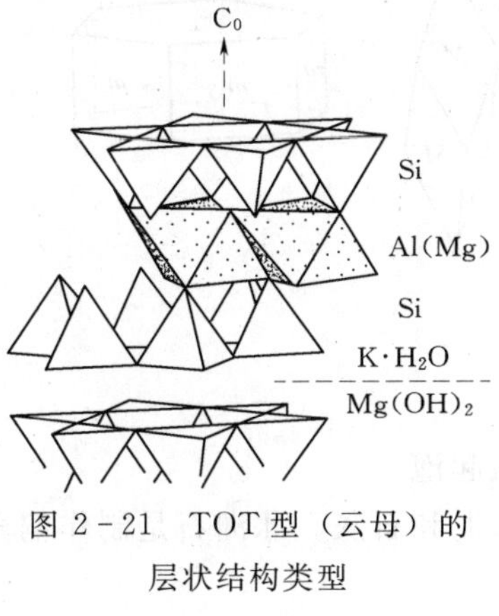

图2-21　TOT型（云母）的层状结构类型

鉴定特征：一组极完全解理，易裂成薄片，薄片富弹性。沿层状方向移动容易造成水土流失。

白云母和金云母可作为绝缘材料，广泛用于电器、电子等工业。

我国内蒙古、四川、新疆等省（自治区）均有大型云母矿床。

6. 高岭石（$Al_4[Si_4O_{10}][OH]_8$ 或 $Al_2O_3 \cdot 2SiO_2 \cdot 2H_2O$）

多呈隐晶质，分散粉末状、土状集合体（图2-22）。

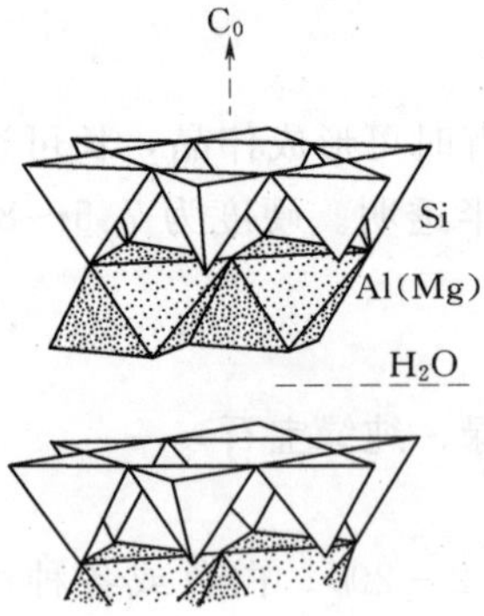

图 2-22 TO 型
高岭石

白或浅灰、浅绿、浅黄、浅红等色，条痕白色，土状光泽。硬度为 1～2.5，相对密度为 2.6～2.63。吸水性强，和水具可塑性，黏舌，干土块有粗糙感。

鉴定特征：性软，黏舌，有可塑性。

高岭石是陶瓷的主要原料，在造纸、橡胶工业中作填充原料，应注意滑坡和水土流失。

我国江西景德镇高岭所产的高岭土质地优良，在国内外久享盛名。

7. 正长石（$K[AlSi_3O_8]$ 或 $K_2O \cdot Al_2O_3 \cdot 6SiO_2$）

正长石属于钾长石（$K[AlSi_3O_8]$）和钠长石（$Na[AlSi_3O_8]$）的不完全类质同象系列。

短柱状或厚板状晶体（图 2-23），集合体为致密块状。肉红色或浅黄色、浅黄白色，玻璃光泽，解理面为珍珠光泽，半透明。硬度为 6，两组解理（一组完全、一组中等）相交成 90°，正长石由此得名。相对密度为 2.56～2.58。900℃以上生成的无色透明长石为透长石。

鉴定特征：以粗短柱状晶体，卡氏双晶，肉红色或带黄的浅色，两组解理交角为直角，硬度较大为重要特征。

正长石是陶瓷业和玻璃业的主要原料，还可用以制取钾肥，也是土壤颗粒来源之一。

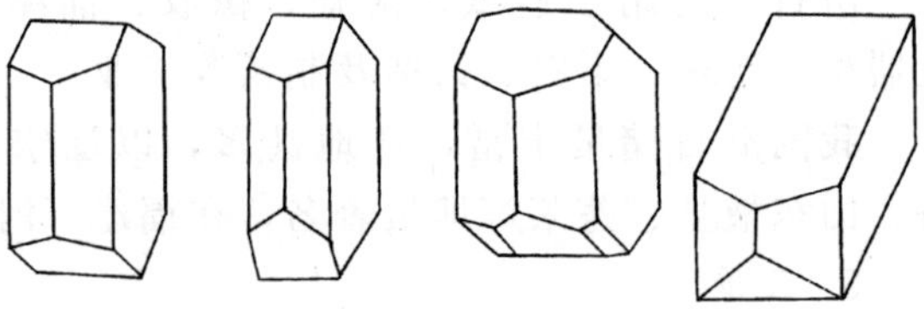

图 2-23 正长石晶形

8. 方解石（$CaCO_3$）

晶体常为菱面体、复三方偏三角面体及其聚形，集合体多呈粒状、块状、钟乳状、鲕状及晶簇等。通常为无色、乳白色，含杂质呈各种颜色，其中无色透明的晶体称为冰洲石，玻璃光泽。硬度为 3，三组完全菱面体解理，故名为方解石，性脆。相对密度为 2.71。遇冷稀盐酸剧烈起泡，释放出 CO_2（图 2-24）。

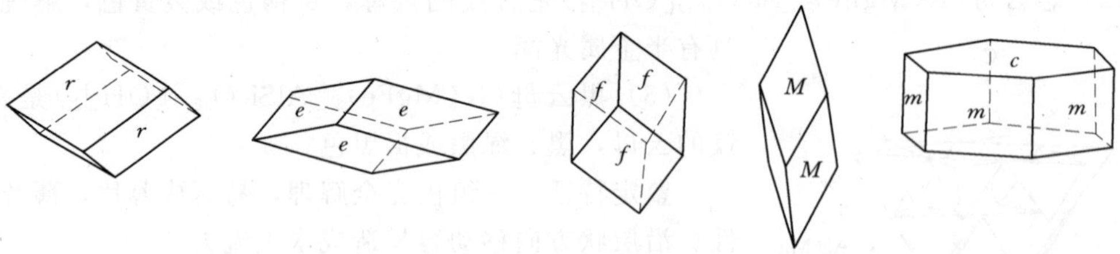

图 2-24 方解石的晶形

$e\ \{01\bar{1}2\}$；$r\ \{10\bar{1}1\}$；$f\ \{02\bar{2}1\}$

$M\ \{40\bar{4}1\}$；$c\ \{0001\}$；$m\ \{10\bar{1}0\}$

鉴定特征：菱面体完全解理，硬度不大，加稀盐酸剧烈起泡。

方解石在冶金工业用作熔剂，在建筑工业中用来生产水泥和石灰。冰洲石是制作偏光显微镜的高级材料，方解石是土壤钙元素的来源。

9. 白云石（$CaMg[CO_3]_2$）

晶体为菱面体，晶面常湾曲成弧。多呈块状、粒状集合体。常见为乳白色，有时呈灰绿、灰黄、粉红等色，玻璃光泽。硬度为 3.5～4，三组菱面体解理完全，性脆。相对密度为 2.8～2.9。矿物粉末在冷稀盐酸中反应缓慢。

鉴定特征：以硬度稍大，在稀盐酸中反应缓慢等为特征，可与相似的方解石相区别。

白云石用作冶金熔剂及耐火材料，并可作建筑材料、陶瓷的配料，也是钙镁肥料。

10. 普通辉石 $NaCa_2(Mg, Fe, Al)_5\ [(SiAl)_4O_{11}]_2(OH)_2$

晶体常呈短柱状、三向等长状，横断面为八边形。两组解理呈 87°和 93°交角。多为绿黑色或黑色，少数为褐色。硬度为 5.5～6。相对密度为 3.2～3.5，玻璃光泽，解理完全或中等。常见于各种基性喷出岩及其凝灰岩中，并且可见到很好的晶体。与橄榄石、斜长石共生。普通辉石亦是基性岩及超基性岩的主要造岩矿物。此外，还出现在变质岩及接触交代岩中（图 2-25 和图 2-26）。

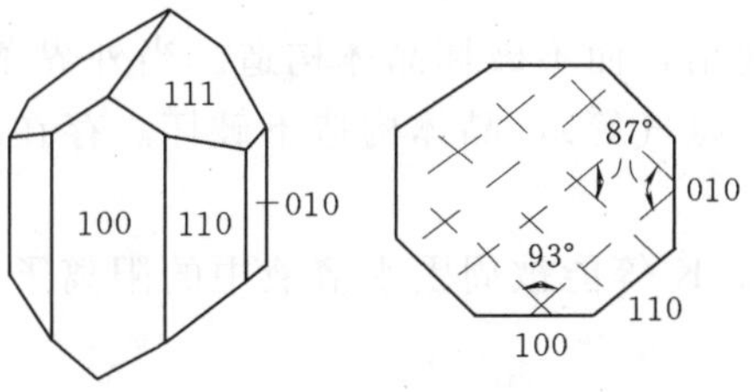

图 2-25　普通辉石晶形及其断面

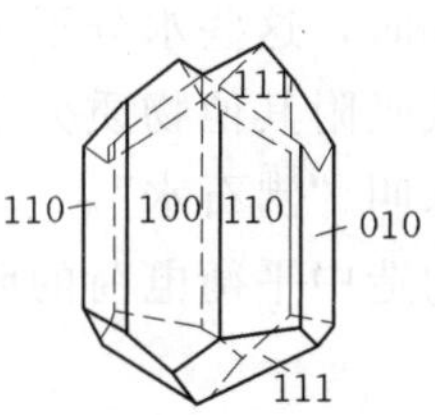

图 2-26　普通辉石双晶

鉴定特征：以绿黑色、短柱状晶形及解理等为特征。与普通角闪石的区别在于解理交角。在与同族其他矿物区别时，需借光性测定。

11. 普通角闪石（$(Ca、Na)_{2-3}\ (Mg、Fe、Al)_5\ [SiQ_3\ (Si、Al)\ O_{11}]_2\ (OH)_2$）

化学组成由于其在 A、X、Y 类阳离子均出现广泛的类质同象代替，所以组成成分不甚固定。单斜晶系，晶体呈柱状，横断面为六边形。集合体为细柱状，玻璃光泽，硬度为 5～6。相对密度为 3.1～3.3。完全解理，解理交角呈 54°～124°，依此区别于辉石。依据成因及产状，主要有岩浆型和区域变质型两类。

鉴定特征：以其晶形、横切面和解理为特征。普通角闪石与普通辉石的区别，一般以解理夹角不同而识别，至于普通角闪石与本族的区别，除色浅的区别外，一般要借助于光性测定。

12. 沸石

本族矿物主要含 Na 和 Ca，部分为 Sr、Ba、K、Mg 等金属离子的含水架状硅铝酸盐。沸石族矿物很多，常见的有钙沸石、钠沸石、斜发沸石、片沸石（图 2-27）和菱沸石（图 2-28）等。其区别除含水量外，主要在各阳离子之间的比例不同，一般化学式可表示为

$$AmX_pO_{2p} \cdot nH_2O$$

$$A = Na、Ca、Sr、Ba、K、Mg、\cdots$$

$$X = Si、Al$$

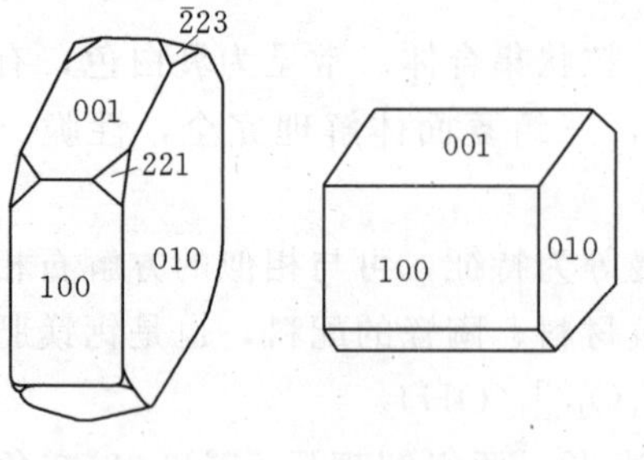

图 2-27　片沸石晶体

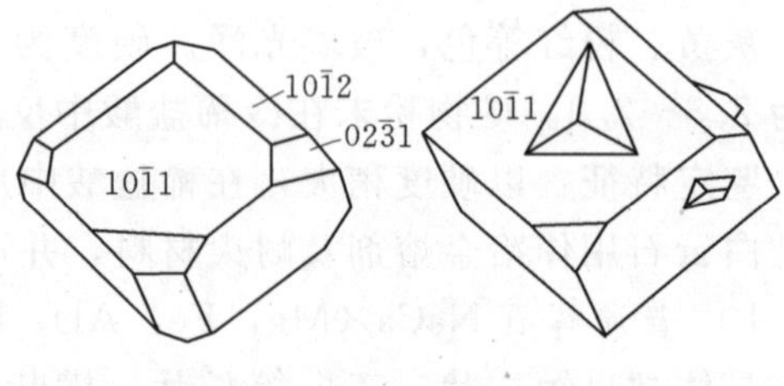

图 2-28　菱沸石的晶体和双晶

部分 Al 可被 Fe 置换。

与其他架状铝硅酸盐相比，沸石族矿物的架状骨干中具有宽阔的“孔道”。孔道中常被中性水分子和可交换性的阳离子（平衡电荷的阳离子）所占据。

本族矿物具有下列特点。

（1）当加热时，这些水分子可以逐渐逸出，而不破坏晶体构造。当外界条件改变时，又可重新吸水或吸附其他物质分子（酒精、氨气等），晶体构造不破坏。存在沸石矿物中的这种形式的水叫“沸石水”。

（2）晶体构造中平衡电荷的阳离子 Na、K 等能被周围水溶液中的阳离子所置换，而不破坏其构造。

因此，沸石族矿物具有吸附、分离流体的性质，选择离子代换性质和催化性质等，故为极好的吸附剂、离子交换剂、催化剂和分子筛。沸石广泛应用于石油、化工、纺织，处理放射性物质、环境保护等方面。特别是在农业上更为重要，主要作土壤改良剂、沸石能吸收土壤中的 Na^+、Cl^-、SO_4^{2-} 等离子，降低 pH 值和碱化度，改善土壤结构状况，使土壤向着有利于作物生长的方向发展。它的应用范围正随着研究的不断深入而日趋扩大。总之，沸石矿物是一种具有广泛前景的矿物资源，备受人们关注。

沸石矿物受热失水时，有沸腾现象，因而得名。沸石呈纤维状或束状集合体，或呈柱状、板状和菱面体状。硬度为 3.5～5.5，比重为 2.2～2.5。

在内力作用下，沸石生成于低温热液阶段，与方解石、石英共生。在热液变质岩浆岩中，喷出岩气孔中可见到沸石。

沸石分布很广。在土壤和近代沉积岩中都分布有沸石。肉眼鉴定沸石很难，通常用 X 射线分析、差热分析、红外线光谱、偏光显微镜等。

第三节　可燃冰：人类未来的新能源

矿产资源是人类生产、生活资料的主要来源之一，是经济建设和社会发展的物质基础，也是体现一个国家国力大小的重要标志。在人类历史上，社会生产力的每一次大发展都伴随着矿产资源利用规模的急剧扩大和利用水平的大幅度提高，矿产资源的开发利用推动了人类社会的进行，创造了人类的文明。矿产资源利用的规模和水平在很大程度上反映了人类文明的程度及人与自然关系的和谐程度。

我国具有良好的成矿地质条件，矿产资源丰富，矿种齐全，已发现矿种 173 种。有探明储量的矿产 159 种，其中能源矿产 10 种，金属矿产 54 种，非金属矿产 92 种，水气 3 种。已发现矿床、矿点 20 多万处，经过详细勘查的矿床 2 万多处，在陆地上平均每 $10000km^2$ 有 200 多个矿床、矿点，说明我国矿产资源丰度较高。

我国是一个矿产资源大国和矿业大国，石油、天然气、煤、铁、锰、铜、铝、铅、锌、金及某些非金属矿产都探明有大量储量，钨、锡、钼、锑、稀土、钛、石墨、菱镁矿、重晶石、膨润土等矿产的探明储量居世界首位或前列。国务院于 2017 年公布可燃冰为第 173 个新矿种。

绝大多数矿产是一种在短期内不可再生的耗歇性资源。为了满足经济社会发展对矿产资源日益增长的需求，一方面要加强矿产资源勘查，提供更多后备资源基地；另一方面必须实行节约型资源消耗战略，合理开发利用矿产资源。目前，我国矿产资源供需矛盾突出，资源浪费严重，急需加强矿产资源勘查，研究矿产分布规律和成矿机制，开发新的资源勘查技术和资源合理开发利用技术，以保障矿产资源的可持续供给和利用。

新能源——可燃冰的开发利用技术的研究已收到较好的效果，天然气水含物（natural gas hydrate，NCH）是近 20 年来在海洋和冻土带发现的新型洁净资源，是天然气水合物（clathrate）的一种，它是天然气和水在一定的温度、压力条件下相互作用所形成的固体。天然气水合物是一种主客体材料，水分子形成一种点阵结构，天然气分子则填充于点阵间的空穴，形成天然气水合物的主要气体为甲烷。天然气水合物储量巨大（图 2-29）。

有专家预测，可燃冰至少能为人类提供 1000 年的能源，它有望取代煤、石油、天然气，成为“21 世纪的新能源”。

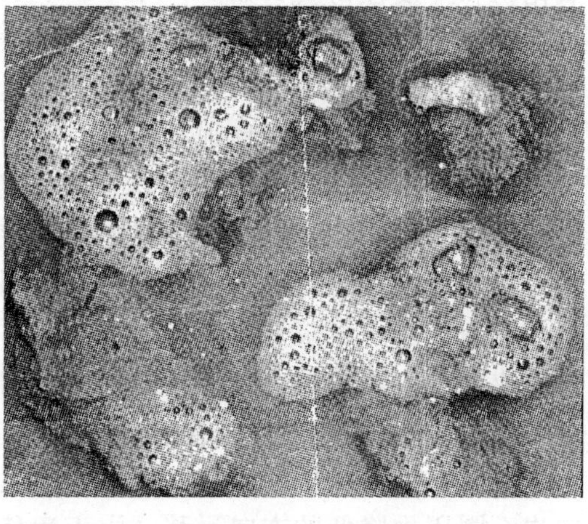

图 2-29 可燃冰放入水中随即冒出大量气泡（新华社发）

可燃冰是天然气和水结合在一起的固体化合物，外形与冰相似，由于含有大量甲烷等可燃气体，因此极易燃烧，而且燃烧后不产生任何污染。科学家把可燃冰称作“属于未来的能源”。

世界上可燃冰的总资源量巨大。据估算，其有机碳含量大约相当于全世界已知煤炭、石油和天然气总量的 2 倍。这些可燃冰资源可满足人类未来 1000 年的需求。世界上已发现的可燃冰分布区多达 116 处，其矿层之厚、规模之大，是常规天然气田无法相比的。

天然可燃冰呈固态，不会像石油开采那个自喷流出。为了获取这种清洁能源，世界许多国家都在研究天然可燃冰的开采方法。科学家们认为，一旦开采技术获得突破性进展，那么可燃冰立刻会成为 21 世纪的主要能源。

相反，如果开采不当，后果绝对是灾难性的。在导致全球气候变暖方面，甲烷所起的作用比二氧化碳要大 1020 倍；而可燃冰矿藏哪怕受到最小的破坏，都足以导致甲烷气体的大量泄漏，从而引起强烈的温室效应。另外，陆缘海边的可燃冰开采起来十分困难，一旦出现井喷事故，就会造成海啸、海底滑坡、海水毒化等灾害。所以，可燃冰的开发利用就像一柄“双刃剑”，需要小心对待。

第四节　岩浆岩(火成岩)

自然界中由一种或多种矿物以一定的规律组成的集合体，称为岩石。有些岩石是由一种矿物组成，如纯大理岩是由方解石组成；而多数是由两种以上矿物组成，如花岗岩是由正长石、石英和云母等多种矿物组成。

岩石是组成地壳的主要物质成分。自然界的岩石种类很多，按不同的成因可分为三类，即岩浆岩、沉积岩和变质岩。这三类岩石在地表的分布面积以沉积岩最广，达 75%以上。若在地表以下 16km 范围以内，按质量计算，则以岩浆岩最多，达 95%，而沉积岩只占 5%（变质岩分别包括在这两种岩石内）。

土壤是由岩石经风化作用和成土作用而形成的。母岩及其矿物成分、结构、构造和风化特点都与土壤的理化性质等有直接关系，因此我们必须对各类岩石进行研究。

一、岩浆、岩浆作用和岩浆岩的概念

（一）岩浆

岩浆是形成于软流圈及岩石圈局部地段的高温熔融物质。它的温度一般为 700～1200℃，并随岩浆成分的不同而有所差异。岩浆的成分主要为硅酸盐及部分金属硫化物、氧化物和挥发性物质（如 H_2O、CO_2、H_2S 等）。

岩浆中的挥发性物质在高压条件下主要呈熔解状态，部分呈气泡状态。呈熔解状态的挥发物有助于增加岩浆的活动性和降低岩浆的熔点，使岩浆的温度能够在一定范围内变化；呈气泡状态的挥发物则有碍于岩浆的活动。

岩浆是具有较大黏性的流体，岩浆的黏度与岩浆的成分、温度和挥发物的含量等有关。硅酸含量多、温度低、液态挥发物含量少的岩浆黏性大，不易流动；相反，硅酸含量少、温度高、液态挥发物含量多的岩浆则黏性小，易于流动。

综上所述，岩浆是起源于地下深部、富含挥发性物质的高温黏稠的硅酸盐熔融体，它是形成各种岩浆岩和内生矿床的物质基础。

（二）岩浆作用和岩浆岩

岩浆在地下深处有很高的压力和温度。当构造运动使岩石圈局部压力降低时，岩浆就向岩石圈压力降低的方向运移。由于运移途中物理、化学条件的变化，岩浆也不断改变自己的性质和成分，最后岩浆上升到地壳上部或喷出地表，冷凝成岩石。包括岩浆形成、运移和冷凝成岩的整个活动过程，称为岩浆作用。由岩浆冷凝而成的岩石叫岩浆岩，岩浆岩约占地壳总质量的 95%，是三大类岩石的主体。

岩浆作用包括喷出作用（火山活动）和侵入作用，分别生成喷出岩（火山岩）和侵入岩。

1. 岩浆的喷出作用和喷出岩

岩浆喷出地表的活动称为喷出作用，也是最壮观的自然现象之一（图 2－30），由岩

图 2-30　夜晚中的火山喷发如同节日的焰火

浆喷出作用所形成的岩石称为喷出岩。岩浆喷出物有气体、液体和固体三类。

（1）气体喷出物。岩浆在向上运移过程中，由于压力逐渐降低，熔解在岩浆中的挥发物就以气体形式分离出来而成为岩浆喷发的前导。气体喷出物以水蒸气为主（一般占 60%～90%），还有 CO_2、S、硫化物以及少量 HCl、HF、NaCl、NH_4Cl 等。如 1912 年美国阿拉斯加卡特曼火山喷发的气体中，盐酸就达 125 万 t，我国台湾大屯火山群至今仍有硫黄蒸气喷出。

（2）液体喷出物。喷出地表而逸散了气体的岩浆称为熔浆，由熔浆冷凝形成的岩石称为熔岩。硅酸含量少的熔浆称为基性熔浆。基性熔浆因黏度小、温度高、流速大，在流动过程中，往往表层先冷却，而内部尚在流动，导致表层熔岩形成波浪起伏状或绳状，通常称为波状熔岩或绳状熔岩。硅酸含量多的熔浆称为酸性熔浆。酸性熔浆因黏度大、温度低、流速慢，在流动过程中很快冷凝成块状，通常称为块状熔岩。

（3）固体喷出物。火山爆发的固体喷出物称为火山碎屑物。其来源有三：在地下已冷凝的岩浆物质被喷射出地面；液体岩浆喷射到空中冷凝成固体；围岩被炸碎抛出地面。一般都集中在火山周围，并且随着火山的不断喷发而生长成为锥状火山（图 2-31）。

2. 岩浆的侵入作用和侵入岩

岩浆上升到地下某一深处，占据一定空间，基本停止运移，最后冷凝结晶，这种活动称为侵入作用，由岩浆侵入作用所形成的岩石称为侵入岩。岩浆在距地表 3km 以下冷凝结晶者称为浅成侵入作用，其所形成的岩石称为浅成岩。

图 2-31　日本富士山——一个典型的火山锥

二、岩浆岩的化学成分和矿物成分

岩浆岩的化学成分和矿物成分是岩浆岩的基本特征，它不仅能反映岩浆岩的成因和形成条件，而且也是岩浆岩分类和鉴别的重要依据。

（一）岩浆岩的化学成分

组成地壳的最主要岩石是岩浆岩，因此，岩浆岩的化学成分与地壳的化学成分很接近。岩浆岩中含量较多的元素依次是 O、Si、Al、Fe、Ca、Na、K、Mg、Ti 9 种，占岩浆岩总质量的 99%。

岩浆岩的化学成分常用氧化物表示，其中 SiO_2 的平均含量占 59.14%，Al_2O_3 占 15.34%。岩浆岩各主要氧化物的平均含量见表 2-5。

岩浆岩各主要氧化物之间有很密切的关系。根据 SiO_2 含量，可把岩浆岩分成四类：超基性岩（SiO_2 含量小于 45%）、基性岩（SiO_2 含量 45%～52%）、中性岩（SiO_2 含量 52%～65%）和酸性岩（SiO_2 含量大于 65%）。

表 2-5 岩浆岩的平均化学成分

氧化物	质量/%	元素	质量/%	氧化物	质量/%	元素	质量/%
SiO_2	59.14	O	46.42	CaO	5.08	Na	2.83
Al_2O_3	15.34	Si	27.59	Na_2O	3.84	K	2.58
Fe_2O_3	3.08	Al	8.08	K_2O	3.13	Mg	2.09
FeO	3.80	Fe	5.08	TiO_2	1.05	Ti	0.721
MgO	3.49	Ca	3.61				

在超基性岩中，由于 SiO_2 的含量少，所以含 SiO_2 少的橄榄石最先从岩浆中结晶出来，这类岩石称为不饱和岩石；在酸性岩中，由于 SiO_2 含量多，除了生成其他硅酸盐矿物外，尚有过剩的 SiO_2 形成石英，这类岩石称为过饱和岩石；在其他两类岩石中，由于 SiO_2 含量适中，一般只含少量或不含橄榄石和石英，称为饱和岩石。由此可见，橄榄石与石英具有指示岩石饱和度的作用，故有指示矿物之称。

从化学成分可以看出：随着 SiO_2 含量的增加，FeO 及 MgO 逐渐减少；CaO 及 Al_2O_3 在超基性岩中很少，在基性岩中大量出现，以后又有减少的趋势，CaO 的减少更为明显；K_2O 和 Na_2O 在超基性岩中几乎没有，以后逐步增加。由此可见，由于不同类型岩浆岩的化学成分存在差异，其矿物成分必然也各有不同。

（二）岩浆岩的矿物成分

组成岩浆岩的常见矿物不过 20 余种，其平均含量见表 2-6。其中主要是硅酸盐类矿物的长石、石英、云母、角闪石、辉石和橄榄石等，所以他们被称为岩浆岩的造岩矿物。

表 2-6 岩浆岩矿物的平均含量 %

矿物	平均含量	矿物	平均含量
长石	60.2	磷灰石	0.6
石英	12.4	磁铁矿、钛铁矿	4.1
橄榄石、辉石、角闪石	16.3	其他	1.2
黑云母、白云母	5.2		

组成岩浆岩的主要造岩矿物分类如下。

1. 按化学成分

(1) 硅铝矿物。硅铝矿物中 SiO_2 和 Al_2O_3 的含量较高而不含铁镁，如长石、石英、白云母等，颜色较浅，常呈灰白色、肉红色，所以又称为浅色矿物。

(2) 铁镁矿物。这类矿物中 FeO 和 MgO 的含量较高，SiO_2 的含量较低，如橄榄石、辉石、角闪石、黑云母等，颜色较深，常呈黑色、墨绿色，所以又称为深色矿物（暗色矿物）。

一般从超基性岩到酸性岩，铁镁矿物逐渐减少，硅铝矿物则逐渐增多，岩石颜色由深变浅，相对密度也由大变小，见表 2-7。

2. 按矿物在岩浆岩中的含量比和对岩浆岩分类所起的作用的分类

(1) 主要矿物。是指在岩石中含量一般大于10%的矿物，它们是划分岩石大类的根

表 2－7　　岩浆岩的颜色和相对密度的变化

岩石类别	硅酸饱和程度	主要矿物	颜色	相对密度
超基性岩	不饱和	橄榄石、辉石	深→浅	大→小
基性岩	饱和	斜长石、辉石		
中性岩	饱和	斜长石、角闪石		
酸性岩	过饱和	石英、正长石、斜长石		

据。如花岗岩中的钾长石和石英都是主要矿物，没有它们便不能称为花岗岩。

（2）次要矿物。是指在岩石中含量较少，一般占 1%～10%的矿物，其存在与否不影响岩石大类的划分，但对进一步命名有作用。如石英在角闪岩中可有可无，若含有少量石英时则称为石英角闪岩。

（3）副矿物。指在岩石中含量最少，通常不到 1%的矿物，肉眼不易看见，因此对一般分类命名不起作用。常见的副矿物有磁铁矿、磷灰石、钛铁矿等。

3．按矿物成因的分类

（1）原生矿物。是指直接从岩浆中结晶出来的矿物。如长石、石英、云母、橄榄石、辉石、角闪石等。

（2）次生矿物。是指原生矿物形成以后，由于受到热水溶液或风化作用所形成的新矿物。如铁镁矿物在热水溶液作用下所形成的蛇纹石、绿泥石等；长石风化变成的高岭石等。

三、岩浆岩的结构、构造和岩体产状

岩浆在不同的环境中（如地表或地下不同深处）冷凝，其物理化学条件（如温度、压力等）不同，所形成的岩浆岩就具有不同的结构和构造。因此，结构和构造是岩浆岩生成时外部环境条件在岩石上的反映，它能被肉眼直接观察，也是岩浆岩肉眼鉴定和分类的重要依据之一。

（一）岩浆岩的结构

岩浆岩的结构是指岩石中矿物的结晶程度、颗粒大小、形状及其空间结合方式。岩浆岩的结构类型繁多，我们只介绍主要的几种。

1．按结晶程度划分

按结晶程度划分的类型有全晶质结构、半晶质结构和玻璃质结构，如图 2－32 所示。

（1）全晶质结构。组成岩石的矿物全部结晶是侵入岩常见的结构，如花岗岩。

（2）半晶质结构。组成岩石的矿物既有晶质又有玻璃质。常见于喷出岩，有时也见于浅成岩体的边缘，如石英斑岩。

（3）玻璃质结构。岩石全部由玻璃质矿物组成，是少数喷出岩的结构。玻璃质结构的岩石断面光滑，常具有玻璃光泽和贝壳状断口，如黑曜岩。

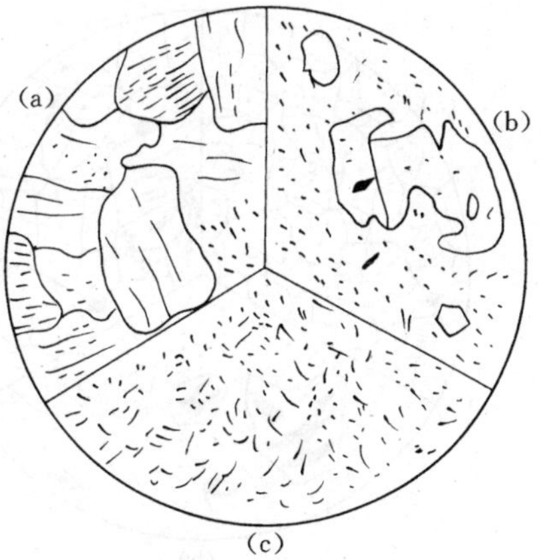

图 2－32　岩浆岩按结晶程度划分

（a）全晶质结构；（b）半晶质结构；（c）玻璃质结构

2. 按矿物颗粒的绝对大小划分

（1）显晶质结构。肉眼或放大镜能够辨认出矿物颗粒之间的界线，据其粒径大小又可分为以下几种。

1）粗粒结构：粒径大于5mm，是深成岩常见的结构。

2）中粒结构：粒径为1～5mm，也是深成岩常见的结构。

3）细粒结构：粒径为0.1～1mm，一般是浅成岩所具有的结构。

（2）隐晶质结构。用肉眼和放大镜不能分辨出矿物颗粒，但在显微镜下能够鉴别。隐晶质岩石结构致密，断口微显粗糙，无玻璃光泽和贝壳状断口，常见于喷出岩中。

影响岩浆岩矿物结晶程度及晶粒绝对大小的因素主要是岩石的形成环境和岩浆成分。深成岩在地下深处形成，冷却缓慢，质点有充分时间结晶，故呈全晶质且晶粒粗大。喷出岩在地表形成，冷却迅速，质点没有充分时间结晶，故只能形成半晶质、隐晶质和玻璃质。在相同的环境条件下，由于酸性岩浆温度低，黏度大，因此其结晶程度比基性岩差，结晶粒径也比基性岩小。

3. 按矿物颗粒相对大小划分（图2-33）

（1）等粒结构。岩石中主要矿物粒径相差不多。它是深成岩常见的结构。

（2）斑状结构和似斑状结构（不等粒结构）。岩石由粒径大小悬殊的两部分矿物所构成的结构称为不等粒结构。其中粗大者称为斑晶，细小者称为基质。如基质为隐晶质或玻璃质者称为斑状结构，常见于部分浅成岩或喷出岩；如基质为显晶质者称为似斑状结构，常见于部分深成岩或浅成岩。

斑状结构中的斑晶，一般在地下深处先结晶，晶粒较粗大。随后，携带着斑晶的岩浆上升浅处或喷出地表，因迅速冷却而形成基质。似斑状结构中的斑晶和基质大体同时形成，其斑晶是由于某一组分过剩，首先饱和结晶而成的。

4. 按矿物晶形完整程度划分（图2-34）

（1）自形结构。岩石中的主要矿物晶形发育良好（自形晶）。

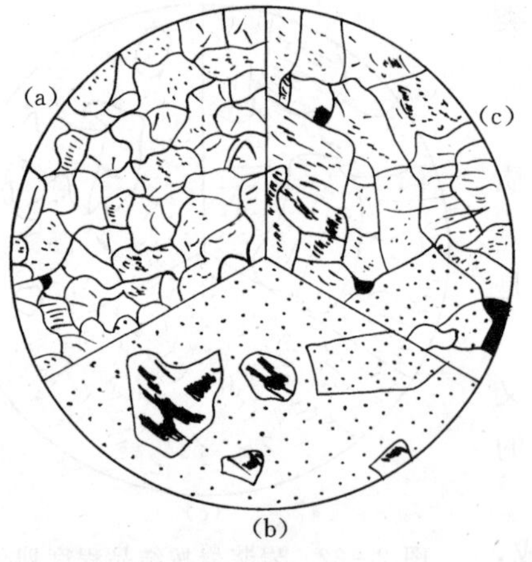

图2-33　岩浆岩按矿物颗粒相对大小划分

（a）等粒结构；（b）斑状结构；（c）似斑状结构

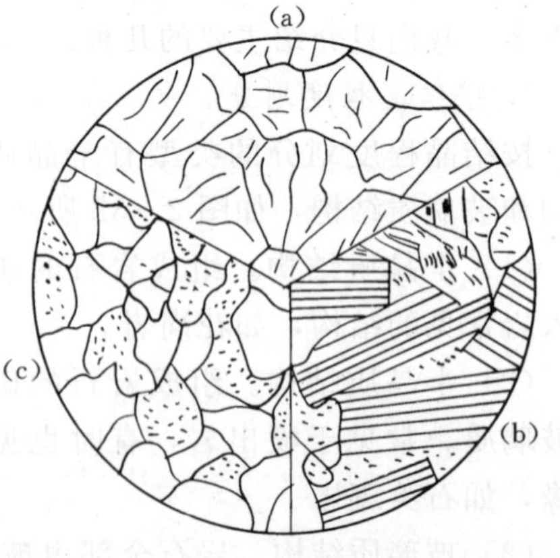

图2-34　岩浆岩按矿物晶体完整程度划分

（a）自形结构；（b）半自形结构；（c）它形结构

（2）半自形结构。岩石中的主要矿物晶形发育不完全（半自形晶），只有部分发育较好。由半自形晶组成或半自形晶与自形晶或它形晶混合组成的结构称为半自形结构。

（3）它形结构。岩石中的主要矿物都不具有规则的晶形（它形晶）。

矿物晶形的完整程度主要取决于矿物的晶出顺序。自形晶往往先结晶，半自形晶次之，它形晶较晚，因此根据晶形的完整程度可以大致确定其晶出顺序。

（二）岩浆岩的构造

岩浆岩的构造是指不同的矿物集合体之间或矿物集合体与岩石其他部分之间的排列、充填方式的特征。它与结构的差别在于：结构是指矿物之间的特征，而构造是指矿物集合体之间的某些特征，是比结构宏观的形象特征。岩浆岩常见的构造如下。

（1）块状构造。岩石中矿物分布均匀，无一定方向排列。这是一种分布最广的构造，大多数岩浆岩特别是深成岩都具有此种构造。

（2）斑杂构造。岩石中矿物成分或结构特征不均匀，在不同部位分别聚集而彼此错杂分布。造成岩石成分或结构的不均一，往往是由于析离体和捕虏体等影响所致。斑杂构造常见于中酸性侵入岩中。

（3）流纹构造。岩浆喷出时，因熔浆流动而使不同颜色条纹或拉长的气孔在岩石中呈定向排列，流纹即代表原来熔浆流动的方向。如流纹岩具有典型的流纹构造。

（4）气孔构造和杏仁构造。岩浆喷出地表时，挥发性气体逸出，气泡的孔壁迅速冷凝，在岩石中留下圆形或椭圆形孔洞，此称为气孔构造（图2-35）。当气孔被后来的矿物质（如方解石、石英等）所充填如杏仁状者称为杏仁构造。

气孔构造和杏仁构造往往分布于熔岩的表层，如多层气孔构造或杏仁构造，则可作为判断地质时代火山喷发次数的依据。

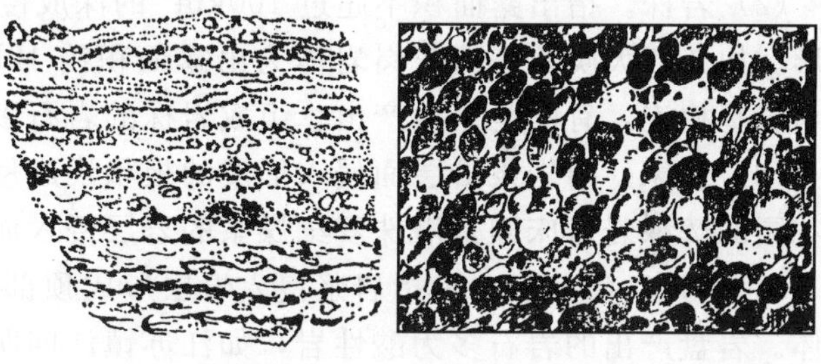

(a)　　(b)

图2-35　岩浆岩构造

(a) 流纹构造；(b) 气孔构造

（5）枕状构造。当基性熔岩流在海底喷发时，常形成枕状构造。有枕状构造的岩石被分成许多上凸底平的椭球体或枕状体，在枕状椭球体之间充填了沉积物或次生产物。

（三）岩浆岩体的产状

岩浆岩体的产状包括岩体的形态、大小、埋藏深度、与围岩的接触关系，以及形成时所处的构造环境等。岩浆岩体的产状多种多样，其原因是受构造运动、岩浆的性质和活动方式以及在地壳中凝固的深度等因素的影响。岩浆岩体产状的确定主要在野外进行，但也可以在地质图上分析出来。

根据岩体形成深度和方式，可将其分为喷出岩体和侵入岩体。

1. 喷出岩体的产状

喷出岩体的产状主要决定于熔岩成分，其次是地形等。常见的有以下几种。

（1）熔岩被。指基性熔浆沿地壳裂隙溢出后覆盖在广大地面上形成的熔岩体。如印度德干高原熔岩被面积达 518000km^2。

（2）熔岩流。指熔浆在地面流动所形成的舌状熔岩体。酸性熔岩常呈短而厚的熔岩流，基性熔岩常呈狭长带状的熔岩流。熔岩体如遇到陡坎，可形成熔岩瀑布。

（3）熔岩锥（熔岩穹）。指黏度较大的酸性熔浆喷溢地面时所形成的穹隆状熔岩体。

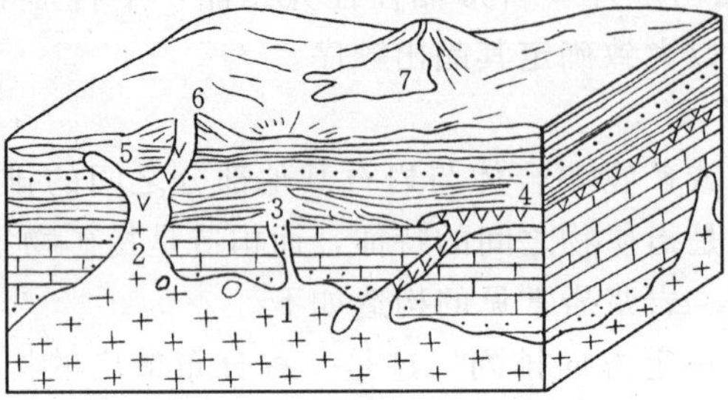

图 2-36　岩浆岩体产状示意图

1—岩基；2—岩株；3—岩盘；4—岩床；5—岩墙和岩脉；6—火山锥；7—熔岩流

2. 侵入体的产状

由于岩浆侵入的深度、规模、成分以及围岩产状的不同，故侵入体的产状各异（图 2-36）。

（1）岩基。指规模极大的深成侵入体，其横截面积在 100km^2 以上。如我国海南岛琼中岩体是出露面积达 5000km^2 的巨大岩基。组成岩基的岩石多为花岗石、花岗闪长岩等酸性岩，它们常构成巨大山脉的核心部分。我国岩基的分布相当广泛，如天山、阿尔泰山、祁连山、大兴安岭、南岭等山脉都有不同时代的花岗岩岩基出露。

（2）岩株。指出露面积不超过 100km^2 的深成侵入体，平面常呈浑圆形，有时为不规则形。如江西大庾西华山花岗岩体为出露面积约 19km^2 的近椭圆形的岩株。有的岩株深部与岩基相连，有的是单独产出。组成岩株的岩石多为中酸性岩。

（3）岩床。指岩浆沿层面侵入形成的板状浅成侵入体，其岩石多为基性岩。如河北省下花园的辉绿岩岩床即是沿侏罗纪煤系的岩层侵入而成的。

（4）岩盘（岩盖）。是指岩浆侵入岩层形成顶部拱起、中央厚边部薄的穹窿状浅成侵入体。岩盘产出的岩石多为酸性岩，如江苏镇江四明山是由正长斑岩和花岗闪长岩两次侵入栖霞灰岩中形成的岩盖。

（5）岩墙和岩脉。岩墙是岩浆沿裂隙侵入并切穿围岩层理的板状浅成侵入体。岩墙规模大小不一，厚度从数十厘米至数公里，长度从数十米至数公里，甚至可达数百公里。如南非津巴布韦大岩墙长达 500km，宽 3～14km 组成岩墙的岩石繁多，从基性岩到酸性岩都有。

岩脉与岩墙性质相似，有时两者通用。一般将规模小、形态不规则、常分支复合的脉络状岩体称为岩脉。严格地说，岩墙充填的是岩浆的主要成分结晶的产物，如石灰岩中的辉绿岩墙；岩脉充填的是岩浆的主要成分结晶以后的产物，甚至可以是沉积成岩作用和变质作用的分泌物，如花岗岩中的伟晶岩脉，石灰岩中的方解石脉。

岩浆活动及与其相关的岩石产状和岩石分类如图 2-37 所示。

四、岩浆岩的分类和主要岩浆岩

自然界中的岩浆岩多种多样，现有的岩浆岩名称约有 1100 种之多。各种岩浆岩之间存在着物质成分、结构构造、产状及成因诸方面的差异，但又有一系列的过渡种类，说明它们存在着密切的内在联系。为了系统地研究岩浆岩，必须进行科学的分类。

岩浆岩分类的主要原则是：

1. 岩石的化学成分

根据岩浆岩的主要成分——SiO_2 的含量，把岩浆岩分为超基性岩、基性岩、中性岩、酸性岩类。此外，还有半碱性岩和碱性岩类。这两类岩石很少见，其 SiO_2 含量大致与中性岩类相当，但含碱质 K_2O 和 Na_2O 平均达 9%～14%，是各类岩浆岩中含量最高的，据此将其分别列出。

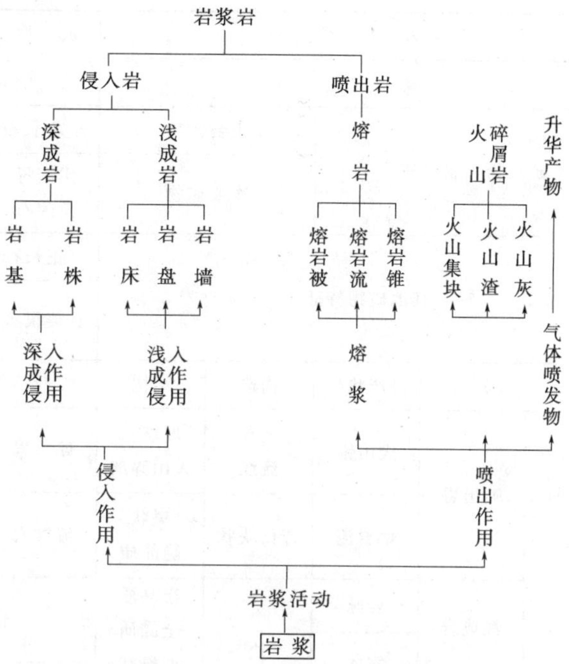

图 2-37　岩浆岩活动及与其相关的岩石产状和岩石分类图解

2. 岩石的矿物成分

岩浆岩的化学成分不同，其造岩矿物的种类和数量比也随着变化（图 2-38），根据各岩类中的主要矿物成分可划分基本岩石类型。如辉长岩——玄武岩类等（以常见的侵入岩和喷出岩名称作为各岩类的名称）。

3. 岩石的产状

根据岩浆岩的产状、结构和构造，可将其分为深成岩、浅成岩和喷出岩。

本教材根据上述原则，归纳出岩浆岩分类简表（表 2-8）。

表 2-8 中横行按岩石的化学成分分类，其下列出各类岩石的颜色和主要矿物成分。

表 2-8 中纵行按岩石产状分类，同时列出相应的结构、构造。同一纵行的岩石成分相同，属于同一岩石类型，只是由于产状、结构、构造不同而有不同的岩石名称。

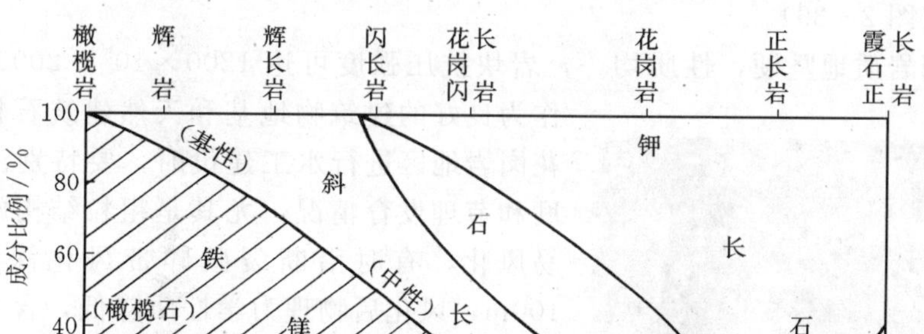

图 2-38　各类岩浆岩中矿物成分变化图解

表 2-8　　岩浆岩分类简表

岩石类					酸性	中性		基性	超基性
颜色					肉红 灰白	灰红 肉红 灰 灰绿		灰黑 灰绿	黑色
矿物成分		主要矿物			石英 长石	正长石	角闪石	辉石	橄榄石
		次要矿物			黑云母 角闪石	角闪石 黑云母	辉石	橄榄石	角闪石
其他矿物特征					正长石多于斜长石		斜长石多于正长石		无长石
					石英很多	石英极少（<10%）	石英极少	石英极少	无石英
成因		产状	构造	结构					
喷出的	喷出岩	火山锥	气孔 流纹	玻璃质 火山碎屑	俘岩	黑曜岩	凝灰岩	火山角砾岩	火山集块岩
		熔岩流	杏仁块状	斑状 隐晶质	流纹岩	粗面岩	安山岩	玄武岩	苦杆岩
侵入的	浅成岩	岩脉	块状	半晶质 全晶质 似斑状 粒状	伟晶岩		煌斑岩		苦杆玢岩
		岩床 岩株 岩盘 岩基			花岗斑岩	正长斑岩	闪长玢岩	辉绿岩	
	深成岩			全晶质 粒状	花岗岩	正长岩	闪长岩	辉长岩	橄榄岩 辉岩

五、主要岩浆岩的特征

1. 花岗岩

花岗岩是深成的侵入岩，分布非常广泛。多呈肉红色，风化面呈黄色。主要矿物成分是石英、正长石，含有少量的黑云母、角闪石和其他矿物。块状构造，全晶质等粒状结构，产状多为岩基、岩株和岩盘等，岩性比较均一。多具有三组原生节理，将岩石切割成块状或枕状（图 2-39）。

由于花岗岩质地坚硬，性质均一，岩块抗压强度可达 $1200\times10^5\sim2000\times10^5$Pa，可作为良好的建筑物地基和天然建筑石料。但是，在花岗岩地区进行水工建设时，要特别注意其风化程度和节理发育情况，尤其是粗粒结构的花岗岩，更易风化，有时沿断裂破碎带风化深度可达 50～100m，风化后物理力学性质降低，含水量、渗水性都会增大。因此，在花岗岩上修建工程建筑物时，需查明风化层厚度和断裂破碎带等情况。

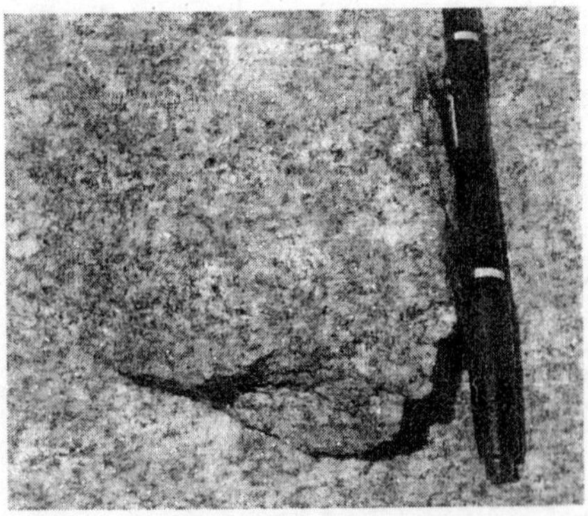

图 2-39　花岗岩

2. 流纹岩

流纹岩是一种喷出岩，呈岩流状产出。颜色一般较浅，大多是灰、灰白、浅红、浅黄褐等色。具有流纹构造，斑状结构，细小的斑晶为长石和石英等矿物组成，石基多为隐晶质和玻璃质的致密矿物组成。流纹岩可作良好的建筑材料，若作为建筑物地基时需要注意下伏岩层的性质。

3. 正长岩

正长岩多为微红、浅黄或灰白色。中粒、等粒结构，块状构造。主要矿物成分为正长石，其次为黑云母和角闪石等，有时含少量的斜长石和辉石，一般石英含量极少。其物理力学性质与花岗岩相似，但不如花岗岩坚硬，且易风化，常呈岩株产出。

4. 安山岩

安山岩是岩浆岩中分布较广的一种中性喷出岩。灰、浅黄或浅褐红色。多呈斑状结构，斑晶主要为斜长石，有时为角闪石或辉石。石基为隐晶质或玻璃质，具有气孔状或杏仁状构造，有不规则的板状或柱状原生节理，常呈岩流产状。

斑晶以斜长石为主的中性或基性浅成岩，称为玢岩。呈灰、深灰或绿色，岩石中常有绿泥石、高岭石和方解石等次生矿物（图 2-40）。

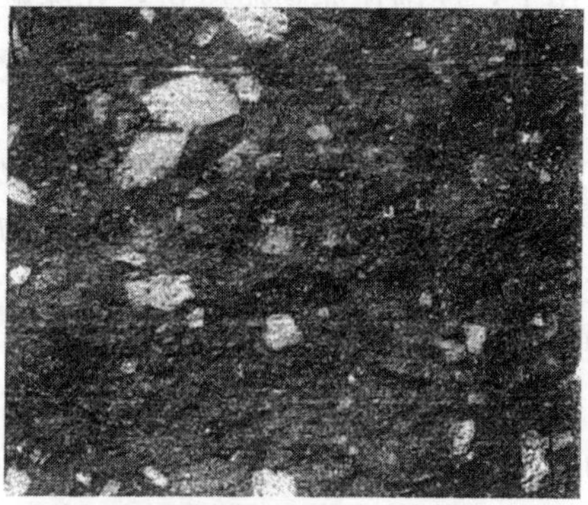

图 2-40　中性火山岩——安山岩

5. 玄武岩

玄武岩呈黑、褐或深灰色。主要矿成分与辉长岩相同，常含有橄榄石颗粒，呈隐晶质细粒或斑状结构，具有气孔状构造，当气孔中为方解石、绿泥石及石英所充填时，即构成杏仁状构造。岩石致密坚硬、性脆。岩块抗压强度在 $2000\times10^5\sim5000\times10^5$Pa，抗磨损，耐酸性强。

第五节　沉　积　岩

沉积岩是野外常见的一种岩石，它的体积只占地壳的 5%，但是由于主要分布在地壳的表层，出露面积却占地球表面积的 75%。因此，研究沉积岩的形成条件、结构、构造及其特征，对工程建筑具有实际意义。

一、沉积岩的形成及组成成分

（一）沉积岩的形成

沉积岩的形成是一个长期而复杂的地质作用过程，一般可分为下列 4 个阶段。

（1）松散破碎阶段。地壳表面原来的各种岩石，长期遭受自然界的风化破坏作用，主要是风吹、雨淋、冰冻、日晒、水流或波浪的冲刷和淋蚀溶解作用，以及生物的机械作用和化学作用的结果，使原来坚硬的岩石，逐渐破碎形成大小不同的碎屑物质，甚至改变原来物质成分和化学成分，形成一种新的风化产物。

（2）搬运阶段。岩石风化破坏的产物一部分停留在原地堆积起来，但大多数情况下，经过水流、风力和岩屑本身的重力作用，搬运到其他地方。在搬运过程中，不稳定的成分继续淘汰，稳定成分的比例不断增加，具有棱角的不断磨圆，颗粒的圆度增加，颗粒变细。

（3）沉积阶段。当搬运力量逐渐减弱时，携带的物质沉积下来。沉积的物质具有较明显的分选性。因此，在同一地区沉积着直径大小相近似的颗粒。如当河流从山区流向平原时，随着河床坡度的减小，水流速度也逐渐减小。上游沉积的颗粒粗，下游沉积的颗粒细，河流最后流向海洋，沉积的颗粒比河道沉积的更细。最初沉积下来的物质呈松散状态，称为松散沉积物。

（4）硬结成岩阶段。最初沉积的松散物质，被后继的沉积物所覆盖，进入与原介质隔绝的新环境，在上覆岩层的压力和一些胶结物质（如胶体颗粒、硅质、钙质、铁质等）的作用下，逐渐使原物质压密，孔隙减小，脱水凝固起来而成较坚硬的整体岩石，这种作用称为硬结成岩或石化作用。

（二）沉积岩的矿物组成

沉积岩的矿物组成主要是原来地表的岩石，由于风化作用，使原岩在新的环境下形成新的矿物和胶结物质组成，这些矿物与原岩物质组成有相同之处，亦有不同之处。目前已发现的矿物种类很多，而组成沉积岩物质成分90%以上的矿物，仅有20余种。按成因类型可分为以下几种。

（1）碎屑矿物。主要是来自原岩的原生矿物碎屑，如石英、长石、云母等一些耐磨损而抗风化性较强和稳定的矿物。

（2）黏土矿物。是原岩经风化分解后而生成的次生矿物，如高岭石、蒙脱石、水云母等。

（3）化学沉积矿物。是经化学沉积或生物化学作用而形成的矿物，如方解石、白云石、石膏、石盐、铁和锰的氧化物或氢氧化物等。

（4）有机质及生物残骸。是由生物残骸或经有机化学变化而成的矿物，如贝壳、硅藻土、泥炭、石油等。

二、沉积岩的结构和构造

（一）结构

沉积岩按组成物质、颗粒大小及形状，可分为以下几种。

（1）碎屑结构。碎屑物质被胶结物质黏结起来而形成的一种结构。

（2）泥质结构。矿物颗粒显示定向排列，一般由颗粒径小于0.005mm的黏土等胶结物质组成的结构。

（3）结晶结构。是由化学沉淀或胶体重结晶所形成的结构。其中又可分为鲕状、结核状、纤维状、致密块状和粒状结构等。

（4）生物结构。是由生物遗体所组成的结构，如生物碎屑结构、贝壳结构等。

（二）构造

沉积岩常见的构造有以下几种。

（1）层理及成层构造。是沉积岩最主要的构造特征。

沉积岩在形成过程中由于沉积环境的改变，所引起沉积物质成分、颗粒大小、形状或颜色的变化而显示出成层的现象称为层理。层理之间结合得较紧密。

沉积物连续不断沉积所形成的单元岩层简称为层。相邻两个层之间的界面叫做层面，它是由于上下层之间产生较短的沉积间断而造成的。一个单元岩层上下层面之间的垂直距离称为岩层的厚度。根据层的厚度可分为块状（大于2m）、厚层状（2～0.5m）、中层状

(0.5～0.1m)、薄层状（小于0.1m）。

层理和层面的方向常不一致，根据两者的关系，可对层理形态进行分类：当层理与层面延向方向相互平行时，称为平行层理；有时两者是斜交的，称为斜层理；若是多组不同方向的斜交层理相互交错，称为交错层理。有些岩层一端较厚，而另一端逐渐变薄以至消失，这种现象称为尖灭层；若在不大的距离内两端都尖灭，而中间较厚则称为透镜体。图2-41所示为各种层理类型。

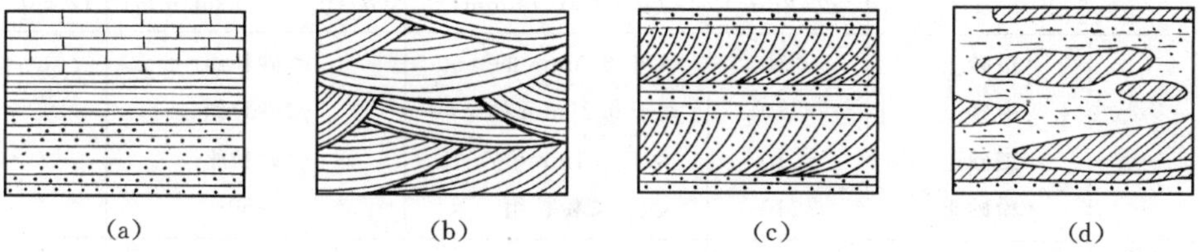

图2-41　沉积岩的层理类型

(a) 平行层理；(b) 交错层理；(c) 斜层理；(d) 透镜体及尖灭层

(2) 层面特征。岩层层面上的构造特征，常见的有波痕、泥裂、雨痕等。

1) 波痕：沉积过程中，沉积物由于受风力或水流的波浪作用，而在沉积层面上遗留下来波浪的痕迹。

2) 泥裂：黏土沉积物表面，由于失水收缩而形成不规则的多边形裂缝，称为泥裂（图2-42），裂缝内常被泥沙、石膏等物质充填。

3) 雨痕：沉积物表面经受雨点、冰雹打击后遗留下来的痕迹。

(3) 化石。在沉积岩中常可见到古代动植物的遗骸和痕迹，经石化交代作用保存下来的称为化石，如蚌壳、三叶虫、树叶等。常沿层理面平行排列分布，也是沉积岩的重要特征。根据化石的种类可以确定岩石形成的环境和地质时代。

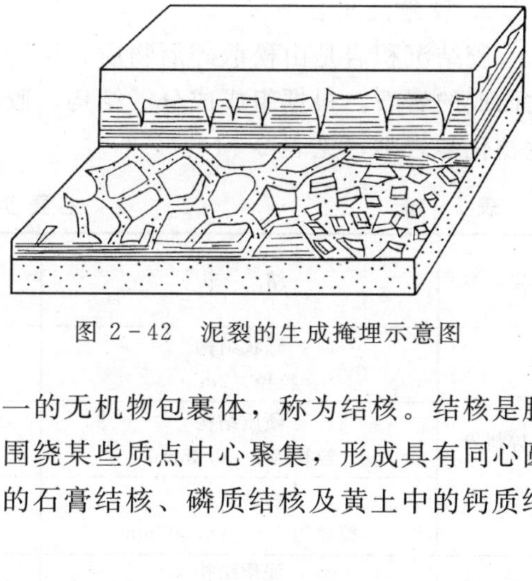

图2-42　泥裂的生成掩埋示意图

(4) 结核。沉积岩中常有圆形或不规则的、与周围岩石成分、颜色、结构不同，大小不一的无机物包裹体，称为结核。结核是胶体物质聚集呈凝块状析出形成的，也有胶体物质围绕某些质点中心聚集，形成具有同心圆结构的结核。如石灰岩中的燧石结核，黏土岩中的石膏结核、磷质结核及黄土中的钙质结核等。

三、沉积岩的分类及简易鉴定方法

(一) 沉积岩的分类

根据沉积岩的组成成分、结构、构造和形成条件，可分为碎屑岩、黏土岩、化学岩及生物化学岩等。它们又可按胶结情况分为未胶结的松散沉积物和胶结的沉积岩。

1. 松散沉积物

松散沉积物又称为松散沉积岩，广泛分布于地表，可作工程建筑材料，也常作水工建筑物的地基（软基）。多呈疏松状态，一般孔隙度大，不紧密，透水性和含水量均较大，抗压强度较低。在建筑物作用下，易产生沉陷。松散沉积物的颗粒组成（级配）直接决定了其名称及物理力学性质。根据松散沉积物颗粒的组成进行分类的情况见表2-9。

表2-9　　松散沉积物分类表

名称		颗粒含量（按重量百分数）			
		卵砾组（d>2mm）	砂粒组（d=2～0.05mm）	粉、粗粒组（d=0.05～0.005mm）	黏粒组（d<0.005mm）
砂土	粗砂土	<10	大于0.5mm的>50	<砂粒组	<3
	中砂土	<10	大于0.25mm的>50	<砂粒组	<3
	细砂土	<10	大于0.1mm的>75	<砂粒组	<3
	粉砂土	<10	<粉粒组	>50	<3
砂壤土	砂壤土	<10	>粉粒组	>砂粒组	10～3
	粉质砂壤土	<10			10～3
壤土	壤土	<10	>粉粒组	>砂粒组	30～10
	粉质壤土	<10			30～10
黏土	砂质黏土	<10	>黏粒组	<黏粒组	>30
	粉质黏土	<10	<黏粒组	>黏粒组	>30
	黏土	<10	<黏粒组	<黏粒组	>30

各种松散沉积物的物理力学特性，在土坝及土力学课程中都有详细讲述，这里从略。

2. 胶结沉积岩

胶结沉积岩是由松散碎屑物质、生物残骸沉积及其化学溶液沉淀后经压实、胶结、硬化而成的岩石。根据组成成分、结构、胶结物等可分为：碎屑岩类、黏土岩类、化学岩及生物化学岩类，见表2-10。

表2-10　　主要沉积岩分类表

岩类	结构		主要成分	主要岩石	
				松散的	胶结的
碎屑岩	砾状结构 粒径>2mm		岩石碎屑	碎石、角砾	角砾岩
	硬质结构 粒径为2～0.25mm		石英、长石、云母、角闪石	砂土	砾岩 石英砂岩
	粉砂结构 粒径为0.05～0.005mm		石英、长石、黏土矿物	粉砂土	粉砂岩
黏土质	泥质结构 粒径<0.005mm		黏土矿物为主，还含有石英、云母		页岩 泥灰岩
化学岩及生物化学岩	化学结构	块状、粒状、鲕状	方解石为主		白云岩 硅藻岩
			白云石为主		
			石英 蛋白石		
	生物化学结构	结核状、块状、鲕状、致密状、纤维状	钾、钠、镁的硫酸盐		石膏、煤、油页岩
			碳、有机质	泥炭	

（二）沉积岩简易鉴定方法

各类沉积岩由于形成条件不同，其颜色、结构、构造和矿物成分也不同，因此，反映出的特征也不相同，这些特征是鉴定沉积岩的主要标志。

（1）碎屑岩类。具有碎屑结构，即岩石由粗粒的碎屑和细粒的胶结物两部分组成。鉴定时要求对碎屑的大小、形状、成分、数量、胶结物的性质及胶结方式进行研究。

碎屑按其大小可分为砾状结构、砂质结构和粉质结构等。砂质结构又可进一步分为粗砂结构、中砂结构和细砂结构。

碎屑形状一般是指颗粒的圆滑程度，即分为滚度良好的、滚圆度中等的及滚圆度差的（带棱角）。肉眼鉴定时，只要求对砾岩中砾石的形状进行观察。砂岩、粉砂岩中砂粒、粉砂粒的形状则要在显微镜下进行观察。

碎屑的成分在砂岩、粉砂岩中多为单一矿物组成，如石英、长石等。而在砾岩中的砾石成分除去矿物外，还常有岩石碎屑，如石灰岩碎屑、石英岩碎屑等。

碎屑岩类的岩石物理力学性质好坏，一般与胶结物的性质及胶结形式有密切关系。常见的胶结物有以下几种。

1）硅质：胶结成分为 SiO_2，岩石呈灰、灰白、黄色等。岩性坚固、抗压强度高，抗水性及抗风化性强。

2）铁质：胶结成分为 Fe_2O_3 或 FeO，多呈红色或棕色，岩石强度高。若含 FeO 时，岩石呈黄色或黄褐色，易于风化。

3）钙质：胶结成分是 Ca、Mg 的碳酸盐，呈白灰、青灰等色，岩石较坚固，强度较大。但性脆，具有可溶性，遇盐酸作用起泡。

4）泥质：胶结成分为黏土，多呈黄褐色，性质松软易破碎，遇水后易泡软松散。

5）石膏质：胶结成分为 $CaSO_4$，硬度小，强度低，具有很大的可溶性。

碎屑岩中碎屑颗粒与胶结物的量比和胶结关系，称为胶结类型。常见的有 3 种胶结类型，如图 2-43 所示。

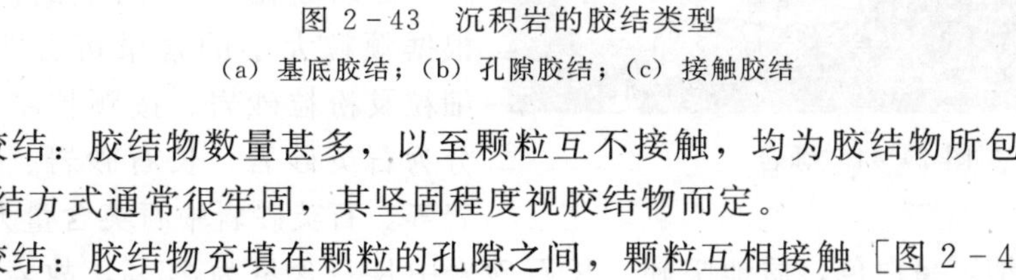
(a) (b) (c)

图 2-43 沉积岩的胶结类型

(a) 基底胶结；(b) 孔隙胶结；(c) 接触胶结

6）基底胶结：胶结物数量甚多，以至颗粒互不接触，均为胶结物所包围［图 2-43(a)］，这种胶结方式通常很牢固，其坚固程度视胶结物而定。

7）孔隙胶结：胶结物充填在颗粒的孔隙之间，颗粒互相接触［图 2-43（b）］，牢固程度很不均一，但通常不很坚固。

8）接触胶结：胶结物仅见于颗粒接触处，其他部分为空隙［图 2-43（c）］。如孔隙有另一种物质充填，则称为充填胶结。因岩石中有很多孔隙，所以这种胶结方式最不牢固。

肉眼鉴定岩石时，胶结方式只对砾岩才具有意义，而对砂岩、粉砂岩不易区别，需用显微镜鉴定。

（2）黏土岩类。颜色单一，为黏土质结构（泥质结构）。质地均匀细腻，主要由黏土矿物组成。黏土岩是由松软的黏性土经过脱水、固结作用而形成的。由于颗粒细小，其成分用肉眼难以辨别，需利用精密仪器（如电子显微镜、"X"射线仪）或化学分析来鉴定。一般黏土岩吸水性强，遇水后易于软化，具有可塑性和膨胀性，根据其层理清晰与否又可分为页岩与泥岩两类，页岩层理清晰，能沿层理分成薄片，风化后呈碎片状；泥岩则层理不清晰，风化后呈碎块状。

（3）化学岩及生物化学岩类。颜色单一，往往反映所含杂质的颜色，如杂质为碳质的呈黑色，泥质呈褐黄色，铁质呈褐红色。结构常见的有致密结构、结晶结构、鲕状结构及竹叶状结构等。致密结构肉眼难以辨认矿物颗粒的粗细；结晶结构反映在岩石表面有闪闪发亮的矿物颗粒；竹叶状结构反映在岩石表面呈竹叶形状；鲕状结构反映在表面呈小于2mm大小的圆形粒状，大者称豆状结构。

化学岩及生物化学岩的成分主要是碳酸盐类，肉眼鉴定矿物成分主要借助它的某些化学性质，如方解石遇酸剧烈起泡，白云石则较微弱，而硅质岩类遇酸则不起作用。

四、主要沉积岩的特征

1. 砾岩和角砾岩

砾岩和角砾岩是由50%以上直径大于2mm的颗粒碎屑组成。其中由滚圆度较好的砾石、卵石胶结而成的称为砾岩（图2-44）；由带棱角的角砾石、碎石胶结而成的称为角砾岩。角砾岩大多数都是由于带棱角的岩块或碎石，搬运距离不远即沉积胶结而形成的。砾岩则多经过较长距离的搬运后再沉积胶结的。砾岩成分可以是矿物组成，也可以是岩石碎块。胶结物常为泥质、钙质、硅质和铁质，硅质砾岩抗压强度高，泥质砾岩胶结不牢固，铁质砾岩易风化。胶结物的成分与胶结类型对砾岩的物理力学性质有着很大影响。硅质与铁质胶结的砾岩抗压强度可达$2000 \times 10^5 \times 10^5$Pa以上，是良好的水工建筑物地基。

图2-44　砾岩

2. 砂岩

砂岩是由50%以上的砂粒胶结而成。根据颗粒大小的含量可分为粗粒、中粒、细粒及粉粒砂岩。按颗粒主要矿物成分可分为石英砂岩、长石砂岩、硬砂岩和粉砂岩等。石英砂岩中石英含量大于95%以上，一般为硅质胶结，呈白色，质地坚硬。长石砂岩中长石含量为25%，故岩石呈浅红色或浅灰色，颗粒圆度、分选性都较差、中粗粒居多，透镜体、斜层理或交错层理较发育。硬砂岩成分复杂、色暗，表面粗糙，颗粒的圆度及分选性较差。粉砂岩中颗粒在0.005～

0.05mm 之间的含量大于 50%，碎屑成分以石英为主，常含有云母，颗粒圆度差，泥质含量高，常有水平层理。

砂岩中胶结物的成分和胶结物的类型不同，抗压强度也不同。硅质砂岩抗压强度为 $800\times10^5\sim2000\times10^5$Pa，泥质砂岩的抗压强度较低，为 $400\times10^5\sim500\times10^5$Pa 或更小。

3. 页岩

页岩是由黏土脱水胶结而成，黏土类矿物为主，大部分有明显的薄层理，呈页片状。可分为硅质页岩、黏土质页岩、砂质页岩、钙质页岩及碳质页岩，只有硅质页岩强度稍高，其余的易风化成碎片，性质软弱，抗压强度一般为 $200\times10^5\sim700\times10^5$Pa 或更低。浸水后强度显著下降。透水性一般很小，水工设计中常作为不透水层（隔水层）。分布广泛，由于强度低，变形模量小，抗滑稳定性差。

4. 石灰岩

石灰岩简称灰岩。主要化学成分为碳酸钙，矿物成分以结晶的细粒方解石为主，其次含少量的白云石等矿物。颜色多为深灰、浅灰。质纯灰岩呈白色。存在致密状、鲕状、竹叶状等结构。石灰岩一般遇盐酸起泡剧烈。含硅质、白云质和纯石灰岩强度大，含泥质、炭质和贝壳状灰岩强度低。一般抗压强度为 $400\times10^5\sim800\times10^5$Pa。石灰岩具有可溶性，易被地下水溶蚀，形成宽大的裂隙和溶洞，是地下水良好通道，对工程建筑地基渗漏和稳定影响较大。因此，在石灰岩地区兴建水利工程时，必须进行详细的地质勘探。

5. 白云岩

白云岩主要是由白云石组成，一般含有少量方解石，常混有石膏和硬石膏，有时夹有石英和蛋白石等矿物。含有石膏时强度明显降低。白云岩特征与石灰岩相似，在野外难于区别，可用盐酸起泡程度辨认。纯白云石可作为耐火材料。

五、特殊沉积岩类

除去上述沉积岩类型，还有一些沉积岩是在特殊地质条件下形成的，它们不属于正常分类系统，但这类岩石对于恢复古地理环境、阐明地球历史当中的一些事件，具有特殊的意义，故日益引起人们的重视，现择其要者介绍如下。

（一）风暴岩

风暴岩指在风暴天气影响下在水盆地特别是在海洋中形成的沉积岩。当风暴天气发生时：

(1) 在海洋中会一时掀起强大的涌浪，造成大片海面升高，海水流速增大，波浪传播加深（超过正常天气浪基面的深度，可以深达几十米甚至到达 200m 深度），因而常将海底沉积物中的细物质簸出，形成混浊的密度流。

(2) 这种风浪对原海底沉积物有很大的侵蚀作用，常形成侵蚀基底面，在基底面上形成冲蚀坑，上覆泥砂等填充其中，形成填充构造。

(3) 风暴涌浪还经常挖掘出海底浅埋藏物质，包括各种完整的生物化石，再加上新冲刷来的化石碎片，形成混合的生物组合。

(4) 风暴作用不但使沉积物高速流动，还形成较强的往复运动，时常改变方向，或发生旋卷，使其呈杂乱状或旋卷状排列。

(5) 涌浪一般在不太长时间内，能量即迅速衰减，产生向海密度流，在陆棚上或携带陆棚边缘物质在潮下沉积形成粒级递变层（即泥砂由粗到细逐渐沉积而成的层），而在海水较浅的底部还可以形成波状沙垅，使沉积物具有交错层理。

(6) 风暴层多位于侵蚀底面上，厚几毫米、几厘米到十几米，常呈透镜状、口袋状。

(7) 前边曾讲到一种叫竹叶灰岩的碳酸盐岩，是我国北方上寒武统中广泛分布的岩石，近年有人指出，有些竹叶灰岩的“竹叶”（扁砾）排列杂乱，无一定方向，或呈涡卷排列，认为是在强烈振荡水流影响下形成的一种风暴岩。

(二) 浊积岩

浊积岩指浊流沉积形成的各类沉积岩。浊流理论认为，由于地震、风暴、海底火山爆发等原因，把陆棚浅海底上的陆源沉积物搅动起来，形成阵发性的混浊的高密度流（即含有大量泥沙等物质的水流），并把陆源沉积物冲刷到大陆坡上去；由于大陆坡上发育大冲沟或峡谷，再加上重力滑塌作用，许多陆源物质包括巨大碎屑及陆地和浅海生物化石，又可以被搬运到大陆坡脚和深海底，在那里沉积下来，形成浊积岩（图 2-45）。这样一来，过去所谓深海沉积中没有陆源物质便给否定了；同时过去认为在海相沉积岩中为什么不见深海相、半深海相沉积岩之谜也解决了。因此浊流理论的提出和浊积岩的发现，对于改变和研究沉积模式以及根据沉积相恢复古地理面貌具有重要意义。

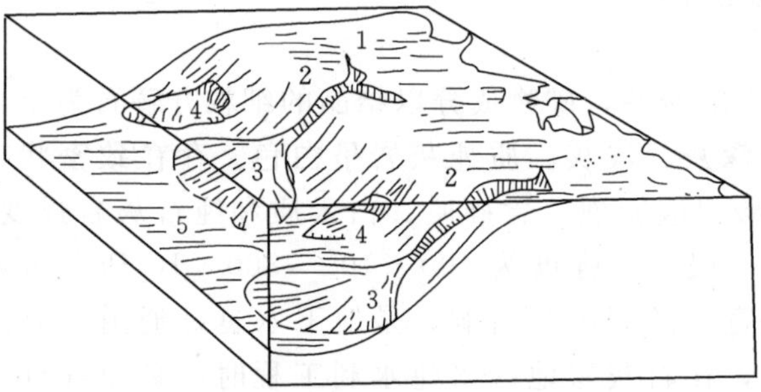

图 2-45　大陆坡与浊流沉积模式（据 Selley，1976）

1—大陆架沉积；2—海底峡谷；3—海底扇沉积；4—大陆坡上滑移沉积；5—深海底沉积

浊积岩的主要特征如下。

(1) 碎屑成分比较复杂，陆源物质较多，碎屑磨圆度不好，分选也不太好（来自海滨物质除外），常含有异地搬运来的浅水动物化石（如大型介壳、浅水底栖动物化石等）和植物化石及其碎片等。

(2) 浊积岩的每一个单元（即一次阵发性泥沙密度流形成的沉积），往往下部物质较粗，有时含有砾石，如含砾砂岩等，向上物质变细，顶部常为泥岩、泥灰岩；下部常形成递变层理，向上逐渐变为微细水平层理，最上变为不甚清晰层理。A. H. 鲍马曾归纳出浊积岩的沉积序列，称鲍马序列，但由于顶部往往被后期密度流所冲刷，事实上很少存在完整的序列。

(3) 浊积岩的一个沉积序列的厚度不大，但许多个单元积累在一起，则常形成很大的厚度，达数百至上万米，并显示很好的沉积韵律（即多次重复的互层状）。

(4) 由于浊流的前部富含粗物质，流速也大，具有很强的侵蚀力，故常在流经底部泥质表面时形成一系列有方向性的冲槽、冲沟，并很快地被砂等浊积物所充填，在沙岩层底面形成其铸模，即槽模、沟模等；或由于迅速沉积在底部软泥上的浊积砂具有不均匀的荷重，在砂岩底部铸上高低不平的荷重模。

(5) 典型的浊积岩分布面积很广，可达 1 万～10 万 km^2 以上。

(6) 因厚度大、粗细物质交替，常形成油田较好的生（油层）储（油层）盖（层）组合。

(7) 前述风暴岩，实际上也可以归入浊积岩的系统，是浪成浊流的产物。

第六节 变 质 岩

变质岩是由变质作用而形成的岩石，主要分布在古老的前寒武纪地层中及其他各个地质时期的地壳活动带、岩浆侵入体周围及断裂带内。

一、变质作用的类型

地壳中原来的岩石由于受构造运动、岩浆活动等内动力的影响，使其矿物成分、结构和构造，甚至化学成分发生不同程度的变化，这些变化总称为变质作用。一方面它是在地下一定深处较高温度、较大压力条件下进行的，因而不同于在常温常压条件下进行的外动力地质作用；另一方面，这种作用是在固态下进行的，所以也不同于岩浆作用。

根据变质因素和变质方式的不同，变质作用可以分为以下几种类型（图 2-46）。

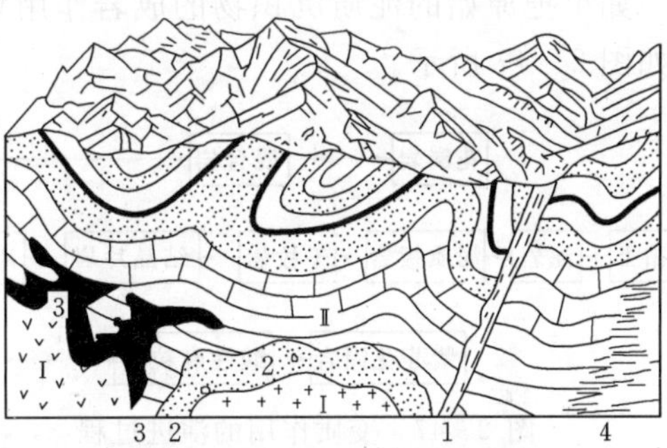

图 2-46 变质岩类型示意图

1—动力变质岩；2—热接触变质岩；
3—接触交代变质岩；4—区域变质岩
Ⅰ—火成岩；Ⅱ—沉积岩

（一）接触变质作用

接触变质作用是由岩浆活动引起的，发生在侵入体与围岩和接触带内的一种变质作用。当地壳深处的岩浆上升侵入围岩时，围岩受岩浆高温的影响，或受岩浆中分异出来的挥发物质及热液的影响，而产生变质，所以它仅局限在侵入体与围岩的接触带内，距侵入体越远，围岩变质程度越浅。

根据变质过程中侵入体与围岩间有无化学成分的相互交代，接触变质作用可以分为热接触变质作用和接触交代变质作用两种类型。

(1) 热接触变质作用。该作用也称热力变质作用，是由于岩浆侵入体释放的热能，使接触带附近围岩的矿物成分、结构和构造发生变化的一种变质作用。主要表现为原岩成分的重结晶，形成新的矿物组合和新的结构、构造，而化学成分基本上没有发生变化，如石灰岩变为大理岩、砂岩变为石英岩等。

(2) 接触交代变质作用。接触交代变质作用是由于岩浆成分结晶晚期析出的大量挥发物质和热液，通过交代作用使接触带附近的侵入岩和围岩，在岩性和化学成分上均发生变化的一种变质作用。其与热接触变质作用的区别在于围岩温度升高的同时，还有化学成分的进入和带出。接触交代变质作用主要发生在酸性、中性侵入体与石灰岩的接触带，往往形成矽卡岩（Skarn）。

（二）动力变质作用

动力变质作用又称为碎裂变质作用，是在构造运动产生的强应力作用下，使原岩及其组成矿物发生变形、机械破碎及轻微的重结晶现象的一种变质作用。由于应力性质和强度的不同，可形成断层角砾岩、碎裂岩、糜棱岩等。动力变质作用主要发生在岩层的强裂褶皱带或沿断裂带呈条带状分布。

（三）区域变质作用

区域变质作用是指由于大规模地壳运动和岩浆活动引起的高温高压作用下，使地下深处广大地区岩石发生的变质作用。如黏土质岩石可变为片岩或片麻岩。山东泰山、山西五台山、河南嵩山等地的古老变质岩都是区域变质作用形成的。区域变质岩的岩性在很大范围内比较均一，其强度决定于岩石本身的结构、构造和矿物成分。

变质作用一般不改变原生岩石的产状，因此产状不能作为变质岩的特征。但是由于受到强烈的挤压，原生岩石的产状也可能发生某些变化，例如原生岩体在压力作用方向上受到强烈的压缩等。

如果把原始的泥质沉积物的成岩作用划分成标志性的演化系列，则变质作用的演进过程如图 2-47 所示。

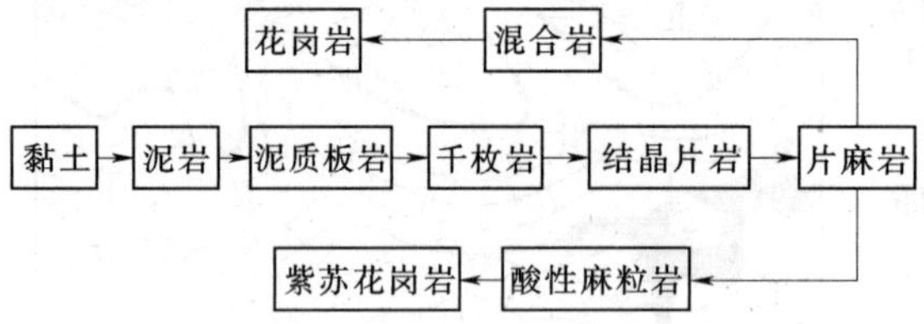

图 2-47　变质作用的演进过程

（四）冲击变质作用

冲击变质作用较为少见，是因巨大的陨石冲击地球所形成的。在地球的大陆表面（不包括南极大陆），已经确定的陨石坑在 200 个以上，其中有一半确认有冲击变质作用。世界上最大的陨石坑在西伯利亚的帕皮卡依斯克，直径达 100km，大多数的陨石坑直径为 2～50km 不等。

陨石的冲击作用在短时间里释放出巨大的能量，这些能量以机械的（挤压、破碎）和热的（熔融、蒸发）形式改造被冲击岩石。从陨石冲击中心向外缘可以观测到以下依次更替的冲击变质带。

（1）蒸发带，压力达到 10^5～10^6 MPa，温度 10℃。

（2）熔融带，外缘界面处的压力大约为 6×10^4 MPa，温度为 1500℃。

（3）多型过渡带，外缘界面处的压力大约为 10^4 MPa，温度为 100℃。

（4）岩石强烈破碎带。

由冲击变质作用形成的变质岩（后 3 个带中的岩石）称为冲击岩。

对冲击成因的变质作用研究最重要的意义在于冲击变质作用可能形成一些新的矿物种类，因为冲击作用产生的超高压在地壳环境中是不存在的。如斯石英，其形成压力高于 10^4 MPa，温度超过 1000℃，仅见于陨石坑的岩石中。

二、变质岩的特征

由于变质岩是原岩经过变质作用而形成的新岩石，因而它的岩性特征一方面受原岩控制，具有一定的继承性，在一定程度上保留着原岩的成分、结构、构造特征；另一方面，又具有独特性，如含有变质矿物等。

（一）变质岩的矿物成分

组成变质岩的矿物种类很多，一部分是与原岩相同的，如火成岩和沉积岩中的长石、石英、云母、方解石、黏土矿物等；另一部分则是在变质过程中产生的、只有在变质岩中才出现的矿物（称为变质矿物），如绢云母、石榴子石、绿泥石、滑石、蛇纹石、红柱石、硅灰石、石墨等。变质矿物是在特定环境下产生的，可以作为鉴别变质岩的重要标志。

（二）变质岩的结构

（1）变余结构。亦称为残留结构。由于原岩矿物成分重结晶作用不完全，使变质岩仍残留有原岩的结构特征。如沉积岩中的砾状、砂状结构可变质成变余砾状结构、变余砂状结构等。

（2）变晶结构。变晶结构是在变质作用过程中，原岩在固态条件下经重结晶作用而形成的新的结晶质结构。由于与火成岩的结构名称相似，所以往往在结构的命名前冠以“变晶”字样，以示区别。如“等粒变晶结构”“斑状变晶结构”等（图 2-48）。

（3）碎裂结构。在不同应力作用下，岩石中的矿物颗粒被破碎成不规则的、带棱角的碎屑，甚至被压碎成极细小的矿物碎屑和粉末，又被胶结而形成新的结构，称为碎裂结构。它是动力变质岩具有的结构特征。

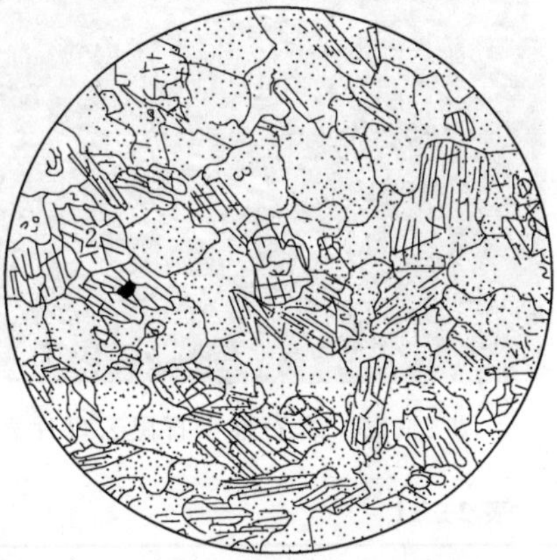

图 2-48　等粒粒状变晶结构
（黑云母斜长角闪岩，d=2.5mm）
由黑云母（1）、角闪石（2）、
斜长石（3）组成

（三）变质岩的构造

变质岩中常见的构造有片理构造和块状构造。

1. 片理构造

片理构造是岩石中所含的大量的片状、板状和柱状矿物在定向压力作用下，平行排列所形成的类似层状的构造。岩石极易沿片理面劈开。根据矿物组合和重结晶程度，片理构造又可分为如下几种。

（1）片麻状构造。又称为片麻理。其特征是岩石主要由长石、石英等粒状矿物组成，但又有一定数量的呈定向排列的片状或柱状矿物，后者在粒状矿物中呈不均匀的断续分布，致使岩石外表也有深浅色泽相间的断续状条带。这是片麻岩特有的构造。

（2）片状构造。片状构造指岩石中大量片状矿物（如云母、绿泥石、滑石、石墨等）平行排列所形成的薄层状构造，是各种片岩所具有的特征构造。

（3）千枚状构造。其特征是岩石中的鳞片状矿物成定向排列，粒度极细，肉眼不能分辨矿物颗粒，片理面具有较强的丝绢光泽，通常在垂直于片理面的方向有许多小皱纹，这是千枚岩的特有构造。

（4）板状构造。又称为板理。它是指岩石中由显微片状矿物平行排列所形成的具有平行板状劈理的构造。岩石沿板理极易劈成薄板，板面微具光泽，它是板岩的特有构造。

2. 块状构造

岩石中矿物颗粒无定向排列所显示的均一的构造。部分大理岩和石英岩具有此种构造。

图 2-49　片麻岩（左）及其显微镜下的特征（右）

图 2-50　含石榴子石黑云母片岩

三、变质岩的分类和鉴定

变质岩的种类较多，它们生成时的物理化学条件和地质环境又有较大差别，故分类和命名方法尚难统一。通常是按变质岩特有的构造特征划分岩石的类型，如具有片麻状构造的称为片麻岩，见图 2-49；具有片状构造的称为片岩，见图 2-50；具有千枚状构造和板状构造的分别称为千枚岩和板岩。常见的具有块状构造的变质岩有石英岩、大理岩、碎裂岩、糜棱岩等。

主要变质岩的鉴定特征见表 2-11。

表 2-11　　主要变质岩分类表

岩石名称	构造	矿物成分	其他特征
片麻岩	片麻状	主要是长石和石英二者含量之和大于 50%，片状矿物有云母、角闪石、辉石、蓝晶石、石榴子石等变质矿物	外观颜色深浅不一，矿物颗粒大小不一，片麻状构造是主要特征
片岩	片状	主要是云母、绿泥石、滑石、角闪石、石英	片状构造，矿物颗粒定向排列
千枚岩	千枚状	主要是黏土矿物、绢云母、绿泥石、石英	多为黄绿、灰黑色岩石致密，表面绢丝光泽，千枚状构造
板岩	板状	肉眼难辨认，可见绢云母、绿泥石等	板状构造，灰黑色，隐晶质结构
大理岩	块状	主要是方解石、白云石、蛇纹石、橄榄石	白色，粒状结构，块状构造，硬度小，遇盐酸起泡
石英岩	块状	石英含量大于 85%，少量云母、长石等	纯者白色，粒状结构，断口平坦，油脂光泽

四、岩石的转化

三大类岩石都是在特定的地质条件下形成的，但是它们在成因上又是紧密联系的。追溯到遥远的年代，那时候岩浆活动十分强烈，地壳中首先出现的岩石是由岩浆凝固而成的。但是，自从地壳上出现了大气圈和水圈以来，各种外力因素开始对地表岩石一方面进行破坏，一方面又进行建造，出现了沉积岩。然而，任何岩石都不能回避自然界的改造，因此在一定条件下又出现了变质岩。图 2－51 基本上表明了三大类岩石的相互转化关系。

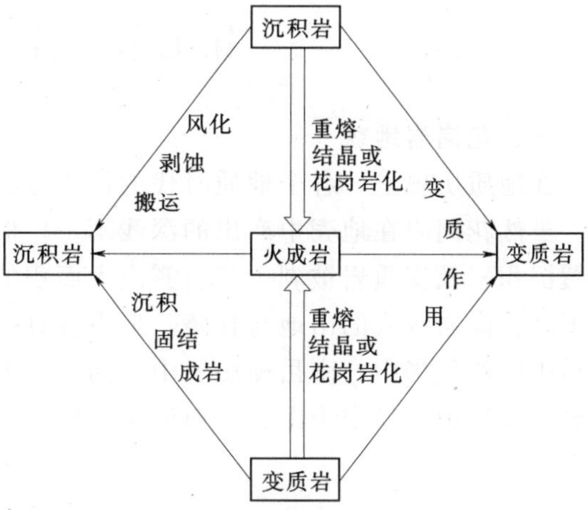

图 2－51　岩石循环图解

“新陈代谢是宇宙间普遍的永远不可抵抗的规律。依事物本身的性质和条件，经过不同的飞跃形式，一事物转化为他事物，就是新陈代谢的过程。”随着时代的演进，在频繁的地壳运动和岩浆活动中，老的岩石不断在转化，新的岩石不断在产生，这也就是地壳岩石新陈代谢的过程。所以，任何岩石既不是自古就有的，也不是永远不变的。在一定时间和一定空间所形成的一定的岩石，都只代表地壳历史的一定阶段。任何岩石都忠实地记录了它本身有关的那一阶段的地壳历史。

为了帮助掌握三大类岩石的分布、产状和基本特征，特列表如下（表 2－12）。

表 2－12　　三大类岩石的分布、产状、结构、构造和矿物成分

特点＼岩类		火成岩	沉积岩	变质岩
分布情况	按重量	火成岩和变质岩：95％	5％	
	按面积	火成岩和变质岩：25％	75％	
	最多的岩石	花岗岩、玄武岩、安山岩、流纹岩	页岩、砂岩、石灰岩	混合岩、片麻岩、片岩、千枚岩、大理岩等（区域变质岩最多）
产状		侵入岩：岩基、岩株、岩盘、岩床、岩墙等； 喷出岩：熔岩被、熔岩流等	层状产出	多随原岩产状而定
结构		大部分为结晶的岩石：粒状、似斑状、斑状等； 部分为隐晶质、玻璃质	碎屑结构（砾、砂、粉砂）； 泥质结构； 化学岩结构（微小的或明显的结晶粒状、鲕状、致密状、胶体状等）	重结晶岩石：粒状、斑状、鳞片状等各种变晶结构
构造		多为块状构造，喷出岩常具气孔、杏仁、流纹等构造	各种层理构造：水平层理、斜层理、交错层理、常含生物化石	大部分具片理构造：片麻状、条带状、片状、千枚状、板状； 部分为块状构造（大理岩、石英岩、角岩、矽卡岩等）
矿物成分		石英、长石、橄榄石、辉石、角闪石、云母等	除石英、长石等外，富含黏土矿物、方解石、白云石、有机质等	除石英、长石、云母、角闪石、辉石等外，常含变质矿物，如石榴子石、滑石、石墨、红柱石、矽灰石、透闪石、透辉石、矽线石、蓝晶石等

第七节　岩　石　地　貌

一、花岗岩地貌

在地质历史上，各个地质时代的构造运动中都有酸性岩浆侵入地壳后凝结形成的花岗岩。虽然花岗岩在地壳中产出的深浅不一。但是，在地壳上升幅度和面积广大的地区，若上覆沉积岩及变质岩被剥去就会露出大面积的花岗岩体。在我国南方的高温多雨的气候条件下，花岗岩构成的山地与丘陵，形态独具一格。我国许多名山都是以花岗岩为主体，如五岳中的西岳华山、南岳衡山、山东崂山、浙江普陀山和天台山、安徽黄山和九华山、江苏吴县灵岩山、辽宁千山、江西庐山秀峰等（图 2-52）。

图 2-52　安徽黄山花岗岩峰林、柱林

二、砂质岩石地貌

硅质胶结的碎屑岩，由于抗化学风化强、节理稀疏而抗蚀性最坚硬。这种岩石出露区地表切割密度比较低，常在 1.9km/km^2、3.1km/km^2、5.3km/km^2 左右（相应的最大降水强度分别为 24h44mm、75mm、122mm）。这种岩石常构成外表为赭色的支离破碎的悬崖、单斜山山岭和陡崇的山丘。武汉的龟山、蛇山、珞珈山等，南京的紫金山单斜山山顶部分、庐山山体东部海拔 1443.5m 的五老峰、大月山等就是硅质胶结的石英砂岩、砂砾岩构成的，山岭东坡为高几百米的悬崖。

铁质胶结的砂岩有比较高的渗透率，顺裂隙有比较快的化学风化和流水深切，因而厚层铁质胶结砂岩出露区常发育陡峭的悬崖与深邃的谷地。湖南张家界几百万平方千米范围内，近水平的厚层石英砂岩被强烈侵蚀切割，形成独特的石英砂岩峰林峡谷奇观，每个石峰是近水平砂岩层堆叠起来的石宝塔或石柱子（图 2-53）。

三、玄武岩地貌

玄武岩是常见的基性喷出岩，岩浆喷出地表后大面积覆盖地表或局部地区，这取决于喷出物质的量和覆盖前的地形。在我国，玄武岩山地从东到西，从南到北都有分布，例如黑龙江五大连池和云南腾冲火山群、浙江天目山和会稽山、江苏虎丘、云南鸡足山等，但

(a)　　　　　　　　　　　　(b)

图 2-53　两种砂质岩石地貌

(a) 福建武夷山；(b) 湖南张家界

是形态、高度、景观不同。

台湾岛上有以喷发安山岩为主的大屯火山群。

1. 玄武岩岩性与地貌发育

棱柱状节理（图 2-54）为玄武岩流中常见的一种原生破裂构造，尤其在大面积覆盖的碱性橄榄质玄武岩流中发育更为普遍。熔岩流动面称为冷凝面，在此面上，熔岩围绕若干冷凝中心点冷却收缩，从而在相邻冷凝中心连线的方向上产生张应力，柱状节理就是垂直于若干张应力的方向上形成的张节理，平面上成为许多排列整齐的四边形、五边形或六边形竖立的多棱柱形石柱，石柱之间相互分离裂开，石柱垂直于冷凝面。玄武岩石柱高数米或数十米，常构成绝妙的石柱林景观。

图 2-54　江苏六合玄武岩棱柱状节理与石柱林地貌

玄武岩常见为隐晶质结构，极其致密而不透水，外力剥蚀在岩石表面或沿立方节理进行。

2. 玄武岩石柱林

玄武岩在岩浆冷凝时，由于体积收缩，裂开成为规则的五边形、六边形岩柱，群立如林，称为石柱林，以区别于由可溶性岩石（如石灰岩）受水溶蚀侵蚀形成的石林。

石柱林地貌就目前的资料，江苏省六合县城东北的桂子山石柱林堪称奇绝，石柱横切面多呈六边形、五边形，亦有四边形和七边形的，一眼望去，形状奇特，犹如一把筷子矗立在平原上，气势十分壮观（图 2-54）。此等景观在江苏省六合县马集平山采石场等地也可见到。

复习思考题

1. 什么是矿物？矿物与元素、岩石有何关系？

2. 说明晶质体矿物与非晶质体矿物的区别。各举 5 个晶质体矿物和非晶质体矿物的例子。

3. 什么叫类质同象？为什么会产生类质同象？

4. 矿物的化学组成有哪些类型？

5. 矿物有哪些物理性质？为什么说它们是鉴定矿物的主要依据？

6. 为什么解理发育的矿物，断口就不可能发育？

7. 矿物的光学性质与发光性是一回事吗？

8. 如何利用矿物鉴定矿物？

9. 角闪石与辉石有什么区别？

10. 方解石与白云石有哪些主要区别？

第三章 地质构造的研究

第一节 地壳运动的一般特征

只要谈到地壳运动，人们就会很自然地想到地震。地震的确是地壳运动的一种形式，而且是一种特殊形式的地壳运动。它是一种快速度的、历时短暂的、突然出现的地壳运动，是容易为人们所察觉的。地壳和世界上任何事物一样，时刻都是运动着的。我们的祖先早已察觉到了地壳是在不断运动的，他们根据许多实际材料指明了地壳曾经有过沧海桑田的变迁。近200多年以来，由于科学技术的进步，开始用比较精密的仪器来探测地壳运动现象，已经获得了大量数据资料，对地壳运动的速度、幅度、方向、范围等都有比较清楚的认识。对于地质历史时期中的地壳运动的研究也积累了丰富的经验。

一、地壳运动的普遍性和长期性

从空间上看，地壳的任何一个区域都在发生着运动。除了地震之外，或是上升，或是下降，或是遭受挤压，或是受到拉伸（引张），总不会处在绝对静止之中，只是这种变化十分缓慢，不易被人直观地感觉到罢了。从时间上看，从古到今，地壳时刻也未停止过运动。在地壳中，从最古老的岩石到最新的岩石都保存有地壳运动的各种痕迹：如岩层的变位和变形（褶皱、断裂等）；第三纪以来的地貌和地物的变迁现象，也表明有地壳运动存在。例如我国辽宁旅顺、大连附近、山东荣成、福建漳州和雷州半岛等地的古海滩都已高出现代海面40～80m；广州东南七星岗有海浪破坏痕迹，而现在已远离海边数十公里；据研究，我国舟山群岛、台湾岛和海南岛在第四纪早期都是与大陆相连的，后来由于台湾海峡地区地壳下沉才分开的。类似的事实全球各地都有，足以证明地壳运动是普遍的、长期不断的。只是时代越老，保存的证据越少，越难以详细了解。

二、地壳运动的方向

地壳运动的方向包括水平运动和升降（垂直）运动，两者常交替进行。

水平运动指沿平行于地表（即沿地球切线方向）的运动，依地理方向（东、南、西、北）来表明其运动方向。升降运动指垂直于地表（即沿地球半径方向）的运动，表现为上升运动或下降运动。水平运动和升降运动是地壳运动的两个主导方向。

升降运动现象比较容易识别。如前面叙述的海岸附近的升降运动现象就是易于察觉的。大陆内部的升降运动可以通过大地水准测量来发现，如芬兰南部沿海以0.1～0.4cm/a的速度上升，而丹麦西部沿海则以0.1cm/a的速度下降。

三、地壳运动的速度

地壳运动的速度有快有慢，也是互相交替的。

有的地区地壳运动速度很快，人们能够感觉到，如地震。但更多的地壳运动速度每年不超过十几厘米，人们难于察觉到。正是这种缓慢的地壳运动在几十亿年的历史时期中引起了翻天覆地的变化。例如 1.8 亿万年前的四川还是一片汪洋，以后才逐渐上升为陆地的；喜马拉雅山地区在 4000 万年以前也是大洋，只是近 2500 万年前才开始从海底升起，200 万年前才初具山的规模，到现在已成为世界上最高的山脉。

地壳运动虽然极其缓慢，但也有快慢的差别，在空间上和时间上都是这样。从空间上来看，不同地区运动的速度有快慢的不同，如东欧地区现代升降运动速度平均为 0.2～0.4cm/a；波罗的海上升速度最大为 1cm/a；北美东部升降速度为 0.3～0.5cm/a，而其西部山区则为 1～1.5cm/a；从时间上来看，例如喜马拉雅山，自第三纪开始以来，平均速度为 0.05cm/a，但从 1862—1932 年的 70 年间资料来看，平均速度已增为 1.82cm/a。以上均为升降运动情况，近年来在地壳的水平运动方面也积累了不少资料。据估计，近 100 年内印度大陆向喜马拉雅山运动的速度为 1～2cm/a；大洋洋脊也以 2～4cm/a 的速度向两侧迁移。许多平移断层两侧的相对错动更是十分明显。据推测，我国郯城庐江断裂两侧相对错动也有 150～200km。

四、地壳运动的幅度

地壳运动的幅度也是有大有小、交替发生的。

运动幅度和运动方向有关，如果升降运动在长时期内一直上升或一直下降，或者水平运动在长时期内一直向某一方向运动，则该运动的幅度就大。如喜马拉雅山自开始上升以来就一直以上升为主，上升的幅度已超过 10000m，仍在继续上升。又如圣安德列斯断层西南盘向西北，东北盘向东南相对错动的幅度已达 480km；印度大陆西侧近南北向的基尔塔尔平移断层，两侧反时针错动也达 460km。以上这些升降和水平运动的幅度很大，但有些地区在同样长的时间内运动方向频频变化，时而上升时而下降，则其升降幅度不大（如四川盆地在古生代时升降幅度只有几百米，中生代后半期上升幅度才较大些，也不超过 400m）。水平运动也有类似情况。

第二节　地层年代和岩层产状

地层年代和岩层产状在地质构造的研究中是很重要的。为了判断褶皱构造和断裂构造，必须首先搞清地层的新老关系和岩层产状。由于不同时代形成的地层，其工程地质性质也不同，因此，在介绍褶皱和断裂构造以前，需要先了解地层年代和岩层产状的基本知识。

一、地层年代

（一）地层年代划分

在地壳发展的漫长历史过程中，地壳环境和生物种类都经历了多次变迁。所以在各个不同地质时期，也都相应地形成了不同的地层。根据地层的构造变动、岩性特征及生物化石等就可以推断古地理环境、地壳运动性质及地质发展史，从而划分地质年代。通常把地质历史划分为太古代、元古代、古生代、中生代和新生代 5 个大的时代，在每个时代中又划分成若干纪，每个纪又划分成若干个世。代、纪、世是地质历史中的时间概念。相应于代、纪、世这个时间里形成的地层，空间概念对应地划分为界、系、统，这是地层系统。

如新生代形成的地层叫做新生界，第四纪形成的地层叫第四系，余则类推。代（界）和纪（系）的名称是全国统一的，而世（统）的名称则因地而异，常采用地名作为名称。如中石炭系，在华北区称为本溪统，华南区称为黄龙统。

表 3－1 是地质年代的划分表，表中还列入了地壳运动的几个主要构造期。它们在地质历史中，对地壳均产生过较大的影响。表中各个代和纪的新老顺序及其代号，是地质工作中经常用到的基本知识。

表 3－1　　地质年代表

地质年代 代（界）	纪（系）	世（统）	国际代号		距今年数/万年	构造运动期	主要特征
新生代	第四纪	全新世	Q	Q_4		喜马拉雅运动	地球发展成现代地势，发生过多次冰川活动，除岩浆岩外，均为松散沉积岩，出现了人类
		更新世		Q_{1-3}	200～300		
	新第三纪	上新世	N				地球表面初具现代轮廓，我国多数地区为陆地沉积的岩层及火山岩系。如内陆盆地沉积的红色岩层等；哺乳动物发达，显花植物繁盛
		中新世			2500		
	老第三纪	渐新世	E				
		始新世					
		古新世			7000		
中生代	白垩纪	晚白垩世	K	K_2		燕山运动	后期地壳运动剧烈，岩浆活动广泛，海水大部分退出大陆，多形成内陆盆地沉积的砂岩、页岩并夹有煤层；爬行动物称雄，裸子植物繁盛
		早白垩世		K_1	1.35		
	侏罗纪	晚侏罗世	J	J_3			
		中侏罗世		J_2			
		早侏罗世		J_1	1.8		
	三叠纪	晚三叠世	T	T_3			
		中三叠世		T_2			
		早三叠世		T_1	2.25		
古生代	二叠纪	晚二叠世	P	P_2		海西运动	我国海陆变迁频繁，华北普遍缺失泥盆纪和早石炭纪沉积，以后多为海陆交互沉积的地层，主要是砂岩、页岩、灰岩，广泛夹有煤层；华南多为浅海沉积，主要为石灰岩，在二叠纪晚期为海陆交互沉积并夹有煤层，这时主要生物为孢子植物及两栖类
		早二叠世		P_1	2.8		
	石炭纪	晚石炭世	C	C_3			
		中石炭世		C_2			
		早石炭世		C_1	3.5		
	泥盆纪	晚泥盆世	D	D_3			
		中泥盆世		D_2			
		早泥盆世		D_1	4		
	志留纪	晚志留世	S	S_3		加里东运动	我国大部分地区处于浅海环境，主要沉积物是石灰岩和页岩；华北缺失晚奥陶系及志留系地层；海生无脊椎动物繁盛
		中志留世		S_2			
		早志留世		S_1	4.4		
	奥陶纪	晚奥陶世	O	O_3			
		中奥陶世		O_2			
		早奥陶世		O_1	5		
	寒武纪	晚寒武世	∈	$∈_3$			
		中寒武世		$∈_2$			
		早寒武世		$∈_1$	6		
元古代	震旦纪		Z		10	吕梁运动	海浸广泛，岩层一般未变质或轻微变质，有藻类化石
太古代	前震旦纪		Ar				地质时代开始，由于经历了剧烈地壳运动，岩层普遍变质，形成片岩、片麻岩系，没有发现生物痕迹

（二）地层年代的确定

地层年代，有绝对年代和相对年代之分。绝对年代是指地层形成到现在的实际年数，见表 3-1。目前，主要是根据岩石中所含放射性元素的蜕变来确定的。在地质工作中，用得较多的是相对年代，也就是判别地层的相对新老关系，通常用下列方法确定。

（1）地层层序法。即以沉积岩的生成原理来确定地层的新老关系。当沉积岩形成后，如果未经剧烈的变动，则位于下面的地层较老，位于上面的地层较新。

（2）古生物法。生物总是由低级向高级发展、演化，灭绝了的生物不会重复出现，因此，不同的地质时期就有不同的生物群，不同地质年代的地层就有不同的生物化石。这样，就可以根据化石来确定地层的年代。如雷氏三叶虫一般产在早寒武纪地层中，鳞木产在石炭纪和二叠纪地层中等。

（3）岩性对比法。一般在同一时期，同样环境下形成的岩石，它们的成分、结构和构造应该是相似的。根据这个道理，如果在地质发展历史中，曾经是同样环境的地区，如果利用化石或其他方法确定了某一局部地区的地层年代后，则在另外地区，就可以通过岩性对比来确定年代。例如我国华北奥陶纪中期，普遍沉积的是质纯的石灰岩和白云质石灰岩，在很多地点都发现了化石，如果在一些地区这一层未找到化石，也可以通过岩性对比来确定它的年代。

岩性对比法是常用的方法。在岩性对比时，不但要注意本层的特点，而且还要考虑到与相邻的上下岩层的组合关系，这样才比较可靠。目前，我国各省都做了大量的地质工作，都分别编制了各省的地层年代表。所以，在今后工作中，就可以根据工作地区的地层特点，对照相应省的地层表确定地层年代。

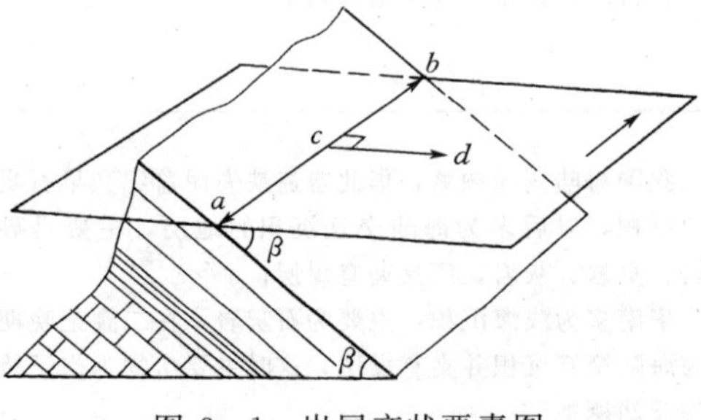

图 3-1 岩层产状要素图

二、岩层产状

岩层的空间位置称为岩层产状。岩层产状通常用层面的走向、倾向和倾角来表示，称为产状要素。

（1）走向：是指岩层面的水平延长方向，一般用走向线的方位角或方向角来表示。走向线是指岩层面与水平面的交线，如图 3-1 中的 ab 直线。

（2）倾向：是指岩层面倾斜的方向，它与走向垂直，倾向也是以方位角或方向角来表示，如图 3-1 中 cd 直线的方向。

从上述可以看出，一个岩层面，其走向有两个方向，角度相差 180°，而倾向只能有一个方向。对于同一岩层面，倾向与走向相差 90°。

（3）倾角：是岩层面与水平面所夹的最大锐角，如图 3-1 中的 β 角。

除岩层层面外，岩体中其他面的空间位置也可以用产状要素表示。

第三节 褶皱构造

褶皱构造是地壳上广泛发育的地质构造形态之一。它在层状沉积岩中最为明显，在片状、板状岩层中也有存在，而在块状岩体中则很难看到。

一、褶皱构造的类型及特征

（一）褶皱构造的基本类型

褶皱构造一般是由背斜和向斜两种基本类型组成（图 3-2）。

（1）背斜：一般中部岩层向上弯曲，两侧岩层常向外倾斜，内部为时代较老的岩层，向两边渐变为时代较新的岩层，并且两边对称出现。

（2）向斜：通常中部岩层向下弯曲，两侧岩层多向内倾斜，其外部岩层时代较老，向内部渐变为时代较新的岩层，并且两边也对称出现。

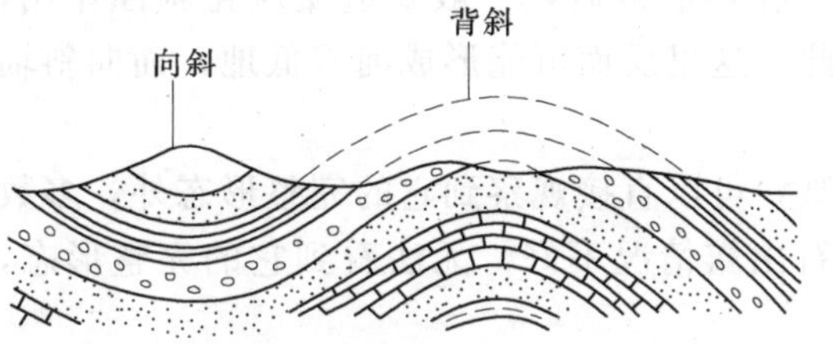

图 3-2　背斜和向斜剖面图

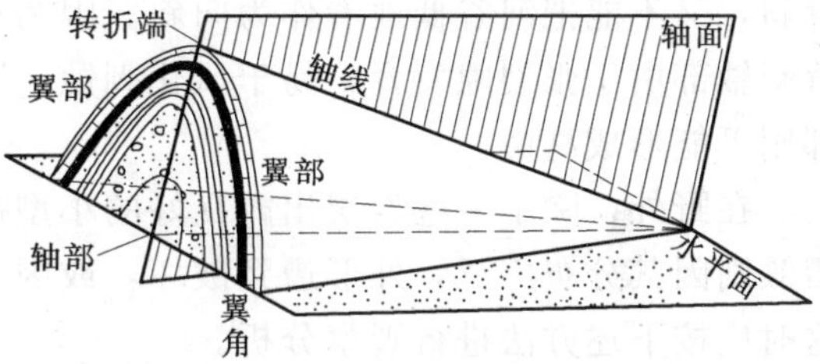

图 3-3　褶皱要素示意图

（二）褶皱要素及形态分类

褶皱构造的组成部分叫褶皱要素（图 3-3）。一个褶皱构造是由下列部分组成的：褶皱的中心部分叫轴部（核部）；褶皱的两侧部分叫翼部；由褶皱一翼向另一翼过渡的弯曲部分叫转折端；平分两翼的假想面叫轴面；轴面与岩层层面的交线叫褶皱轴的轴线；因褶皱轴倾斜，使褶皱在地面消失的部分，背斜称为外倾转折端，向斜称为内倾转折端。

在自然界，褶皱构造除可区分为背斜和向斜两种基本类型外，还需进一步按轴面位置和两翼产状进行分类（图 3-4）。

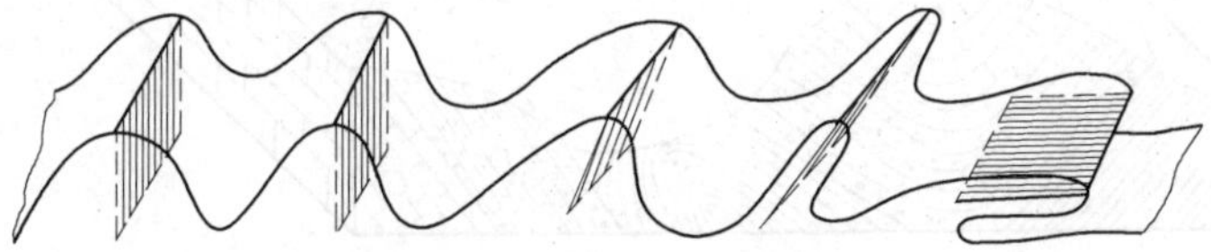

图 3-4　褶皱根据轴面产状的分类

（a）对称直立褶皱；（b）不对称直立褶皱；（c）倾斜褶皱；
（d）倒转褶皱；（e）平卧褶皱

（1）对称直立褶皱。褶皱轴面直立，两翼岩层的形态成对称分布。

（2）不对称直立褶皱。褶皱轴面直立，两翼岩层的形态呈不对称分布。

（3）倾斜褶皱。褶皱轴面倾斜。

（4）倒转褶皱。褶皱中有一翼岩层发生倒转。

（5）平卧褶皱。褶皱的轴面呈进水平状态。

褶皱的弯曲形态与地形的起伏不一定是一致的，背斜的位置未必是山，向斜的位置未必是谷。陆地地表的高低起伏是风化、剥蚀作用的产物，岩体内部的薄弱带是控制地形细部格局的主要因素，而地表水则在漫长的地质历史中完成着雕刻地形的工作。通常一系列的背斜和向斜对地形起伏并不产生明显的影响，有时还能见到向斜成山、背斜成谷。

当在褶皱的翼部有许多次一级的小背斜和小向斜组成的复杂大背斜或大向斜时，它们则分别称为复背斜或复向斜。

二、褶皱构造的野外识别

在野外识别褶皱构造时，不要把褶皱构造和现代地形混同起来，即不能把高山看作为背斜，又不能把河谷低地看作为向斜。因为褶皱在形成以后，一般要遭受风化剥蚀作用，背斜轴部由于张裂隙发育，易于风化剥蚀，因此，这里反而可能形成河谷低地，而向斜轴部则可能形成高山。

在野外，除了一些岩层出露良好的小型褶皱，可以直接观察到它的完整形态外，多数褶皱则因其分布广泛，外形遭到破坏，或因岩石出露情况不好，无法看到它的完整形态，这时应按下述方法进行观察分析。

首先，应沿垂直岩层走向的方向进行观察。当岩层重复出现对称分布时，便可以肯定有褶皱构造，否则就没有褶皱构造。图 3-5 所示是一个地区的立体地质示意图，区内岩层走向近东西，如果从南北方向观察，就会发现志留系及石炭系地层是两个对称中线，其两侧地层对称分布，重复出现，所以这一地区有两个褶皱构造。

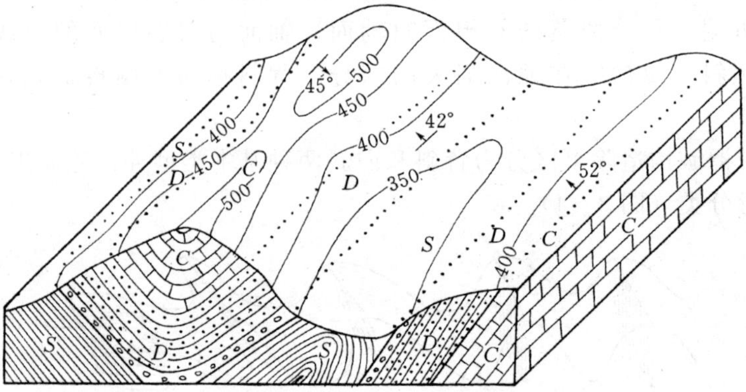

图 3-5　褶皱构造立体示意图

其次，再分析岩层新老组合关系。如果老岩层在中间，新岩层在两边是背斜；如果新岩层在中间，老岩层在两边则是向斜。上述地区中，南部那个褶皱构造，中间是老岩层（S），两边是新岩层（C 和 D），因此，是个背斜；北部的褶皱构造，中间是新岩层（C），两边对称分布的是老岩层（D 和 S），所以是个向斜。

最后，还要分析岩层产状。如果两翼岩层均向外倾斜或向内倾斜时，倾角大体相等者，为直立背斜或向斜；倾角不等者，则为倾斜背斜或倾斜向斜；若两翼岩层向同一方向倾斜者，则为倒转背斜或倒转向斜。上述地区中的向斜，两翼岩层向内倾斜，倾角相近，所以是一个直立向斜；背斜中两翼岩层产状均向北倾斜，因此，是一个倒转背斜。

第四节　断　裂　构　造

断裂现象在岩体中分布很普遍。由于断裂构造破坏了岩体的连续完整性，因此，对水工建筑物的岩基稳定和渗漏都有很大影响，而且起控制作用。

断裂构造一般分为裂隙和断层两种：通常把岩体中产生的无明显位移的裂缝叫裂隙；有明显位移的裂缝叫断层。

一、裂隙的类型及特征

由构造应力作用形成的裂隙叫构造裂隙或节理。由于构造应力在一个地区有一定的方向性，所以由构造应力形成的各种构造裂隙在自然界中的分布是有规律的，排布方向是一定的。

构造裂隙按力学性质，可分为张裂隙和剪切裂隙两种。另外，对那些形态微细、分布密集、相互平行排列的构造裂隙，又称为劈理。

（一）张裂隙

张裂隙是由张应力作用形成的裂隙。这种裂隙往往在褶皱轴部等张应力集中的地方最发育。在野外张裂隙常是弯弯曲曲的，裂隙面较粗糙，裂隙张开较宽，延伸不远即尖灭，平面上呈现中央宽，向两端逐渐变窄的透镜状。张裂隙常被岩脉充填。

（二）剪切裂隙

剪切裂隙是由剪应力作用产生的裂隙。这种裂隙在野外多成对交叉出现，所以也叫“X”节理。剪切裂隙比较平直，延长较远，破裂面较光滑，常有岩石相互擦动的痕迹，有时甚至成为镜面。剪切裂隙张开较小，多呈闭合状。在砾岩中，剪切裂隙可以切断砾石或粗大颗粒，而张裂隙一般不会切断砾石。

（三）劈理

劈理实际上就是密集的构造裂隙。劈理面的间距在几毫米至几厘米，常将岩石切割成薄板状或薄片状，它容易和岩石中的层状或片状构造相混淆。但多数劈理面和岩层层面是不一致的。劈理只是在构造运动强烈、应力集中的地段才易于出现，如褶皱翼部、大断层两侧等。从岩性看，塑性岩层中劈理要比脆性岩层中明显。劈理可以在褶皱形成过程中，由于层间滑动或断层两侧岩体位移引起的扭应力产生了破裂面，或是由于挤压应力的作用，使岩石中的矿物发生塑性流动、拉长、压扁和重结晶，结果使矿物平行排列，并形成密集裂面。

二、裂隙统计

（一）裂隙统计图

在生产实践中，为了反映裂隙的分布规律及其对岩体稳定的影响，常采用一些图解方法把它表示出来。裂隙统计图的种类很多，我们在这里仅介绍走向玫瑰图的做法。

做裂隙走向玫瑰图前，需先在坝肩、基坑或隧洞进出口等地，选择一定的面积进行测量。表 3－2 是某地裂隙野外测量的内容及结果。

做走向玫瑰图时，首先需将野外测量结果按表 3－2 格式以 10°或 5°为一区间进行裂隙分组，并统计每组裂隙的条数，计算每组裂隙的平均走向（也可采用区间中值）。

表 3-2 某地裂隙野外测量记录表

编号	裂隙类型	裂隙产状			条数	填充情况	长度	宽度	深度
		走向	倾向	倾角					
1	剪切	N307°W	NE	18°	2	裂隙面夹泥			
2	剪切	N332°W	NE	10°	2	裂隙面夹泥			
3	剪切	N335°W	NE	12°	1	裂隙面夹泥			
4	剪切	N336°W	NE	15°	1	裂隙面夹泥			
5	剪切	N338°W	NE	15°	1	裂隙面夹泥			
6	剪切	N325°W	NE	22°	3				
7	剪切	N341°W	SW	60°	1				
8	剪切	N344°W	SW	62°	1				
9	剪切	N348°W	SW	65°	1				
10	张裂	N353°W	NE	75°	2				
11	张裂	N7°E	NW	80°	4				
12	张裂	N15°E	SE	80°	3				
13	张裂	N26°E	NW	73°	1				
14	剪切	N33°E	SE	70°	4				
15	剪切	N45°E	NW	60°	2				
16	剪切	N52°E	NW	55°	4				

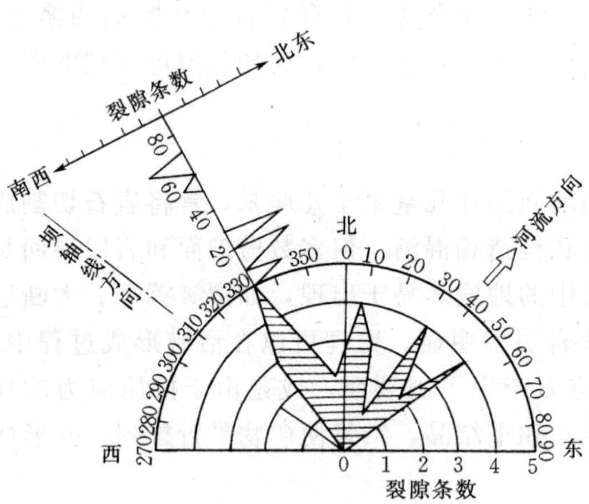

图 3-6 走向玫瑰图

然后就可按表 3-3 的统计资料制作裂隙走向玫瑰图。走向玫瑰图的基本图形是个半圆，沿圆周标有北、东、西 3 个方向，并按方位角划分出刻度，用以表示裂隙的走向。半圆半径按比例分成等分，代表裂隙条数。如根据表中的资料，最发育一组裂隙的条数为 5 条，此时可将半径 5 等分，以一等分代表一条裂隙。在走向 1°～10°的区间内，有 4 条裂隙，这样可在此 4 条裂隙平均走向 7°方向的半径上，自圆心向外第四格处点一点，同样可在 15°半径上的第三格处点一点，等等，这样可得到一系列的点，最后把相邻组的点用直线相连，若相邻组内没有点时，则需把点和圆心相连，这样就基本做出了走向玫瑰图（图 3-6）。

另外，为了表示最发育一组裂隙的倾向和倾角，可对该组裂隙按表 3-4 格式进行倾向分组和倾角分组，并统计裂隙数量。

然后，可在走向玫瑰图最发育一组裂隙的平均走向（或区间中值）方向上，沿半径向圆外引一直线，并将此直线等分为 0°～90°，用来表示裂隙的倾角。在该线顶端再做一垂线，垂线长度按比例代表裂隙条数，垂线方向代表了裂隙倾向。所谓最发育一组裂隙是指数量最多的一个走向区间或相邻几个走向区间的裂隙。表 3-4 是根据表 3-3 所给资料统计的最发育一组裂隙的倾向和倾角分组，它包括了 321°～330°、331°～340°、341°～350° 3 个相邻走向区间的 11 条裂隙，向圆外沿半径所引直线，是采用裂隙条数最多的 331°～340°走向区间的裂隙平均走向 335°方向。根据表 3-3 资料，可分别在倾角分组区间中值 5°、25°、55°及 65°的位置，根据裂隙倾向和条数点出一些点，每组分别划成三角形，就完成了最发育一组裂隙倾向倾角图。

表 3-3 裂隙走向分组表

走向 NE			走向 NW		
走向区间/(°)	平均走向/(°)	条数	走向区间/(°)	平均走向/(°)	条数
1～10	7	4	301～310	307	2
11～20	15	3	321～330	325	3
21～30	26	1	331～340	335	5
31～40	33	4	341～350	344	3
41～50	45	2	351～360	353	2
51～60	52	4			

表 3-4 最发育裂隙倾向倾角分组表

走 向 NW		
倾向	倾角分组/(°)	条数
NE	1～10	2
	11～20	3
	21～30	3
SW	51～60	1
	61～70	2

此外在这种图上还可标出河流及建筑物方向，以便分析裂隙与建筑物关系。从图 3-6 中可以看出，最发育一组裂隙走向是 N335°W，其中倾向 NE 者较多，且倾角多小于 30°，因为这些裂隙倾向下游偏右岸，倾角平缓，并且裂隙面夹泥，所以对坝基抗滑稳定有很大影响。在这组裂隙中，倾向 SW 者数量较少，且倾向上游、倾角较陡，因此，对坝基抗滑稳定影响不大。

（二）裂隙率统计

裂隙率是指岩石中裂隙面积与岩石总面积的百分比。裂隙率可用下式进行计算：

$$裂隙率=\frac{\sum l_i b_i}{A}\times 100\%$$

式中 l_i——每一条裂隙长度；

b_i——裂隙的平均宽度；

A——测量的岩石面积。

裂隙率表示了岩石中裂隙的发育程度，裂隙率越大，表明岩石中裂隙越发育；反之，则表明裂隙不发育。

三、断层类型

断层是岩石受力发生断裂，断裂面两侧岩石存在明显位移的断裂构造。它也是地壳中常见的一种构造形态。由于构造应力大小和性质的不同，断层规模差别很大，小的可放于手标本上，大的可延伸数百至上千米，如我国的郯—庐大断裂（山东郯城—安徽庐江段），在 1/1000000 的卫星图像上显示得很清楚。

（一）断层要素

断层要素如图 3-7 所示。

（1）断层面和断层破碎带。岩层断裂后沿其位移的破裂面称为断层面。它可以是平面、曲面，也可以是波状起伏的面。实际上，多数岩层中发生的破裂位移，并不是沿着一

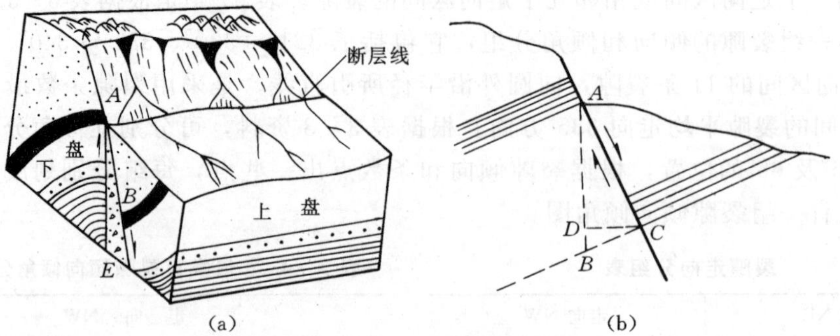

图 3-7 断层要素图

(a) 断面图；(b) 断层的断距

AB—断距；*E*—断层的破碎带

个简单的面，而往往是沿着一个由许多密集的破裂面组成的错动带进行的，这个错动带称为断层破碎带，其宽度取决于断层规模，一般为数厘米至数十米，少数有更宽的。

(2) 断层线。断层面与地面的交线称为断层线。其方向表示断层的延伸方向，断层线的形状决定于断层面的形状和地面的起伏。

(3) 上盘和下盘。断层两侧被断层面分开的岩体称为断块。若断层面是倾斜的，位于断层面以上的岩体为上盘，位于断层面以下的岩体为下盘。

(4) 断距。断层两盘相对位移的距离称为断距。如图 3-7 (b) 所示，岩层上的 A 点，断裂后滑移到 C 点，则 AC 之间的距离称为总断距。总断距的水平分量 DC 为水平断距；总断距的垂直分量 AD 为铅直断距。

(二) 断层的类型

断层可根据形态和成因进行分类。如根据断层两盘的相对位移，可划分为如下几类。

(1) 正断层。上盘相对下降，下盘相对上升的断层称为正断层 [图 3-8 (a)]。正断层的断层线一般较为平直，断层面的倾角通常大于 45°。

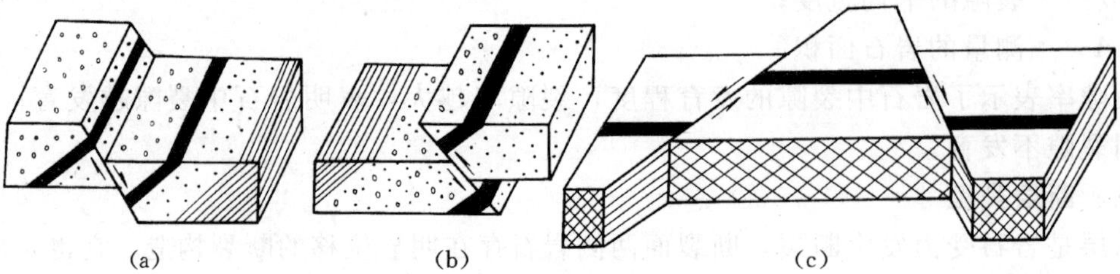

图 3-8 断层类型示意图

(a) 正断层；(b) 逆断层；(c) 平移断层

正断层往往成组出现，共同组成一定的形态，由两条以上互相平行、倾向一致（或相近）的正断层可组合成上盘依次下降的阶梯式断层（图 3-9）。若两条以上的正断层，断层面相向倾斜，两断层面间的岩体相对下降，两边岩体相对上升，组合成“地堑”[图 3-9 (a)]；相反，若断层面相背倾斜，两断层面间岩体相对上升，两边相对下降，组合成

“地垒”［图 3－9（b）］。在地形上，地堑常形成狭长的凹陷地带（如山西汾河地堑），地垒则多构成块状山地（如天山、阿尔泰山均有地垒式构造）。

（2）逆断层。上盘相对上升，下盘相对下降的断层称为逆断层［图 3－8（b）］。逆断层的规模一般较大，断层面较为弯曲或呈波状起伏。按断层面倾角大小，可将逆断层分为以下几种。

1）冲断层：断层面倾角大于 45°。

2）逆掩断层：断层面倾角为 25°～45°。

3）辗掩断层：断层面倾角小于 25°。

逆断层也往往成组出现。几条相互平行的逆掩断层或冲断层可以组合成为叠瓦式构造。

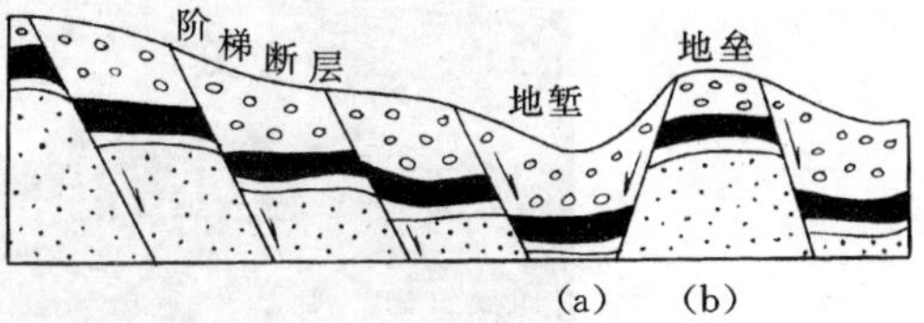

图 3－9　地垒、地堑阶梯式断层

（a）地堑；（b）地垒

（3）平推断层。断层两盘沿断层面走向在水平方向上发生相对位移，而无明显上下位移的断层叫平推断层［图 3－8（c）］。平推断层的断层面倾角常近于直立，断层线也较为平直。

根据断层的力学性质，可将断层分为以下几种类型。

1）压性断层：由压应力作用形成，其走向垂直于主压应力方向，多呈逆断层形式，断层面为舒缓波状，断裂带宽大，常有断层角砾岩。

2）张性断层：在张应力作用下形成，其走向垂直于主张应力作用方向，常为正断层形式，断层面粗糙，多呈锯齿状，有时在断层带内有脉岩侵入。

3）扭性断层：在剪应力作用下形成，与主压应力方向的交角小于 45°，并常成对出现。断层面平直光滑，常有大量擦痕。

四、断层的野外识别

在野外调查断层时，首先要确定断层的存在，然后才能对断层进行进一步的研究。调查时可利用如下特征作为识别断层的标志。

（一）地层特征

地层特征是判断断层的可靠证据之一，不同类型的断层所形成的地层特征是不相同的。

（1）沿岩层走向追索，若发现岩层突然中断，而和另一岩层相接触，则说明有横穿岩层走向的断层或与岩层走向斜交的断层存在（图 3－10）。

（2）沿垂直于岩层走向的方向进行观察，若岩层存在不对称的重复或缺失，则说明有平行于岩层走向的断层存在。

（二）断层的伴生构造现象

断层的伴生构造是断层的发生、发展过程中所留下的形迹，是识别断层和确定断层性质的又一重要标志。断层的伴生构造现象常见的有构造岩、擦痕磨光面、岩层牵引弯曲以及由断层引起的次生裂隙等。

（1）构造岩。是指断层形成时，由于构造应力的作用，使断层带中岩石的矿物成分、结构、构造等发生强烈变化而形成与原来岩石不同的新岩石。构造岩可分为断层泥、糜棱岩、断层角砾岩、压碎岩、碎块岩及片状岩 6 类。

图 3-10 地质顶牛显示断层的存在

1）断层泥在强烈的挤压作用下，岩石被研磨成黏土或粉土颗粒，还有数量不多的具有棱角的小颗粒呈星点分布。因断层泥中有较多的黏土，有塑性、摩擦系数小，在一定条件下岩体可能沿其滑移，在研究岸坡和坝基稳定时，要特别注意它的分布情况。

2）糜棱岩是由一些肉眼难以看出大小和成分，并带有棱角的小颗粒，颗粒间充填着更细的粉末和碎屑物质组成。它常具有形似流纹的不规则条带状构造，多数都经过交结，很坚硬，糜棱岩颜色常呈灰绿色、黄绿色等。

3）断层角砾岩是由直径 2～6cm 的角砾状碎块和角砾间充填的更细的岩屑和粉末组成。一般是胶结的，角砾岩的成分和断层两盘的岩性相似。

4）压碎岩岩石破碎成 5～15cm、棱角明显的岩块，岩块间有时充填着数量较少的小颗粒、岩屑和岩粉，一般不胶结或微胶结。

5）碎块岩是受构造应力影响，岩石被不同产状的裂隙切割成 20cm 以上大小不等的块体。原来岩石的矿物成分、结构、构造都还清楚，连岩层的产状也能保存。碎块岩透水性大，裂隙面附近风化较深。

6）片状岩在强烈挤压作用下，破坏了原岩的结构、构造和矿物成分，结晶的矿物及细小碎屑常定向排列，并形成具有片状构造的片岩。片岩的片理垂直压应力方向和断层面的产状一致。

(2) 擦痕。是由于断面两盘的相互移动，因摩擦作用可以在滑移面上产生一条条彼此平行密集的微细刻槽，这些刻槽称为擦痕。顺擦痕方向用手抚摸，感到光滑的方向即为擦痕对盘的错动方向，反之则代表擦痕一盘的错动方向。另外，在擦痕的一端常有一些与滑动方向垂直的小阶梯，称作岩坎，它是两盘错动时被拉断而形成的，所以岩坎坎面所对的方向即对盘的运动方向。在地貌上，较新的断层有时会留下断层崖、断层三角面（图 3-11）。

(3) 岩层的牵引弯曲。是指断层的两盘在互相移动时，断层带岩层因受影响形成了小的弯曲，一般情况下，牵引弯曲在柔性岩层（如页岩、片岩等）和薄层岩石中易于形成，厚层岩石中少见。也可以根据岩层的牵引弯曲情况来判断断层两盘相对移动方向。

图 3-11 断层三角面

(4) 交叉剪切裂隙和张裂隙。断层带两侧的岩层因受断层构造应力的影响，裂隙比较发育，这种裂隙常为两组交叉的剪切裂隙和一组张裂隙。由于这些裂隙与断层为同一应力场形成，它们之间排列常有一定规律，因此可以根据它们之间的关系来分析断层的性质，在各类断层中，张裂隙都呈羽毛状排列，它们和断层面所夹锐角的方向，都指向本盘运动方向。

(三) 地貌和地下水特征

巨大的断层往往可使地貌形态产生突然变化，如高山突然出现陡崖或三角形坡面变为平原低地，连续的山脊突然错动位置，出现山脊垭口，形成冲沟以及河流突然改变方向等。

断层带的存在有利于地下水的活动，所以经常可见到泉水沿断层带出露，尤其是呈线状分布的温泉，多反映了近代活动性断层。

上述标志是综合了断层产生后的一般特点，实际上不一定每一条断层都具备这些特征，而且，有些特征由其他原因也可形成，如裂隙带和风化作用可形成破碎带，剪切裂隙面上可以发现擦痕，风化、流水冲刷和岩性上的变化可以造成地形上的变化等。因此，在野外识别断层时，应该详细地进行调查，辩证地分析，透过现象抓住本质，才能得到可靠的结论。

五、活动断裂

我国有许多地区，如西藏、青海、四川、云南等，西北、西南内陆地区，广东、福建、台湾等东南沿海，以至东北、华北等地，历史上均有强烈的地震发生。它直接影响建筑物的稳定与安全。据研究，地震的产因大多数与活动断裂有密切关系。所谓活动断裂是指晚第三纪以来仍处于活动状态的新断裂构造。识别活动断裂的主要标志如下。

(1) 新生代地层被错断、拉裂或扭动。

(2) 地面出现地裂缝，且呈大面积有规律分布，其总体延伸方向与地下断裂的方向一致。

(3) 地形上发生突然变化，形成断崖、断谷，或河床纵横面发生突然变化，在突变处出现瀑布或湖泊。

(4) 古建筑物，如古城壁、庙宇、古墓葬等被断层错开。

(5) 根据仪器观测，沿断层带有新的地形变位或有新的地应力集中现象。

(6) 地震活动、火山爆发等。

活动断层对工程建筑有较大的影响，主要表现在：①横跨断层的建筑物，可能因活动断层的水平或垂直位移而产生拉裂、变形、甚至破坏；②活动断层会引起地震，使附近的建筑物遭到破坏。因而，在选择建筑物场地时，应注意避开活动断层。

第五节　构造地貌的主要类型与特征

构造地貌主要指由岩石圈构造运动造成的地表形态，也称内营力地貌。按其规模大小，可分为 3 个等级：

一级：全球构造地貌，包括陆地、洋底及大陆边缘；二级：区域构造地貌，大陆上为褶皱山系、拗陷盆地、高原、平原，大陆裂谷等，洋底内部为洋中脊、海岭、深海平原、海沟等；三级：地质构造地貌，包括断层、褶皱、火山等形成的地貌单元。

一、全球构造地貌

最大规模的地壳水平运动表现在岩石圈板块在上地幔软流层上的规则运动，从而形成地球表面第一级地貌单元“陆地”与“洋底”。如果结合固体地球表面的形态起伏和地壳结构，陆地和洋底之间的浅海区可单独划为过渡性的“大陆边缘地带”。

（1）陆地：面积 $149\times10^6km^2$，占地球表面总面积 29%。平均海拔 850km。地壳厚度较大，平原区 35km，大山高原区 60～70km。地壳主要为花岗岩质，其下还有玄武质岩石。

（2）大陆边缘：成带状位于陆地周围，水深小于 3km 的浅海大陆坡，面积 $81\times10^6km^2$，占地球表面总面积 16%。地壳具过渡性质，主要近陆壳，厚度一般小于 30km。

（3）洋底：水深大于 3km 的大洋底部，全球洋底平均水深达 3.8km，面积 $281\times10^6km^2$，占地球表面总面积 55%。地壳较薄，仅 5～10km，主要为玄武质岩石。

二、区域构造地貌

板块边界有 3 种基本类型：大陆边缘海沟或俯冲带挤压边界、洋中脊拉张边界和转换断层剪切边界。这里也是地壳活动最强烈的地带。不同板块沿着不同类型的板块边界运动，从而也形成了地球表面第二级区域构造地貌单元。在大陆内部可区分出下列类型：

（1）褶皱山系。板块俯冲碰撞带。强烈挤压，褶皱隆升，引起板块不同时期的碰撞，形成不同时期褶皱山系。它们以风化剥蚀作用为主，年代越老的褶皱山系遭受越长久、越强烈的风化剥蚀；地势起伏越小，年代越轻的褶皱山系地形起伏越大。

（2）拗陷盆地。位于褶皱山系外边的负性单元。山盆之间差异升降运动越强烈，拗陷越深，盆地中沉积物越厚，颗粒越粗，堆积速度也越快。

（3）大陆裂谷。由大陆内张裂带形成的断陷谷地，其宽度一般为数十千米，少数可达几百千米。长度达十至数百千米，少数可达几千千米，如东非裂谷是世界上最大、最典型的大陆裂谷，伴随有一系列的断裂、火山喷发与熔岩溢流。它代表陆壳受拉张作用，正在发展为新的板块边界构造活动带。

（4）高原与平原。地形平坦或略有波状起伏，两者海拔高度不同。一般 200m 以下者为平原，超过 1000m 时称为高原。它们均属于板块内部相对稳定地区的构造地貌单元。

高原是大面积构造隆升过程中外营力侵蚀切割微弱的结果，在构造抬升过程中高原内部构造活动不尽相同，常有次一级拱起与拗陷，形成次级山脉与盆地，平原一般属堆积平原，即在构造沉降过程中不断堆积外来的碎屑物，联系基底可看出平原构造成因类型的多样性，有缺乏断裂活动的拗陷沉积平原，也有块断活动明显的断陷沉积平原。在洋底中发育有大洋中脊、大洋盆地、海沟、海底高原等地貌。

三、地质构造地貌

由具体的地质构造单元如褶皱、断层、火山与熔岩控制形成的地貌是最常见的地质构造地貌。根据形成年代不同，它们都经受了不同程度外营力的改造，有的古老构造通过外营力的改造后才暴露出一些构造地貌来。

（一）断层地貌

断层地貌沿断层线两侧发育，因断层性质、断距规模及外营力侵蚀程度不同，地貌形态有断层崖、断层谷、断陷盆地、断块山地等。

（1）断层崖。断层一侧抬升，沿断层线形成陡崖，岩石坚硬地貌景观特别显著，断壁上常保留有摩擦镜面、擦痕、阶步、断层角砾岩等痕迹，外营力风化侵蚀作用一方面由于岩石剥落可使陡崖后退变缓甚至消失；另一方面早期如有横切断层崖的河流经过，风化剥落后呈现一系列断层三角面山及一系列洪积扇（图 3-12）。

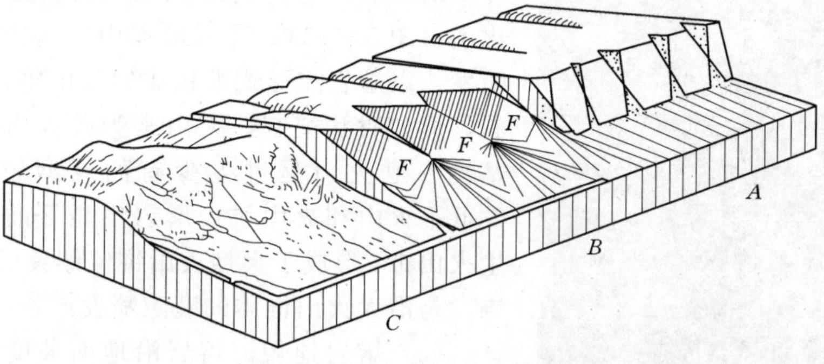

图 3-12　断层崖的切割破坏示意图

A—微受切割的断层崖；*B*—深受切割的断层崖（*F*）；*C*—经强烈侵蚀切割破坏后的状况

（2）断层谷。断层带岩石破碎，经风化剥蚀常形成谷地，有的谷地沿单一断层带发育，表现平直延续分布，有的沿两组断层带发育，谷地常呈“之”字形延伸；由于断层带宽窄不一，断层带岩性软硬不同，故断层谷常宽窄不一，形成串珠状谷地。

（3）断陷盆地。指一侧或两侧由断层控制的沉积盆地。盆地边界为直线，多呈长条形、菱形或楔形。宽可达 30～50km，长可达数百千米。

（4）断块山地。指两侧受断层控制，整体呈地垒式抬升或一侧沿断层上升盘翘起的山体。

（二）褶皱地貌

（1）单斜地貌。发育在规模较大褶皱一翼，岩层总体向一个方向倾斜，坚硬岩石形成单面山地貌，软弱岩层形成单斜谷。

(2) 背斜山与向斜谷。褶皱初期遭风化剥蚀较弱或构成背斜的岩石较坚硬不易风化时呈现的地貌景观。

(3) 背斜谷与向斜山。构造地貌形态倒置，背斜转折端岩石受纵张裂隙与断层破坏，风化剥蚀形成背斜谷地，向斜核部岩石受挤压，岩性较坚硬则形成向斜山。

(4) 穹隆山地。地下岩浆或塑性岩盐向上挤入盖层，或在横弯褶皱作用下形成穹隆构造与短轴背斜上发育的地貌形态，常伴有放射状或环状水系或断裂。

(三) 火山与熔岩地貌

(1) 火山口。最简单的是一个平底的圆凹地，四周为火山喷出物堆积成的陡壁，有的大火山口中包含若干个小火山口，有些封闭的火山口可积水成火山口湖。如东北长白山主峰的白头山天池，水深可达200多米。火山湖周围堆有火山碎屑物，如被后期熔岩溢流、崩塌和侵蚀破坏，则成为有缺口的破火山口。

(2) 火山锥。由多次火山活动产生，由火山碎屑物和熔岩堆积而成的锥体（图3-13）。由组成物可区分为：①锥形火山：由中酸性岩浆猛烈中心式喷发，经冷却下落堆积而成，有较大坡度（30°～35°），火山碎屑物中块体较大的火山锥常呈纺锤状，或其他旋转扭曲形状，这是空中旋转冷却的标志，意大利维苏威火山就是一个大型锥形火山（图3-13）；②盾形火山：基性岩浆的中心式喷发，以熔岩流形式堆积成的火山锥，坡度仅10°左右，形如盾状突起，火山常为破火山口，夏威夷的基拉韦厄火山是世界少有的巨型盾形火山之一；③低平火山和火山坑：形态不显著的火山锥；④寄生火山锥：形成于大型火山锥体侧翼或边缘的小火山锥，是沿大火山锥体的裂隙喷发产物。

图3-13　意大利维苏威火山爆发情景
（据G. P. Scrope，1822）

(3) 熔岩地貌。熔岩沿地面坡度流动过程中冷凝而成的地貌，包括熔岩丘（高20～30m的圆形、椭圆形小丘）、熔岩垄岗（略高于地面的长条形垄岗，长可达数千米至数十千米，宽数百米甚至一二十千米）、熔岩台地和熔岩高原（玄武岩质熔岩溢流形成平坦高地或低平台地）、熔岩隧道（形成于熔岩内部的地下水平通道，延伸距离不等，地面熔岩凝固后，内部熔融岩浆继续流动而留下的空洞）、熔岩堰塞湖（熔岩阻塞河流形成的湖泊）等。

第六节　区域地壳稳定性研究的发展方向

区域地壳稳定性研究的基本目的包括宏观和微观两个方面。前者为合理进行战略性的国土规划和利用地质环境服务，后者则为具体的重大工程场址的评价与优选服务，因此，它的发展主流可概括为几方面。

自从全球板块的划分逐渐得到公认以来，20 世纪 70 年代末，美国出版了全球构造活动图。结合 80 年代岩石圈和地球动力学计划的开展，我国也出版了 1∶400 万的岩石圈动力学图（马杏垣，1986）。中、美、日、俄等国区域断裂活动特征的卫星影像解译已取得很大成绩，尤以日本的工作较为细致详尽。据活动方式和强度，中国的活动断裂系统可以划分为 6 个不同的区域（刘传正，1993）。由此而论，在中国内地乃至更大范围内总结区域地壳活动规律，建立健全区域地壳稳定性理论正在成为现实。

一、活动断裂

活动断裂系统的研究是区域地壳稳定性评价的关键内容。现已发现，断裂系具有分段活动特征，同一条断裂的活动在几何学、运动学、动力学、地球物理场异常和分形结构等方面均呈现分段性，且不同地区的断裂分段作用特征也不大相同。断裂作用的方式不限于发震或蠕滑，而是具有多重性，它表现为孕震、减震（或称大震免疫性）、隔震和无震蠕滑（刘传正，1993）。活动断裂系的分段性不但为次级块体的边界确定提供了基础，更重要的是，不同地段活动性的强弱差异为工程选址奠定了客观基础。对于强震区及高震烈度区，活动断裂系上活动性相对低弱的地段也可能成为满足工程抗震要求的较好场区。

二、古地震学

古地震学方法为活动断裂系的量化研究建立了理论基础，它使我们考查断裂的位移量、位移速率、活动年代和地震复发周期成为可能。古地震学（Paleoseismology）一词是苏联地质学家 V. P. Solonenko（索洛年科）和 N. A. Florensov（弗罗林索夫）于 1956 年提出来的。20 世纪 60 年代，他们在贝加尔、高加索、吉尔吉斯和阿尔泰等地区进行了系统的古地震研究，20 世纪 70 年代末就出版了奠基性的著作《大高加索古地震》。

古地震是指史前发生的地震。“史前”是指有人类活动到有文字记载以前，且与人类关系密切的这段时间。虽然古地震的研究尚不能达到非常理想的效果，但它为人类探索地震规律，尤其在历史记载较短的国家（如美国）进行地震预报和为工程寻找相对稳定的场址提供了更有说服力的论据。80 年代以来，我国在这方面取得了可喜的成就（李祥根，1986；程绍平，1984；王挺梅，1984；林传凡，1987；张安良，1989）。

三、工程观的强化

区域地壳稳定性面临的挑战使得工程地质学者和上部结构工程师必须把区域地壳环境性质与工程设施作为一个体系来考虑。选址和评价的关键问题是如何处理地质数据或结论与工程设计的结合问题，也就是说，工程地质学家和地震工程学家必须解决地质资料的合理量化问题，且量化的结果容易被上部结构工程师所采用。对于一个地区，究竟地壳稳定到何种程度，相应的工程设计原则是什么，将是区域地壳稳定学者追求的重要目标之一。

四、区域地壳稳定性研究的新观念

目前，从更广泛的领域和全新的观点来探讨制约区域地壳稳定性的因素已逐步兴起，如分数维理论可用于量化描述断裂和地震的分形结构，耗散、混沌和协同学等已开始成为描述地壳结构及其动态之自组织过程并探讨其内部相关性的有力工具。最终将为工程“安全岛”的确定开辟新的道路。

自然，问题仍是存在的。例如，分数维理论尚本能描述断裂的活动性质及其深部延展情况，其他非线性科学如突变理论等的应用也还停留在物理模式探索阶段。

第七节　全球构造及新构造观

一、研究现状与发展趋势

地球科学研究的对象是一个巨系统，物质、状态、变化过程的时、空、物涉及的范围大，发生的过程不重复，状态条件无法完全在实验室模拟。人类社会对资源找寻的视野越来越大，逐步从地球表层走向深部，从陆地走向海洋，走向近地空间，从单纯地注重矿产资源的找寻逐步转向以可持续发展为目标的资源合理利用与环境保护并重；对自然灾害的研究也从对定性走向定量的监测与预警、预报以及灾情评估于一体的综合研究。

随着社会需求和科学发展不断地提出重大的科学问题以及空间技术、信息技术和地球内部探测技术的飞快发展，使过去几十年中地球科学研究发生了重大跨越，即从各分支学科分别致力于不同圈层的研究，进入了地球系统整体行为及其各圈层相互作用研究；从区域尺度的研究，步入以全球视野研究诸多自然现象与难题；从以往偏重于自然演化的漫长时间尺度到重视人类影响过程；把微观机理的研究与宏观研究紧密结合，形成了有机的整体，使地球科学的整体研究进入一个全球构造的时代。

在诸多不同方面积累了大量观测和局部认识的条件下，才有了20世纪60年代“板块构造理论”的诞生。然而，一个突出的现状是，虽然板块构造理论很好地阐释了现今的全球构造，特别是大洋岩石圈的生长机制、运动规律、消亡过程及其效应和动力学。但是，全球大陆岩石圈在地质历史中的复杂行为，使基于大洋岩石圈的“板块构造理论”一些基本概念在“登陆”过程中遇到了许多难以逾越的障碍，特别是在解释大陆远为复杂的物质增生与消减过程以及陆内地质作用等问题上遇到了困难。研究表明，大陆地区与大洋地区至少在上地幔的深度范围内存在巨大的动力学差异，现有的板块构造理论不能简单地搬来解释大陆的动力学过程；并且由于板块构造理论所阐明的主要是岩石圈的运动学，因而人们正在通过向地球深部内层进军，发展阐明从地核到地表整个固体地球系统的全新构造观与动力学新理论。因此无论是从进一步深化板块构造理论还是从发展新的地球动力学理论出发，都有必要把探索大陆动力学和全球构造的本质作为当前和今后一段时期内固体地球科学研究中最重要的课题之一。

概括而言，超大陆的聚合与裂解机制及其相关地质过程关联是当前全球构造研究的代表性领域。研究发现，在泛大陆之前，地球在其形成演化的过程中还存在过多次超大陆的聚合，甚至在地球演化历史中存在过超大陆旋回。

全球构造研究的发展趋势主要体现在以下几个方面。

(1) 以整体系统的观念认识地球、强化学科间的交叉与渗透；形成以不同空间尺度、时间尺度的基本地球过程研究为重点，定量化观测、探测和实验研究与动力学研究相统一的研究格局。

(2) 在全球构造的框架中认识大陆增生及其相关的地质过程，解剖大陆聚合与裂解等基本地质过程。

(3) 在上述背景与发展趋势主导下，大陆动力学、天气、气候系统动力学与气候预测、海洋环流与海洋动力学、地球表层过程与区域可持续发展、全球变化及其区域响应、地球环境与生命过程、日地空间环境与空间天气及相关技术等将成为发展的前沿。

(4) 计算机模拟技术、穿越圈层的示踪剂、覆盖全球的信息成为开展地球系统科学研究的重要条件。科学创新的全球化已成必然，全球知识和科技信息资源将成为国际化创新活动的公共平台。

(5) 深入理解地球系统各圈层的基本过程与变化及其相互作用，研究全球构造对资源、能源、环境、生态、灾害和地球信息的系统影响等基础问题，为经济、社会的可持续发展提供科学依据。

全球科学家们围绕这些方面开展了系统研究，取得了许多突破性成果。国际岩石圈计划的重点偏向了大陆岩石圈、深部作用过程和动力学。美国国家科学基金会、地质调查所和能源部联合提出并实施了为期 30 年（1990—2020 年）的“大陆动力学计划”。英国自然环境研究委员会在 1994—2000 年的地球科学战略报告中也把大陆动力学列为其专题性重点研究领域。此外，由欧洲 16 个国家针对大陆成因与演化而共同开展的“欧洲透镜”计划从 1992 年开始实施，延至 21 世纪初，其目的是增进对地球壳-幔构造演化和控制随时间演化的动力学过程的理解。然而，欧美的简单的地质特征和记录的不完整性，导致了全球构造研究仍然进展缓慢，诸多重要的问题尚未解决。例如，大陆为什么会聚合？以后，这些超大陆又为何发生了裂解？这些超大陆的聚合和裂解如何影响地球的内层动力学，并影响地球的表层环境，最后导致高等生物乃至人类的出现？

我国及邻区是地球上结构和演化过程最为复杂的一块大陆，被公认为大陆动力学研究的最佳场所。我国及邻区不仅记录了微陆块-小洋盆型古板块演化旋回的完整历史，而且拥有全球各个超大陆旋回的关键记录。这些都为大陆动力学的研究提供了得天独厚的天然实验室。因此，一个发展全球构造与新构造观的全新机遇已经出现。立足于全球构造的视野，充分发挥这一地域优势，通过野外实验室与科学钻探、理论与模拟，研究大陆物质组成、结构、演化过程与动力学，并与世界其他大陆开展对比，就有可能在全球构造与新构造观这一国际关注的领域取得突破。

二、相关的科学问题

综上所述，在未来 10 年与全球构造和新构造观相关的科学问题包括以下几方面。

(1) 超级大陆聚合和裂解与古气候变化的关系（超级大陆聚合导致全球变冷——海平面下降，超级大陆裂解导致全球变暖——海平面上升）；

(2) 超级大陆聚合与生物灭绝耦合关系研究（如二叠纪末 Pangea 形成导致地球上 90%生物灭绝）；

(3) 超级大陆聚合、增生和裂解与超大型矿床形成；

(4) 板块构造在地球上何时启动以及第一个超级大陆在地球上何时出现；

(5) Long - Lived 大陆边缘增生与显生宙大陆增生；

(6) 壳幔相互作用、超级地幔柱活动与超级大陆裂解；

(7) 早—中元古宙 Columbia 超级大陆聚合、增生和裂解及其在华北克拉通上的地质记录；

(8) Rodinia 超级大陆聚合、增生和裂解及其在华南（扬子和华夏）克拉通上的地质记录；

(9) 古亚洲洋闭合与 Pangea 超级大陆聚合；

（10）250Ma 后的超级大陆 Pangea Ultima 预期构建及其数字模拟。

第八节　地　震　作　用

一、地震的基本概念

地震是一种自然现象。引起地震的原因很多，地壳构造运动可引起构造地震，火山喷发可引起火山地震，地下溶洞或矿山采空区塌陷可引起陷落地震，山崩、陨石坠落等也可引起地震。但以地壳构造运动引起的构造地震为数最多，达总数的 90%以上。

地壳构造运动可产生巨大的作用于地壳的力，在力的长期作用下，岩层会发生倾斜、弯曲变形，开始是很缓慢的，但是当不断积累起来的力超过岩石强度极限时，岩层就会在刹那间发生突然破裂错动，这种长期积累的能量一下释放出来，可产生震撼山岳的地震波。岩层振动以地震波的形式，把能量向四周传播。当地震波到达地表，地面受震动而成地震。

世界各地有记载的大地震罗列如下。

1755 年 11 月 5 日，葡萄牙里斯本市发生一次大地震，使市区靠海的房屋几乎全部毁坏，同时有海浪灌入市区，大约有 6 万人丧命。

1920 年 10 月 16 日，我国甘肃海源（现属宁夏）发生一次大地震，极震区是狭长地带，包括海源、靖远等 7 个县，地震波及 11 省。地震后，地面出现 70 多千米长的大断裂。震级为 8.5 级。

1928 年 9 月 1 日，日本东京大地震使东京、横滨、横须贺三大城市遭受极大的破坏，约有 14 万人死亡。

1960 年 5 月 22 日，智利发生了全球最大的一次地震，灾情极为严重，由地震引起的“海啸”浪高 20m，一直波及日本。

1966 年 3 月 8 日，我国河北省邢台大地震，由于强震来得突然，使震中区遭受很大破坏。震级 6.8 级。

1975 年 2 月 4 日，我国辽宁海城—营口发生 7.3 级地震，由于震前有预报，所以，人员伤亡极小，受到许多国家的称赞。

1976 年 7 月 28 日，我国河北唐山发生 7.8 级大地震，震级高，波及范围广，而且没有做好防震、抗震准备，人民的财产损失很大，人员伤亡很多。

2008 年 5 月 12 日，我国四川汶川发生 8.0 级大地震、震级高，波及范围广，人民财产损失很大，人员伤亡很多。

2010 年 3 月 11 日，日本本州岛附近海域发生里氏 8.8 级强烈地震，并在该国东北太平洋沿岸引发巨大海啸，造成至少 500 人死亡，多人受伤，110350 人失踪。日本媒体称，这是日本国内观测史上最大级别的地震。数所核电站被关闭，新干线暂停运行，成田国际机场关闭。日本首相菅直人发表电视讲话说，地震和海啸给日本造成了巨大损失。

2010 年 4 月 14 日 7 时 49 分，我国甘肃玉树发生 7.1 级强震，人员伤亡数千人。

2013 年 11 月 17 日，南极洲附近海域发生 7.8 级地震，震中位于阿根廷乌斯怀亚南东方 1140km，震源深度 10km。

可见，地震是自然现象中最严重的自然灾害之一。

（一）地震波

地震的能量主要以弹性波的形式向四周传播，这种振动的波叫地震波。根据地震波传播的特点可分为体波和面波，在地球内部传播的波称为体波，沿地面（界面）传播的波称为面波。体波又包括纵波和横波：纵波（P波）使物体密度发生变化而形状不变，是压缩波。它在固体、液体中都能传播，传播速度最快，能量散失也快。横波（S波）使物体形状改变而体积不变，是剪切波。因为液体没有固定形状，故横波只能在固体中传播而不能在液体中传播。横波传播速度比较慢，能量散失也慢，其影响范围比纵波大。纵波和横波在物体界面处可产生速度变化，并出现散射和反射现象。

面波是体波在地表界面反射而成的次生波，它在地面做来回振动和向前滚动，使地表出现波状起伏，面波传播速度最慢，但引起的振动最强烈，破坏作用最大。发生地震时，在震中附近，因纵波先到，人们首先感到上下跳动，然后横波到来，感到左右水平晃动。在离震中较远的地方，由于纵波、横波和面波以不同角度与地表接触，振动情况较为复杂。

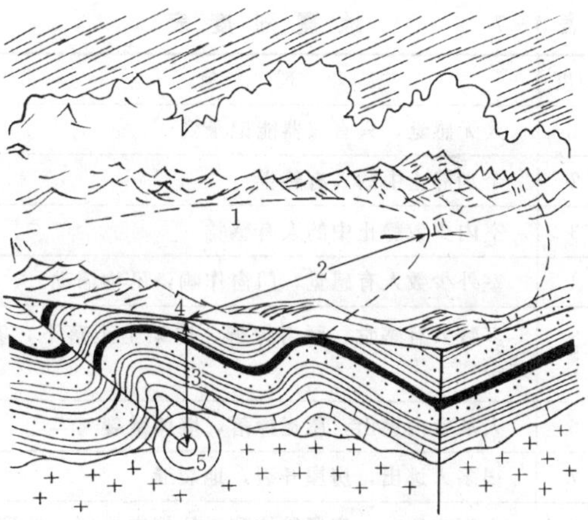

图 3-14　地震名词解释示意图
1—等震线；2—震中距；3—震源深度；4—震中；5—震源

（二）震源和震中（图 3-14）

地震的发源地称为震源。震源在地面的垂直投影位置为震中，震中附近的区域称为震中区。震源到震中的垂直距离为震源深度。根据震源深度，地震可分为浅源地震、中源地震和深源地震（表 3-5）。地面上某一点到震中的距离为震中距。

表 3-5　根据震源深度的地震分类

分类	震源深度/km	占释放总能量/%	占发震总次数/%	成灾次数
浅源地震	>70	85	72	很多
中源地震	70～300	12	23.5	较少
深源地震	300～720	3	4.5	一般不成灾

表 3-6　震级（M）与能量（E）的关系

M	E (J)	M	E (J)
1	2.0×10^{6}	6	6.3×10^{13}
2	6.3×10^{7}	7	2.0×10^{15}
3	2.0×10^{9}	8	6.3×10^{16}
4	6.3×10^{10}	8.5	3.6×10^{17}
5	2.0×10^{12}	8.9	14×10^{18}

（三）震级和烈度

1. 震级（M）

震级是表示地震本身强度大小的等级。每次地震只有一个震级，震级的大小是根据震源发震时地震波释放能量的大小来划分的，震源释放能量越大，震级越高。目前国际通用的震级划分标准是美国地震学家里克特（C. F. Richte）制定的，称为里氏震级。震级（M）与能量（E）的关系见表 3-6，可用下式表示：

$$\lg E = 11.8 + 1.5M$$

震级增高一级，能量约增大32倍，见表3-6。目前世界上记录到的最大震级是8.9级。5级地震相当于爆炸2万t级（TNT）的原子弹所释放的能量，对震中区具有破坏性。7级大地震相当于爆炸60万t级（TNT）的原子弹所释放的能量。8.5级地震相当于100万kW大型发电厂连续10年发出电能的总和。可见，强烈地震具有很大的破坏性。

2. 烈度（I）

烈度表示地震对地面影响和破坏的程度。烈度是根据人体的感觉、不同类型的建筑物及地面遭受地震影响和破坏的现象等情况来确定的。各个国家都可以根据自己的情况制定烈度划分标准。我国采用12度烈度表，见表3-7。

表3-7 地震烈度表

烈度	现象
1	人无感觉，只有仪器能记录到
2	个别静止中的人有感觉
3	室内少数静止中的人有感觉
4	室外少数人有感觉，门窗作响，吊物摇动
5	多数人有感觉，睡者惊醒，屋架尘土落下，家畜不宁
6	人从室内逃出，屋瓦掉落，墙体微裂
7	很多人逃出，房屋开裂，地裂缝
8	人行走困难，房屋结构和工厂烟囱损坏，地裂缝
9	人坐立不稳，墙体龟裂，房屋局部倒塌，基岩可出现裂缝，滑坡
10	人有抛起感，房屋大部分倒塌，山崩，地裂出现
11	房屋普遍破坏，铁轨弯曲，大规模山崩地裂
12	地面剧烈变化，山河改观

同一次地震发生后，不同地区受地震影响和破坏程度不同，故地震烈度也不同。震中区是烈度最大的地区。地面上烈度相同各点的连线称为等震线。影响烈度大小的因素有震级、震源深度、震中距、地质构造和建筑物性能等。一般说来，震级越高、震源越浅、震中距越小、地质构造活动性越大、土质越松，烈度也越大；反之，烈度越小。

（四）地震序列

地震有其孕育、发生和衰减的过程。在一定时间内（几天或几个月）发生在同一地质构造带上，且具有成因联系的一系列地震，称为地震序列。在一个地震序列中，能量最大的一次地震称为主震。主震之前发生的地震称为前震，主震之后发生的地震称为余震。根据地震频度和能量分布特点，地震序列一般可分为3个基本类型。

1. 主震型

此类主震突出，释放的能量占整个地震序列能量的90%以上。主震前可能有大量的前震，也可能没有明显的前震。余震多，但持续时间短，活动范围小。此类地震在强烈地震中常见，如1976年7月28日河北唐山7.8级地震，1988年11月6日云南澜沧—耿马7.6级地震。

2. 震群型

此类由多次震级相近的地震所组成，主震不突出，前震和余震次数多，震级也较大。其特点是频度高、衰减慢。如1960年5月21日—6月22日的智利地震，1986年4月16日—5月4日的四川巴塘地震。

3. 孤立型

此类又称为单发型，地震能量基本是通过主震一次释放，前震和余震很少，且与主震的震级相差悬殊。如1967年3月的山东临沂地震。

除上述3种类型外，有时还可观测到其他特征的地震序列类型，如1971年四川马边地震是由若干孤立型、主震型和震群型所组成。

研究地震序列的目的是判断地震发展趋势，以便监测地震，及时采取抗震防灾的对策。

二、地震的成因类型

地震的成因多种多样，通常分为人工地震和天然地震两大类。由人为原因造成的地震即为人工地震。例如打桩、爆破和核爆炸等产生的地震，人工地震除核爆炸外，一般不会造成很大危害。由自然作用造成的地震即为天然地震，主要有构造地震、火山地震和塌陷地震。一般所说的地震即指天然地震，其中构造地震是研究的主要对象。

（一）构造地震

由于地壳的构造运动，在岩层中逐渐积累了巨大的地应力，当地应力超过某处岩层强度时，就会突然发生断裂和断层错动，岩层中积累的能量便急剧地释放出来，从而引起周围物质振动，并以弹性波（即地震波）的形式向四周传播，待地震波传至地面，地面就振动起来，这种地震称为构造地震。构造地震是地壳发生构造运动后变形的结果，此种地震占地震总数的90%。其中有72%发生于地表以下70km以上的地壳中，属浅源地震，影响范围最广，破坏性最大，世界上所有灾害性地震都是浅源地震。

在某些构造应力接近平衡的地区，由于某些外在因素的激发作用而产生一系列较小的连续地震，称为诱发地震。主要有以下激发的因素。

（1）水库蓄水。建于活动断裂带、库底岩石破碎的大型水库，蓄水后，经过一段时间，在库区或坝前常发生一系列小震或破坏性地震。其原因可能是由于水体的静压作用、渗透作用和润滑作用诱发原有断裂的活动，导致了地震的发生。

（2）注水或抽水。向地下深处大量注水或抽水，可能引起地下压力变化，破坏了构造应力平衡，从而激发断裂活动而发生地震。受此启发，人们设想采用注水或抽水的办法来触发地震，化大震为小震，逐渐释放应变能，从而达到人工控制地震的目的。此法目前尚处于实验阶段。

（3）太阳黑子活动。在太阳黑子活动高峰期，大地震增多，其原因可能与太阳黑子活动增强引起地球气压场和电磁场的变化，从而改变地壳构造应力的分布状态有关。

（4）潮汐。阴历朔、望时，日、月对地球的引潮力最大，所产生的液体潮、气体潮和固体潮也可能触发断裂活动而发生地震。例如1976年河北唐山7.8级地震发生于阴历七月初二，1966年河北邢台7.2级地震发生于阴历三月初一，1966年云南东川6.5级地震发生于阴历正月十五等。

各种诱发地震的规律都有待进一步研究。

（二）火山地震

在火山活动地区，由于地下岩浆猛烈膨胀，冲出地壳形成火山喷发，引起附近地区岩石断裂造成的地震称为火山地震。火山地震约占天然地震总数的7%，多为浅源地震，世界上多火山国家如日本、印度尼西亚、意大利等此类地震较多，我国火山地震很少。

（三）塌陷地震

地表或地下岩石突然发生大规模的崩塌或陷落，产生强大冲击波而导致的地震称为塌陷地震。

岩石产生塌陷的原因很多，例如石灰岩地区由于地下水侵蚀形成地下大溶洞，洞顶塌陷冲击洞底造成地震；矿山采空，顶板崩塌造成地震；此外还有山崩地震、塌方地震、泥石流地震、陨石冲击地震等。塌陷地震约占天然地震总数的3%，其震源浅，震级低，影响范围小，研究防止的办法比较容易，但在人口特别稠密的工矿区应特别引起重视。

三、地震的地理分布

绝大部分地震震中呈带状分布，世界地震带与火山带、地热带基本一致，都分布于巨型活动构造带附近。世界上有以下主要的四条地震带。

1. 环太平洋地震带

环太平洋地震带位于太平洋四周大陆边缘和附近海底。大致沿南、北美洲西海岸经阿留申群岛、堪察加半岛、千岛群岛、日本、中国台湾、菲律宾、伊里安岛至新西兰。此带与太平洋“火环”相伴随，是构造运动最强烈的地带，因而地震也最频繁而强烈。全世界约80%的浅源地震、90%的中源地震和几乎全部深源地震发生在这里，释放的能量占世界地震总能量的80%以上。智利和日本都是著名的多地震国家。

2. 地中海—喜马拉雅山地震带

地中海—喜马拉雅山地震带大致呈东西走向，从地中海沿岸经土耳其、伊朗、喜马拉雅山脉、缅甸至印度尼西亚与环太平洋地震带连接。以浅源地震与中源地震为主，释放的地震能量约占世界地震总能量的15%。

3. 大洋中脊地震带

大洋中脊地震带主要分布在大洋中脊、海岭上，如大西洋中脊、印度洋中脊、东太平洋中隆及北冰洋海岭。以浅源地震为主，地震释放的能量很小，其中以大西洋中脊地震较为强烈。

4. 大陆裂谷系地震带

大陆裂谷系地震带分布于大陆裂谷地带，如东非裂谷、莱茵地堑和贝加尔湖地堑等。皆为浅源地震，地震释放能量也很小，震级大多小于5级。

我国位于环太平洋地震带与地中海—喜马拉雅地震带的交汇处，因此是一个多地震的国家。在19世纪80多年的记录中，5级以上地震有2600多次，6级以上地震有500多次(平均每年6～7次)。大部分为浅源地震，台湾海域和喜马拉雅山脉附近有部分中源地震，深源地震只出现于黑龙江省及吉林省的东部。

我国地震活动主要集中于下列地带。

(1) 华北区：郯城—庐江带、燕山带、山西带、渭河平原带和河北平原带。

(2) 东南区：台湾带和东南沿海带。

(3) 西南区：武都—马边带、康定—甘孜带、安宁河谷带、滇东带、滇西带、腾冲—澜沧带、西藏察隅带和西藏中部带。

(4) 西北区：天山南北带、塔里南缘带、河西走廊带、银川带、六盘山带和天水—兰州带。

四、地震预报

地震预报是对破坏性地震发生的时间、地点、震级和对地震影响的预测❶。

---

❶ 《发布地震预报的规定》，见《中国地震报》，1988年9月1日。

地震预报按时限有下列四种。

(1) 长期预报：指对几年甚至几百年时间内地震危险性及其影响的预报。

(2) 中期预报：指对几个月至几年内破坏性地震的预报。

(3) 短期预报：指对几天至几个月内破坏性地震的预报。

(4) 临震预报：指对几天内将要发生破坏性地震的预报或警报。

中、长期预报是对某一地区作出地震活动的趋势分析，进行地震区划和烈度分析，圈定地震危险区。它虽然不能指出发震的具体地点和时间，但对国家规划和建设有重大参考价值，并能指导短期、临震预报。

短期、临震预报则要求明确指出发震的时间、地点和震级，以便采取相应的防震、抗震措施。目前地震预报还处于探索阶段，我国已成功地预报了 1975 年 2 月 4 日辽南的海城大地震，对龙陵、松潘—平武、盐源—宁蒗等地震也做出了较好的预报。

现将关于地震预报的主要工作简述如下。

1. 地震地质构造分析

地震地质构造分析即为调查分析发震的地质构造背景。大断裂构造和强烈活动的断裂带往往也是地震带。据李四光研究，在活动断裂带的下述部位应力最易集中，常导致大地震发生。

(1) 拐点。活动断裂带曲折最突出部位的外侧。例如云南通海一带。

(2) 端点。活动断裂带的两端。例如鲜水河断裂两端的甘孜、康定。

(3) 交叉点。两条断裂带会而不交的地方。

(4) 闭锁段。活动断裂带的中断部位。

2. 历史地震资料分析

通过对历史上地震资料的统计和分析，找出地震发生和发展的规律，是中、长期地震预报的依据之一。我国有 3000 多年的地震记载历史，是世界上地震历史记录时间最长、资料最丰富的国家，这些资料是研究地震规律的宝贵财产。

历史资料研究表明，许多地区的地震活动存在周期性，一个周期由较长时间的相对平静期和较短时间的活跃期所组成。它反映了地震能量积累和释放的全过程，这个过程大体分为 4 个阶段，即能量积累阶段（相对平静期）、局部释放阶段（出现地震前兆）、能量大释放阶段（出现最强地震）和剩余释放阶段（活动期的尾声）。表 3-8 所示是华北地区近 1000 年以来的地震活动周期情况。从各地区地震活动的周期性和强度，可以大体估计今后该地区地震发生的时间和强度。

表 3-8　　华北地区地震活动周期

活动期	始终时间/年	延续时间/a
第一活跃期	1011—1076	66
第一平静期	1077—1289	213
第二活跃期	1290—1368	79
第二平静期	1369—1483	115
第三活跃期	1484—1730	247
第三平静期	1731—1811	81
第四活跃期	1812—	

通过对地震地质构造和历史资料的分析，划分地震带，定出当地可能出现的最大地震烈度，并据此编制地震区划图，这种图件不仅是进行中、长期预报的重要依据，而且也是指导短、临期预报的必要基础。

3. 地震前兆分析

地震之前出现与地震有关的自然现象的异常变化称为地震前兆。地震前兆是短、临震预报的主要依据。可供分析地震前兆的种类很多：①以小震预报大震；②有地应力异常；③地形变增强（陆地升温、水平位移和地倾斜）；④地下水异常（水位涨落、变味、变色、变温、发浑、冒泡、翻花以及水中氡气含量的变化等）；⑤动物惊恐不安；⑥地磁、地电、地温和重力异常；⑦出现特殊地声和地光；⑧天气异常等。这些前兆是地震前地应力加强引起地球物理、化学等一系列变化的反映，而地应力异常是地震最直接的反映。故注意观察前兆，有时可以做出较准确的地震短、临震预报。

唐山地震前的7月25日上午，抚宁县有人看到一百多只黄鼠狼，大的背着或叼着小的挤挤挨挨地从古墙洞钻出，向村内大转移。天黑时分，有十多只在一棵核桃树下乱转，当场被打死五只，其余的则在不停地哀嚎，有面临死期的恐慌感。26日、27日，这群黄鼠狼继续向村外转移，一片惊慌气氛（图3-15）。

五、地震作用结果

地震作用的结果有许多不同的表现形式，形成许多地质现象。

地面变形是地震作用最常见的结果，除了隆起、错动、旋扭等各种变形外，还可能引起地裂缝、地面陷落等变形。1976年的河北唐山地震曾出现了许多地裂缝带，横切围墙、房屋和道路、水渠（图3-16）。震区及其周围地区，出现大量的裂缝带、重力崩塌、滚石、边坡崩塌、地滑、地基沉陷、岩溶洞陷落以及采空区坍塌等。由地震引发的山崩和滑坡规模往往很大，在一次地震中由于山崩或滑坡所形成的垮塌物经常会堵塞河道，形成湖泊。

图3-15　唐山地震前黄鼠狼成群向外逃窜

图3-16　河北唐山地震形成的地裂缝

1920年12月16日，宁夏南部和甘肃东部发生8.5级地震。这次地震闻名中外，近百个地震台记录到了这次能量巨大的地震。据当时的《中国民报》记载了震后的悲惨场面："清江驿以东，山崩土裂，村庄压没，数十里内，人烟断绝，鸡犬绝迹。"地震造成的山崩滑坡掩埋了村庄，海原县房屋和窑洞倒塌近6万间，会宁县房屋倒塌达8万间。地震造成自甘肃景泰兴泉堡至宁夏固原县硝口长达215km的巨大破裂带，至今仍清晰可辨。

海原、固原和西吉县滑坡数量多到无法统计的地步。在西吉南夏大路至兴平间 65km^2 内，滑坡面积竟达 31km^2。滑坡堵塞河道，形成众多的串珠状堰塞湖。这些自然灾害造成的湖泊，成为黄土高原上独特的地震地貌景观。

图 3-17 由于地基液化房屋被连根拔起

地震作用往往导致地下的含水层受到强烈的挤压，使地下岩层的孔隙度变小，地下水被挤出而发生喷水，地下水与松散沉积物一起喷出地表而形成冒沙现象。地震过程的振动还可以使松散沉积物与地下水混合发生液化现象，使建筑物的地基松动，造成建筑物倒塌，甚至连根拔起（图 3-17）。

海啸是海底地震经常引发的一种灾难性结果。1960 年 5 月 22 日在智利发生的 9.6 级地震（可能是世界上有记录的最大地震）所引发的海啸波及了太平洋的广大地区，5 月 23 日海啸到达夏威夷时浪高约 10m，死伤 200 多人，5 月 24 日海啸到达日本时浪高还有 6.5m，伤亡 100 多人，沉船 100 多艘，给日本造成严重的破坏。1964 年的美国阿拉斯加地震所引发的海啸也造成了严重的破坏。

六、数字地震观测系统建设

新一代中国地震观测系统由国家数字地震台网、区域数字地震台网、火山地震台网和流动地震台网 4 部分组成。

（一）国家数字地震台网

国家数字地震台网在已有的 48 个国家数字地震台站基础上新增 104 个甚宽频带数字地震台站，台站总数达 152 个。至此，除青藏高原部分地区外，在全国大部分地区，国家数字地震台网的台距（台站的间距）达到了 250km 左右。在国家数字地震台网的 152 个台站中有 16 个台站采用频带为 3000s—360Hz（加速度平坦型）和 360a—20Hz（速度平坦型）的超宽频带地震计，其余台站均安装 120s—20Hz 甚宽频带地震计。

为了加强中国西部的地震监测能力，在西藏那曲、新疆和田建设了 2 个小孔径地震台阵。每个地震台阵均由 9 个子台组成，孔径为 3km。台阵中心台站采用 120s—20Hz 甚宽频带地震计，其余台站则采用 Zs—50Hz 的短周期地震计。

此外，在渤海、东海海域建设了 2 个海底试验地震台站，为今后开展海洋地震观测积累经验。

（二）区域数字地震台网

区域数字地震台网是以省、自治区、直辖市为主的地震台网（阴朝民，2001），它是在对已经建成的 267 个数据字长为 16 位的区域数字地震台站进行升级改造，并新建 411 个区域数字地震台站的基础上建立起来的。区域数字地震台网的建成使我国 31 个省（自治区、直辖市）都有一个区域数字地震台网，其台站总数为 685 个。加上已经建成的首都圈 107 个区域数字地震台站，现在全国区域数字地震台总数已达 792 个。

在地震重点监视防御区、人口密集的主要城市以及东部沿海地区，区域数字地震台网的台距达到了30～60km；在新疆及青藏高原等部分地区，台距也达到了100～200km左右。

在685个地震台站中，一部分台站安装60s—40Hz的宽频带地震计，另一部分台站安装2s—50Hz的短周期地震计。

（三）火山监测台网

建设了6个火山监测台网。这6个台网共有33个数字地震台站，其中吉林省长白山火山监测台网10个台站，吉林省龙岗火山监测台网4个台站，云南省腾冲火山监测台网8个台站，黑龙江省五大连池火山监测台网3个台站，黑龙江省镜泊湖火山监测台网4个台站，海南省琼北火山监测台网4个台站。在这些台站，安装了60s—40Hz的宽频带地震计或2s—50Hz的短周期地震计。

（四）流动数字测震台网

流动数字地震台网主要用于地震现场的临时观测或为特定的科研目的开展的野外观测。流动数字测震台网建设分为地震现场应急流动台网和地震探测台阵两部分，地震仪器的总数达800套。

1. 地震现场应急流动台网

地震现场应急流动台网主要用于大震前的前震观测和震后的余震监测。在大地震前作为地震的加密观测，进行高精度的地震定位，对可能发生大地震的区域地震活动背景作动态跟踪监测，为开展区域地震活动性研究和地震预测研究服务。在大地震后用于现场的余震监测，记录大地震后的余震活动变化，为判断地震的发展趋势提供依据，也为进一步研究震源特征、探索地震的发生和发展过程积累基础资料。

组建了19个地震应急现场流动数字地震台网。这19个台网有总数达200套的流动数字地震仪。仪器采用60s—40Hz的宽频带地震计或2s—50Hz的短周期地震计。

2. 地震探测台阵

地震探测台阵可以根据不同的科学目的在研究区域内开展不同方式、不同规模的观测。对于密集台阵，台距可达千米级。通过对高分辨率地震探测台阵记录资料的分析可以大大改善地震定位、震源机制、震源破裂过程和地震成像的精度。作为地球深部高分辨率探测的一种重要的手段，地震探测台阵不但在地震科学研究中，而且在地球科学研究中，都有非常广泛的应用。

由中国地震局地球物理研究所负责管理的地震探测台阵共有外购的600套流动数字地震仪，其中包括：10套甚宽带地震仪（频带宽度为120s—40Hz）、500套宽频带流动地震仪（频带宽度为60s—40Hz）、90套短周期地震仪（频带宽度为2s—50Hz）。

七、我国地质灾害防治目标与任务

上述各种地质灾害，都是发生在地球表部的地质作用过程，它给人类带来不幸和生命财产的损失，所以称为灾害。人类生存、发展的漫长历史就是人与自然灾害不断斗争的历史。地质灾害防治的目标，就是要以人为本，以科学发展观为宗旨，最大限度地减少人员伤亡和财产损失，创造安全、稳定的生活环境为目标，保障社会经济的全面协调可持续发展。最大限度地减少对人民的生产、生活和安全的危害，就要将各类威胁人类的地质灾害作为防治重点对象。

突发性地质灾害危害大，应以防为主，防治结合。要做到预防险情，及时治理。要掌握自然规律，依靠科技进步，深化对地质灾害发生发展规律的认识，加强高新技术的应用、推广，提高防灾减灾效率、能力和水平。要达到明显减少地质灾害损失的目标，就需要更全面、更科学地了解地质灾害发生发展的过程，制定严密的工作计划，并且要宣传群众，组织群众，群防群治。

今后我国地质灾害防治主要应进行以下几方面的工作。

(1) 地质灾害调查是了解地质环境状况和地质灾害隐患的主要途径。其成果应是编制地质灾害易发及潜在隐患区的图件和对其进行风险评估的最基础依据。

(2) 在调查填图的基础上，对有地质灾害及其隐患地区进行风险区划。这是制定防治对策、规划防治区域，实施防治措施和制定风险管理工作的基础。对国内一些重大工程建设区和重要城市的风险区划和评估要作为工作重点。要建立完善的风险评估指标体系和评估方法体系，以利于强化风险管理。

(3) 在一些重大地质灾害频发区要开展地质灾害实时监测工作，以便发出灾害预警，避免或减少损失。为此，需要完善灾害预警、预报体系，建立国家地质灾害监测预警体系；运用新技术和先进方法，并与全球定位系统（GPS）结合起来开展实时监测。

(4) 建立全国性的实发性地质灾害群测群防网络体系的示范基地；在当地政府领导下建立县、乡、村三级群测、群防体系。

(5) 依靠科技进步与创新，提高地质灾害防治的科学水平。有以下主要任务。

1) 地质灾害早期识别技术方法研究；

2) 建立不同地区地质灾害早期识别的指标体系和模型；

3) 地质灾害发育过程和诱发机制研究；

4) 地质灾害监测预警新技术的研究与应用；

5) 地质灾害生态治理试验研究；

6) 地质灾害防治技术标准体系研究。

第九节　地质构造与土壤、水土保持的关系

地质构造决定着岩层在地面的出露情况，也决定着大区地形的骨架，因此对于土壤分布、土地利用和水土保持措施等都有密切联系。

一、地质构造与土壤分布的关系

不同的岩层往往形成不同的土壤，特别是基岩出露的地区。地质构造决定着岩层的分布，也就决定着土壤的分布，因而地质构造与土壤分布规律有着直接的关系。一般说来，不同土壤的分布界线常与地形等高线一致，即土壤有按等高线垂直分布的规律。但这种规律往往被种种地质构造所破坏，在丘陵山区，特别要注意不同的地质构造对土壤分布的影响。

在水平岩层地区，岩层在地面的露头界线大致平行于等高线，因此土壤分布一般也按

等高线分布的规律。在倾斜岩层地区，岩层在地面出露的界线与地形等高线是不一致的，就需要根据岩层产状与地面坡度的关系来了解土壤的分布规律。倘若岩层的产状是直立的，那么在任何地形情况下，岩层露头的状态都是直线的，也不能按等高分布规律来了解土壤的分布规律。

各种类型的褶曲构造，在地面上岩层露头的反应都有一定的规律，当掌握了褶曲构造的类型和褶曲轴的走向以后，就能根据褶曲地区地层对称式重复的规律，对土壤分布做出正确的判断。因此在进行土壤调查时，有关地质构造的图件是不可缺少的重要参考资料。

近年来，卫星遥感技术广泛应用于地质学领域，也是土壤科学现代化的一个方面，用卫星照片来判断土壤的性质和分布状况更加准确和迅速。然而卫星照片的判读和解释，必须具有地质构造的基本知识，不然也会引出错误的结论。

二、地质构造与土壤改良的关系

通常某地的低产土壤的形成，如沼泽地、盐碱土等，大多数与地质构造属构造盆地有关。必须了解盆地的地质构造特点，才能采取相应措施以排除地下水。如降低地下水位改良沼泽地，引淡水进行灌溉，减少土壤含盐量以改良盐碱土。

土壤浸蚀是降低土壤肥力的一个重要因素，它可以引起跑水、跑土、跑肥，成为“三跑田”，尤其在丘陵山区，水土流失比较严重，成为限制农业生产的一个突出因素，必须根据构造地形的规律来开展水土保持工作。例如，在断层崖、断层谷、猪背岭、逆向坡等地段，水土流失必然严重，不宜开垦种植或过度放牧，应封山育林防止冲刷，或采取适当的工程保护，治沟稳坡，减少水土流失。

三、地质构造与水土保持的关系

在山区的农田基本建设中，常需进行修筑梯田、引水上山、作坝蓄水等田间工程，这些田间工程与地质构造的关系密切。例如，在山坡进行工程挖方时，应根据岩层节理的产状，选择适宜的挖方地点，在有节理的岩石上挖方，侧坡最好与节理相交，若节理面与侧坡同一方向倾斜，则最易引起坍方。

修筑梯田必须考虑节理构造的情况。若节理面与地面坡度相反，那么，梯田面的宽度可以加宽，前后坡可以陡些，两级梯田间的间隔（高差）可以大些；若节理面与梯田坡的方向一致，则梯田面的宽度应缩窄，前后坡的坡度应减缓，并应加强固坡措施，最好梯田坡用石墙衬砌，以防坍方。

背斜轴部为节理发育，岩石多碎裂，容易漏水，尤其是下面有石灰岩层时，常形成漏水溶洞，水分更不易保存，土壤常有旱象。若将灌溉渠道的位置选在背斜轴部是不适宜的，这样会引起渠道水分渗漏损失，浪费水源；同样在背斜轴部凿井取水和建蓄水水库都是不适宜的，因为背斜轴部无蓄水性能。向斜谷轴部蓄水性能较好，是打井取水的好地方。不过，在地形倒置向斜成山的地方，失去了蓄水条件，就需要做具体分析，结合其他条件综合考虑。

四、地质构造与农业合理布局

地质构造支配着地形，而地形又多方面地影响着农业布局。因此，进行农业规划时需考虑一个地区的地质构造特点，综合其他因素统一布局。例如，云南南部盆地（又称坝子）是滇南山原地区农业生产的重要基地，根据盆地的成因，可以分为构造盆地、浸蚀盆地和溶蚀盆地等类型。盆地的类型不同，影响到气候、水文、土壤等条件，从而使农业的合理布局也有所不同。又如，横亘东西的秦岭山脉不仅是我国各种自然条件的一个重要分界线，而且也是农业生产上合理布局的一条重要分界线，在我国农业生产的纲要指标中，秦岭就是粮食年产 800 斤的北界。因此，进行农业规划时，需要考虑该地区的地质构造特点。

第十节　地质地貌图的阅读

地质图集中反映了一定地区的地质研究成果，是进一步指导地质实践工作（如找矿、工程建筑等）的重要图件，也是研究自然地理的基本资料之一。

一、地质图的概念及其主要类型

地质图是采用规定的符号、颜色和花纹将某一个地区的岩石、地层和地质构造按一定比例投影在平面（或地形图）上的图件。

地质图的图例通常放在图框外的右边或下边，也可以放在图框空白处。首先列出地层的图例，自上而下由新到老排列。已确定时代的变质岩，图例可按其时代顺序排在相应位置上，未确定时代的排在地层最后。接着列出岩浆岩的图例，也是由新到老分期次顺序排列。凡未定时代的岩浆岩，其图例按自酸性到超基性的顺序排列。最后表示构造及其他地质现象。

地质图常有地质剖面图和地层柱状图。

地质剖面图是反映某一方向地表及地下一定深度的地层和地质构造情况的图件。包括根据地质图绘制的图切剖面图和根据野外实际情况绘制的实测剖面图。在地质图上，图切剖面图附在图框的下边。

地层柱状图是将某一地区地层出露的全部地层，按新老关系顺序和厚度用不同符号自下而上排列绘制的图件。因其形状似柱而得名。在地质图上，地层柱状图附在图框的右边。地层柱状图能明确地反映该区的地史，是恢复构造发展史的重要图件。

此外，还有各种专门地质图，如岩性图、构造地质图、大地构造图、古地理图、第四纪地质图、水文地质图、工程地质图、地震地质图和矿产地质图等。

二、地质地貌图常用符号

地质图的符号包括文字（含数字）、花纹、颜色和线条等符号。这些符号的含义都在图例中注明。常用文字、花纹和线条符号如下。

（一）界与系的符号

界的符号是采用英文的界名缩写来表示的，一般用两个字母。如古生界（Paleozoic）用 Pz 来表示，其中 P 是 Paleo（古）的第一个字母，z 是 zoic（生物）的第一个字母。

系的符号大部分是采用英文“系”的第一个字母来表示的。如石炭系（Carboniferous）是用第一个字母 C 表示。寒武系（Cambrian）的第一个字母是 C，为与石炭系区别，我国确定采用∈（读作 Kan）来表示。

各个界系的符号见表 3－1。

（二）统的符号

如果一个系分为下、中、上3个统，则表示为在系的符号的右下方分别加上1、2、3。如ϵ_1表示下寒武统，ϵ_2表示中寒武统，ϵ_3表示上寒武统。

一系二分的情况分三类：震旦系、二叠系和白垩系均在系的符号右下方分别加上1和2表示下统和上统；第三系分为下第三系和上第三系，下第三系的符号是用英文名称Eogene的第一个字母E来表示，它包括3个统，即古新统、始新统、渐新统，分别用E_1、E_2、E_3表示；上第三系的符号用它的英文名称Neogene的第一个字母来表示，它包括2个统：中新统、上新统，分别用N_1、N_2表示。第四系更新统和全新统的符号分别用Q_p（p是更新统pleistocene的第一个字母）和O_h（h是全新统holocene的第一个字母）来表示，更新统可分为下、中、上统，其符号通常分别用Q_1、Q_2、Q_3表示，全新统用Q_4表示。

以上符号国际上是统一的。

（三）阶、群、组、段的符号

（1）阶的符号。各国不完全一致。中国的阶名符号是在统的符号后边加阶名的汉语拼音第一个字母的小写正体，如上寒武统风山阶为ϵ_3f。在同一统内，阶名第一个字母有重复时，时代较老的阶用一个字母，较新的阶在第一字母后再加上与头一个字母最接近的辅音字母。

（2）群的符号。是在相应统或系或界的符号后，加上群的名字汉语拼音第一个字母的小斜体。如太古界密云群为Ar_1m。也可加在第一个字母后再加上最接近的辅音字母。

（3）组的符号。无统一规定，习惯上采用在统的符号后边加组名的汉语拼音第一个字母，用小斜体表示。如上寒武统风山组为ϵ_1f。若同一统内的第一个字母有重复时，则时代较新的组在头一个字母之后再加上最接近的一个辅音字母，仍用小斜体表示。

（4）段的符号。无统一规定，一般采用组名右上角加1、2、3等表示第一段、第二段、第三段……

（四）跨统、跨系和时代不确定的地层单位符号

ϵ—O表示包括寒武系和奥陶系的邻接部分。

ϵ+O表示寒武系和奥陶系的总和。

ϵ_{2-3}表示包括中寒武统和上寒武统的邻接部分。

ϵ_{2+3}表示中寒武统和上寒武统的总和。

$\epsilon+O_1$表示寒武系和下奥陶统的总和。

ϵ/O表示寒武系或奥陶系。

（五）岩石符号

常用岩浆岩图例的符号及代号（希腊字母）表示岩浆岩符号（图3-18），沉积岩图例的符号见图3-19，变质岩图例符号见图3-20。

不同时代岩浆岩的符号是在岩浆岩符号右下角用1、2、3、4、5、6分别表示太古代、

元古代、早古生代、晚古生代、中生代和新生代。例如 γ_1 表示太古代的花岗岩，Σ表示早古生代的超基性岩，β_6 表示新生代的玄武岩。

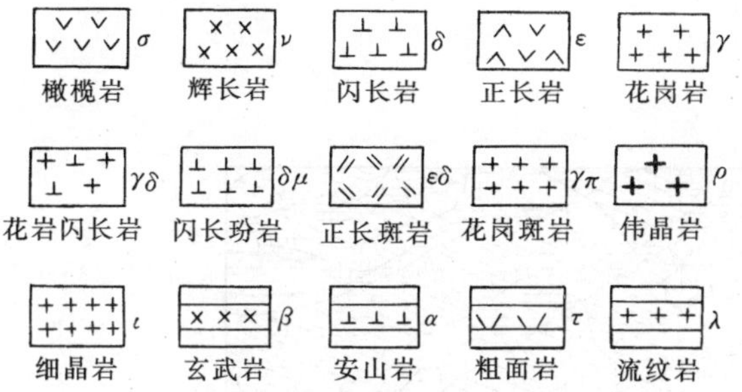

图 3-18　岩浆岩符号

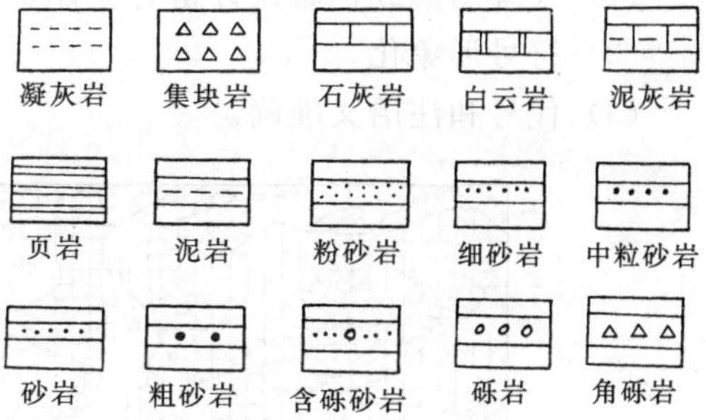

图 3-19　沉积岩符号

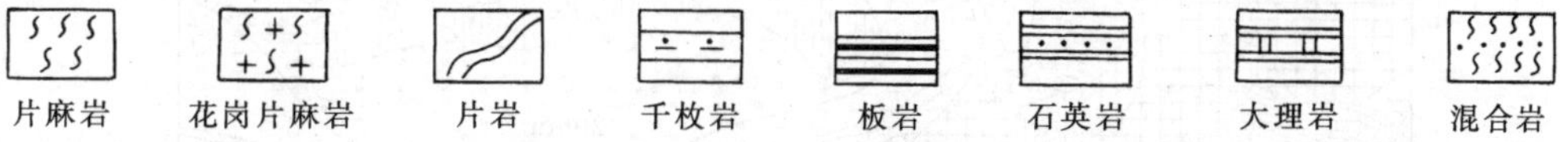

图 3-20　变质岩符号

（六）构造及其他符号

构造及其他符号见图 3-21。

（七）地貌图图例系统

地貌图图例系统是由若干表示方法（如色彩、纹理图案、线划、符号、代码、文字注记等）组成的严密系统。它是地貌图的核心内容之一，体现出地貌分类的科学思想和意图，直接影响地貌表现形式的效果。

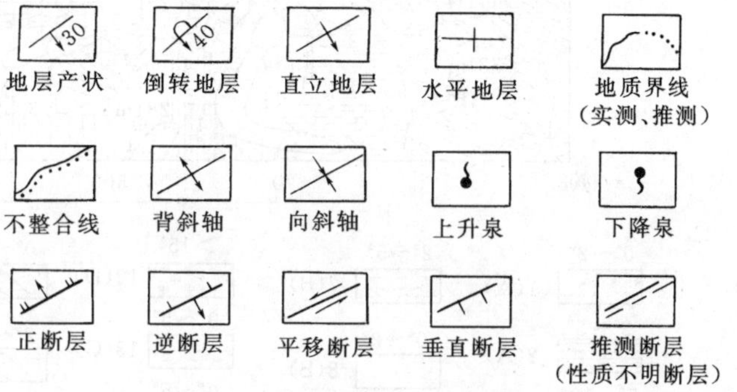

图 3-21　构造及其他符号

图例系统的制定是在地貌分类的基础上进行的，即地貌分类、分级原则的结果的可视化体现。图例系统也是检验地貌分类与分级的系统性、科学性的重要技术手段。地貌图上表现出各种类型地貌实体，它主要包括地貌形体成因类型、地貌符号、岩性构造代号三大内容。对于范围较小、地貌形体类型较简单的区域，可根据具体情况，采取有什么内容就设计什么图例的方法。对于较大范围情况复杂的区域，图例必须组成一个系统。若是多幅或成系列的地貌图还必须是一个统一的系统。

图例系统的设计与地貌分类研究同时进行，其作用在于，一方面指导地貌图的编制；另一方面随着地貌研究的深入不断补充图例内容。在图例系统设计中要坚持既能明确指示图上表述的内容，又能阐明分类的科学依据和逻辑结构的原则，既要考虑各种地貌类型排列的科学性、系统性以及它们的从属关系，又要考虑制图效果的直观性和艺术性，达到科学实用和简单明了的效果。在图例排列系统中，通常是先平原、后山地，反映先低后高的特点。也可先高后低，先山地后平原依次排列（图 3-22 和图 3-23）。

图例系统表现出 3 个方面的作用。

（1）纹理图案或色彩设计富有立体感。

（2）符号形象化。

（3）代号和注语义准确。

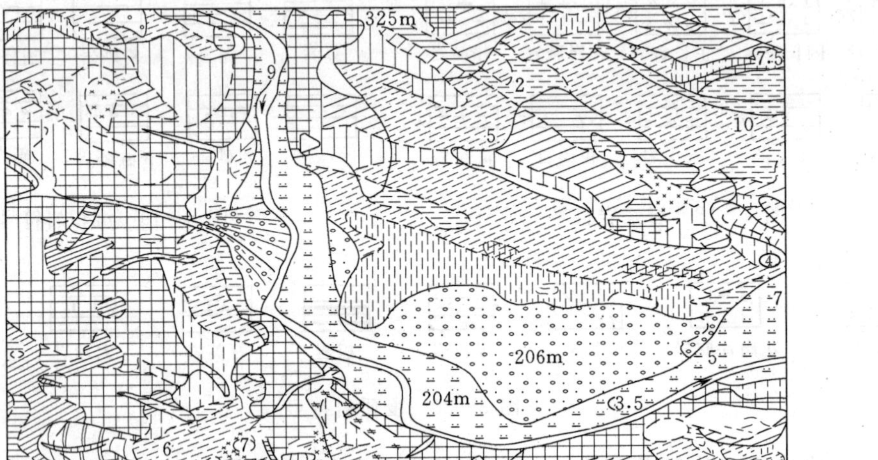

图 3-22 皮萨尔（pisar）盆地应用地貌图图例系统（据 J. 德梅克）

1～5—固结岩石（火成岩、砂岩、砾岩）面；6～7—中新统沉积（黏土、黏土质砂）；8～12—黄土、黄土质壤土和壤土碎屑层面；13—壤土、淤泥和黏土质泛滥面；14—壤土混杂的砾石组成的冲积锥面；15～16—砂砾石组成的阶地；17—覆以壤土质坡积物的阶地面；18～22—谷（河）源洼地；23—深切谷地的狭窄谷底；24—冲沟；25—人为造成的小型滑坡；26—活动的壤土坑；27—不活动的壤土坑；28—不活动的矿坑；29—岩类界线；30—坡地界线；31—地面高程点；32—第四系厚度；33—人为沉积的厚度（A—适用于建筑物；B—有条件适用于建筑物；C—较少适用于建筑物；D—不适用于建筑物）

图例

Ⅰ级 构造-形态	Ⅱ级 形态综合体	Ⅲ级 外营力-形态	Ⅳ级 个体形态	符号
一、褶皱-断块山地	高山	1. 冰川作用的褶皱-断块高山		
	中山	2. 冰川作用的褶皱-断块中山		
		3. 寒冻风化剥蚀的褶皱-断块中山		
		4. 流水切割的褶皱-断块中山		
		5. 岩溶化的褶皱-断块中山		
	低山	6. 流水侵蚀剥蚀的褶皱-断块低山		
		7. 岩溶化的褶皱-断块低山		
	丘陵	8. 侵蚀-剥蚀的丘陵		
	谷地	9. 侵蚀-堆积的宽谷		
		10. 侵蚀谷物		
二、断陷谷盆	河谷盆地	11. 侵蚀-堆积的河谷盆地		
		12. 冲积-洪积的河谷盆地		
		13. 侵蚀-堆积的构造宽谷		
	河谷平原	14. 河漫滩		
		15. 漫滩阶地		
		16. 低阶地		
		17. 高阶地		
		18. 一级阶地		
		19. 二级阶地		
		20. 三级阶地		

Ⅰ级 构造-形态	Ⅱ级 形态综合体	Ⅲ级 外营力-形态	Ⅳ级 个体形态	符号
二、断陷谷盆	河谷平原	21. 四级阶地		
		22. 河岸沙地		
		23. 洪积扇裙		
		24. 保存完整的黄土台塬		
		25. 中度切割的黄土台塬		
		26. 切割破碎的黄土台塬		
		27．坡积-洪积倾斜台状地		
		28. 黄土覆盖的洪积扇		
		29. 黄土覆盖的山前洪积-坡积扇裙		
三、整体抬升的高原	黄土高原	30. 流水切割的黄土台状地	30－1 黄土塬	
			30－2 黄土残塬	
			30－3 黄土平梁	
		31. 流水侵蚀-剥蚀的黄土丘陵	31－1 黄土斜梁	
			31－2 黄土长梁	
			31－3 黄土峁梁	
			31－4 黄土梁峁	
		32. 侵蚀-剥蚀的黄土-基岩丘陵		
		33. 侵蚀-侵蚀的黄土低山		
		34. 侵蚀-剥蚀的石质低山		
		35. 流水作用的黄土沟谷	35－1 河谷	

Ⅰ级 构造-形态	Ⅱ级 形态综合体	Ⅲ级 外营力-形态	Ⅳ级 个体形态	符号
三、整体抬升的高原	风沙高原		35－2 冲沟干沟	
			35－3 埫地	
		36. 风蚀梁丘		
		37. 风积平缓沙地		
		38. 风积沙丘		
		39. 沙盖黄土梁		
		40. 湖盆滩地		
		41. 风力作用的洪积倾斜台状地		
		42. 风沙谷地		

形态符号

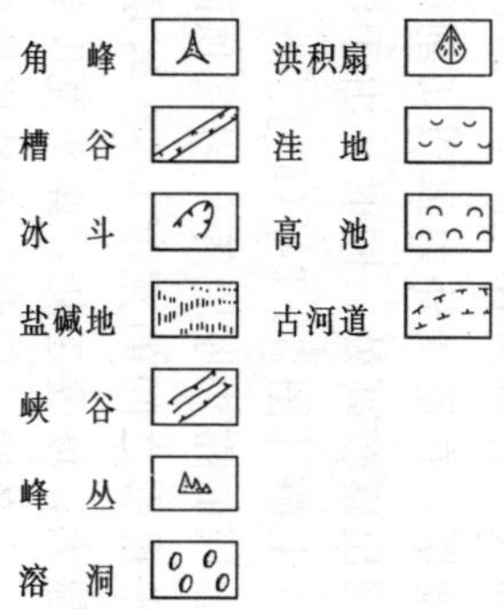

图 3－23 图例系统示例

三、各种构造在地质图上的表现特征

（一）水平岩层

地层或地质体之间的接触面与地面的交线称为地质界线。水层岩层在地质图上的地质界线与等高线平行或重合（图 3-24）。在基本未遭受外力切割的地区，它在表现上出露的是同一地层；在遭受外力强烈切割地区而地层又未发生翻转的情况下，老地层出露较低处，新地层出露较高处。同时，由于沟谷的切割，其地质界线呈锯齿形延展，锯齿的尖角指向沟谷的上游［图 3-24（a）］。

水平岩层的露头厚度等于岩层顶面与底面的标高差。其露头宽度（岩层顶、底两条地质界线水平投影之间的宽度），在岩层厚度相同的情况下，决定于地面坡度：坡高越缓，露头宽度越大；坡度越陡，露头宽度越小；如果岩层整个厚度出露在垂直的陡坎上，其露头宽度仅为一条线。因此，在地形坡度变化强烈的地区，其露头忽宽忽窄，这并不说明岩层实际厚度呈同样的变化。

（二）倾斜岩层

倾斜岩层的地质界线在地质图上的形状决定于地形坡度和岩层产状要素之间的关系。其特征如下。

（1）倾斜岩层在水平地面上的界线为彼此平行的直线。

（2）倾斜岩层界线与等高线斜交时，形状常弯曲成“V”字形，称“V”字形法则。主要有以下特点。

1）倾斜岩层在沟谷中的露头形状一般是“V”字形尖端指向岩层倾斜方向［图 3-24（e）］，只有一种情况例外，即当岩层倾斜方向与沟谷倾斜方向一致，且岩层倾角小于地面坡度时，“V”字形尖端的指向与岩层倾斜方向相反［图 3-24（b）］。

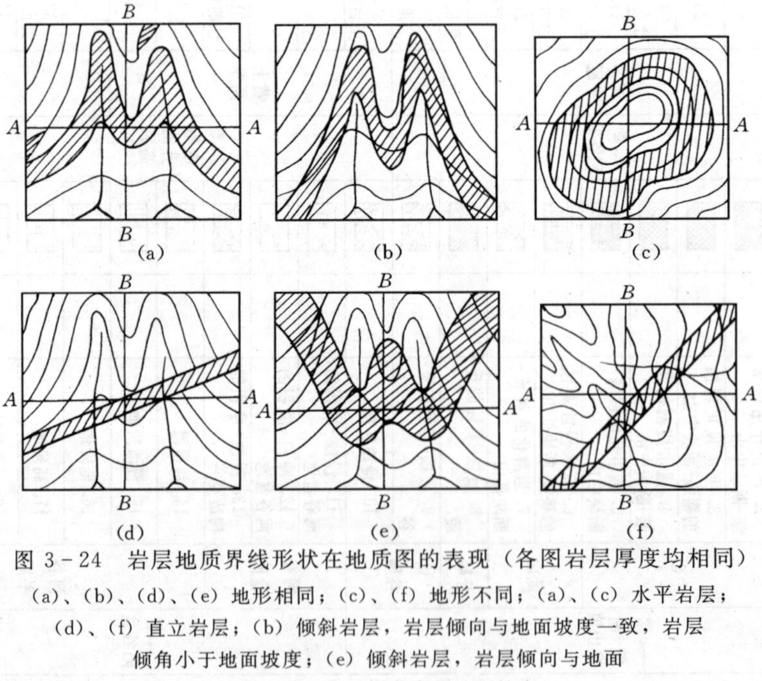

图 3-24　岩层地质界线形状在地质图的表现（各图岩层厚度均相同）

（a）、（b）、（d）、（e）地形相同；（c）、（f）地形不同；（a）、（c）水平岩层；（d）、（f）直立岩层；（b）倾斜岩层，岩层倾向与地面坡度一致，岩层倾角小于地面坡度；（e）倾斜岩层，岩层倾向与地面坡度一致，岩层倾角大于地面坡度

2）倾斜岩层在山坡上的露头形状与在沟谷所见的相反，一般为“V”字形尖端的指向与岩层倾斜方向相反［图 3－24（e）］。只有一种情况例外，即岩层倾向与山坡倾向一致，而岩层倾角小于地面坡度的时候，“V”字形尖端指向岩层倾斜方向［图 3－24（b）］。

3）“V”字形在地质图上展开的角度与岩层倾角的关系是：岩层倾角越大，“V”字形展开的角度越大；岩层倾角越小，“V”字形展开的角度越小。

在中比例尺地质图上，地形起伏对倾斜岩层界线的形状影响不大，岩层的延伸方向大致就是岩层的走向。

（三）直立岩层

直立岩层在地质图上的地质界线不受地形起伏的影响，在各处都表现为一条直线，而且其地层厚度等于其地形露头宽度（图 3－24）。

四、地层接触关系在地质图的表现特征

地层接触关系可以从地层界线之间的关系、地层产状和地层层序 3 个方面来分析。

（一）整合

整合的地层界线大致平行，产状大致相同，没有缺层现象。

（二）平行不整合

平行不整合地层界线大致平行，产状大致相同，其有明显缺层现象。

（三）角度不整合

不整合面以上的新岩层往往盖住不整合面不同层位的地层，因而造成地层界线相交，不整合线切过大部分不同时代的老地层，造成老地层的缺失和沿走向的中断。断层在地质图上也有这种现象，必须注意区别。

五、褶皱在地质图上的表现特征

褶皱露头在地质图上的轮廓主要决定于褶皱的形态，但地层和岩层产状对其也有很大影响。地质图上的露头轮廓相同，但有不同的成因解释。因此，在地质图上研究构造，不但必须要考虑地形、岩层产状，更主要的是确定岩层的成层顺序。

背斜在地质图上的表现是老地层在中间（核部），新地层分布在两翼，地层呈对称重复分布。向斜是新地层在核部，老地层分布在两翼，地层也呈对称重复分布。

当褶皱构造被水平面切开时，褶皱地层的分布特征随枢纽产状而不同。枢纽产状为水平时，褶皱两翼岩层相互平行，并和褶皱轴一致。当枢纽产状倾斜时，褶皱两翼岩层露头呈现“之”字形弯曲。在地质图上可以看到，岩层的一翼向另一翼弯曲过去，这种岩层弯曲的部分称为褶皱围合端。如果是背斜的围合端，岩层都向褶皱的外方倾斜，称为外倾围合；如果是向斜围合端，岩层都向褶皱内倾斜，称为内倾围合。在倾伏向斜和背斜彼此交替时，岩层的露头在平面上就成为“之”字形曲线分布。

无论是向斜或背斜，都可由岩层围合端的外形特点看出褶皱转折端的性质。如果围合端的轮廓呈“V”字形，说明是尖棱褶皱；当围合端为浑圆形时，就是圆弧褶皱。

六、断层在地质图上的表现特征

地质图上地层的层序不连续（除不整合原因外）或地质界线不连续，且两侧地层作不对称重复分布，说明断层存在。断层面的产状和岩层产状一样，在地质图上也可以用断层线露头的“V”字形法则来判断断层面的倾向和倾角。

(一) 断层发生在水平地层中的情况

当断层两盘有相对升降时，在同一标高处，上升盘受侵蚀，出露较老的地层，下盘下降则出露较新的地层。

(二) 断层发生在倾斜地层中的情况

1. 走向断层

走向断层表现为断层走向线与地层走向线（或褶皱轴走向）基本平行，且断层线两侧出现不对称重复或缺失。在走向断层中，如果上升盘是倾斜地层的下部岩层，它被剥蚀后，在地质图上可以看到断层线间缺失了一些地层（图 3－25）。如果上升盘是倾斜地层的上部地层，被剥蚀后，则在地质图上可以看到断层线两边地层出现不对称重复，断层线边上老地层一侧为上升盘。

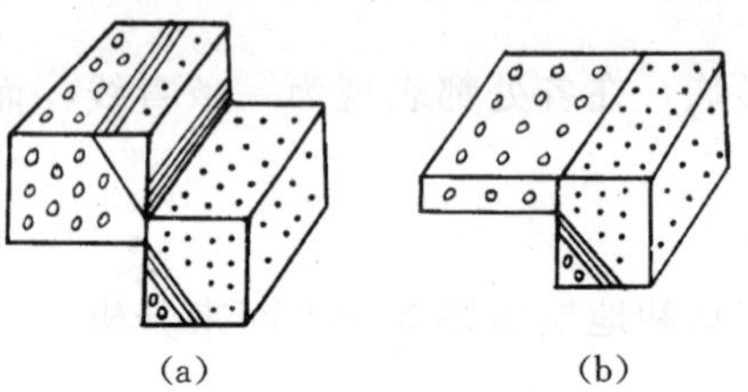

图 3－25 倾斜地层受断裂时立体图和平面图（断层面直立）

(a) 产生断层，但未受剥蚀；

(b) 受剥蚀后缺失地层

2. 倾向断层

倾向断层表现为走向线与地层走向线（或褶皱轴走向）相交，断层线两侧地层界线中断或错开。在倾斜断层中，若一盘上升，并受到剥蚀，则断层线边地层年代较老的一盘为上升盘，较新的一盘为下降盘［图 3－26（d）］。但如果倾向断层在水平方向上发生位移［图 3－26（b）］，那么地质图上的表现也和图 3－26（d）一样。在特殊情况下，单从地质图上的表现是无法判断两盘究竟是怎样运动的，只有在野外找到断层存在的标志时，才有可能确定它们的运动方向。

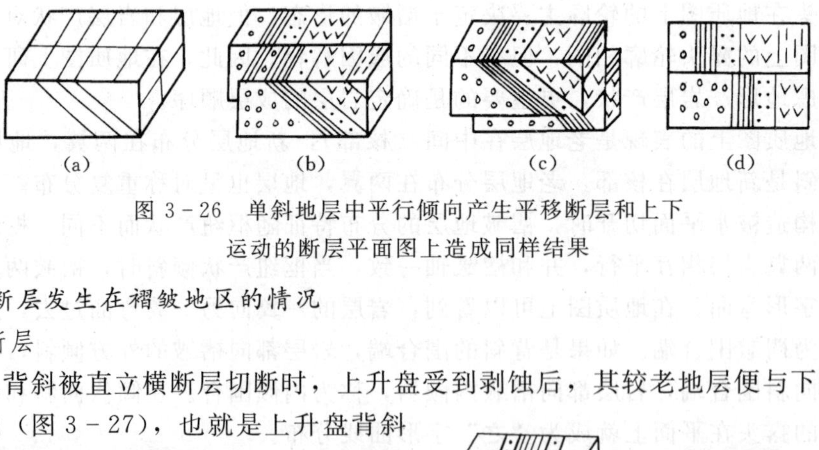

图 3－26 单斜地层中平行倾向产生平移断层和上下运动的断层平面图上造成同样结果

(三) 断层发生在褶皱地区的情况

1. 横断层

当直立背斜被直立横断层切断时，上升盘受到剥蚀后，其较老地层便与下降盘的较新岩层相接触（图 3－27），也就是上升盘背斜的核部变宽，下降盘背斜核部变窄。如果横断层发生在向斜中，则被剥蚀的上升盘的核部变窄，而下降盘的核部较宽。

图 3－27 背斜中的横断层上升盘核部变宽

若发生平移断层，断层线两侧同一褶皱曲轴就在水平方向上错开，但断层线两侧相应的褶皱核部宽度未改变（图 3－28）。假如除了平移之外还有上下运动，那么地质图上就可以看到断层线边除了褶皱轴的位置不相接外，还出现了核部的宽窄变化。

2. 纵断层

当直立背斜被直立纵断层切断，发生上下位移时，也表现为地层的重复与缺失（图 3-28）。

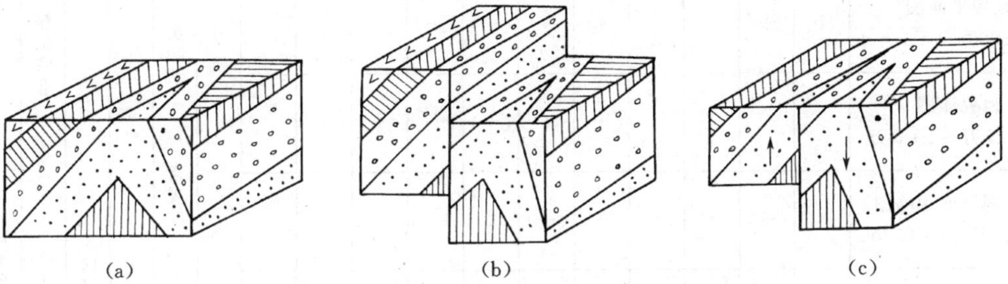

图 3-28　平行褶皱轴切断背斜的断层

(a) 断层发生前；(b) 断层发生后；(c) 上升断层盘被剥蚀的情形

以上分析的纵断层与走向断层造成的地层重复与缺失，都是在断层面产状为直立的前提下叙述的。在具体阅读地质图时，要根据具体情况，考虑断层面倾向与地层倾向是相同还是相反，相同时，应进一步比较断层倾角与岩层倾角的大小，同时还要确定断层是正断层还是逆断层等。

前已述及，不整合和断层都可造成地层的缺失，但两者是有区别的，断层造成地层缺失只限于断层的两侧，而不整合造成的地层缺失则有广大区域性的特征，同时，不整合面以上的地层界线是和角度不整合平行的。

七、地貌图的类型

地貌图与普通地貌图（用等值线表示地貌）不同，其明显差异主要体现在：地貌图上直接清楚地显示出了各种不同形体类型的地貌实体的范围，直观地反映出其起伏和形体特征、空间分布、组合特征及其年龄、成因及动态等丰富的信息；具有强烈的表现力和实用性；它不仅能反映出地貌图上所能表达的内容，还能反映不同地貌的动态信息。一般来说，地貌图能表示和提供如下信息：①地貌形体类型及其空间组合和分布；②地势起伏和频度；③地势起因（内力、外力及其过程）；④地貌组成物质、结构和构造；⑤地貌年龄；⑥地貌的演变与发展（表 3-9）。

八、地貌综合剖面图

地貌综合剖面图表现的内容相当丰富，包括地貌、地质、第四纪地质甚至工程建设方面。其中地质方面内容要突出岩性、岩层产状和对地貌有影响的断裂；第四纪地质的内容要求能表示沉积物的岩性、成因、类型、产状、接触关系等，并尽可能表示其厚度。在大、中比例尺地貌图上切取地貌剖面图，再把实测或已有的资料的众多内容按比例和相互关系填绘在图上（图 3-29）。

九、城市地貌图编制

各类居民点（包括村、镇、城市等聚落）的位置和分布，受到环境因素的制约，其中

表 3-9　　地貌图分类表

<table>
<tr><th rowspan="2">比例尺等级</th><th rowspan="2">形体部位</th><th rowspan="2">形体类型</th><th rowspan="2">形体复合体</th><th rowspan="2">形体组合</th><th rowspan="2">形体计量</th><th rowspan="2">岩石学沉积学</th><th rowspan="2">地貌动力</th><th rowspan="2">地貌成因</th><th rowspan="2">地貌年代</th><th rowspan="2">地貌组合</th><th rowspan="2">构造地貌</th><th colspan="4">工作与观察方法</th><th colspan="3">经济实践中的应用范围</th></tr>
<tr><th></th><th></th><th></th><th></th><th></th><th></th><th></th></tr>
<tr><td>地貌平面图
1∶5000～1∶1万</td><td>＋</td><td>＋</td><td></td><td></td><td>＋</td><td>＋</td><td>(＋)</td><td>(＋)</td><td></td><td></td><td></td><td rowspan="7">分析
↓
综合</td><td rowspan="7">实际的
常规的
成因的
↓</td><td rowspan="7">构造的</td><td rowspan="7">区域的</td><td rowspan="7">精细农业
↓
区域农业</td><td rowspan="7">住宅区，工业，运输</td><td rowspan="7">水工建筑
区域的
地层的
土地的规划</td></tr>
<tr><td>地貌详图
1∶2.5万～1∶5万</td><td></td><td>＋</td><td>＋</td><td></td><td>＋</td><td>＋</td><td>(＋)</td><td>(＋)</td><td>＋</td><td></td><td></td></tr>
<tr><td>中比例尺地貌略图
1∶10万～1∶25万</td><td></td><td>(＋)</td><td>＋</td><td>＋</td><td>＋</td><td>(＋)</td><td></td><td>＋＋</td><td>＋</td><td></td><td></td></tr>
<tr><td>小比例尺地貌略图
1∶50万～1∶75万</td><td></td><td>＋</td><td>＋</td><td>＋</td><td></td><td></td><td></td><td>＋</td><td>(＋)</td><td>＋＋</td><td>＋＋</td></tr>
<tr><td>国家地貌图
1∶100万～1∶500万</td><td></td><td></td><td>＋</td><td>＋</td><td></td><td></td><td></td><td></td><td>(＋)</td><td>＋＋</td><td>＋＋</td></tr>
<tr><td>洲际地貌图
1∶1000万～1∶3000万</td><td></td><td></td><td></td><td>＋</td><td></td><td></td><td></td><td></td><td></td><td>＋＋</td><td>＋＋</td></tr>
<tr><td>世界地貌图
≤1∶5000万</td><td></td><td></td><td></td><td>＋</td><td></td><td></td><td></td><td></td><td></td><td></td><td>＋＋</td></tr>
</table>

地貌条件的影响对城市的建设尤其显著，它直接影响聚落的整体形状和结构布局，甚至对城市的建筑也有相当大的制约作用。城市的改造和扩展，需要应用现代技术去适合原有地貌条件，同时人们需要对地貌环境条件做一定的改造。新建的居民点或者工矿必须考虑地表形体结构、物质组成、水文特点以及灾害性地貌条件对其发展的影响。例如，地面坡度大增加工程费用，切割密度大和起伏大会增加桥涵数量，对于目前难以克服和控制的地震、滑坡、地陷等灾害性地貌环境尽可能避让（图 3-30）。

十、地貌类型图编制

地貌类型是指地表一定范围内在成因上有密切联系或相似的多种地貌组合，因此，它以形体类型及形体类型单元来反映区域地貌基本类型特征，因为形体是成因的结果，又是我们分析研究地貌成因的重要依据。我国目前尚无统一的各种比例尺地貌类型制图规范及符号图例系统，但已制作了一些不同地区、不同主动力作用下的不同比例尺的各种地貌类型图，可参照它们去粗取精，制作出高质量地貌图，推动我国地貌制图学的发展。

地貌类型图的实用性很强、用途很广，例如滑坡、崩塌地貌类型图对工程地质很重要；不同类型的平原控制地下水的利用程度，地型平原有丰富的地下水，山前平原有自流水的利用优势，而准平原的地下水则相对不丰富（图 3-31）。

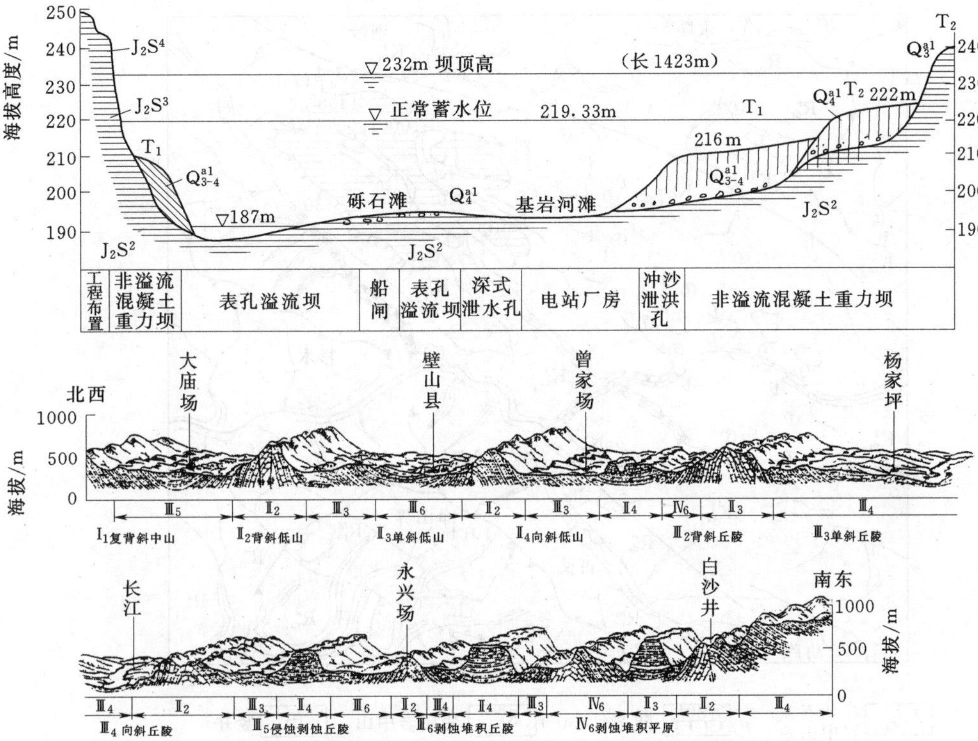

图 3-29　综合剖面图（据《重庆地貌与经济建设》）

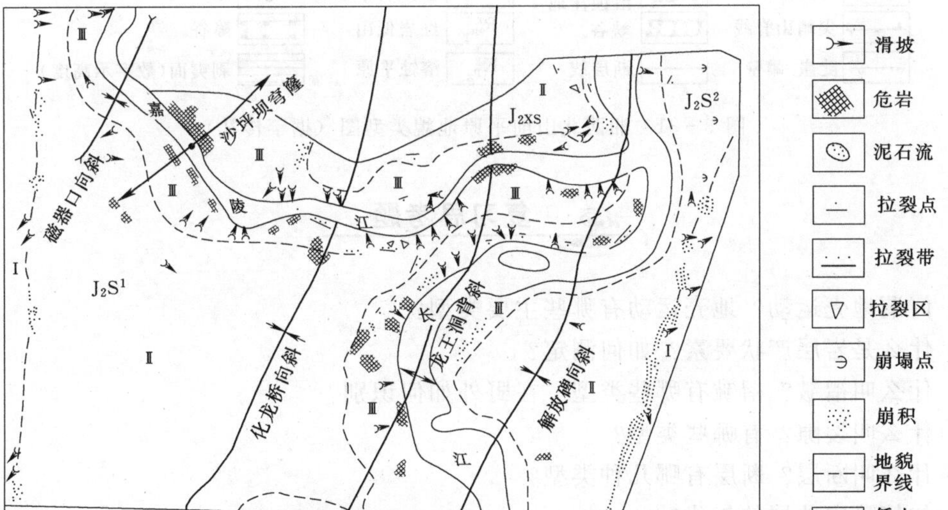

图 3-30　重庆城市地貌灾害图（据《重庆地貌与经济建设》）

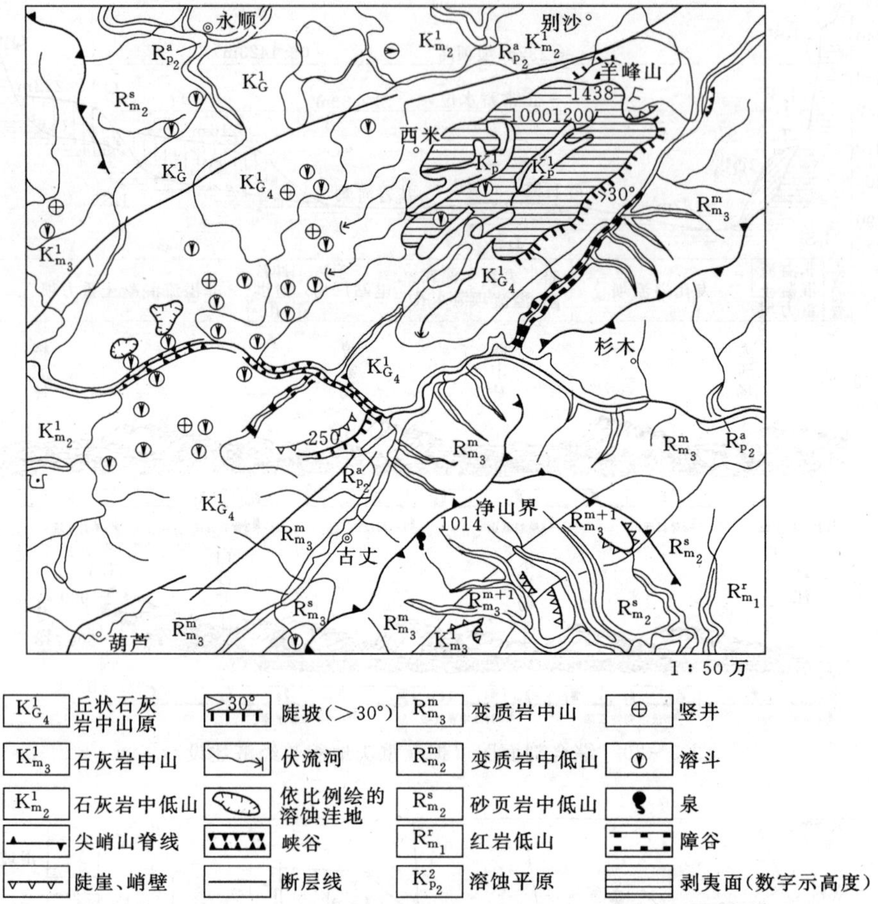

图 3-31　湘西北山前平原地貌类型图（据丁传礼）

复习思考题

1. 何谓地壳运动？地壳运动有哪些主要类型？
2. 什么是岩层产状要素？如何测定？
3. 什么叫褶皱？褶皱有哪些类型？在野外如何识别？
4. 什么叫裂隙？有哪些类型？
5. 什么叫断层？断层有哪几种类型？
6. 如何确定地层的年代？
7. 什么是震源、震中、震中距？
8. 震级和烈度有何区别？
9. 什么是地震序列？为什么要研究地震序列？

第四章 风 化 作 用 系 统

第一节 风化作用的类型

地壳表层的岩石在大气和水的联合作用以及温度变化和生物活动的影响下，所发生的一系列崩解和分解作用称为风化作用。

岩石风化作用是岩石在外力作用影响下所产生的必然结果。岩石在生成的时候各有一定的环境条件，例如岩浆岩是岩浆冷凝的产物，变质岩是在高温高压下岩石变质的结果，沉积岩虽在地壳表层形成，但也经过了压力与脱水作用而固结起来的。各种岩石中的矿物种类、结构和构造等都是与它形成时的环境相一致的，一旦这些岩石暴露到地表，所接触的温度、压力与水分等条件，与原来有很大的不同，于是必然引起岩石发生变化来适应新的环境。所以说风化作用是岩石矿物内部性质与外界环境矛盾统一的结果。

岩石在地表接受风化、破碎、分解以后，再经过搬运、沉积，最后又固结成岩，这个过程可看成是地质的一个大循环，一直在自然界进行。它与土壤的形成有着密切关系，风化作用是这个循环里的一个重要环节。

岩石的风化作用按作用因素与作用性质的不同，可分为物理风化、化学风化与生物风化三大类，事实上这三者常是联合进行与相互助长的，划分只是为了讨论的方便。

一、物理风化

物理风化是指岩石在外力影响下，机械地分裂成碎屑，只改变大小与外形，而不改变成分的过程。产生物理风化的原因以地球表面温度的变化为主，所以物理风化大都属于热力学的风化。此外，岩石空隙中水的冻结与融化，岩石空隙中盐的结晶胀裂，均会促使岩石破碎。

1. *矿物岩石的差异性胀缩*

地球表面昼夜与四季都有很显著的温度变化。四季温度变化可多至40～50℃，一般在干旱地区尤为突出，例如某些沙漠里的昼夜温差可达60～70℃。由于温度变化的频繁与迅速，使岩石各部分产生不均匀的胀缩，相互顶挤而破碎。例如岩石一般都是热的不良导体，热传递很慢，白昼岩石表面升温快而膨胀，内部温度仍然很低，于是岩石内外之间出现温差及胀缩不一致，使其产生与表面平行之风化裂隙；夜晚则外面降温快而收缩，而内部岩仍在缓慢地升温膨胀，此时出现的风化裂隙垂直于岩石表面，这个过程反复进行，风化裂隙日益扩大和增多，使岩石表皮层层剥落，坚硬的岩石便崩解成碎块。如图4-1和图4-2所示，图4-1中从Ⅰ到Ⅳ就说明这个风化的过程。

2. *水的冻融作用*

当岩石裂隙或孔隙中的水结冰时，体积要增加1/11，对孔隙周围会产生巨大压力，可达

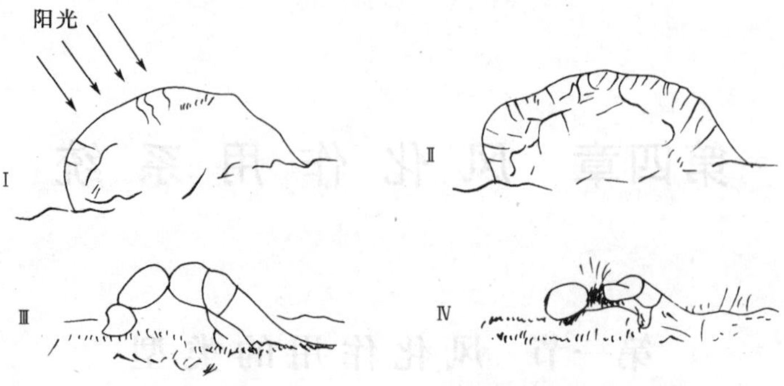

图 4-1 因温度变化，岩石崩解示意图

图 4-2 沙漠中物理风化作用形成的地貌景观

$6\times9.80665\times10^7$ Pa，将造成岩石的崩溃。这种作用对含水多的岩石（如砂岩含水 10%～20%）特别明显。寒冷的高山与高纬度地区，冰融交替频繁，这种作用的破坏力也特别大。

3. 矿物的水化与结晶膨胀作用

岩石中有些矿物，如蒙脱石吸水后膨胀显著，又如无水石膏等矿物，遇水后也会增大体积，此外盐类在岩石裂隙中如因过饱和而结晶时，晶体的长大对周围也产生压力，都能破坏岩石。

二、化学风化

化学风化作用是指岩石在地表与水、氧气、二氧化碳和生物分解的气体及有机质等长期接触，在原地逐渐发生化学反应而分解，不但改变其物理状态，而且改变了化学成分的作用。在化学风化作用过程中，水起着重要的作用。地表上没有绝对的纯水，大都为含不同化学成分的水溶液。由于岩石性质及产生化学风化作用的因素不同，作用方式也不同，主要方式有溶解、水化、水解和氧化等。

1. 溶解作用

水是一种天然的溶剂，矿物溶于水的过程就是溶解作用。自然界中易溶于水的矿物有卤化物、硫酸盐和碳酸盐类矿物等。矿物溶解度的大小除决定于本身的性质外，尚与温度、压力和水溶液的性质等条件有关。当水中含有 CO_2 时，可加速石灰岩（方解石组成的岩石）的溶解过程。反应式如下：

$$\underset{\text{方解石}}{CaCO_3} + H_2O + CO_2 \longrightarrow \underset{\text{重碳酸钙}}{Ca[HCO_3]_2}$$

溶解作用的结果使岩石中易溶物质被逐步溶解流失，最后难溶的物质残留于原地。另外，由于岩石中易溶物质的被溶解流失，致使岩石中的孔隙增加，削弱了岩石的坚固性，从而使岩石易于遭受物理风化作用的破坏。

2. 水化作用

有些矿物与水作用时，能够吸取水分作为自己的组成部分，形成新矿物，称为水化作用。例如，硬石膏水化作用后形成石膏。

$$\underset{\text{硬石膏}}{Ca[SO_4]} + 2H_2O \longrightarrow \underset{\text{石膏}}{Ca[SO_4]2H_2O}$$

水化作用过程中水分子并不是简单地机械混入，而是进入新矿物的结晶格架中成为结构水，这种结构水只有在高温条件下才能重新逸出。另外，矿物经水化后体积常发生膨胀，例如硬石膏经水化变为石膏可使其体积增大约 60%。由于体积膨胀而对周围的岩石产生很大的压力，可促进物理风化的进行。水化后形成的新矿物，一般较原矿物硬度降低，从而便减弱了岩石抵抗风化的能力。

3. 水解作用

水具有微弱的离解性质，即一部分水可离解成为含有活泼的 H^+ 和 OH^- 离子的溶液。矿物溶于水后，也出现离解现象，这些离解物质与水中的 H^+ 或 OH^- 离子互相作用形成新的化合物，这叫水解作用。岩石中的大部分矿物都属于硅酸盐和铝硅酸盐类，它们大多是弱酸强碱的化合物，遇水则可以发生作用。例如分布最广泛的长石类矿物中的钾长石，它的水解过程如下：

$$4K[AlSi_3O_8] + 6H_2O \longrightarrow Al_4[Si_4O_{10}][OH]_8 + 8SiO_2 + 4KOH$$

长石被离解时，首先是析出阳离子 K^+，同水中的阴离子 OH^- 结合，形成 KOH 呈真溶液而被水带走；析出的 SiO_2 呈胶体状态随水流失；其余部分则形成高岭石残留于原地。

在温湿气候区，由于气温高、水量充足，如果水解作用时间长，高岭石还可再进一步被分解，使其中的硅酸析出，形成铝土矿，其反应式如下：

$$\underset{\text{高岭石}}{Al_4[Si_4O_{10}][OH]_8} + nH_2O \longrightarrow \underset{\text{铝土矿}}{2Al_2O_3 \cdot nH_2O} + 4SiO_2 + 4H_2O$$

当水中含有 CO_2 时，可形成 H_2CO_3，其中的 CO_3^{2-} 易与矿物中的阳离子化合成碳酸盐，这就加强了水溶液对矿物的分解，同时还可促进溶解作用。例如钾长石风化成高岭石的过程：

$$\underset{\text{钾长石}}{4K[AlSi_3O_8]} + 4H_2O + 2CO_2 \longrightarrow \underset{\text{高岭石}}{Al_4[Si_4O_{10}][OH]_8} + 8SiO_2 + 2K_2CO_3$$

可见，水解作用是使岩石中矿物成分发生分解，并与离解水溶液中的离子进行置换作用形成新的化合物（新矿物），从而破坏并改造岩石。

4. 氧化作用

空气中的氧在有水的情况下，氧化力很强，岩浆中的铁多为低价铁，可被氧化为高价铁，从而使结晶格架破坏，例如：

$$\underset{\text{橄榄石}}{2Fe_2SiO_4}+3H_2O+O_2\longrightarrow\underset{\text{褐铁矿}}{2Fe_2O_3 3H_2O}+\underset{\text{氧化硅(胶状)}}{2SiO_2}$$

硫化物被氧化后，生成褐铁矿和硫酸，硫酸盐易溶于水，硫酸则又能使其他矿物起分解作用。例如：

$$\underset{\text{黄铁矿}}{4FeS_2}+14H_2O+15O_2\longrightarrow\underset{\text{褐铁矿}}{2(Fe_2O_3 3H_2O)}+8H_2SO_4$$

化学风化使岩石矿物发生分解，其风化的产物有胶体物质，也有简单的盐类。而以胶体占多数，尤其在气候湿润地区更是这样。

三、生物风化

生物及其生命活动对岩石、矿物产生的破坏作用称为生物风化，实际上也表现为物理与化学两种形式。

生物的物理风化方面，如树根在岩隙中长大（图 4-3），穴居动物的挖掘等，都引起岩石的崩解和破碎。生物的化学风化方面进行得更为广泛，首先是生命活动与死亡，有机物分解所产生的大量二氧化碳，起着重要的碳酸化作用；生物活动所产生的各种有机酸（包括细菌作用所产生的腐殖酸）、无机酸（如固氮菌产生的硝酸、硫化菌产生的硫酸等）对岩石的腐蚀；还有生物体对某些矿物的直接分解（如硅藻分解铝硅酸盐，某些细菌对长石的分解等）；以及因生物的存在使局部温度、湿度及化学环境的改变，从而使岩石矿物更易接受风化，等等。

图 4-3　黄山的迎客松就生长在岩石的裂缝中

人类的各种建设事业，如开矿、筑路、灌溉与耕作等对风化作用也有影响。

第二节　主要矿物和岩石的风化

一、矿物

（一）主要矿物对风化作用抵抗力的比较

各类矿物在水中的溶解度不同，经水的作用后，风化快慢有显著差别。其次序如下：卤化物类＞硫酸盐类＞碳酸盐类＞磷酸盐类＞硅酸盐类。

在常见的硅酸盐矿物中，风化难易的次序是：橄榄石＞辉石＞角闪石＞黑云母＞滑石＞蛇纹石＞绿帘石＞斜长石＞正长石＞白云母＞石英。

应该指出，硅酸盐矿物的风化难易次序大体与岩浆岩的结晶顺序相符合。在这一次序里可以看出，含铁、镁越多的基性矿物风化越快，含硅、铝越多的酸性矿物风化越难。所以若干基性矿物如辉石、橄榄石等很易风化变为黏土。而白云母、石英则总是保持着颗粒状态出现在沙层之中。

（二）重要矿物在风化过程中的表现

（1）石英。由于硬度高，溶解度小，石英在常温条件下进行水化或与其他物质结合都很困难，所以不易风化，成为地面最稳定的矿物。因此在野外常可见到石英脉或石英块突露于岩体的表面，同时在碎屑沉积岩中大部分为石英颗粒所组成。

（2）长石类。长石的硬度高，颜色浅，接受物理风化较难，但受化学风化作用远较石英容易。各类长石（包括钾长石、钠长石及钙长石等）受二氧化碳及水的作用后，都会起高岭石化作用，风化的产物是高岭石为主的黏土，还有胶状氧化硅与碳酸盐，而后者多半被流水带走，有时也可以沉淀在附近岩石的裂隙中。

在无碳酸盐岩体上，以及湿热条件下，有时因地下水产生还原性条件和有机酸的积累，使水的pH值降低，长石将强烈风化，形成大量高岭石组成的漂白岩体，称为“潜育高岭化”。我国南方土层深处或山麓边缘地方常有这种漂白岩体分布。

在长石类中，因为结晶格架与离子种类的差异，斜长石较正长石更易风化，在风化产物上，斜长石除形成高岭石外，还常形成蒙脱石与埃洛石等矿物。

（3）云母类。黑云母较白云母易于风化，在化学风化过程中，黑云母常被分解，以致游离的盐基随水流失，本身发生水化，失去原有的弹性与光泽，当进一步分解时，可成为铁的氧化物或氢氧化物以及黏土矿物等。反应如下：

$$黑云母+H_2O+O_2+CO_2 \longrightarrow 蒙脱石+Fe_2O_3 \cdot nH_2O+KHCO_3+Mg(HCO_3)_2+SiO_2$$

白云母比较稳定，常裂为薄片状，但不分解，出现在沙层或疏松堆积物中。在强烈风化条件下，白云母也可以变为水云母、高岭石或其他简单物质。由于风化的难易不同，沉积岩中一般看不到黑云母，而白云母甚多。

（4）铁镁矿物。由于颜色深，又含有亚铁成分，铁镁矿物易起化学风化，留下孔隙或风化痕迹。含铁、镁的硅酸盐矿物，例如普通角闪石与辉石等，风化后，铁、镁游离，形成氧化铁与氧化镁等化合物，其他部分则形成蛋白石与埃洛石等较稳定的矿物。

（5）碳酸盐。在常见的造岩矿物中，碳酸盐是最易溶解和随水移动的一种，尤其在生物活动繁盛、水中含CO_2较多的地方。同时由于流动的碳酸盐溶液在环境改变时，CO_2析出，碳酸盐溶液也很容易再沉淀。所以很多岩石的裂隙、节理及火山岩的气孔里，常可见到碳酸盐的充填。

（6）硫化物。硫化物也是较易风化的矿物，一般通过氧化作用形成硫酸及硫酸盐。硫化物风化的最大特点是使附近的水及部分风化物变成强酸性，pH值可以降至1～2，这一作用常是通过硫化细菌来完成的。在强酸性的环境下，二价铁是稳定的，但当溶解的二价铁在水面上接触空气氧化时，就成为$Fe(OH)_3$，这就是水面上常见的红棕色胶膜，有时也可进一步变为胶状沉淀，并使风化物呈现锈色斑点。大量硫化物的风化会对附近农田造成强酸性的危害。

二、岩石

（1）花岗岩。在植物覆被差、物理风化为主的情况下，花岗岩最易发生崩解，这与它的粒状结构及矿物成分复杂有关。花岗岩内含石英及长石等抗风化力强的矿物多，所以风化后性质变化不很显著，只是崩解为散碎的砂粒。

在湿热的气候条件下，花岗岩中石英保留为粗的砂粒，而长石等则经化学风化而成为黏粒，会形成砂中带黏土的风化物，这种风化物的质地对农耕来说，还是比较适合的。

花岗岩形成的土壤，层次多半深厚，又有长石风化后供给的钾素，稍加培育后，肥力尚佳。但在沙性土壤遭受侵蚀的地方，便十分贫瘠。

花岗岩常有数组节理穿插，将岩体分割成块，风化作用多沿节理进行，使棱角与边缘先风化破碎，留下球形的岩块，这种现象称作球状风化（球状风化也常见于辉绿岩、玄武岩及结实的砂岩等岩石），见图 4－4。

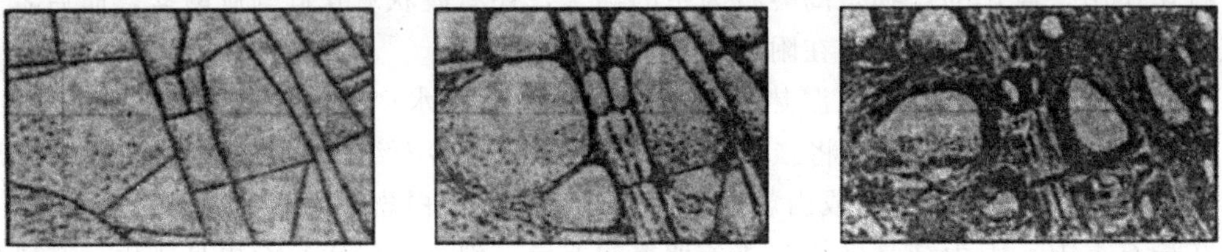

(a)　(b)　(c)

图 4－4　球状风化演变示意图（据 W·K·汉布林，1975）

（a）岩石被裂隙所切割；（b）球状风化初期；（c）球状风化晚期

我国华南地区气候炎热潮湿，化学风化作用比较强烈，又由于花岗岩容易散碎崩解，常有球状风化现象，所以常可见到圆滑的山脊及夹有大小“石蛋”的地形。但在北方各地，化学风化较弱。某些节理发达的花岗岩区，就多成为险峻的山峰。

（2）玄武岩。深色，易于吸热，由于深色矿物易受化学风化，所以玄武岩容易风化，其风化产物质地多黏细。但由于含不易风化的磁铁矿，所以其黏重程度稍次于一般石灰岩的风化物。玄武岩上形成的土壤，在南方常呈暗棕或棕红色，含盐基丰富，矿质营养较多。

柱状节理发育的玄武岩地区，如风化作用不十分强烈，常出现陡峭的山坡，但顶部仍甚平坦，也有些地方形成微波起伏的台地或方山地形。

（3）页岩。多半硬度低，松软，风化迅速，形成的地形比较平缓，因而风化层比较深厚。风化物一般质地黏重，矿质营养较丰富，保水力强，易形成比较肥沃的土壤。我国四川省自古号称“天府之国”，物质丰富，就是与广泛分布着含矿质养分丰富的中生代紫色页岩有密切关系。某些均一致密或稍经变质的页岩较坚硬，风化慢，使地面产生许多破碎的岩块，不利耕作，肥力较差。我国北方有些地方雨量少，温差大，物理风化作用占主导地位，页岩地区地面只有散碎的岩块，也形成肥力很低的土壤。

（4）砂岩。因为构成砂岩的矿物主要是石英，抗风化力强，所以砂岩的风化物与原来的岩石性质比较接近，含砂量较高，松散，易于透水。砂岩的风化情况与胶结物的关系很大，泥质或碳酸钙胶结的砂岩，风化快，能生成较厚的风化层次，松散而无大块。由硅质或铁质胶结的岩石，则风化难，风化层薄，常有大岩块夹杂。

含石英多的砂岩形成的土壤，质地沙，养分含量少，肥力较低。有些砂岩含长石、云母或其他矿物较多，风化后仍可形成较好的土壤。

砂岩地区的地势并不一致，胶结紧密多节理的砂岩可形成峻峭的山峰；较为松散的砂岩可形成与花岗岩相似的浑圆山脊；某些十分松散的砂岩，沿着节理经水流的侵蚀可以形成洞穴、天然桥等奇特的类岩溶地形。我国华南各地常见的白垩系——第三系的红色砂岩就是这样，其中以广东北部仁化县丹霞一带的地形最为典型，所以这种地形又称为“丹霞地形”，见图 4－5。

图 4－5　在新疆广泛发育的雅丹地貌

(5) 石英岩。石英岩坚硬致密，风化最为困难，常会突起成为较高的山峰，风化时以机械破碎为主，沿着节理形成陡峭的山坡。地面的大石块多，风化层薄，含有大小不一的带棱碎石。

石英岩上形成的土壤含养分少，酸性强，质地粗，保蓄力不强，大多肥力不高。

(6) 片岩。片岩质地不很坚硬，又易成片脱落，使风化作用容易进行，风化层次尚厚，一般风化产物内部夹有岩石碎片，如岩石碎块过多，对农作物生长不利。

片岩地区经侵蚀作用后，常易形成梳状地形。它的特征是在山坡上或山岭的地表凸起一排排由片岩岩层所成的梳状型山脊。

片岩因原来矿物成分不同，使风化物内所含的养料与质地状况有很大差异，例如角闪石片岩、云母片岩形成的土壤较肥，而石英片岩所成的土壤则较瘦。

第三节　风　化　壳

一、风化壳的概念

岩石经过风化以后，部分物质随水溶解流失，部分物质变得疏松，残留于地表，称为残积物。残积物可以经搬运成为其他类型的堆积物。从整个岩石圈来看，上层部分都是风化的残余物（包括就地堆积的与经过搬运的），它们构成一层薄薄的外壳称为风化壳。风化壳的厚度各地不一，我国南方的残积风化壳可厚达百米以上，而北方有时仅数米或甚至更浅，某些海滨的堆积型风化壳可厚达数百米，甚至千米以上。

对于风化壳的上下部分，其岩石经受风化的程度是不同的，越近地表，风化程度越深。一般的残积风化壳自地表向下进行分层（图 4－6）。

第一层：风化强烈，多细小的矿物质，腐殖质多。

第二层：矿物质分解较差，腐殖质较少。

第三层：半风化岩石层，岩石的外貌尚可辨别，但已开始风化。

第四层：未经作用的新鲜岩石。

应该指出，这样分层大致与土壤学中所指的表土、心土、底土以及母岩4个层次相当。

二、风化作用中元素迁移顺序及风化的阶段性

（一）风化作用中元素迁移的顺序

根据苏联B. 波雷诺夫提出的学说，风化壳在发展过程中，由于各元素的物理化学性质以及生物活动选择吸收等原因，使各元素有下列迁移序列，见表4-1。

图4-6 风化壳柱状剖面示意图

1—基岩；2—中带；3—上带；4—土壤层

表4-1 移动性元素迁移序列

元素迁移序列	迁移序列的组成	迁移值顺序指数
强烈移失的	Cl（Br，I），S	$2n10^{1}$
易移失的	Ca，Na，Mg，K	$n10^{0}$
可移失的	SiO_2（硅酸盐的），P，Mn	$n10^{-1}$
略可移失的	Fe，Al，Ti	$n10^{-2}$
实际上不移失的	SiO_2（石英的）	$n10^{-\infty}$

由表4-1可见，各元素的迁移能力相差悬殊，例如Cl、S的迁移速率是Ca、Mg、K、Na的20倍，是Fe、Al、Ti的2000倍。自此也可见大陆低地及海洋中，参加现代积盐的主要化合物必然是NaCl、$NaSO_4$、$MgCl_2$、$MgSO_4$和$CaSO_4$等，因这些元素是最易从风化壳中淋失的。

（二）风化作用的阶段

根据上述迁移序列的分析，风化作用是按照下面几个阶段进行的。

（1）机械破碎为主的碎屑阶段。它是岩石风化的最初阶段，物理风化占优势，化学风化作用不明显，只有最易淋失的氯和硫发生移动，风化壳中主要是粗大的碎屑，在年轻的山区与常年积雪的高山及两极地区，广泛分布着这种风化壳。

（2）钙淀积或饱和硅铝的阶段。所有的氯和硫都已从风化壳中淋失，钙、镁、钠、钾等大部分仍保留在风化壳中，并且有一些钙在风化过程中游离出来，成为碳酸钙，淀积在岩石碎屑的孔隙中。风化壳呈碱性或中性反应。存在于这一风化壳中的黏土矿物以蒙脱石及部分水云母为主，我国内蒙古、东北等地的黑钙土及栗钙土可作为代表。在气候比较干旱的草原或荒漠地区，风化过程也常停留在这一阶段，风化壳的黏土矿物以水化度低的水云母为主，其次为蒙脱石。我国新疆、内蒙古等地的灰钙土、漠钙土地区可作为代表。

（3）酸性硅铝阶段。风化壳遭到强烈的淋溶作用，在风化过程中分离出的钙、镁、钠、钾都受到淋失，同时硅酸盐与铝硅酸盐中分离出来的硅酸也部分淋失。风化壳呈酸性反应，颜色以棕或红棕色为主，存在于这一风化壳中的黏土矿物以高岭石及埃洛石为主。这一阶段的风化壳以我国秦岭、大巴山之间谷地及江淮丘陵的黄棕壤为代表。

（4）铝的阶段。它是风化作用的最后阶段，风化壳受到相当彻底的分解与淋溶，黏土矿物也被破坏。淋失的不仅是盐基，而且也有硅酸盐中的全部硅酸，残留的只是铁与铝的氧化物，形成鲜明的红色。我国华南沿海的砖红壤地区可为这一阶段的代表。

由此可见，自然界的风化作用是一个由浅入深的连续过程。在各地，由于风化条件的不同使风化壳的发展处于不同的阶段。此外，从风化过程中移出的化合物，在某种条件下，又可在某些风化壳中累积，这样便形成了各种类型的风化壳。

（三）黏土矿物在风化过程中的演变

在不同的风化阶段中，由于风化程度的不同，土壤里黏土矿物的变化有着明显的规律。我们可以根据这一规律来大致判断风化作用的深度，并了解各黏土矿物的发生变化与环境间的关系（图 4-4）。

从图 4-4 中可见，在风化过程中，黏土矿物的演变有一定顺序，从左到右，风化程度由浅到深，矿物成分和结构由复杂到简单。但也可发生逆反应。例如蒙脱石可复钾而成水云母。上述风化顺序显然要受环境条件的影响。例如，长石等矿物在多镁的条件下，可风化成蒙脱石，但也可在湿热气候条件下，直接经强烈风化而变成铁、铝氧化物。这样，在不同条件、不同的风化阶段中产生不同的黏土矿物，因而，在不同的风化壳中便相应地有不同的黏土矿物。

三、影响风化壳形成的因素及风化壳的地理分布

风化壳的发育与风化壳内物质的移动条件有密切关系，这方面的影响因素如下。

（1）气候。温度与湿度均影响矿物的分解，水分的多少还直接决定从岩石内移出的元素是否向侧移动或向下移失。所以内陆与沿海、南方与北方有不同类型的风化壳。在湿热的气候下，如地形条件有利，风化壳可深达数十米，沿着岩石裂隙或破碎带，可深达数百米，但在干燥的气候下，风化壳厚度常不超过数米。

（2）地形。地形部位高，物质易于淋失，风化壳向酸性方向发展较快；反之低洼地易接受自高处流入的盐基物质，并接受堆积，风化壳不易向酸性方向发展。海拔高度与坡向等影响水热条件，也关系到风化壳的发展，所以山脊与山脚、高山与滨海都有不同的风化壳类型。一般说，平原或波状起伏的地形和相对静止的构造状况是形成厚层风化壳的有利条件。

（3）时间。风化壳的发育需要一定的时间，例如凡地面发育年龄越久的地段，风化壳常也有较深的发育程度，在构造运动中形成不久的地面，便不可能出现发育度较深的风化壳。例如在非洲，有一直未被第四纪冰川覆盖过的侏罗纪的古老风化壳，发育程度极深。我国境内的风化壳则以华南红壤地区的发育程度较深，这除了气候温暖、潮湿的因素以外，还因为华南的地面脱离第四纪冰川影响的时间较早，风化壳发育的时间较长。

（4）矿物成分。含盐基丰富的岩石，进行酸性风化壳阶段，需较长的时间；含盐基少的岩石，则容易成为酸性风化壳，不过这方面的影响，一般只占次要位置。

过去很多人因见到南方、北方有不同类型的风化壳，都认为气候是影响风化壳发育的唯一因素，但据B. 波雷诺夫的研究，认为形成某一风化壳类型的地形与时间因素，同样也非常重要。他指出：如最典型的红色富铝风化壳，在世界上都出现在最古老的陆地上（准平原地形），并常是一些分水岭地段，说明它的发育，不仅需要剧烈的风化条件（湿热气候），还需要一定的时间（古老的地面），以及不使溶液自外面流入的地形条件（较高的地势）。同时红色富铝化风化壳也不一定都出现在现代的热带，例如我国辽宁、河北、山东等地都有发现，这主要是古气候变迁所造成的。又如我国西藏科学考察队，在1966—1968年期间，于珠穆朗玛峰地区海拔近5000m的高寒地方，发现厚度为2～3m，并有一定面积的红色风化壳，这是近期地壳运动强烈上升的结果。它们都说明了红色富铝化风化壳与目前的气候是没有联系的。因此，在研究风化壳的发育条件时，应综合考虑各种因素的影响，不可孤立地只着眼于一个方面。

由于影响风化壳发育的地形、气候等因素在地面上常做有规律的变化，所以风化壳的地理分布也有一定的次序，例如从高山（风化较弱）到平原（风化较强）；从高地（盐基易淋失）到洼地（盐基易积聚）；从内陆（物理风化强，水的淋洗少）到沿海（化学风化强，水的淋洗多）；从南方（物质移动及矿物分解容易）到北方（物质移动及矿物分解较难），等等，风化壳类型的变化都有明显的规律。

第四节 风化作用与生产建设

一、岩石风化与工程建设

岩石受风化作用后，改变了物理、化学性质，其变化的情况随风化程度的轻重而不同。如岩石的裂隙度、孔隙度、透水性、亲水性、膨胀性和可塑性等都随风化程度的加深而增加；岩石的抗压抗剪强度都随风化程度的加深而降低；再加上风化壳物质不均匀性，产状和厚度的不规则性都随风化程度的加深而增大。所以，岩石风化程度越深的地区，工程建筑物的地基就越不稳固，岩石的边坡越不稳定。因此，岩石风化程度对工程设计和施工都有直接影响，如矿山建设、厂址选择、水库坝基、大桥桥基和铁路路基等地基开挖深度、浇灌基础应到的深度和厚度、边坡开挖的坡度以及防护和加固的方法等，都随岩石风化程度的不同而不同，因此工程建设前必须对岩石的风化程度（速度、深度和分布）进行调查和研究。

（1）查明风化程度，确定风化层的工程性质，以便考虑建筑物的结构和施工方法。在野外一般根据岩石的颜色、结构和破碎程度等，将风化层分为五带。

1）全风化带：岩矿全部变色，结构被破坏，用手可压成土状，强度很低。

2）强风化带：岩矿全部变色，结构大部分破坏，松散破碎完整性很差，单块为新鲜岩石的1/3或者更小。

3）弱风化带：部分矿物变色，结构部分破坏，单块为新鲜岩石的1/3～2/3。

4）微风化带：稍比新鲜岩石暗淡，结构未变，有少量风化裂隙，比新鲜岩石略低。

（2）查明风化厚度和分布，以便选择最合适的建筑地点，确定风化层的清基，确定加固的措施。

（3）查明风化速度和引起风化的主要因素，对那些直接影响工程质量的风化速度快的岩石层必须制定预防风化的正确措施。

(4) 对风化层的成分，特别是黏土的含量和成分进行分析，因它们直接影响地基的稳定性。

只有在调查分析以后，根据当地的工程地质条件和风化岩层的性质，结合建筑物的特点，才能提出切合实际的防止岩石风化的处理方法。

二、岩石风化与寻找地下水资源

在岩石风化的过程中扩大了孔隙和裂隙，由于风化裂隙沟通性能较好，有利于大气降水的渗入，所以在有较厚风化层的裂隙中，能找到较好的地下水。它属于孔隙裂隙潜水类型，故埋藏较浅，水量一般不大，但长年不干。

寻找风化层内的地下水，地貌条件是非常重要的，因风化层中地下水流向总是随着地形的起伏由高处向低处流，集中于面积较大的洼地处，所以一般在群山环抱的洼地中心、两山夹一沟的沟口、几条沟谷交汇处、山扭头的扭弯内侧……它们都是风化层潜水汇集地段。

三、岩石风化与找矿

有的岩石在一定气候和地形条件下能直接风化成矿床。根据成因，风化矿床可分为以下几种类型。

1. 残积矿床

有些岩石经过风化后，某些较重的、相对稳定的原生矿物，集聚成为有工业价值的风化矿床。我国比较大的残积矿床有水晶、锡石、独居石和铌、钽为主的稀有元素。

2. 残余矿床

有些岩石经过化学风化后，产生某些次生相对稳定的有用矿物，残留在原地成为有工业价值的风化矿床。在我国较大的残余矿床有高岭土矿、铝土矿，山西式铁矿。

3. 淋积矿床

有些岩石在风化过程中形成风化矿床，因为一些易溶矿物被地下水带到风化壳的下层，因介质条件的变化而发生的交代作用或沉淀作用，形成风化矿床。我国的淋积矿床有锰矿、褐铁矿、辉钼矿。

风化矿床的矿床构造具有多孔状、粉末状、壳状、结核状等特点。矿石的矿物成分大多数为氧化物、含水氧化物、碳酸盐、硫酸盐及其含氧盐类。矿石中的有用矿物有时富集很高，并且开采和加工条件都比较简单，因此世界上有许多矿床都先开采风化部分，然后再利用原生矿床。风化矿床分布广，便于就地开采，可满足地方工业、农业建设的需要。

复习思考题

1. 什么叫风化作用？
2. 风化作用有哪些主要类型？
3. 影响风化作用的主要因素是什么？
4. 如何划分风化带？
5. 影响风化壳形成的因素是什么？
6. 研究风化壳有什么意义？

第五章 重力地貌系统

斜坡上的风化碎屑或不稳定岩层，在重力和流水作用下发生位移，称为块体运动，这种作用称为重力地质作用，由此产生的各种地貌称为重力地貌。

可见，重力地貌的形成与发展可分成两个主要阶段：①坡地物质风化阶段，形成大量碎屑；②坡地上的风化碎屑物在重力和流水作用下发生块体运动，形成重力地貌。

斜坡上的块体运动是多种多样的，有快速运动的崩塌、滑坡，也有缓慢运动的挠曲、倾倒等蠕动破坏；有破坏力较大的滑坡、泥石流，也有破坏力较小的蠕动。不同的运动方式，产生了不同的重力地貌及其堆积物。

我国山区面积大，在进行各种工程建设中都会遇到蠕动、崩塌、滑坡、泥石流等地质灾害，对交通、建筑物、农田等破坏性很大，因此研究重力地质作用及重力地貌类型，在生产实践中具有很大意义。

第一节 崩　　塌

斜坡上的土体或岩体在重力作用下，突然向下崩落，称为崩塌（collapse）。崩塌的运动速度很快，一般可达5～200m/s，多发生在45°以上的陡坡上。岩土体以跳跃、滚动形式运动，直接坠落于地面，在坡上方形成陡坎，称为崩塌崖；在坡的下方形成碎石舌、倒石堆等。崩塌运动时没有固定的滑动面，其地质营力主要是重力地质作用，一般没有流水作用的参与，崩落物质主要由土和岩块组成。崩塌是斜坡破坏的一种形式，对农业、水利、铁路、公路的危害严重。因此对崩塌类型、崩塌产生条件和崩塌堆积物的研究具有重大意义。

一、崩塌的类型

崩塌的分类可按不同的原则来考虑。一是根据组成坡地的物质结构分类；另一个是根据崩塌的移动形式分类（图5-1）。

（1）根据组成坡地的物质结构可划分为：①崩积物崩塌：这类崩塌是山坡上的已经过崩塌的岩屑和沙土等物质，由于它们的质地很松散，当有雨水浸湿或受地震震动时，可再一次形成崩塌。②表层风化物崩塌：这是在地下水沿风化层下部的基岩面流动时，引起风化层沿基岩面崩塌。③沉积物崩塌：有些由厚层的冰积物、冲积物或火山碎屑物组成的陡坡，由于结构松散，形成的崩塌。④基岩崩塌：在基岩山坡上，常沿节理面、层面或断层面等发生崩塌。

（2）根据崩塌体的移动形式和速度可划分为：①散落型崩塌［图5-1（a）］：在节理或断层发育的陡坡，或是软硬岩层相间的陡坡，或是由松散沉积物组成的陡坡，常常形成散落型崩塌。②滑动型崩塌［图5－1（b）］：这类崩塌沿一滑动面发生，有时崩塌土体保持了整体形态，这种类型的崩塌和滑坡很相似。③流动型崩塌［图5－1（c）］：降雨时，斜坡上的松散岩屑、砂和黏土，受水浸透后产生流动崩塌。这种类型的崩塌和泥石流很近似，实际上，这是坡地上崩塌型泥石流。在北京西山一带称这种崩塌泥石流为龙扒。

上述各种类型崩塌并不是孤立存在的，在一次崩塌中，可以有几种形式的崩塌同时出现，或者由一种崩塌形式转变为另一种崩塌形式。

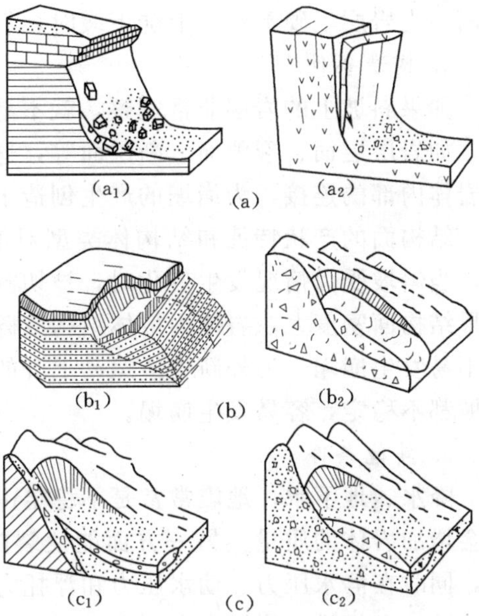

图5－1　各种不同形式的崩塌
（a）散落型崩塌：（a_1）斜坡上部坚硬岩石呈小块体崩塌；（a_2）沿玄武岩垂直节理呈块体崩塌；（b）滑动型崩塌：（b_1）沿基岩圆弧形滑动面整体崩塌；（b_2）沿松散沉积物中的滑动面整体崩塌；（c）流动型崩塌：（c_1）沿基岩面流动崩塌；（c_2）松散沉积物流动崩塌

二、崩塌形成的条件

崩塌虽然发生比较突然，但有一定的形成条件和发展过程。崩塌形成的基本条件，归纳起来主要有气候、地形、岩性、构造和其他因素。

1. 气候条件

气候是影响风化作用的主要因素，而风化作用的类型决定了岩石风化产物的类型、性质。在干旱、半干旱地区和高寒山区，由于温差作用、冰劈作用、岩石释重和盐的结晶与潮解作用，产生强烈的物理风化作用，促使岩石破碎，加速其向下崩落；而在湿热多雨地区，则以化学风化和生物的化学风化作用为主，其风化产物为黏性土，不易产生崩塌。如兰新铁路上一些新开挖的花岗岩路堑，不到5年就遭受强烈的风化，而暴雨、冰雪融化往往是崩塌的触发原因。

2. 地形条件

斜坡高陡是形成崩塌的必要条件，规模较大的崩塌，一般多发生在高度大于30m、坡度大于45°的陡峻斜坡上。斜坡的外部形状，对崩塌的形成也有一定的影响。一般在上陡下缓的凸形坡和凹凸不平的陡坡上易发生崩塌；而上缓下陡的凹形坡不易发生崩塌。因此崩塌一般发生在高山峡谷、河流强烈下切地段。

3. 岩性条件

崩塌一般发生在块状或厚层状坚硬岩体中，这类岩体能形成陡峻的斜坡，斜坡前缘由于应力重分布和卸荷等原因，产生深而长的张裂隙，并与其他结构面组合，逐渐形成结构体，在触发因素作用下发生崩塌。组成这类岩体的岩石有花岗岩、砂岩、石灰岩、片麻岩和石英岩等；而平缓的层状或软硬互层状岩体斜坡（如砂页岩互层、石灰岩与页岩互层、石英岩与千枚岩互层等），由于平缓的软弱面对陡倾的拉裂面起了一定阻隔作用，不易使拉裂面向深处发展，经长期的表层风化作用，边坡表面呈片状、层状剥落，堆积于坡脚，一般不会发生规模较大的崩塌；但是在差异风化作用下，斜坡外形凹凸不平，形成锯齿状坡面，当岩层上硬下软、上陡下缓时，易产生崩塌。

4. 构造条件

如果斜坡上的岩层非常完整，就不易发生崩塌。实际上，自然界的斜坡存在各种结构面，如岩层层面、裂隙面、断层面等，这些结构面将斜坡切割成不同的结构体，从而削弱了岩体内部的连接，为崩塌的产生创造了条件。

结构面的产状特征和结构体类型对崩塌影响很大，如结构面倾向临空面且倾角较陡时，当斜坡受力情况发生变化时，被切割的不稳定岩体就有可能沿这些软弱面发生崩塌；如果结构面密度大，岩体为散体结构或碎裂结构时，就易发生崩塌；如为整体块状结构，就不易发生崩塌。另外新构造运动上升的山区、垂直节理发育的岩坡、陡峭的黄土坡，其边坡都不稳定，容易发生崩塌。

5. 其他条件

降水、地下水、地震常常是不稳定山坡发生崩塌的触发因素。降雨渗入岩体后，一方面会增加岩体的质量；另一方面能使裂隙中的充填物产生泥化、软化，降低岩体抗剪强度，同时在静水压力、动水压力和浮托力作用下，使岩体温度降低，容易产生崩塌现象。据统计，大规模的崩塌多发生在暴雨、久雨和强震之后。地震对边坡稳定性影响较大，在地震作用下，首先使边坡岩体的结构发生破坏变化，出现新的结构面，使原有结构面张裂、松弛，在地震力的反复作用下，斜坡发生崩塌。

另外，人工爆破、开挖边坡、农业开垦等都是造成崩塌的重要原因。

三、崩塌堆积物和倒石堆

1. 崩塌堆积地貌

沿斜坡崩塌的物体在坡度较平缓的坡麓地带，堆积成锥形体，称倒石堆（岩屑锥）。它的范围大多数不超过几百平方米，有时也能形成面积达 10 多万平方米的巨大倒石堆。倒石堆的平面形状大多呈半圆形或三角形，有时好几个倒石堆连接在一起成带状。倒石堆的表面纵剖面坡度除与岩屑本身的休止角有关外，与岩屑下部基坡的坡度大小也有很大关系（图 5-2）。基坡缓，倒石堆的坡度也缓。

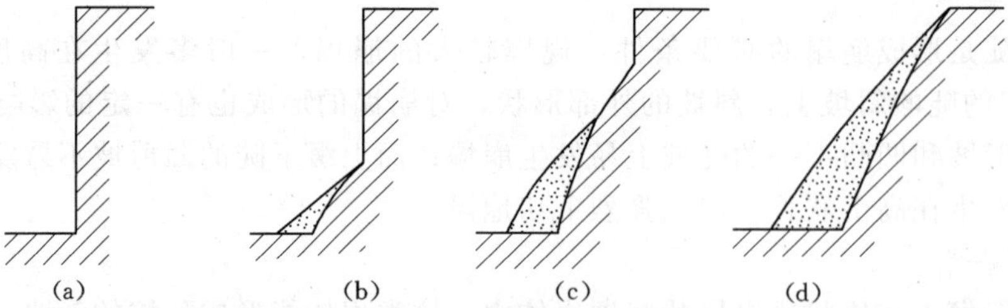

图 5-2 基坡后退与倒石堆发育示意图

倒石堆下部基岩坡度一般是由与水平面成不同角度的线段组成的。在坡脚处，地面近于水平，崩塌的岩屑停积在这里，这段近于水平的地面称为倒石堆的基底。往上部去，由于基岩斜坡逐渐增大，倒石堆开始发育的时候，岩屑不会在这里堆积，常是崩落岩屑的发源地，称为基坡。随着基坡上的岩屑崩塌，基坡就不断后退，原来陡峭的基坡坡度变缓，倒石堆不断增长，其顶点逐渐向上移动，被倒石堆埋藏的下部基坡就不再被破坏。如上部基坡仍不断崩塌，则坡度进一步变缓。按此方式发展，基坡坡度从下往上就逐渐变小，呈一上凸形的剖面线（图 5－2）。

在山区的大规模崩塌，往往形成天然堤坝，阻塞河流而成湖泊。

2. 崩塌的物质结构

倒石堆多为大小不一、棱角明显的碎石组成。碎石的机械组成与基坡岩性有关。如基坡的岩石为砂岩时，组成倒石堆的物质大多是各种大小不同的岩块，黏土含量很少；如基坡的岩石为页岩时，组成倒石堆的物质则是片状岩屑，大块岩块的黏土都很少；花岗岩地区，由于沿节理风化，大岩块向下崩塌，组成倒石堆的物质多为大的岩块，岩块之间常填充着由花岗岩风化而成的砂粒；石灰岩地区的倒石堆的物质组成多是一些较小的碎石，其中夹杂着一些黏土。

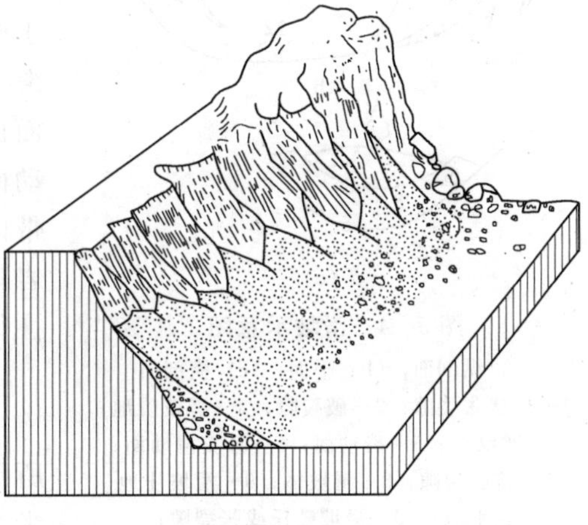

图 5－3　倒石堆

倒石堆碎屑颗粒大小混杂，没有明显的排列层序。总的来说，一般较大的岩块可以滚落到倒石堆的边缘部位才停积下来，而一些较小的碎屑多堆积在倒石堆的顶部。这是因大的岩块较重，沿山坡向下崩塌时产生很大动能，克服各种障碍而滚得很远。当倒石堆进一步发展时，山坡坡度也就越趋变得平缓，崩塌作用也逐渐减少，崩塌的碎屑也变小。所以倒石堆发育的后期，其表面堆积的则是比较细的岩屑（图 5－3）。从垂直剖面上看，较粗大的岩屑分布在倒石堆的下部，向上逐渐变细，表面为细小岩屑，并发育了土壤，生长了植物，而且山坡也较平缓，说明崩塌已经停止，不再危害道路。

第二节　滑　坡

滑坡（landslide）是斜坡上的土体和岩体，由于地表水和地下水的影响，在重力作用下沿一定滑动面整体下滑的现象。滑坡体一般为缓慢的、长期的、间歇性的滑动，它可以延续几年、几十年、甚至上百年。有的滑坡，开始运动缓慢，以后突然变快，形成巨大的灾害。

一、滑坡的形态

滑坡在平面上的边界和形态与滑坡的规模、类型及所处在的发育阶段有关。一个完整的滑坡，一般由以下要素组成（图 5－4）。

1. 滑坡体

简称滑体，滑坡发生后与母体脱离开的滑动部分。滑坡体由于是整体滑动，但其内部基本上保留原有的层位关系以及结构、构造特征。滑坡体的表面起伏不平，裂隙纵横；原有的树木倾斜或倒伏，形成醉汉林、马刀树。滑坡体与周围不动土体分界线，称为滑坡周

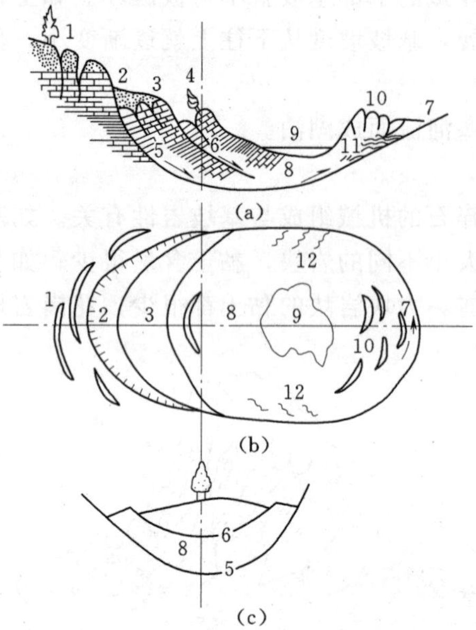

图5-4　滑坡示意图

(a) 纵剖面；(b) 平面；(c) 横剖面

1—环状张裂隙；2—破裂隙；3—滑坡阶地；4—醉汉树；5—滑动面；6—分支滑动面；7—挤压裂隙；8—滑坡体；9—滑坡洼地或水池；10—滑坡鼓丘或张裂隙；11—滑坡微褶皱；12—平行羽状拉张裂隙

界。滑坡体的规模大小不一，从几十立方米到几万立方米不等。

2. 滑坡床

滑坡体以下未滑动的部分。它保持原有的结构、构造特征，只是靠近滑坡体部位有些破碎。

3. 滑动面和滑坡带

滑坡体与周围未滑动岩土体之间的分界面称为滑动面。滑动面的形状与滑坡体的成分、结构、构造有关。在均质的黏性土和软岩中，滑动面近于圆弧面；如滑坡体沿岩层层面、结构面滑动时，滑动面为直线或折线。由于滑动时的摩擦，滑动面比较光滑，有时可见滑动擦痕和磨光面。在滑动面上所形成的碾压破碎带，称为滑坡带。滑坡带内的土体受到揉皱、碾磨作用，岩石产生糜棱岩化现象，在石灰岩内可见大理岩岩化现象。它往往由碎裂岩、糜棱岩、岩粉、岩屑和黏土组成。

4. 滑坡壁

滑坡体滑落后，滑床上方未滑动部分岩土体所形成的弧形陡壁。平面上多呈圈椅状，高数厘米至数十米，坡度一般60°～80°，形成陡壁。

5. 滑坡台阶

由于各阶段滑体运动的差异，在滑坡体上形成的滑坡错台，每一错台都形成一个陡坎和平缓台面，称为滑坡台阶。

6. 滑坡舌

滑坡舌又称滑坡前缘或滑坡头，位于滑坡的前部。滑坡舌的隆起部分叫滑坡鼓丘。

7. 滑坡洼地与滑坡湖

滑坡体与滑坡壁之间的月牙形洼地称为滑坡洼地。此洼地往往由于地下水在此出露或地表水的汇集，形成湿地、水塘、滑坡湖。如陇海铁路宝鸡附近卧龙寺滑坡，切割了含水层，有泉水涌出，形成了宽40m、深10m的滑坡湖。

8. 滑坡裂缝

滑坡体在滑动过程中，由于各部位的移动速度不均匀，在滑坡体内部、表面产生的裂缝称为滑坡裂缝。按受力状况及分布部位不同，可分为以下几种。

(1) 张拉裂缝。分布在滑坡体的上部，由于下滑时的张拉作用产生的，和滑坡壁的方向大致平行或吻合。

(2) 剪切裂缝。分布在滑坡体中部的两侧，由滑动土体与不滑动土体相对位移而产生的，常伴有羽状裂隙。

(3) 鼓张裂缝。指滑坡舌上，因土体隆起形成的张裂缝，其方向一般垂直于滑动方向。

(4) 扇状张裂缝。分布于滑坡体的中下部，以滑坡前缘最多，是由于滑坡体下部向两侧扩散而形成的，呈放射状分布。

二、滑坡的影响因素

滑坡的影响因素主要包括岩土类型和性质、岩体结构和构造、风化作用、水的作用、地震和人类活动等。可将这些因素分为两类：一类为主导因素，是长期起作用的因素，包括岩土类型和性质、地质构造、岩体结构、风化作用、地下水活动等；另一类为触发因素，是临时起作用的，有地震、洪水、暴雨、堆载、人工爆破等。正确分析各种因素的作用，是边坡稳定性评价的工作之一，为预测边坡破坏、发展演化以及有效防治措施提供依据。

1. 岩土类型及性质

岩土类型及性质是影响边坡稳定性的根本因素。岩性控制着斜坡破坏的形式和类型。在黄土地区，边坡在干燥时，可以直立陡峻，但一经水浸，土的强度大减，变形急剧，形成大的滑坡；在花岗岩、厚层石灰岩地区，则以崩塌为主；在片岩、板岩、千枚岩等变质岩地区，往往表现为表层挠曲、倾倒等蠕动破坏形式。在坡高和坡角相同的情况下，岩体越坚硬，抗变形能力越强，边坡的稳定性越好；反之边坡稳定性差。所以坚硬完整的岩石（如花岗岩、石英砂岩、石灰岩等）能形成稳定的高陡斜坡，而软弱岩石和土体则只能维持低缓的斜坡。近年来，我国学者根据不同的岩性组合，归纳出了以下容易滑动地层，简称“易滑地层”，如砂岩泥岩互层、砂页岩互层、石灰岩页岩互层、黏土岩、板岩、千枚岩、软弱片岩等。

（1）硬质岩层中夹有薄层软质岩、软弱破碎带时，当倾角较陡且有地下水活动时，岩层可能沿软弱夹层滑动。

（2）石灰岩、页岩、砂页岩地层，易顺页岩发生顺层滑动；含煤砂岩，易沿煤层发生顺层滑动。

（3）玄武岩易沿下伏的凝灰岩发生顺层滑动。

（4）变质岩类中的片岩、板岩、千枚岩也易产生滑动。

（5）黏土岩土层中，由于上部地层松散，易渗水，而下部土层比较致密、坚硬，起到隔水作用。当水下渗后，在分界面上构成软弱滑动面；残坡积黏性土，当含水量较大时，抗剪强度显著降低，易沿下伏基岩面滑动。

2. 地质构造和岩体结构

地质构造因素对边坡稳定性，特别是岩质边坡稳定性的影响十分明显。在区域构造比较复杂、褶皱比较强烈、新构造运动比较活跃的地区，边坡稳定性差，如我国西南横断山脉地区，金沙江地区深切河谷，边坡的崩塌、滑坡、泥石流等极其发育，常出现巨大型滑坡和滑坡群。

对岩质边坡来讲，边坡的破坏形式受岩体中的结构面控制。结构面的成因、性质、延展、产状对边坡的稳定有很大影响。其中软弱结构面的走向与边坡走向的关系、倾向与边坡的倾向关系，决定了边坡的稳定性。

对于软弱结构面的走向与边坡走向一致的情况，有以下几种类型。

（1）平叠坡。软弱结构面是水平的。这种边坡稳定性较好，但如存在陡倾的节理，则容易产生崩塌和剥落。

(2) 顺向坡。软弱结构面的倾向与斜坡面的倾向相同，即岩层倾向外坡。根据软弱结构面的倾角 α 和斜坡坡角 β 的关系又分为两种情况：① $\beta>\alpha$，斜坡稳定性最差，极易产生顺层滑坡；② $\beta<\alpha$，斜坡比较稳定。

(3) 逆向坡。软弱结构面的倾向与斜坡面的倾向相反，即岩层倾向内坡。这种斜坡是最稳定的，有时有崩塌发生，很少产生滑坡。

以上3种情况，是指软弱结构面的走向与斜坡的走向相同，对于走向斜交情况，则称为斜交坡。

(4) 斜交坡。软弱结构面的走向与斜坡的走向斜交，这类斜坡当软弱面倾向外坡，且交角小于40°时稳定性较差，否则较稳定。

3. 水的作用

地表水和地下水是影响边坡稳定性的重要因素，不少滑坡都与水的作用有关。水对边坡的影响是多方面的，有软化作用、冲刷作用、静水压力、动水压力和浮托力作用。

(1) 水的软化作用。是指水的活动使岩土的强度降低的作用。对于黏性土和黄土等土质边坡，遇水后土的抗剪强度降低，抗滑力减少，软化现象明显；对于岩质边坡，岩体中的软弱夹层和泥化夹层，亲水性强，出现崩解泥化现象，降低抗剪强度，影响边坡稳定性。

(2) 水的冲刷作用。河谷岸坡因水流冲刷而使斜坡变高、变陡，不利于斜坡的稳定。冲刷还可使坡脚临空，易产生滑坡。

(3) 静水压力。岩质斜坡上的张裂隙，因降水或地下水活动使裂隙充水，则裂隙将承受静水压力。静水压力的方向与裂隙面垂直，指向斜坡的临空面，对边坡稳定是不利的。雨季使一些斜坡产生崩塌或滑坡，往往与裂隙静水压力的作用有关。

(4) 动水压力。如果斜坡上岩土体是透水的，地下水在渗流作用下，产生了动水压力。动水压力方向与渗流方向一致，指向临空面，因而对边坡稳定不利。在河谷地带当洪水过后河水位迅速下降时，河岸内的水缓慢地流出，因而产生的动水压力指向坡外，可能产生滑坡。当库水位急剧下降时，库岸也会因较大的动水压力而失稳破坏。

(5) 浮托力。处于地下的透水斜坡，将承受浮托力的作用，使坡体的有效重量减轻，对斜坡稳定不利。一些由松散堆积物组成库岸的水库，当蓄水时岸坡发生变形破坏，原因之一就是浮托力的作用。

4. 地震

地震对边坡稳定性影响较大，在地震作用下，首先使边坡岩体的结构发生破坏变化，出现新的结构面，使原有结构面张裂、松弛，饱和砂层出现震动液化，地下水状态发生较大变化，在地震力的反复作用下，边坡沿结构面发生位移变形，直至破坏。

强烈地震引起山崩、滑坡的实例，国内外都有大量记载。如1933年8月25日四川叠溪大地震，引起大滑坡和山崩，摧毁了叠溪镇，滑坡和崩塌将岷江堵塞形成4亿～5亿m^3的堰塞湖，堰塞湖10月9日溃口，湖水急剧下泄，造成下游2500人死亡。

5. 人类活动

人工开挖陡坡坡基或隧道常会发生诱发滑坡，如我国贵昆铁路线二梯岩隧道出口处发生的滑坡，是由于在沟侧陡坡开挖隧道所致。另外，爆破、引水产生的黄土湿陷性等，均可以引起边坡的变形与破坏。

三、滑坡的类型

由于自然条件千变万化，滑坡的成因、形态、滑动特点各不相同，为了反映滑坡的工程地质特征及其发展规律，从而有效地预测和预防滑坡的发生，各国学者和工程部门对滑坡提出了各种分类方案。

（一）按滑动面与岩土层面关系的分类

这是应用较广泛的一种分类，可分为均质滑坡、顺层滑坡、切层滑坡三类（图 5-5）。

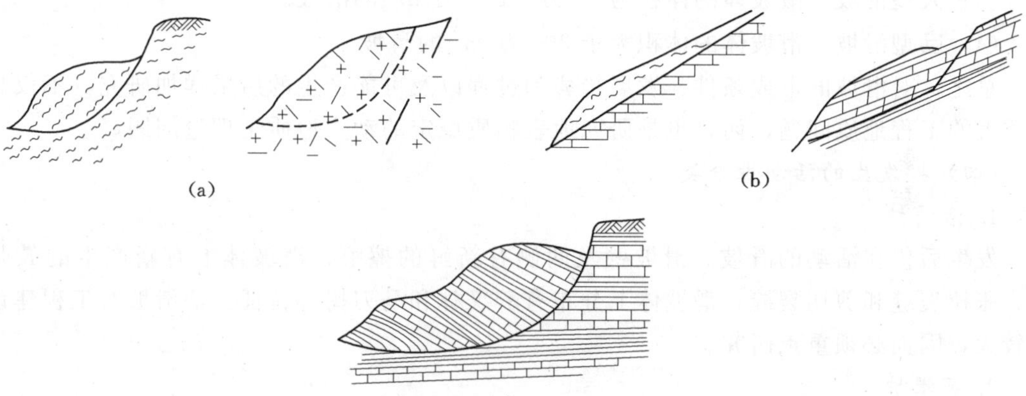

图 5-5　滑坡的类型

（a）均质滑坡；（b）顺层滑坡；（c）切层滑坡

1. 均质滑坡

均质滑坡是发生在均质、无明显层理的岩土体中的滑坡。滑动面不受层面控制，一般呈圆弧形，在黏土、黄土和黏土岩中较常见。

2. 顺层滑坡

顺层滑坡发生在非均质的成层岩体中，沿岩层面发生滑动的滑坡。这类滑坡多发生在岩层倾向与斜坡倾向一致、但倾角小于坡角的条件下。如果岩层中存在原生或次生的软弱夹层时，夹层的抗剪强度较低，很容易沿该层面滑动。另外，坡积物与下伏基岩的交界面较陡时，坡积物的下滑也属于顺层滑坡。顺层滑坡的滑动面一般为平面，也可以是波状或倾斜阶梯形。

顺层滑坡在自然界分布广泛，而且规模较大，我国三峡工程库区云阳到奉节一带有多处这种类型的大型滑坡。

3. 切层滑坡

滑动面切过岩层面的滑坡，称为切层滑坡。多发生在岩层产状平缓、坡面与岩层面反倾向的非均质岩层中。滑动面在顶部常是陡直的，沿裂隙面发育，下部的滑动面一般为圆弧形或对数螺线形。

以上根据滑坡体的厚度又可分为浅层滑坡（滑坡体厚度小于 5m）、中层滑坡（厚度为 5～20m）、深层滑坡（厚度大于 20m）。

（二）按滑坡的深度分类

（1）表层滑坡：滑动面埋藏深度小于2～3m的滑坡。

（2）浅层滑坡：滑动面埋藏深度在2～10m的滑坡。

（3）深层滑坡：滑动面埋藏深度大于10m的滑坡。

（三）按滑坡体大小的分类

（1）小型滑坡：滑坡体的体积小于3万m^3的滑坡。

（2）中型滑坡：滑坡体的体积为3万～50万m^3的滑坡。

（3）大型滑坡：滑坡体的体积为50万～300万m^3的滑坡。

（4）巨型滑坡：滑坡体的体积大于300万m^3的滑坡。

总之，对滑坡的形成条件、发展趋势和过程以及可能产生的后果详加研究，不仅是一个重大的工程地质问题，而且也是研究地表物质稳定的动力地质学理论问题。

（四）按发生的活动性分类

1. 活滑坡

发生后仍在活动的滑坡。滑坡壁及两侧有新鲜的擦痕；滑坡体上有新产生的鼓张裂缝、张拉裂缝和剪切裂缝；滑坡体上分布有醉汉林和马刀树等特征。活滑坡对工程建设影响较大，因而必须重点研究。

2. 死滑坡

发生滑动后已稳定，并停止发展。一般情况下不可能重新活动，坡上植被茂盛，常有居民点等。

（五）按滑坡的发展阶段分类

按滑坡的发展阶段，可分为：幼年期、青年期、壮年期和老年期。这对滑坡的预测和调查，研究滑坡的发生发展规律有重要意义。

四、滑坡的发展

滑坡的发生、发展经历了不同阶段，一般来讲，滑坡的发育过程分为蠕动变形阶段、滑动阶段、稳定阶段。

（一）蠕动变形阶段

当斜坡上岩体内抗剪强度小于剪应力时，产生塑性蠕动变形，从而引起土体内的应力调整，并在后部产生张性裂缝。变形进一步发展，地表水沿裂缝不断渗入，裂缝加大并贯通，以至错开，变形体两侧产生羽状裂隙，滑动面逐渐形成。这个阶段是滑坡的前兆，长的可达几年，短者仅几天。如我国甘肃东乡县洒勒山黄土滑坡，早在1979年9—10月山头就开裂有约10cm张拉裂缝，1982年加宽到20～40cm，延伸长度由数十米增大到百余米，1993年2月裂缝宽度达1m，长达500m，于3月7日发生大规模滑坡，前后历时达4年之久。

（二）滑动阶段

岩体沿滑动面下滑使滑坡体后方的张拉裂缝被贯通相连，两侧羽状裂缝错开，随后前缘出现大量放射状鼓张裂缝、挤压鼓丘，滑动面下部有浑浊的地下水出露，此时滑坡速度迅速由快至慢。此阶段为剧烈滑动阶段，也是应力释放阶段。

（三）稳定阶段

滑坡经剧烈滑动后，其重心降低，能量不断消耗，滑坡逐渐趋于稳定。当滑坡停止后，在自重作用下，土体逐渐被压实、固结，裂缝逐渐闭合消失。我国卧龙寺滑坡自1955年滑动后，土体在自重作用下，被逐渐压密固结，下沉量呈逐年下降趋势。1959年下沉25.9mm，1960年下沉7.4mm，1961年下沉1.3mm，以后趋于稳定。

五、滑坡的防治

滑坡的防治，要贯彻"及早发现，预防为主；查明情况，综合治理；力求根治，不留后患"的原则。以防为主，指的是不稳定边坡预先采取措施，以防止其变形；工程布置尽量避开严重滑坡地带，或采取相应的设计方案。整治为辅，指的是对已发生变形的斜坡及时进行治理措施。在选择防治措施之前，要查清滑坡形成的条件及原因、滑坡的性质、稳定程度及其对工程的危害，认真研究滑坡所处在的发展阶段，了解产生滑坡的主要、次要原因及相互关系，结合工程特点综合选择防治措施。通常的防治措施有防渗与排水、削坡减重与反压、支挡措施和锚固措施等。

（一）防渗与排水

边坡变形破坏的发生和发展，常与地下水有密切联系。地表水、地下水往往是导致边坡破坏的主要因素。消除和减轻水对边坡的危害作用，其目的主要是降低孔隙水压力和动水压力，防止岩土软化和崩解，消除或减小水的冲刷作用。具体方法如下。

（1）拦截。在滑坡体周围修筑截水沟，以拦截和旁引滑坡范围外的地表水、地下水，使其不进入滑坡体。

（2）排导。在滑坡体内充分利用自然沟谷，布置树状排水系统，或修筑盲洞、水平钻孔、集水井，排出滑坡体内的地下水。

（3）护坡。在滑坡体上种植草皮或在滑坡上游严重的地段修筑T形坝，改变水流流向，防止地表水对坡面的冲刷。

（4）填补。用黏土或水泥填补滑坡体上的裂缝，阻止地表水渗入滑坡体内。

（二）削坡减重与反压

对于推移式滑坡或滑床为上陡下缓的滑坡，将陡倾的边坡上部的岩体挖除一部分，使边坡变缓，降低下滑力。但是单纯的削坡减重往往不能起到阻滑作用，最好与反压措施结合起来，即将削减下来的土石堆在坡角，起反压作用，效果更好（图5-6）。

（三）支挡工程

设置支挡结构以支挡滑坡体，可以有效地改善滑坡体的力学平衡条件，提高抗滑力，是目前用来稳定边坡的有效措施之一。主要有抗滑挡土墙、抗滑桩、锚杆等。

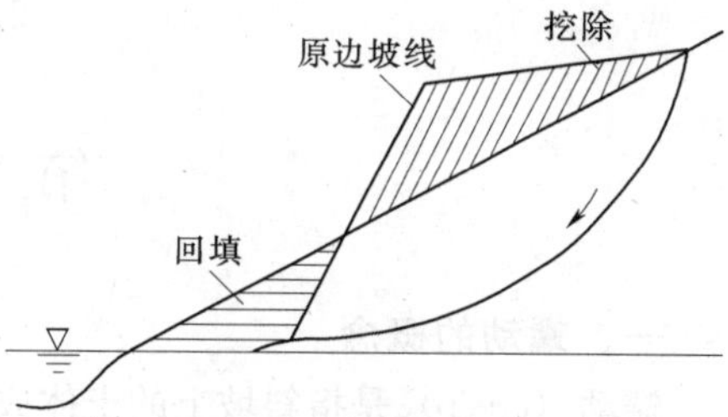

图5-6　减重与反压

（引自天津大学，1999）

1. 抗滑挡土墙

抗滑挡土墙是目前比较普遍的一种抗滑工程。一般采用重力式挡土墙，它位于滑坡的前缘，借助于自身的重量支挡下滑力。按建筑材料和结构形式不同，有浆砌石、混凝土、钢筋混凝土挡土墙。挡土墙的优点是结构比较简单，可以就地取材，加固效果明显。有时在挡土墙内设置排水孔，排除地下水，有效减少孔隙水压力，效果更好（图 5-7）。

2. 抗滑桩

就是将短桩打到滑床内，用以支挡下滑力。抗滑桩的位置、间距、排列方式等，取决于滑坡体的密实程度、含水情况、滑坡推力的大小。一般布置在滑坡体的前缘部分，通常布置一排或数排，桩身全长的 1/4～1/3 应埋置于滑动面以下的稳定滑床内（图 5-8）。

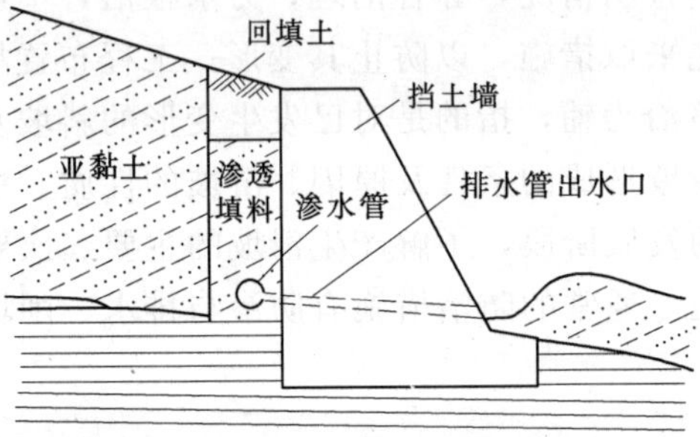

图 5-7　具有排水措施的挡土墙

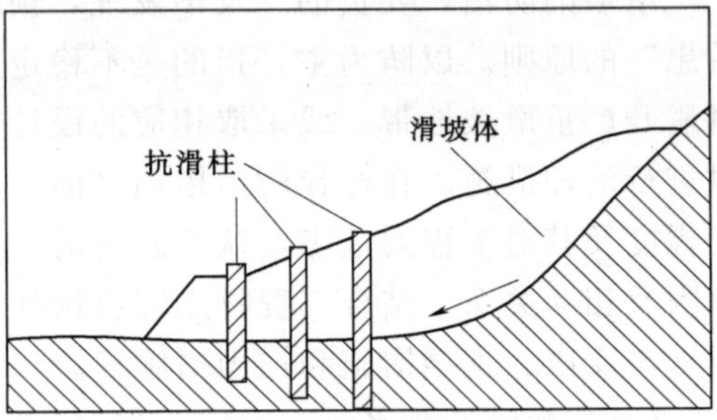

图 5-8　抗滑桩

抗滑桩一般采用木桩、钢桩、混凝土桩和钢筋混凝土桩，对于较小规模的滑坡或滑床为土层时，可以采用预制桩；对于滑坡规模较大、下滑力较大、滑床为岩石时，一般采用钢筋混凝土灌注桩。抗滑桩具有施工方便、安全、经济的优点，在工程上应用很广。

3. 锚杆

锚杆是一种防治岩质滑坡和崩塌的有效措施。利用锚杆所施加的预应力，可以提高滑动面上的法向应力，进而提高了滑动面上的抗滑力（图 5-9）。

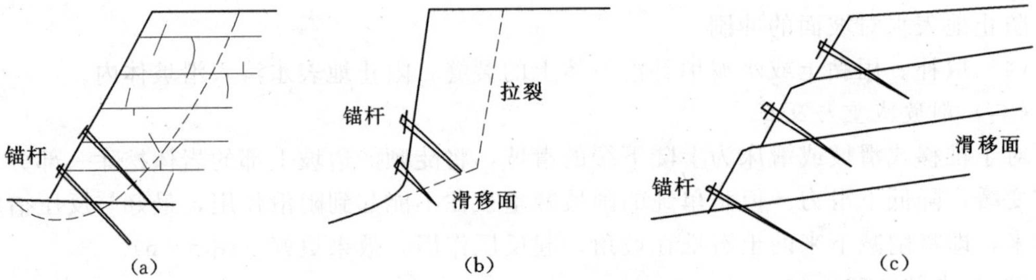

图 5-9　锚杆的布置

第三节　蠕　　动

一、蠕动的概念

蠕动（creep）是指斜坡上的土体或岩体及其风化碎屑物在重力作用下，顺坡向下发生缓慢的移动现象。虽然蠕动的速度很慢，但多年积累结果却影响很大，也会危害生产和建设。

二、蠕动的类型

蠕动变形只是边坡变形破坏的一个发展阶段，是长期缓慢进行的，开始时往往不易觉察。但蠕变的进一步发展并在裂隙水、地震等外部因素作用下，往往发生急剧的边坡破坏。不少边坡的滑坡、崩塌之前都经历了蠕动变形阶段。因此研究蠕动的类型及特性，具有重要意义。

按照蠕动体的物质组成，蠕动分为土层蠕动、岩体蠕动。

（一）土层蠕动

土层蠕动又称为土爬，是一种松散物质在斜坡上发生的胀缩变形和剪切变形。由于气候的干湿冷热变化，会使土颗粒尤其是黏土颗粒体积发生变化，干时体积缩小而开裂，颗粒间形成空隙，使上部碎屑失去支持，因重力而向下移动；湿时体积膨胀，土颗粒向两侧和下方移动，如此反复作用，土颗粒就不断下移；另外在重力作用下，斜坡上的土体沿斜坡方向产生的重力分力促使土体向下移动，而土的抗剪强度抵抗土体发生变形，由于外界条件的改变，如果某一点向下的剪应力大于土的抗剪强度，则该点产生剪切破坏，产生了塑性变形，形成土层蠕动（图 5－10）。

土层蠕动由于速度慢，植物可生长在蠕动层中。如树干向坡下弯曲，地表出现醉汉林、电线杆、篱笆、栏杆发生顺层倾斜，破裂的残墙等，都有可能是土层蠕动造成。

蠕动土层的深度，随松散堆积物中空隙发育程度不同。

引起土层蠕动的因素有黏土含量、冻融交替、坡度以及干湿和温差变化。

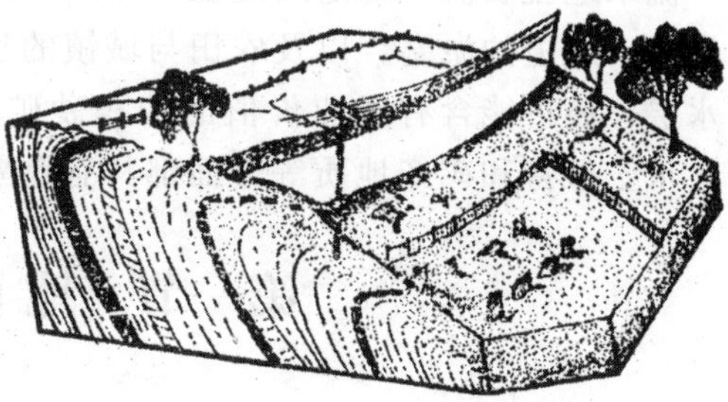

图 5－10　土屑蠕动形成的各种现象

（根据 H. B. 裴纪）

（二）岩体蠕动

岩体蠕动是指岩石在重力作用下，向临空方向发生的一种缓慢变形现象。岩体蠕动主要表现为岩石发生滑移、扭转、弯曲，但岩块本身的形态不发生显著变化，仅岩块之间由于蠕动而发生位置相对变化，从而出现松动、架空现象。

蠕动变形既不是岩石的弹性变形，也不是单一的塑性流变，它是以岩块间的剪切位移及岩块间的歪斜扭转为主要特征。当岩体中不存在明显的软弱夹层时，蠕动表现为岩块转动；当岩层间有软弱夹层时，蠕动可表现为沿软弱夹层的剪切位移，甚至出现顺层滑动，或者表现为上覆岩体的松动张弛。在发生蠕动的岩体中，上部岩层运动速度大，向下部逐渐减少以至变为零。

造成岩体蠕动的原因，是陡坡上表层岩体，在本身自重的长期作用下，应力超过了岩体本身的弹性限度，发生破裂变形，或者由于长期受力作用的结果，发生了弹塑性变形。

复习思考题

1. 什么是崩塌？形成崩塌的条件有哪些？倒石堆的形态特征及物质组成如何？如何预防崩塌？试举例说明崩塌及其对农业生产的影响。

2. 什么是滑坡？滑坡有哪些类型？滑坡的影响因素有哪些？如何防治滑坡？

第六章　地面流水的地质作用及地貌特征

水是经济社会发展的基础性的自然资源、战略性的经济资源和公共性的社会资源，同时还是地球生命支撑系统的组成要素，是生态系统良性运行和繁衍生息的控制性因子，是实现环境保护和可持续发展的命脉。

陆地上，除气候极端寒冷或极端干燥的地区以外，几乎到处可见到地面流水。地面流水是促使地壳——特别是温湿地带的地壳变化、发展的一个强有力的地质动力。

流水地貌及沉积物是陆地上分布最广的地貌与沉积类型。它的发育与演变影响到河岸的崩塌、航道的淤塞，以及农田与城镇的建设。流水作用形成的砂砾层往往是良好的地下含水层，还可能含有工业价值的冲积砂矿，因而，流水地貌的研究对水工建筑、航道整治、水土保持和矿产地质等方面都具有重要意义。

第一节　地面流水的概念

一、地面流水的形成

地面流水最主要的来源是大气降水。雨雪自天空降落以后，一部分渗透至地下，一部分蒸发回到空中，其中有很大部分聚为地面流水，自高处向低处流动。流水汇集的条件如下。

（1）必须有相当的降水量。我国西北内陆地区，有时年雨量只有100多mm，而蒸发量却很大，则流水不易形成；东南沿海地区年雨量高达1000～2000mm，蒸发并不很大，流水便容易形成，所起的各种地质作用也十分显著。

（2）必须是水分不大量下渗的条件。例如在石灰岩溶洞发育的地区，降水都下渗成为地下暗流。又如土壤结构疏松，地面植被茂密的地区，降水也下渗较多，地面流水的汇集便相对减小。

（3）必须有起伏不平的地势。地面起伏不平，降水方可沿坡向低处流动，成为流水。一般除了少数非常平坦的堆积平原外，地面都有一些起伏，所以这一项不是主要的。

总的来看，在极地和高山终年冰冻积雪的地区，流水作用几乎不存在或非常微弱；在干旱区域，流水仅在短暂的时间里起作用；而流水作用最活跃与最普遍的地区是温湿气候地带，在那里几乎全部地面都受流水作用的影响，它们恰好也是农业最发达的区域。因此，研究流水的作用显得更为重要。

二、地面流水的地质作用

水分在海洋或大陆表面蒸发到空中的时候获得了太阳能。当水分降落以后，在地面流动时，位能变为动能，放出能量，对地面做功。所以进行侵蚀与搬运作用是释放能量的必然结果。

流水流动时做功的大小决定于水流的活力，而活力的大小又决定于流速和流量，可用下式来表示：

$$a=\frac{1}{2}mv^2$$

从上述公式可以看出：流水的活力 a 与水量 m 及流速 v 的平方成正比。其中流速的影响最大，当流量或流速降低（或两者同时降低）时，流水的活力变小，侵蚀作用就变弱，或开始发生沉积。反之，流水活力变强，侵蚀与搬运作用便会加强。因此流水的侵蚀、搬运与堆积作用决定于流水活力。

流水活力大小与地形、气候、植被、岩石与构造等自然因素有关。因为地形坡度、坡长、降雨量多少、植被覆盖度以及岩石与构造的性质等均影响到流水的流速与流量，从而影响到流水的活力。

流水的侵蚀是对地面的破坏作用。它与水流的强度与水流的特征有关，有时成片冲刷，有时使地面产生侵蚀沟或河流。总的来看，流水的侵蚀都是使流路变深与变宽。

流水常将侵蚀下来的物质搬运到别的地方。被搬运的物质部分溶解于水中，较细的颗粒如黏土及粉沙等可以泥浆的方式悬浮在水里搬运（悬浮作用）；沙土和砾石因易于下沉，只能在流水湍急或山洪暴发时呈跳跃式前进，即时而随急流前进，时而在缓流中下沉（跳跃作用）；巨大的砾石虽不能离开水底，但也能在强大水流的冲击下，于水下滚动前进（滚动作用）。

以上几种搬运方式以悬浮作用最为重要。流水搬运的能力决定于流速与流量。一般言之，流水速度增加 1 倍，被搬运物的直径可增加 4 倍，而搬运物的重量可增加 64 倍。从这里也可以说明为什么平原河流只能搬运较细的物质，而山区河流往往可以推移巨砾。

流水的搬运力量十分惊人，据估计，地球上每年搬入海洋的溶解物约有27 亿 t，而碎屑物不少于 160 亿 t。

第二节 片状流水的地质作用

一、片状流水（简称片流）的特点

片状流水分布面广，水层薄，作用的时间短，作用的范围通常在上坡或高处，距离水的源头不远。片流受地面粗糙度影响大，常不依最大的坡度流动，时分时合，织成网状，没有固定的流路，这些特点都说明片流是水流发展的初期阶段，具有分散的特点。

片流流向下坡，距源头渐远，常有逐渐变强、水流逐渐合并、且流路逐渐有固定的趋势。此时水层增厚，侵蚀力变强，可进一步转化为纹沟（细沟），但沟形小而浅，形态和位置均不固定，雨后不能长期保存，很快便自然夷平而消失，它仍属于片流的范畴。在长坡的下部，这种情况尤为明显。

二、片流的侵蚀作用

片流的侵蚀称为片状侵蚀（简称片蚀），分布面广，对整个坡面进行成层而大致均匀的侵蚀，使斜坡均匀降低，常常失去肥沃的表土，危害很大。

（1）坡面径流侵蚀。坡面径流侵蚀力大小与地形、土壤和植被等因素有关。地形（坡长、坡度和坡形）控制坡面流水冲刷速度和冲刷量。从理论上说，坡面越长，越到下坡水量越多，水流的能量也越强。但是，随着坡面的增长，水流挟带的泥沙量也随之增多，需要消耗一部分能量，使水流侵蚀能力减小。因此，坡面径流侵蚀能力并不是随坡长增加而加大。坡度加大可使坡面径流速度加快，冲刷加强；坡度加大却又使径流量减小，因为在降雨强度不变的情况下，坡度加大，实际上坡面单位面积接受的雨量减少（图 6-1）。坡度和坡长变化与城面侵蚀强度之间的关系非常复杂，F.C. 伦勒和 R.E. 霍顿的坡面侵蚀强度和坡度关系试验研究认为在 20°～60°之间坡面侵蚀强度最大（图 6-2）。

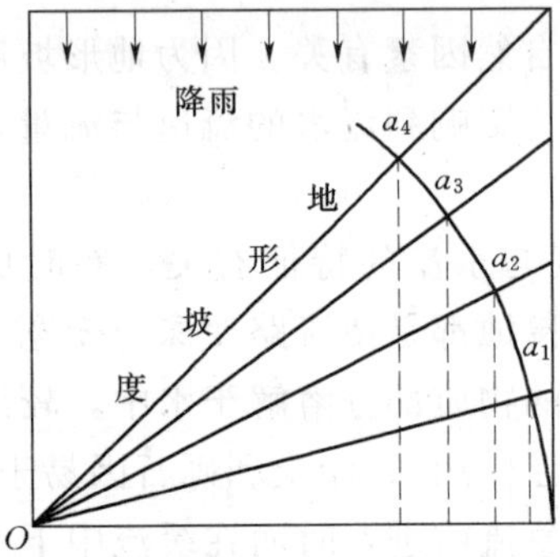

图 6-1　降雨强度不变时，坡面实际受雨面积和坡度的关系

Oa_1、Oa_2、Oa_3、Oa_4 为不同坡度的相同坡长

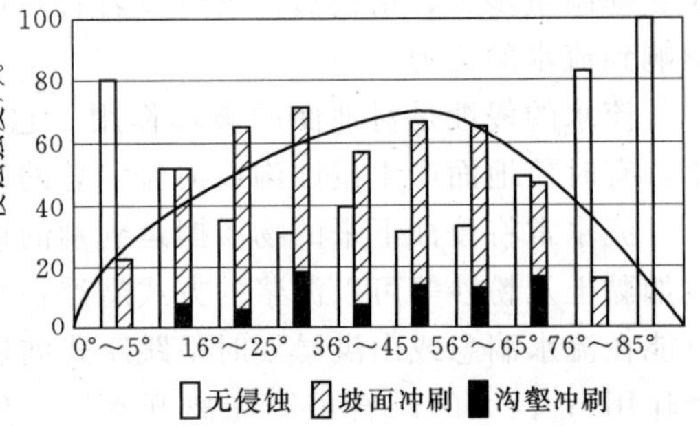

图 6-2　侵蚀强度和坡度的关系

（根据 F.G. 伦勒）

（2）坡面侵蚀的影响因素。自然界的坡地形状是各式各样的，有凸形坡、凹形坡和平直坡等。各种不同坡形的坡面径流速度和径流量是不同的，这也影响到坡面侵蚀强度。

土壤结构对坡面侵蚀也有很大影响。土壤团粒结构好，可以吸收一部分雨水，使地表径流量减少；土层厚，吸水较多，也可减少地表径流量，使侵蚀减弱。

植被可以防止雨滴对坡面的冲击和减少坡面径流冲刷，表现在 3 个方面：①植被可以减少坡面径流量；②植被可控制坡面径流速度；③植被可阻挡雨滴直接冲击地面。在其他条件相同情况下，植被好坏对坡面侵蚀作用有显著差别。可见，植树造林是防止水土流失的有效方法之一。

三、片流作用形成的地貌

根据坡地侵蚀与堆积的变化，自上而下，一般可将斜坡划分为下列 3 个片流作用带，相应地形成了不同的地貌类型。

（1）不明显冲刷带。位于坡地上部，接近分水岭的地带。地貌类型以浅凹地为代表，主要指河谷源头的浅平低洼地。它在台地面或高平原上亦有分布。地势开阔微缓，呈波状起伏。冲刷量顺坡随径流量的增加而逐步加大，致使浅凹地在具有一定纵向倾斜凹槽的下端渐渐变深，转化为深凹地，并进一步可与暂时性水流形成的侵蚀沟谷相连接。

在台地面或高平原上的浅凹地，片流作用使物质不断向下移动，在浅凹地底部逐步堆积，形成平缓的地势和较厚的土层，常被辟为农田。

（2）冲刷带。位于斜坡中部。一般坡度变陡，随着面状水流进一步分异、积聚，径流量和流速有所增加，坡面冲刷强度加大，形成许多侵蚀沟。其流向与坡向基本一致，横剖面多呈“V”形，深度通常小于0.5m。

在上述两带的冲刷动力中，除片流作用之外，雨滴的冲击作用也不能忽视，特别是对裸露疏松的地表，雨滴降落以每秒数米的速度向地面冲击，将地表细颗粒泥沙向四周激溅，其中向下坡激溅泥沙的数量和距离比向上坡的大，因此，造成地表物质逐渐向下坡方向运移。

(3) 淤积带。在坡麓地带，由于坡度变缓，片流流速减小，并有大部分水渗入地下，所以水流携带的大量碎屑物质发生堆积，围绕着坡地下部呈片状覆盖，形如裙边，称为坡积裙。其纵剖面形态表现为微凹向下的缓倾斜曲线，上部倾角一般为6°～8°，向下坡逐步变缓。坡积裙的前缘通常与河谷底部、山间盆地或山前平原相连接。

第三节　沟谷水流及其所形成的地貌

一、沟谷的发育

沟谷水流由面状水流发展而成，属暂时性线状水流。水流流量变化大，暴涨暴落，沟底经常干涸无水，洪水时则水流湍急，含沙量大，泥沙粒径大小不一。沟谷水流在干旱、半干旱地区的草原或山麓地带分布尤为广泛。如我国黄土高原某些地区，植被稀疏，暂时性线状水流形成的沟谷迅速发展，地面遭受强烈切割，沟槽纵横交错，水土流失严重。

按照侵蚀沟谷的纵横剖面形态特征和演变过程，可把沟谷分为切沟、冲沟和坳沟3个发育阶段。

(1) 切沟。通常发育在裸露的坡地上，水流顺坡流动，往往聚成多条股流，侵蚀后形成大致平行的细沟。细沟不断侵蚀扩大，发展成切沟，切沟宽、深约1～2m，横剖面呈“V”形，沟缘较明显，沟底纵剖面与沟身所在的坡面大致平行。但沟床如受出露岩层性差异或大石砾阻塞的影响，可形成阶梯状的小陡坎。

(2) 冲沟。它是由切沟进一步发育而成。在水流的向源侵蚀作用下，沟头不断后退，并产生陡坎和跌水。同时由于侧蚀作用，沟槽加宽，横剖面呈宽展“V”形。其长度可达数公里至数十公里，宽度和深度一般为数米至数十米。冲沟纵剖面与沟身所在的坡面不一致，沟底剖面呈凹弧曲线（图6-3）。

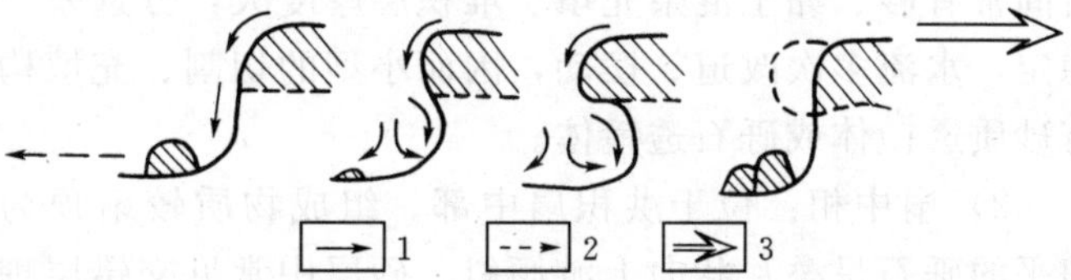

图6-3　冲沟沟头发展过程

1—流水的活动方向；2—崩塌物流失方向；3—沟头后退方向

(3) 坳沟。冲沟发育到一定程度，向源侵蚀和下切侵蚀减弱，不再加深沟底，纵剖面坡度相当平缓，沟床上有沉积物覆盖，沟坡逐渐变得平缓，不再有明显的沟缘。这种宽浅的干谷，称为坳沟，坳沟的形成标志着沟谷发育已进入衰亡阶段。坳沟沟底常已辟为农田。

在冲沟发育过程中，岩沟底下切到潜水面以下，沟谷水流得到地下水不断补给，则由暂时性水流转变为经常性水流，冲沟就演变为河谷。

应当指出，由于气候、地形、土质和植被等因素及其组合特征的不同，各地侵蚀沟谷的发育程度和演化阶段颇有差异。在同一区域内，各条冲沟可能处于不同发育阶段。对于同一冲沟系统而言，不同地段的冲沟所处的发育阶段也可能有所差别。

二、沟谷水流形成的地貌组合

在广大山区范围内，沟谷水流形成的地貌分布广泛，垂直分带比较明显，自上而下，一般由三部分组成。

(1) 集水盆。是指位于沟谷上游的小型盆状集水洼地。盆底受后期流水的切割，常有小型侵蚀沟谷的发育。在坡面径流、沟流和重力的作用下，集水盆周壁不断遭到冲刷而后退，范围随之扩大。特别在地面坡度较大、植被稀疏、组成物质松软的地区，每当暴雨袭击时，集水盆地的扩展尤其迅速。

(2) 沟谷主干。它是集水盆地水、沙的通路。在洪水或暴流的作用下，沟谷受到强烈冲刷，沟床下切深，谷坡陡峻，沟床的纵向坡降大，跌水发育。沟谷源头向源侵蚀速度快，致使有些沟谷上游的集水盆表现不显，甚至缺失。

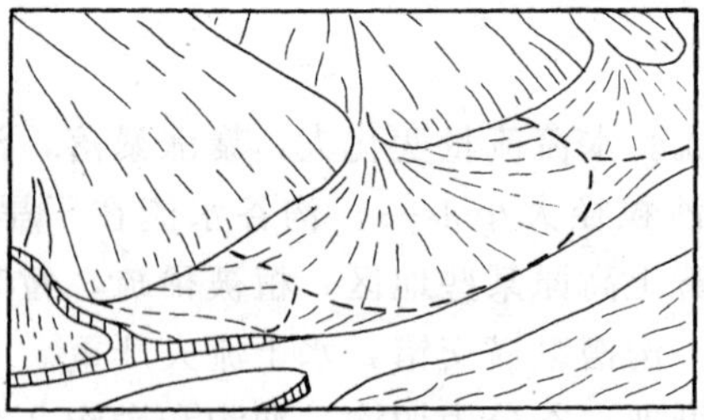
图 6-4　洪积扇

(3) 洪积扇。自沟谷出山口后，坡降骤减，沟谷水流所携带的物质大量堆积，形成了以沟口为顶点的冲出锥或洪积扇。在干旱或半干旱地区的山麓地带，洪积扇发育往往非常典型、普遍。每当暴雨或冰雪大量融化时，巨大的洪流流出山口后，迅速展开成辐射状散流，加上一部分水渗入地下，水流搬运能力随之大减，大量砾石、沙泥发生沉积，形成一个以沟口为中心的半圆形扇状堆积体，称为洪积扇。其面积可达数十至数千平方公里。扇顶与沟口相连，坡度较大，倾角可达 5°～10°以上，边缘坡度逐渐减少。洪积扇平面图如图 6-4 所示。

洪积扇组成物质具有明显的分布规律，从扇顶到扇缘，可分为 3 个相带。

1) 扇顶相：位于洪积扇顶部。通常表现为舌状叠覆的砾石堆积体。砾石粒径大，砾石间常有砂、黏土混杂充填。堆积层厚度大，分选差，透水性强。由于洪积扇上沟槽很不稳定，水流多次改道、摆动，因而小型的切割、充填构造发育。在砾石层或砂层中，常夹有砂质透镜体或砾石透镜体。

2) 扇中相：位于洪积扇中部。组成物质较扇顶为细，主要由砾石、砂和粉砂组成。扁平的砾石呈叠瓦状向上游倾斜。砂层中常见交错层理。砂质透镜体或砾石透镜体分布亦很普遍。

3) 扇缘相：位于洪积扇边缘部分。组成物质较细，由亚砂土、亚黏土组成，有时夹有砂质或细砾石透镜体，具有水平层理和波状层理。地下水往往在该地带溢出地面，局部地段产生地面滞水和沼泽化等现象（图 6-5）。

三、泥石流及其形成的地貌

泥石流为山区常见的一种突发性自然灾害现象，是由大量土、砂、石块等固体物质与水组成的一种特殊洪流。其中固体物质的体积含量大多超过 15%，最高可达 80%左右，容重一般大于 $1.3\times10^4 N/m^3$，大者能到 $2.3\times10^4 N/m^3$。巨大的泥石流爆发时，山谷雷鸣，地面颤动，呈黏性或塑性状态的泥石流体沿着陡峻的沟道，前阻后拥，穿峡出谷，往往在几分钟至几小时内，将数十万至上千万立方米的固体物质从山上搬出山外，对沿路农

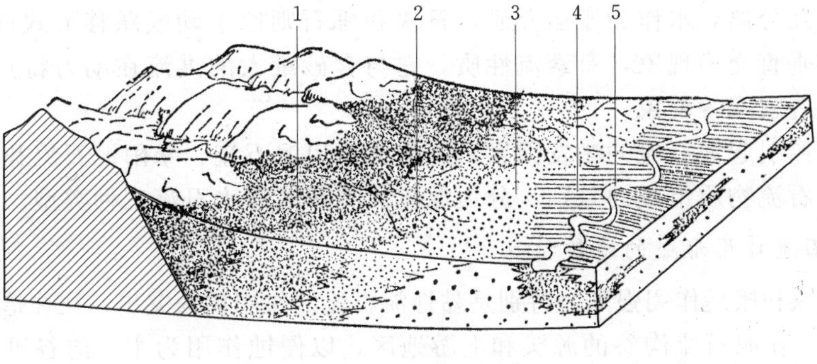

图 6-5 洪积扇结构图

1—洪积扇顶部粗砾石沉积；2—洪积扇过渡区的砂砾沉积；3—洪积扇边缘细砂黏土沉积；4—河漫滩细砂沉积或冲积平原砂黏土沉积；5—河流及河床沉积

田、道路和城镇造成很大破坏。2010 年 8 月 7 日 23 时许，甘肃甘南藏族自治州舟曲县突降强降雨，县城北面的罗家峪、三眼峪泥石流下泄，8 日 1 时许，白龙江城区段因泥石流形成堰塞湖。大量积水沿排洪沟进入城区，包括排洪沟两侧的平房等多数城区被淹。

截至 8 日 21 时，这场特大山洪泥石流灾害造成舟曲县 2 个乡（镇）、5 万多人受灾，127 人遇难，88 人受伤。据初步统计，失踪人员 1294 人。

（一）泥石流形成的基本条件

（1）大量松散的固体物质在构造破碎、地震活动、风化剥蚀或冰川活动强烈的沟谷流域内，往往提供了大量砂砾等碎屑物质，又经过崩塌、滑坡等块体运动进入沟槽，为泥石流的发育提供了物质基础。

（2）暴雨和洪水。松散固体物质受暴雨浸润、冲蚀，使它成为流塑状态。洪水具有强大侵蚀和搬运能力，进一步将其转化为泥石流。因此，当沟谷中上游地区发生暴雨、冰雪大量融化或湖泊、水库溃决时，最易产生泥石流。

（3）陡峻的沟谷。泥石流沟的源头多呈环形洼地，有利于松散固体物质与水流的聚集，是碎屑物质和水的主要供给区。陡峻的沟坡和比降较大的沟床使其快速形成泥石流，并迅猛下泻。

（二）泥石流类型

泥石流可以从不同的角度进行分类。根据泥石流的物质结构和流态特点，分为黏性泥石流（层流性泥石流）和稀性泥石流（紊流性泥石流）两类。

黏性泥石流的固体物质含量较高，一般占 40%～60%，容重大于 $1.7\times10^4 N/m^3$。其中粉砂、黏土含量较多，泥浆黏度很大。泥石流中的水和固体物质稠结成一个整体，作等速运动，大石块在泥浆中呈悬浮状态，液、固两相流体无垂直交换，属层流性质。在其流动过程中，往往出现阵流，前锋高而陡，形成高几米至十几米的“龙头”，容易产生沟谷阻塞等现象。黏性泥石流流速各地颇有差别，如西藏东南古乡沟泥石流和滇北蒋家沟泥石流的一般流速分别达到 2～3m/s 和 6～10m/s。

稀性泥石流的固体物质含量较低，一般为 15%～40%，其中粉砂、黏土含量较少，容重为1.3～1.7t/m³，泥浆黏度小于0.3Pa·s。稀性泥石流中的水和固体物质不稠结成一体，而是相互分离，水作为搬运介质，石块和砾石则以滚动或跃移形式向下运动，液、固两相流体有垂直交换现象，有紊流性质。它与含砂量大的洪流在动力特点上差别不大，故不易造成沟谷阻塞等现象。

此外，按照引起泥石流的激发因素，可分为冰川泥石流、暴雨泥石流和地震泥石流等类型；根据泥石流物质组成的差别，分为泥流、泥石流和水石流三种类型。

（三）泥石流作用形成的地貌特点

泥石流侵蚀和搬运作用强烈，特别是黏性泥石流的作用更为突出，往往造成流域内外地貌的巨大变化。在泥石流沟谷的源头和上游地区，以侵蚀作用为主，沟谷迅速被蚀深、展宽、沟槽顺直，横剖面多呈宽而陡的槽形。如在1954—1964年期间，古乡沟泥石流沟谷上溯500m以上，下切深度为140～180m、沟床和谷缘分别展宽了30～40m、150～180m。

泥石流沟谷的中游地段大多表现为峡谷。若峡谷段岩性单一，则沟床顺直，谷壁陡而光滑，表面可见泥石流磨蚀或撞击产生的痕迹，以及泥石流最高泛滥线留下的泥痕。若沟谷地段岩性不一，则沟谷形态或宽或窄，常出现多级跌水，在束狭段落或弯道的谷壁上，一般残留有少量的泥石流物质。

泥石流沟谷的下游地段以堆积作用为主。黏性泥石流停积后，形成了许多平行于主流方向的砾石垄岗，其两侧边坡和前缘坡度较陡，整体呈舌状。堆积物大小混杂，层次不显，分选性差，大石块多集中分布在堆积体的顶部、两侧和前缘。砾石表面常见大而粗糙的斑状或纺锤状擦痕，是石块在搬运过程中相互撞击所致。同时，沉积物中还发现有泥球、碎屑球和泥包砾等结构特征。稀性泥石流的堆积体则常呈扇状，扇面倾斜度较小，沉积物中的大石块数量较少，多呈叠瓦状排列，倾向上游，粒径向下变小，有一定的分选性。

泥石流作用还会影响其下游相邻地区的地貌发育。如巨大的泥石流堆积体拥进下游的主河河谷，则就可能改变主河的河流作用过程和河谷形态，甚至阻塞河道，形成险滩或暂时断流成湖。

规模巨大的泥石流虽然是一种破坏力很强的突发性灾害，但只要充分认识它的形成、发展与运动规律，就能有效地进行防治。多年来，我国有地区由于开展了大规模的治山、治水和水土保持工作，并根据不同情况，修建了拦蓄、排导和停淤等泥石流防护工程，大大地减轻了泥石流的危害。

第四节　河流的地质作用及其形成的地貌

水流不断地塑造河床，其动能大小与水量 m 的一次方和流速 v 的二次方成正比，即 $E=\frac{1}{2}mv^2$。水流动能增强，夹带河流泥沙的能力也随之增大，会使河床发生侵蚀，反之则发生沉积。流水即通过侵蚀、搬运和堆积3种作用方式塑造着河流地貌。

一、河道水流运动特征

河流地貌形态的变化主要取决于河道水流的内部运动特征。其中紊流、环流、旋涡流对河流地貌的影响最为密切。

（一）紊流

按质点运动的状态，水流运动可分为层流与紊流两种不同形式，天然河道的水流一般均属紊流。在紊流状态下，水质点以涡体的形式呈不规则运动，流向与流速均不断偏离其时间平均值，称为脉动，即水流的瞬时流速与流向可分解成与主流一致的时均值及脉动值两部分。瞬时流（U）与时均流速（$\overline{u}$）及脉动流速（u'）的关系为$U=\overline{u}+u'$。在河道中，脉动流速仅为时均流速的百分之几，但它对整个水流的运动及泥沙的输送起着重要的作用。据实验证明，水流的相对脉动强度从水面向下逐渐增大，到河底附近达最大值，再向床底又逐渐减少。脉动不仅使水流内部各层的水质点相互混杂，并可掀起床底泥沙。

（二）环流

河道水流除向下游运动外，还存在着垂直于主流方向的横向运动，表层的横向水流与底层横向水流的方向相反，如不考虑纵向水流的影响，在过水断面上，横向水流构成一个封闭系统，称为环流。环流与纵向水流结合在一起成为螺旋流（图 6-6）。

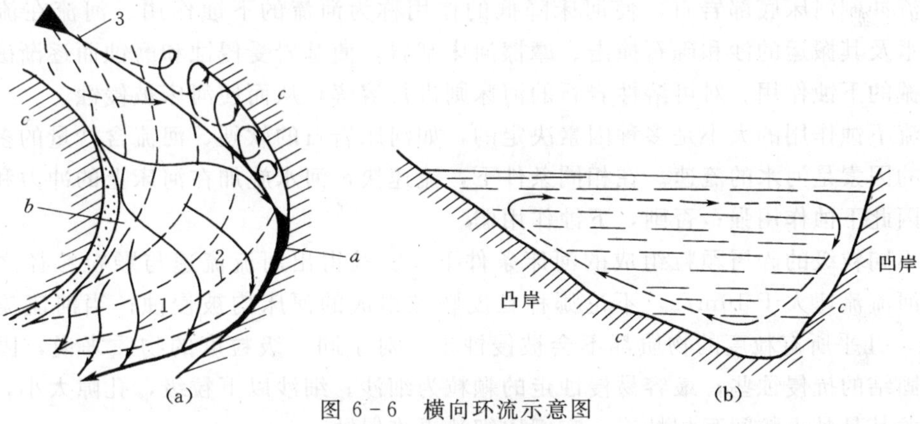

图 6-6　横向环流示意图

（a）平面图；（b）横剖面图

1—表层流水方向；2—底层流水方向；3—主流线

a—侧蚀作用区；b—沉积作用区；c—基岩

水流流经弯道时，水质点做曲线运动产生离心力。在离心力的影响下，表层水流趋向凹岸，使水流在过水断面上形成了横向比降，而底部的水流在压力的作用下，由凹岸流向凸岸，这是在弯道中产生环流的主要原因。在地球自转偏向力的作用下，北半球水流偏向右岸，南半球偏向左岸，对弯道环流起着增强与减弱的作用。在顺直的河道中，涨水时河床中间部分水面高，两边低，退水时河道中间水面低，两岸高，在这两种情况下均可产生横向比降，同时存在方向相反的两个环流系统，但强度却比弯道环流弱得多。环流对弯道处各种地貌形态的形成、河床局部冲淤等有明显的作用。

（三）旋涡流

在天然河道不规则河岸附近及河底起伏的后面，由于水流的离解，液体通常以质点群的形式围绕着一个公共轴转动，称为旋涡流。河岸附近绕垂直旋转的直轴旋涡，常对岸边产生强烈的冲蚀，引起河岸的崩塌。在床底岩槛及沙波等起伏处形成的横轴旋涡流，会使床底发生变形。

此外，根据水流动能与势能的比值，可将河道水流的运动形式分为急流与缓流，并用

弗劳德数 $Fr=\frac{v}{\sqrt{gh}}$ 来判别（v 为断面平均流速，h 为断面平均水深，g 为重力加速度）。急流（$Fr>1$）的水流受阻力小，沉积物搬运量大，水面起伏与床底起伏呈同相；缓流（$Fr<1$）水流受阻大，沉积物搬运量相对减少，水面波动与床底起伏呈异相。

二、河流的侵蚀作用

河流自形成之时起，即对地表进行削高填低。由于河水是一种流体，动能大，因此主要表现为机械的侵蚀作用，同时也有化学的溶蚀作用。河流溶蚀作用强度取决于水量和岩石的性质。当河流流经可溶性岩石（如石灰岩、白云岩）分布地区时，河流的溶蚀作用表现更为明显。

按侵蚀作用的方向，河流侵蚀作用可分为两类：下蚀作用和侧蚀作用。

（一）河流的下蚀作用

1. 下蚀作用的原因与下蚀作用极限

河流冲刷河床底部岩石，使河床降低的作用称为河流的下蚀作用。河流在流动过程中，河水及其搬运的沙和砾石撞击、摩擦河床基岩，使基岩受侵蚀和磨蚀而逐渐破坏。这就是机械的下蚀作用。对可溶性岩石的河床则进行溶解，从而使河床被侵蚀。

河流下蚀作用的大小是多种因素决定的，如河床岩石的软硬、河流含沙量的多少。但更重要的因素是河水的流速。在相同条件下，流速快，河水施加在河床上的冲力和上举力也大，因此下蚀作用强；否则，下蚀作用弱。

在不同粒级的碎屑颗粒组成的河床条件下，实验得出河流流速与颗粒粒径之间的关系。当河流流速大于 10m/s，不论哪种粒度颗粒组成的河床均被侵蚀；当河流流速小于 18cm/s，几乎所有粒度的物质都不会被侵蚀走。对于同一级粒度的物质来说，固结了的要比未固结的抗侵蚀些；最容易侵蚀走的颗粒为细沙。细沙以下粒级，孔隙太小，不易侵蚀走，尤其是黏土粒间互相粘连，它们比细沙更难侵蚀。

地面坡降大的地区河水流速快，这些地区的河流主要表现为下蚀作用。一条河流的河床岩石软硬常不一致，结构疏松的软岩石组成的河床，河流最容易下蚀。大河流流经不同岩性的河段或者因地壳运动间歇上升的影响而表现出不同的下蚀作用强度与速度，以致河床的纵剖面常呈阶梯状。

河流下蚀作用不是无止境的。河流下蚀河床到一定深度，当河床趋近于海平面时，河水不再具有位能差，流动就趋向停止，因而河流的下蚀作用也就停止了。所以，从理论上说起来，海洋水面是所有入海河流下蚀作用的极限。我们把下蚀作用的极限称为侵蚀基准面，显然，海平面是最终侵蚀基准面。

此外，还有许多地方性因素控制着河流的下蚀能力，譬如主流对支流的控制，湖面对入湖河流的控制等，但是它们自身是变化的，都是暂时起作用的因素，故称为地方性或暂时侵蚀基准面。

2. 河谷的形成与加深

河流长期下蚀河床，在陆地上造成一条条长形的洼地——河谷。它向着一端倾斜，底部较为平坦，两侧为斜坡。在河谷里被河水占据的部分称为河床，两侧斜坡称为谷坡。谷底、河床和谷坡称为河谷横剖面的形态要素（图 6-7）。

在河流下蚀作用下，河谷被不断加深。如长江，据研究，它的生命还不到二百万年，由于河流的下蚀作用，长江上游滇西北一带金沙江河谷已被加深了1200m以上，而且目前仍在继续加深中。山区河流下蚀作用强烈，河谷深而窄，横剖面形态呈V字形，故称V字形峡谷。个别情况下，谷坡陡若壁立。我国金沙江横穿玉龙雪山和中甸雪山处的虎跳峡，长江横穿鄂西山岭处的三峡，都是举世闻名的V字形大峡谷。虎跳峡最窄处的江面宽仅40～60m，谷深达3000m，最陡的谷坡在70°以上。

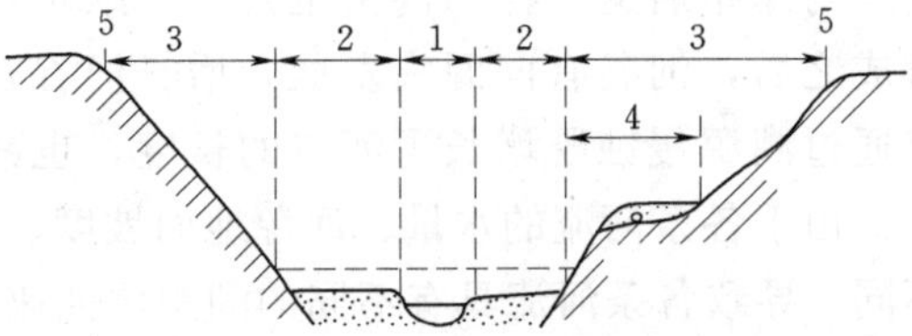

图6-7　河谷横剖面结构图

1—河床；2—河漫滩；3—谷坡；4—阶地；5—谷肩（谷缘）；——枯水位；－－－－洪水位

河流下蚀作用过程中，往往在河床上形成急流和瀑布。

在河床坡降极大、岩性坚硬的河段，河流出现急流。急流中河水湍急，波澜滚滚，水质点的运动表现出复杂的紊流。在急流的河流下蚀作用强烈的河段，常出现于河流的上游。

瀑布是一种明显的跌水现象。我国是一个多瀑布的国家，我国最大的瀑布是贵州的黄果树大瀑布，河水从84m高的悬崖上飞泻下来，拥有巨大的能量。

瀑布的成因比较复杂。譬如曾是山谷冰川作用过的地区，因支冰川刨蚀冰床深度不及主冰川，冰川消融后，支冰蚀谷高悬于主冰蚀谷之上，这样，支冰蚀谷口便可形成瀑布。又如熔岩流堵塞河床处可构成瀑布；横过河谷的断层作用也可形成瀑布，如云南丽江玉龙关瀑布即由东西向第四纪正断层所引起。在河流下蚀河床过程中，组成河床的岩性随时随地可变，在坚硬岩石河段濒临软弱岩石河段处常形成瀑布。由于地表出露了巨厚石灰岩层，而其底下的软弱页岩被快速地侵蚀而形成瀑布。任何一个瀑布并不是永存的，随着河流下蚀作用的发展，瀑布逐渐后退，一旦瀑布形成的河床高差变缓，瀑布也就消失了。

由于瀑布有较大的水位差，位能转为动能也大，因此河流下蚀作用在此最为明显。通过瀑布跌水的俯冲，瀑布底下的河床被淘深。瀑布跌落后翻起的水流冲向瀑布陡崖的基部，使基部岩石掏空，导致上部岩石崩落，于是瀑布向上游方向退移。我国黄河壶口大瀑布平均每年后退5cm。

根据1875年以来的观测资料，尼亚加拉瀑布在加拿大一侧后退速度约为1～1.2m/a，瀑布形成至今共后退了312km（图6-8）。

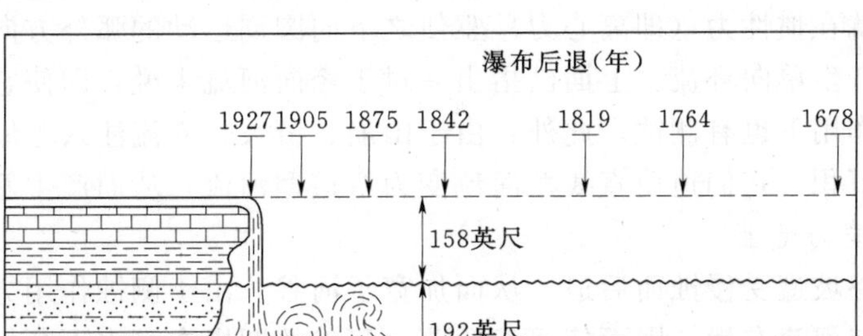

图6-8　尼亚加拉瀑布的后退（据Gilbert）

与瀑布后退一样，沟头也是一个跌水，下蚀迅速，使沟头向上游推进。因此，河流自形成之后，河谷有向源头发展，增长河谷长度的趋势，这个过程称为河流的溯源侵蚀。河流通过溯源侵蚀既增长了河谷的长度，也减小了河床纵比降。

由于各条河流的水量、河源地面坡度、岩性及构造等因素的不同，特别是侵蚀基准面的不同，导致各条河流具有不同的溯源侵蚀速度。当两条河流向同一分水岭溯源侵蚀时，有可能发生河流甲溯源侵蚀进入河流乙的河谷内，因甲河床比乙河床低，于是河流甲把河流乙的河水夺走，这种现象称为河流袭夺。河流乙叫断头河，河流甲叫袭夺河（图 6-9）。

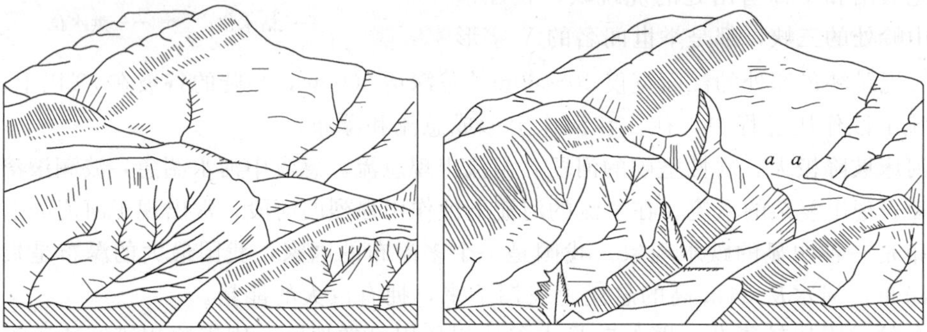

图 6-9 由于河流的袭夺作用，从左向右流动的河流失去了上游的水流，右图 aa 段成为弃河

（二）河流的侧蚀作用

河水以自身的动力并以其搬运的泥沙侵蚀河床的两侧或谷坡，促使河床左右迁徙或谷坡后退的作用称为河流的侧蚀作用。侧蚀作用结果使河床左右摆动以至弯曲，引起河谷谷底加宽（图 6-10）。这个作用与下蚀作用相似，包含着机械的侵蚀和磨蚀以及化学溶蚀等方式。

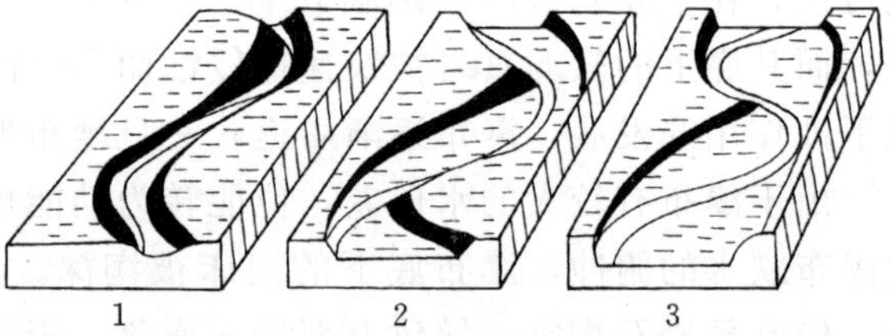

图 6-10 侧蚀作用使河谷加宽示意图

1. 侧蚀作用的原因

河流之所以能够发生侧蚀作用，是因河水流动不是直线水流。河水哪怕有一个微小的弯曲或转折，它就在惯性力（即离心力）驱使之下向圆周运动的弧外方向偏离，即偏向弯道的凹岸，从而产生单向环流。上面已指出，对于经向河流来说，即使它的河床平直，它在科里奥利力的作用下也有侧蚀。此外，由于山崩、滑坡、支流注入等原因，往往在河床的一侧有碎屑物沉积，它们迫使直线型河流变为弯道型河流，从而产生侧蚀作用。

2. 河谷的扩宽与弯曲

侧蚀作用使谷坡遭受侵蚀而后退，从而加宽了河谷。由于侧蚀作用方向时而指向河流左岸，时而又指向河流右岸，因而使河谷弯曲。河谷的凹岸在河水不断侵蚀之下，河岸向外侧和下游逐渐迁移。凹岸上泥沙被水流冲刷下来后，粗大的沉积在河床上，能被水流携带走的被运送到凸岸沉积。凹岸不断后退，凸岸不断前伸，河道的曲率逐渐增加，河曲位置逐渐下移。我们把这种河流称为曲流。

3. 河床的摆动与曲流的裁弯取直

曲流不停地发展迂回，使曲率增加，一旦受外界条件制约，某上游一个河曲（图 6 - 11 中的 A 处）发展速度快于其下游一个河曲（图 6 - 11 中的 C 处），则同侧相邻的两个河曲日益靠拢，或者即使 A 与 C 以同等速度发展，它们也会逐渐靠拢。终于在某一次洪水冲击之下，河水从上游一个河曲直接流入同侧下游一个河曲，而它们之间的一个河曲（图 6 - 11 中的 B 处）不再有河水流过。在决口处废弃的河曲两口，逐渐被泥沙淤积堵塞，废弃河曲内的水体不再流动，转变为湖泊，因其外形如牛轭，故称为牛轭湖。上述过程称为曲流的裁弯取直。

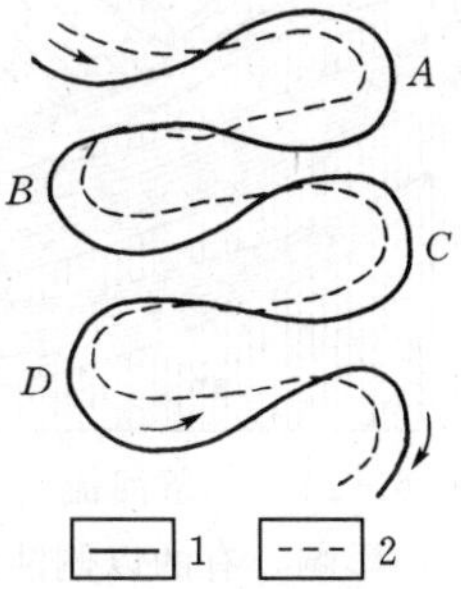

图 6 - 11　河曲的扩大与下移

1—现代河流；2—过去河流

中国曲流最发育的河流为下荆江（长江藕池口—城陵矶段）。直线距离仅 87km，而天然弯曲河道的长度竟达 240km，河道蜿蜒曲折。下荆江在人类有史记载的时期里，曾发生数十起河道裁弯取直过程，最近一次发生在尺八口，时间为 1910 年，现在的尺八口附近还遗留下一个巨大的牛轭湖。

（三）下蚀作用与侧蚀作用的关系

如果河流只进行下蚀作用，它所塑造出的河谷横剖面形态见图 6 - 12。但是这种情况是没有的，河流在下蚀作用的同时总是伴随有侧蚀作用，因为水流总不会是完全直线型的，因此，常见的河谷横剖面形态见图 6 - 13。下蚀和侧蚀作用共存于河流的每一河段。河水对河床底部岩石进行侵蚀的同时，也对河床两侧岩石或谷坡岩石进行侵蚀。但在不同河段，由于河床纵比降和岩石性质不同，它们有不同程度的表现，于是塑造出不同形态的河谷（图 6 - 14）。

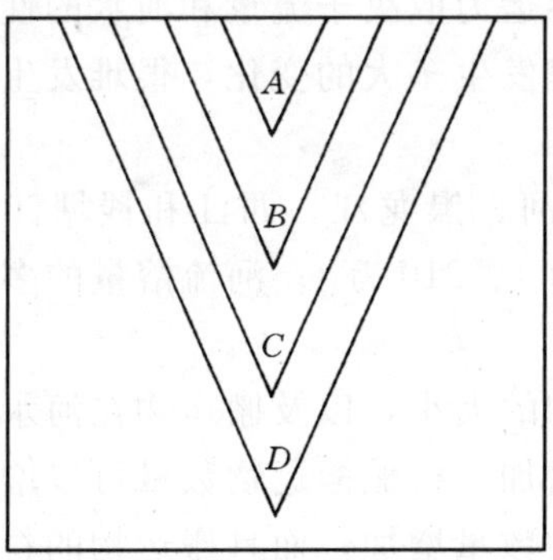

图 6 - 12　单纯由下蚀作用形成的河谷横剖面形态

$A \sim D$—发育过程

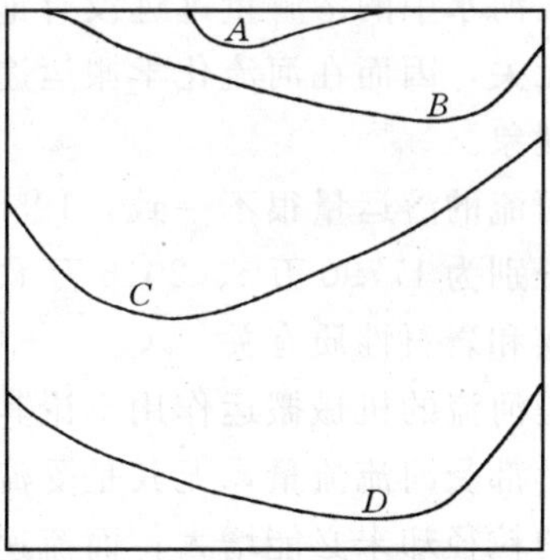

图 6 - 13　在河流下蚀和侧蚀共同作用下形成的河谷横剖面形态

$A \sim D$—发育过程

在地壳过去是上升的或如今仍在继续上升的地区，地面坡降大，多高山峻岭，河流流速快，主要表现为下蚀作用，造成深切割的峡谷。而在地壳过去是下降或如今仍在继续下降的或是长期稳定的地区，地面坡降小，呈现一片坦荡的地形，河水流动慢，盛行侧蚀作

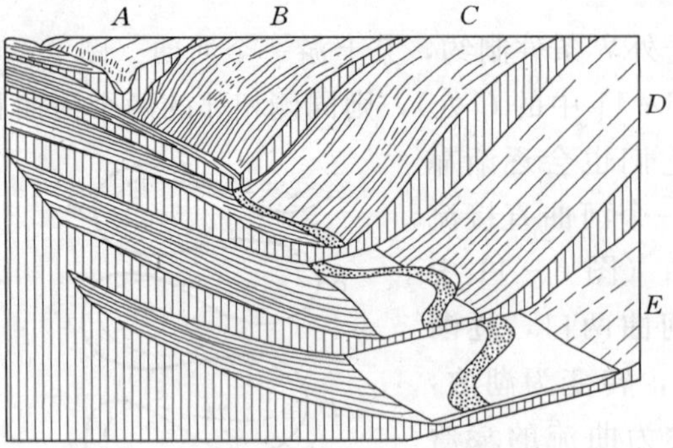

图 6-14 一条河流的不同河段受各种因素的影响，有的以侧蚀为主，有的以下蚀为主，因而反映出不同的河谷形态（据 W. M. Davis）

用，塑造出浅而宽的河谷，河道蜿蜒。

在地壳活动性和河床纵比降相同的河段，因组成河床的岩石软硬、构造的不同，河流的侵蚀作用亦有不同的表现。软岩石或岩石破碎的河段，下蚀作用与侧蚀作用均容易进行，河谷开阔，反之，谷形狭窄。

一般地说，上游河段以下蚀作用为主，中、下游河段以侧蚀作用和沉积作用为主，这是正常情况。但有些河流因地壳整体上升或下游地段地壳上升，下游河段河床坡降增加，表现出强烈的下蚀作用。而中、上游河段，河床坡降尚未改变，河流仍以侧蚀作用和沉积作用为主。于是出现反常现象：下游河段水急谷深，中上游河道曲折、水势滞缓。川西的雅砻江、黑河和白河、嘉陵江即是如此。

三、河流的搬运作用

（一）河流搬运物的来源与搬运作用方式

被河流搬运的物质除河流自身侵蚀河床岩石的产物外，还有来自谷坡上崩落、滑坡、冲刷和洗刷下来的产物。对有些河流来说，冰雪和风的作用产物为它们的重要物质来源。这些物质大部分是机械碎屑物，包括各种粒径的砾石、沙和黏土，小部分为溶解于水中的各种化合物，如 Na_2CO_3、$Ca(HCO_3)_2$、NaCl、$FeSO_4$……河流对前一种物质的搬运叫做机械搬运，河流对后一种物质的搬运叫做化学搬运（溶运）。

（二）河流的搬运力和搬运量

一般河水中的溶解量远远没有饱和，同时河流的溶运力取决于流量和河水的性质，而与流速无关，因而在河流化学搬运途中，不管河流流速发生多大的变化，很难发生溶运物沉淀的现象。

各河流的溶运量很不一致，1958 年测得长江、黄河、黑龙江、西江和钱塘江的溶运量依次分别为 17790 万 t、2018 万 t、362 万 t、2346 万 t、210 万 t。河流溶量的多少与流域内气候和岩石性质有关。

但是河流的机械搬运作用不论其搬运数量、搬运物的大小，以及搬运物在河水内的运动状态，都受河流流量，尤其是受流速的控制。流量增加，机械搬运物数量可以增加，但搬运物的粒径却未必能增大；而流速增加，不但搬运物数量增加，而且搬运物的粒径或质量大增。据试验，被搬运的颗粒质量与起动它的水流流速的 6 次方成正比，即 $M=Cv^6$（C 为系数，不同的河流其数值略有不同）。即是说，当河流流速增加一倍时，被搬运物颗粒物质量将增大 64 倍。这里说的是起动流速，当机械搬运起动后，要保持它继续运动所需要的流速可低一些。由此可知，山区河流在洪水期内可以带出大量的碎屑物质，更能携带出巨大的岩块或砾石。

河流机械搬运量除与水量、流速有关外，还与流域内自然地理和地质条件有关。岩石松散、颗粒微小、气候干燥、地面缺少植物保护的地区，如我国黄河中游（包头—陕县）黄土地区，进入河流中的泥沙多，河流机械搬运量大；反之河流机械搬运量少。这就是为什么包头以下黄河的含沙量大的缘故。

下面列举我国几条河流的机械搬运量。

俗话说："黄河斗水七升沙"，这的确是如实的写照。黄河多沙，黄河的几条支流含沙更多。黄河最大含沙量为 42.29%，黄河支流无定河最大含沙量竟达78%。黄河每年送进海里的泥沙多到13.6 亿t。在旧社会，黄土区滥加垦伐，植被破坏，大量黄土流失，河床淤塞，下游河道日益淤高，河堤失修，决口事件层出不穷，造成大面积的水灾。泥沙沉积后，平原上流沙遍野，民不聊生。新中国成立后，在党的领导下，有计划地开展了水土保持工作，造林改土，并在三门峡修建大型水库，拦蓄洪水，从此，黄河水开始变清，下游几千万人民生产生活得到保障。

（三）机械搬运物的运动方式

使河中碎屑颗粒运动的力有四种：①流水对颗粒的冲力；②紊流的上举力；③近底部水流上下流速差异产生的上举力；④颗粒重量平行河床的分力。如果上举力大于颗粒在水中的重力，则这些颗粒将悬浮于水中运动。颗粒的这种运动方式称为悬运。呈悬运方式的物质称为悬移质。如果上举力小于颗粒在水中的重力，颗粒在水平推力的推动下，或沿河床滚动，或沿河床滑动。颗粒的这种运动方式称为推运。呈推运方式的物质称为推移质。还有一种中间状态，就是颗粒在水中的重力与上举力不相上下，由于上举力的脉动变化，时而重力大于上举力，时而重力小于上举力，颗粒在水平推力作用下跳跃前进，颗粒的这种运动方式称为跃运。呈跃运方式的物质称为跃移质。当水动力大小发生改变时，河水中任何粒度的机械搬运物的运动方式都会发生转化。如当水动力减小时，悬移变为跃移质，跃移质变为推移质。如果水动力增大时，变化情况与上述相反。

四、河流的沉积作用

一旦河流的流量、尤其是流速减小，河流的搬运力就会降低，或者入河碎屑物大增，如果此时河水中碎屑物含量超出河流能力所能搬运的限度，则多余的碎屑物就要发生沉积。

河流中溶运物质没有达到河水的饱和溶解度时，河流不发生化学沉积作用。至于河流中的生物堆积量有限，在河床上也不易保存下来，这里不加讨论。下面讨论河流机械沉积作用。

（一）沉积作用的原因和主要沉积场所

河流发生机械沉积作用的主要有以下 3 个原因。

第一是河流入海、入湖，或者支流入干流，运动的水受相对宁静的水体的阻滞，使河流流速降低。海中的电解质也对入海河流的机械搬运物发生作用，所以，河流入湖处、入海处、支流入干流处是河流最重要的沉积场所。正因为如此，所有河口都形成广阔的沉积平原，如华北大平原、长江中下游平原等。

第二是地面坡降的影响。地面坡降大的河段，河水湍急，河水搬运力大，当它们一进入地面坡降小的河段，河流动力减小，搬运力降低，所以，在河流自山区流出山口到达平坦地区和窄谷流到宽谷段都有机械沉积。就一条河流而言，一般地说，中、下游处在地势较低平的地区，河床纵比降变小，河流动力减小。于是河流携带着大量碎屑物质从上游流入中、下游要发生沉积作用。

第三是环流的作用。环流在动力集中处冲刷河床的底部或一侧后，携带着破坏产物和上游来的机械搬运物一同前进，在环流动力分散处，如曲流的凸岸，发生沉积。

大部分机械搬运物被河流运往海洋或湖泊沉积，如黄河入海泥沙量占上游陕县测站所测黄河泥沙总量的60%，沉积在河谷内的碎屑物只占河流机械搬运量的少部分，而且这些沉积物皆是暂时沉积，它们有被再次侵蚀搬运的可能。

（二）河床内的沉积作用

河床内的河流沉积作用随着水位的季节性涨落而有规律地进行。随着每一次季节性洪水的到来与消退，河流动力也从大变小。在洪水期，河流以侵蚀和搬运为主，在平水期则以搬运和沉积为主。大而重的碎屑物在洪水时搬运走，在平水时沉积下来。下一次洪水时又被搬运走。因此，河床内每个地点均有侵蚀、搬运、沉积作用在进行。河水在河床内的沉积作用由粗到细地进行。例如在沙级推移质的河段，每一次洪水期到平水期，形成的沙波体底部为粗粒，向顶部变细。

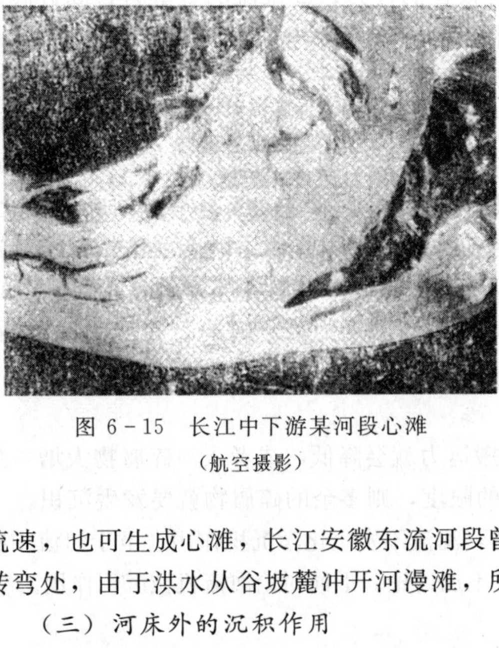

图 6-15　长江中下游某河段心滩

（航空摄影）

由于环流的作用，在曲流的凸岸和平直河段的中间，有较快和较多的河床沉积物，通常为砾石或粗沙。

心滩是河床中间的沉积地貌，平水位时高出河水面，洪水期被淹没。心滩呈梭形，长轴平行于水流，长数十米至数千米，宽数米至数百米，表面略有起伏。心滩主要是由宽谷段双向环流形成的，几乎所有的河流当其由狭谷段进入宽谷段后，都可以有心滩的形成（图 6-15）。此外，支流汇入主流处，两河互相顶托、阻滞，也可使泥沙沉积而生成心滩，长江在鄱阳湖口即有几个心滩。外来障碍物（如沉船）阻滞水流而使水流减慢流速，也可生成心滩，长江安徽东流河段曾因船舰沉没而形成几个心滩。河流往往在河曲转弯处，由于洪水从谷坡麓冲开河漫滩，所以也可形成心滩。

（三）河床外的沉积作用

河床外的部分谷底在平水期是没有水流存在的，但到洪水期就有洪水漫流其上，其流速缓慢，水动力小。河流对这部分谷底缺乏侵蚀作用能力，但却盛行沉积作用。由于水动力小，所以沉积的是细粒物质，通常为细沙或黏土，称为漫滩沉积。

河漫滩是现代河床以外的谷底沉积地貌。当河流洪水泛滥时，除河床以外，谷底部分也被淹没，被淹没的河底滩称为河漫滩。河流中下游的河漫滩宽度往往比河床大几倍到几十倍。极宽广的河漫滩也称为泛滥平原或冲积平原。山区河流的谷底受岩岸的约束，河漫滩不十分发育，宽度较小，河漫滩常限于在河流凸岸。由于山区河流洪水位高，所以河漫滩高度也比平原河流高，可分出高河漫滩、低河漫滩或数级河漫滩（图6-16）。

1. 河漫滩的形成和沉积结构

在通常情况下，V形谷的谷底几乎全为河床所占据。粗粒沉积物一部分在河床上堆

图 6-16　金沙江中的河漫滩

积，另外在河流凸岸地段，由于流速较缓也有堆积，形成滨河床浅滩。随着曲流的发展，浅滩不断展宽加高，以至在平水期大片露出水面形成雏形河漫滩，并与谷坡的坡积裙相接。这时因河谷还是比较狭窄，洪水期与平水期流速相差不大，所以雏形河漫滩上主要沉积了粗粒的河床相的推移质沉积物，较细的悬移物质被带往河流下游。河谷再继续展宽，浅宽的滩上水流流速更加变小，即使在洪水时粗粒碎屑物已不能被带上滩地，只有较细的悬移物质能沉积在这里。这样，便形成具有二元结构的河漫滩沉积。

2. 河漫滩类型

由于河床类型不同，相随出现不同类型的河漫滩，可分出河曲型河漫滩、汊道型河漫滩、堰堤式河漫滩以及平行鬃岗河漫滩，下面介绍前面两种。

(1) 河曲型河漫滩。在弯曲型河床中，凹岸被蚀、凸岸堆积作用主要发生在洪水期，河床的移动往往是跃进式进行的。一次特大洪水使凹岸发生大量坍塌，相应地，在凸岸堆积成一条顺岸弯曲的沙坝，又称为滨河床沙坝。平水期堆积物较少，成为分隔前后两次洪水期的两列沙坝之间的洼地。沙坝是在横向环流中最明显的地段，如在河凸岸稍向下游一点的地方发育得最好，宽度和高度也最大，往上和往下沙坝逐渐变低缓，以至消失。沙坝横剖面呈不对称形态，向河床一侧呈缓坡，向岸一侧为陡坡。坝的高度和坡度视河流洪水量的大小、含砂量的多寡而异，一般高度约 1～3m，较大者可达 4～5m。沙坝通常由砂、粉砂、泥等组成，分选不佳。沉积结构下部为大小不等的交错层理，上部以沙波为主。

随河曲不断发展，凸岸部位形成一系列弧形垄岗状沙坝与洼地相间的扇形地称为迂回扇。迂回扇上垄岗的辐聚方向指向河流下游，向上游则逐渐辐散开来，所以可以根据垄岗聚散分布情况大体上恢复河床移动和河曲发展过程。

(2) 汊道型河漫滩。汊道型河流往往分为多股水流。假设分为两股水流，则分别出现两股相对方向的横向环流，在河床中心，水流辐合上升，最初在河底堆积暗沙，以后发展为露出水面的心滩。心滩头部受水顶冲，位置不断下移，心滩下端接受沉积，形成向下伸展的浅滩和附属沙嘴。

一般汊道型河流往往水流散乱，河汊密布，沙滩众多，由于水位暴涨暴落，在沙滩上出现一系列鬃岗与洼地相间分布的地形，岗洼延长方向与堆积沙滩时水流方向平行。在发育这种地貌的区域，可以从鬃岗和洼地的走向变化追溯汊道变化情况。

（四）山口的沉积作用

来自山区的河流携带着大量的搬运物到山口开阔的平地，由于水流无地形约束，机械搬运力迅速降低，导致机械沉积猛烈进行，这些沉积物堆积成半圆锥形，我们称它为冲积扇。扇形是半圆锥体的平面投影。它特别发育于高山的山前，如天山山麓、祁连山山麓等。因沉积作用较快，河道分流成扇形散开，分流河水边沉积边渗透，河水越来越少。当老的分流河床因沉积高出冲积扇面时，河水又冲出新的分流，因此冲积扇上分流河道众多，互相交织。冲积扇上机械沉积物自锥顶向边缘变细，呈环带状分布，分选性良好。冲积扇增厚扩大，以至相邻的冲积扇可以相连，形成联合冲积扇，如成都平原。

（五）河口的沉积作用

河口是河流最主要的沉积场所。下列原因导致河流在河口发生大量机械沉积作用。

（1）由于河流流至河口受到海水或湖水的顶托，使流速减少以至停止，河流完全失去了搬运力。

（2）海水电解质使河水中胶体物（主要是黏土微粒，还有 SiO_2、Fe_2O_3、Al_2O_3 等）发生沉淀。因此，河流绝大部分机械搬运物沉积在河口区。近河口段沉积数量多，颗粒较粗，向海洋方向则沉积数量少，颗粒变细，形成前积层，河床纵比降较大。逐渐向海洋方向沉积，颗粒变细，沉积量减少，海底也变平坦，这部分称为底积层。

河流在河口沉积使河床坡度变缓，河水便散开成无数分流，沉积成的地貌，外形像三角形，故叫做三角洲。三角洲顶端朝向上游，表面地势低平，多汊道，沼泽丛生。

三角洲的形成有一定的条件，这些条件是：河流机械运量大，近河口海水浅，无强大的波浪或潮流。有些河流不具备这些条件，就没有三角洲的形成，如我国的钱塘江。钱塘江口强大的潮流搬走了本来就很少的泥沙，无法沉积成三角洲。

钱塘江河口是一个典型的河口湾（图 6-17），每当涨潮时，尤其是在天文大潮日，喇叭状的河口使得涌入钱塘江的潮水形成了后浪推前浪的态势，潮水水位迅速增高，并以排山倒海之势奔涌向前，形成了千古奇观“钱塘潮”，同时把钱塘江不多的碎屑物带入海洋。2002 年受台风“森拉克”的影响，又逢天文大潮期，钱塘江出现风、雨、潮三碰头。9 月 8 日下午，在杭州九溪的闸口天文站和萧山的美女坝，有 100 多人遭到钱塘江风暴潮袭击，20 多辆汽车和摩托车被潮水损坏。当日凌晨 1∶23，钱塘江第一大潮创了高平水位 11.2m 的新纪录（图 6-18）。

（六）河流阶地

阶地是河流两岸常见的地貌，是由老的河谷构成的，并具有陡坎。由于下切谷底而成的各种类型阶地，自河漫滩或河床算起，向上依次称为一级阶地、二级阶地、三级阶地等。从形成时间上看，一级阶地形成最晚，时代最新，一般保存最好，越老的阶地越不完整。

阶地主要是由于新构造运动引起河流下蚀作用的产物。它的形成基本上经历两个阶段：①在一个相当稳定的大地构造环境下，河流以侧蚀及堆积作用为主，造成宽广的河床与河漫滩；②地壳上升，使河流下切，把原有的谷底抬高到一般洪水位之上，转变为阶地。

根据堆积与侵蚀之间的关系不同，通常把阶地分为以下 3 种类型（图 6-19）。

（1）侵蚀阶地。这种阶地的特点是由基岩构成。阶面是河流侧蚀造成的谷底侵蚀面，

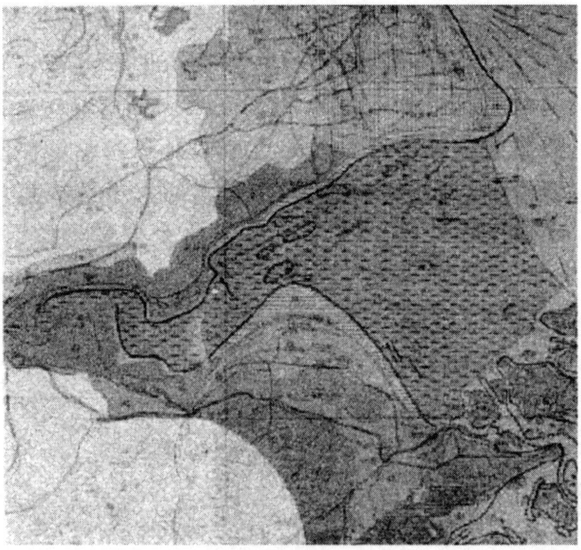

图 6-17 浙江钱塘江的河口形态不利于碎屑物的沉积

图 6-18 2002 年 9 月 8 日出现的钱塘大潮

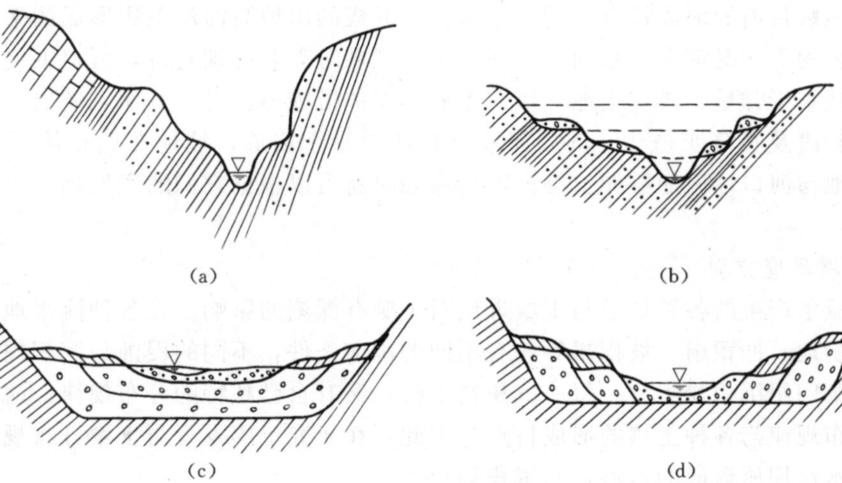

(a) (b) (c) (d)

图 6-19 各类阶地

(a) 侵蚀阶地；(b) 基座阶地；(c) 上叠阶地；(d) 内叠阶地

阶面上往往没有或只有很少的残余冲积分布［图 6-19 (a)］。侵蚀阶地只在山区常见(图 6-20)。它作为厂房地基或者桥梁和水坝的接头是有利的。

(2) 基座阶地。这种阶地由两部分组成，上部为冲积物，下部为基岩，即冲积物覆盖在基岩基座上［图 6-19 (b)］。反映在形成这种阶地的过程中，河流下蚀已切穿原来河谷谷底的冲积物进入基岩，并继续下切。基座阶地在河流中比较常见。

(3) 堆积阶地。这种阶地完全由冲积物组成，反映在形成阶地的过程中，河流下切尚未切穿原来谷底的冲积物。根据下切的深度不同，堆积阶地又可分为上叠阶地和内叠阶地。

上叠阶地的特点是每次下切的深度和河床侧移的范围都比前期小，堆积作用的规模也逐次减小［图6-19（c）］。说明地壳每一次升降运动的幅度在逐渐减小，河流下切均未达到基岩。

内叠阶地的下切深度则较大，每一次下切深度和前期相同，都是切到第一次所形成的基岩谷底为止，堆积物的范围和厚度逐次减小［图6-19（d）］。说明地壳每次上升的幅度基本一致，而堆积作用却逐渐减弱。

堆积阶地多发育在流速较小的河段，或者多分布在河流中下游。堆积阶地的砂卵砾石层是良好的地下水含水层，储量丰富，水质优良，是山区灌溉和民用供水的主要水源。其中尤以生成最新与河水有补给关系的一级阶地为最佳。

第五节　地面流水与水土保持、土壤和水资源的关系

研究地面流水对工农业生产及水土保持都有重大意义，具体表现在以下几个方面。

1. 农业土地的利用和规划方面

陆地表面受流水作用的影响是巨大的。在一个地区进行农业土地利用和规划时，一方面要考虑该地区目前的地面特点。例如流水侵蚀形成的山地与河流沉积形成的平原，它们在地形和沉积物等状况都有一系列的不同，进行规划时需要区别对待，可根据流水地质作用来分析哪些宜于开垦、哪些土地开垦后需要有保护措施等。另一方面，还要了解不同地段地面发育阶段及其演变趋势。例如河漫滩在凹岸易于崩塌，坡地在坡积体下方易于淤砂，河心滩地与河口沙洲能够伸长等。进行规划时就可以根据它们的发展趋势采取相应的措施。

2. 在土壤研究方面

由地面流水产生的各种地形与土壤母质对土壤有深刻的影响。在各种流水地形上，例如河漫滩、阶地、冲积扇、坡积裙等各有不同的水文条件，不同的侵蚀与沉积规律，并存在着不同的第四纪沉积物类型。每一沉积物本身，又有自己独特的分布规律。这些都决定了土壤的分布规律与各种土壤的形成特点。因此，在研究土壤发育与土壤分布规律时，必须要注意流水作用所形成的地形及其沉积物特点。

3. 坡地水土保持方面

坡地水土保持与暂时性流水的地质作用有密切关系。例如筑等高沟、等高埂来降低水流速度。在沟蚀地区，注意沟头的护理，都要按照流水规律来设计。水土保持工作应根据流水的侵蚀地形与作用规律分别采取措施。例如按侵蚀沟的发展程度来决定措施，按影响流水作用强度的各种因素来判断采取某些有力措施的迫切程度等。总之要根据具体地形地质条件，采取合适的防治措施，肯定会收到较好效果。

4. 有关水资源利用方面

兴修水库，进行综合利用是人类为适应发展工农业生产的需要。水库是在河流中段筑起拦河坝、有目的有计划地把河水蓄积起来的人工湖。兴修水库是对河流利用和改造的一

项极重要的措施。水库在国民经济上有很大的作用，它不仅能调节江河径流，大量减轻洪水灾害的作用，还可以作为农田灌溉的水源，发电和城市工矿用水的水源，同时也可以调节气候、增加水循环，澄清河水，改善航行条件，发展渔业生产和各种副业生产。有些水库修建的地区还是一个优美的风景旅游区。可以作为人们的游览观光地区。

水库建设的主要工程可分拦河坝、输水洞和溢洪道三部分。拦河坝一般建筑在河道的峡口处，为水库的主要工程，它的设计和施工必须以河流水文资料为依据。输水道就是调节控制河水流量的泄水部分，它是由进水闸、涵洞或隧道洞及静水池三部分组成。溢洪道通常是道明渠，设在拦河坝的端部。它是水库的“太平门”，如果上游水量过大，输水道泄流不及或万一发生故障时，就由溢洪道泄洪以保障拦河坝的安全。

从上游来的水量首先存蓄一部分于水库中，使水位升高，然后促进溢出流量的增加，所以进水和出水的平衡状态是逐渐达到的。水库对水流所起的拦蓄与重新分配的作用称为调节作用。一般流过水库的河流流量过程线要比没有水库调节的流量过程线平缓而宽展些。

水库对河流的调节作用决定于库容及洪水设备形式等。可用调节系数来表示，即

$$K_V = \frac{V}{W} \times 100\%$$

式中 K_V——水库的调节系数，%；

W——河流的年径流总量，m^3；

V——水库的调节容积，m^3。

水库的调节容积可自进水过程线和出水过程线开始点至两线交点间，两过程线包围的面积用图解法求出：

$$N = 9.81QH$$

式中 N——功率，即每秒的能量，kW；

Q——泄水量，m^3/s；

H——落差高度，m。

我国河流水利资源估计总蕴藏量约58000万kW。这些水利资源分布在祖国各地，而且，我国大部分河流都具有适宜建造水库和水电站的峡谷地区，为发展水电事业提供了极其良好的条件。但是，我国过去长期处于半封建半殖民地社会，反动统治阶级根本不考虑如何利用这些水利资源为人民谋福利。新中国成立以后，在党的领导下，这些滔滔不绝的“白乱”逐渐得到利用，全国各地兴建了1000多座大中型水库和数以万计的小型水库，如三门峡水库、新安江水库、丹江口水库、官厅水库，等等。这些水库的水电站向全国各重要工矿和农村输送大量的电力，推动了我国工农业生产的发展。此外，我国许多丘陵山区还利用小河小溪的动力，建造了星罗棋布的小型水电站，为发展地方工农业生产起了重大作用。但是我们必须清楚地看到，我国水资源严重缺乏，应大力开展节约用水，以保证四个现代化更快地实现。

（1）水资源严重不足。目前，我们总以地大物博来自诩，其实并非如此。我国就是一个水资源十分紧缺的国家，人口众多倒是不争的事实。全国人均水资源占有量仅有2300m^3，只相当于世界人均占有量的1/4，居世界各国的110位，与科威特、卡塔尔等一

起列为世界 13 个贫水国之一。

由于森林植被的破坏，江河湖泊的污染，地下水的过量开采，本来匮乏的水资源更显珍贵。例如新疆、甘肃一些地区，由于长期严重缺水，原本是沃土良田，现已濒于沙化，成为荒滩。今年春天我国大部地区发生沙尘暴，就是因缺水导致生态失衡而对人类的惩罚。

(2) 节约用水迫在眉睫。在我国 600 多个城市中，有一半城市缺水，其中严重缺水的有 108 个。以沈阳市为例，人均水资源占有量为 $512m^3$，仅为全国人均占有量的 1/4，不足全省的 1/2，目前沈阳市水资源问题是：水源建设速度落后于工业发展和人民生活所要求的用水增长速度，现在每天缺量就高达 40 万 m^3，人均生活用水量只有 136L，在全国十大城市中为最低。为弥补大量缺水，沈阳市每天超量开采 20 万 m^3，严重地破坏了地下水的采补平衡，市区地下水位已从 1949 年的平均 37.8m，下降到 21.5m，最深达 40m。

(3) 采取节水措施。近年沈阳市加大了节水监察的执法力度，查处违章用水 1823 件，共计罚款 72 万多元。同时，大力推广各种节水洁具，对于节水起到了一定作用。坚持依法治水，今年将出台城市节水条例，从体制上实现依法治水。我们希望全国人民都积极行动起来，大力开展开源节流，美化环境，为子孙后代造福！

复习思考题

1. 研究地面流水地质作用的意义是什么？
2. 片流形成哪些地貌类型？
3. 泥石流是怎样形成的？其防治措施有哪些？
4. 流水中水质点运动方式都有哪些？
5. 河流有哪些地质作用？
6. 河流地貌都有哪些？
7. 河流下切作用的原因是什么？
8. 瀑布是怎样形成的？

第七章　地下水的地质作用及水资源评价

水资源既是国家基础性资源，又是国家战略性资源。水与人民的生活、生产、生存环境的所有方面都密不可分。

地下水是指存在于地面以下松散堆积物和岩石空隙中的水体。地下水存在状态有气态、液态与固态三种，其中以液态为主，分布极为广泛，是水圈的重要组成部分，也是水圈循环过程的重要一环。同时，又是改造地壳表面的一种动力。地下水不仅是居民生活用水的重要来源，也是工农业用水的重要水源，地下水又能形成有经济价值的矿产，因此研究地下水具有重要意义。

第一节　自然界的水循环

一、自然界的水循环

地球上的水存在于大气圈、水圈、岩石圈及生物圈中。地球上水的总量约为 1.38×10^{18} m^3。绝大部分分布于海洋中，约为 $1.34\times10^{18}m^3$。地面以下 17km 地下水的总量约为 $8.4\times10^{15}m^3$，其中约有 50%以上分布于地面以下 1km 的范围内（图 7-1）。

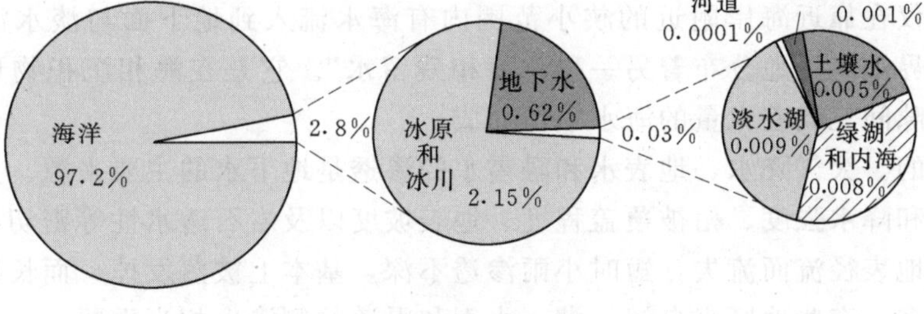

图 7-1　水圈各水体数量比例

在太阳热及重力的作用下，地球上的水由水圈进入大气圈，经过岩石圈表层再返回水圈，如此循环不已。自然界中的水循环就反映了大气水、地表水、地下水三者之间的相互联系。

在太阳热能作用下，海洋中的水分蒸发成为水汽，进入大气圈；水汽随气流运移至陆地上空，在适宜的条件下，重新凝结下降。降落的水分，一部分沿地面汇集于低处，成为河流、湖泊等地表水；另一部分渗入土壤岩石中，成为地下水。形成地表水的那部分水分有的重新蒸发成为水汽，返回大气圈；有的渗入地下，形成地下水，其余部分则流入海洋，如图 7-2 所示。

水分从海洋经过陆地最终返回海洋，这种发生海陆之间的水循环称为大循环。在大陆

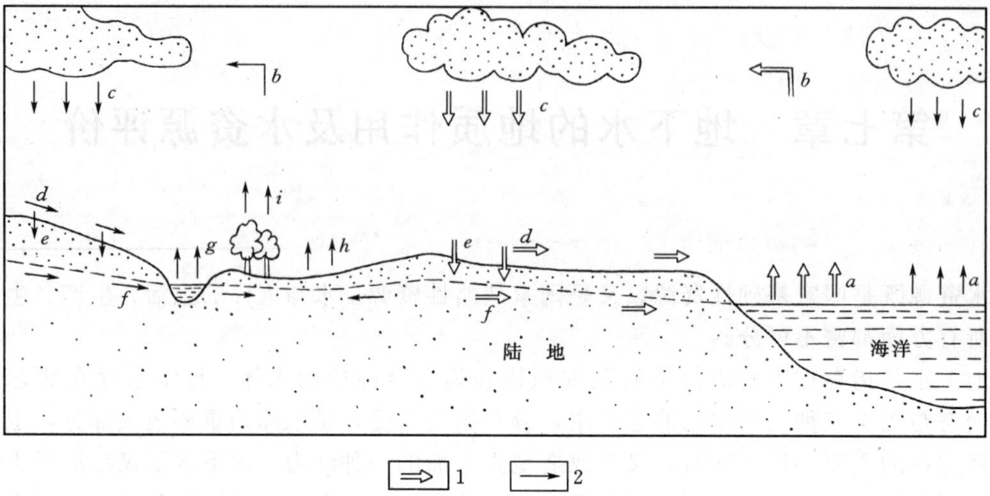

图 7-2　自然界水循环示意图

1—大循环各环节；2—小循环各环节

a—海洋蒸发；*b*—大气中水汽转移；*c*—降水；*d*—地表径流；*e*—入渗；

f—地下径流；*g*—水面蒸发；*h*—土面蒸发；*i*—叶面蒸发（蒸腾）

（或海洋）表面蒸发的水分、重新又降落回大陆（或海洋）表面，这种就地蒸发、就地形成降水的循环称为小循环。一个地区小循环增强，总降水量随之增加。植树造林，兴修水库，便是增加小循环，改造干旱、半干旱地区的重要措施之一。

二、地下水的来源

（1）海成的。地下水是由海水渗到地下而成的。但海水直接渗入地下而形成地下水是很少存在的。仅在靠近海岸附近的狭小范围内有海水流入到地下面与淡水混合的情况存在。而在自然界却广泛地分布着另一种“海相残留水”。它是在海相沉积物形成时，在粗粒沉积物的孔隙间充满着大量的海水残留而成。

（2）渗透的。大气降水、地表水和融雪水的渗透是地下水的主要来源。大气降水补给地下水的多少和降水强度、植被覆盖程度、地表坡度以及岩石透水性等密切相关。强烈的暴雨大多形成地表径流而流失，短时小雨渗透不深，基本上被蒸发掉，而长期的绵绵细雨补给地下水最多。有些地区来自河、湖、水库和渠道的侧渗也相当重要。

（3）凝结的。地下水来源于大气中水汽或土壤孔隙中水汽分子受昼夜温差而凝结生成。在大陆性干旱沙漠地区，由于当地蒸发量大，而降水量小，没有渗透形成地下水的条件，而凝结作用就突出了。

（4）初生的。地下水是由地球深处的高温水汽上升冷却而形成的，水中含有特殊的化学成分和气体。如有些温泉就是这种成因。

自然界大多数地下水来源于渗透和凝结。各种不同地下水的来源是与该地区的地质、地貌、自然地理条件密切相关的。在干旱、炎热的沙漠地区，蒸发量大，降水量少，地下水主要由凝结而成；而在东部沿海多雨地区地下水则主要靠渗透而成，如广大的冲积平原与山前平原的地下水。

三、岩石的水理性质

岩石的水理性质（有时称为岩石的水文地质性质）是决定地下水存在状况与运动条件的重要特性，其主要水理性质有下列几方面。

（1）孔隙度。在松散沉积物或胶结不紧的岩石里，颗粒间的孔隙总体积与整个岩石体积之比，即单位体积岩石中的孔隙总体积，用百分数或小数表示。一般说来，孔隙度越大，含水量越大，水运动时所受阻力也就越小；孔隙度越小，则含水量越小，水运动时所受阻力也就越大。但孔隙度大，不等于孔隙大。孔隙度的大小与颗粒的大小、均匀程度、排列方式密切相关。若为大小不一的颗粒混合组成，则在较大的孔隙里被较小的颗粒所充填，则孔隙度便减小。若颗粒的大小比较一致，其孔隙度较大。各种岩石的孔隙度见表7-1。

表 7-1 主要岩石或土壤的孔隙度

岩石种类	孔隙度/%	疏松沉积物及土壤	孔隙度/%
砾岩	35	砾石层	25～45
砂岩	15	砂层	25～45
页岩	5	砂土	30
石灰岩及白云岩	1～8	壤土	50
岩浆岩及变质岩	＜1	黏土	45

（2）裂隙度。坚硬的岩石由于构造力的作用，形成了许多构造裂隙，或在成岩过程中由于收缩作用而形成许多岩裂隙，或当岩石出露地表后，在外力作用下又可形成风化裂隙。这些裂隙中分布着一定量的地下水。裂隙度是指单位体积岩石中的裂隙体积，用小数或百分数表示。

岩石的孔隙度与裂隙度随着距离地面的深浅而不同，越下则越小。据研究，在3000m以下深度，岩石在巨大静压力作用下，孔隙与裂隙差不多消失了。

（3）持水性和给水性。持水性是指土壤和岩石中能容纳和保持一定水量的性能。根据持水性的大小，岩石可分三类：

1）持水的——泥炭、黏土、亚黏土。

2）弱持水的——黏土质砂、黄土、泥灰岩、黏土质砂岩。

3）不持水的——砂、砾石、岩浆岩和坚硬的沉积岩。

给水性是指在重力作用下，重力水由饱水岩石或土壤流出的性能。

（4）透水性。是指水透过土壤或岩石的一种性能。透水程度取决于岩石中孔隙、裂隙的性质与大小。孔隙与裂隙越大，水就越易透过岩石，反之，则不易透过岩石。

按透水性，岩石可分为三类：

1）透水的——砾石、卵石、砂等。由这些透水的岩石组成了透水层。在一定条件下，透水层中蓄满了地下水的部分叫含水层。

2）半透水的——黏土质砂、亚砂土、中亚砂土、黄土等。

3）不透水的（隔水的）——结晶的和沉积的无裂隙的岩石。由这些不透水的岩石组成了不透水层或隔水层。

岩石透水性与不透水性的划分也是相对而言的，任何不透水的岩石，在强大的压力作用下也可有微弱的透水。

以上各种水理性质，它们之间在性质上是既不相同，又有联系。孔隙度大的岩石不一定孔隙大，也不一定透水性好，如黏土。而持水性强的岩石不一定给水性好，也不一定透水性好，如粉砂。决定岩石的水理性质除颗粒大小、粒级分配、排列方式外，还应考虑填充物和胶结物的性质、程度及其环境条件。隔水的岩石在一定深度或压力下可以透水，透水的岩石在一定胶结条件下，可以变成不透水，如铁质或硅质的砂、砾岩。

四、地下水的物理性质和化学成分

由于地下水的补给来源、埋藏和径流条件等不同，以及地下水在运动过程中与各种岩石相互作用，溶解了岩石中的可溶物质等原因，这就使地下水形成一种复杂的溶液。

研究地下水的物理性质和化学成分，对了解地下水的成因与动态，判断库坝区的渗漏，确定地下水对混凝土等的侵蚀性，进行各种用水的水质评价等，都有着实际的意义。

（一）地下水的物理性质

地下水的物理性质包括有温度、颜色、透明度、嗅（气味）、味（味道）和导电性等。

地下水的温度变化范围很大，高的可达100℃以上，低的只有－5℃，甚至更低。地下水温度的差异主要受各地区的地温条件所控制，通常随埋藏深度不同而异，埋藏越深的，水温越高。

地下水一般是无色、透明的，但当水中含有某些元素或含有较多的悬浮物质时，便会带有各种颜色和显得混浊。如含有硫化氢的水常呈翠绿色，含低铁的水为浅绿灰色，含高铁的水为黄褐色，含腐殖质的水为淡黄色，含有悬浮矿物颗粒的水呈浅灰色。

地下水一般是无嗅、无味，但当水中含有硫化氢气体时，水便具有臭蛋味，含氯化钠的水味咸，含氯化镁或硫酸镁的水味苦，含二氧化碳或碳酸钙、镁的水清凉可口。

地下水的导电性取决于所含电解质的数量与性质（即各种离子的含量与离子价），离子含量越多，离子价越高，则水的导电性越强。由于地下水具有导电性，因而为勘探地下水应用电测法创造了条件。

（二）地下水的化学成分

（1）地下水中常见的成分。地下水含有多种元素，这些元素有的大量存在于地下水中，有的则含量甚微。地壳中分布广、含量高的元素，如 O_2、Ca、Mg、Na、K 等在地下水中最常见。有的元素如 Si、Fe 在地壳中分布甚广，但在地下水中却不多；而另一些元素如 Cl 等则恰好相反，在地壳中极少，但在地下水中却大量存在。这是因为各种元素的溶解度不同的缘故。所有这些元素是以离子、化合物分子和气体状态存在于地下水中，而以离子状态为主。

地下水中含有数十种离子成分，常见的阳离子有 H^+、Na^+、K^+、Mg^{2+}、Ca^{2+}、Fe^{3+}、Fe^{2+} 及 Mn^{2+} 等；阴离子有 OH^-、Cl^-、SO_4^{2-}、NO_2^-、HCO_3^-、CO_3^{2-}、SiO_3^{2-} 及 PO_4^{3-} 等。上述阴阳离子中的 Cl^-、SO_4^{2-}、HCO_3^-、K^+、Na^+、Ca^{2+}、Mg^{2+} 7 种是地下水的主要离子成分，它们分布最广，在地下水中占绝对优势，这些成分决定了地下水化学成分的基本类型和特点。

地下水含有多种气体成分，常见的有 O_2、N_2、CO_2、H_2S。

地下水中呈分子状态的化合物（胶体）有 Fe_2O_3、Al_2O_3 和 H_2SiO_3 等。

水的化学成分决定着水对混凝土的侵蚀性，其中：

SO_4^{2-}：为硫酸盐侵蚀性指标。SO_4^{2-} 与混凝土中某些成分相互作用，生成含水硫酸盐结晶，体积膨胀，使混凝土结构破坏。如生成 $CaSO_4 \cdot 2H_2O$ 时，体积增大一倍，生成

$Mg \cdot SO_4 \cdot 7H_2O$时，体积增大430%等，故又称为结晶性侵蚀。

Mg^{2+}：为镁盐侵蚀性指标。镁盐和混凝土中 $Ca(OH)_2$ 作用，形成 $Mg(OH)_2$ 和易溶于水中的 $CaCl_2$，而使混凝土结构破坏。

Ca^{2+}：用以考虑游离 CO_2 侵蚀指标。

Cl^-：用以考虑氯化物侵蚀指标。

其他，如 H^+ 浓度、HCO_3^-、CO_2 等对混凝土的影响，则结合地下水的下述性质讨论。至于地下水侵蚀性的判定标准，可参看有关规范或手册。

(2) 氢离子浓度(pH 值)。氢离子浓度就是指水的酸碱度，用 pH 值表示($pH=-\lg[H^+]$)。根据地下水中 pH 值的大小，将水按 pH 值分类，见表 7-2(据水文地质手册)。

表 7-2　　水按 pH 值的分类

水的类别	强酸性水	弱酸性水	中性水	弱碱性水	强碱性水
pH 值	<5	5～6.5	6.5～8	8～10	>10

地下水的氢离子浓度主要取决于地下水中 HCO_3^-、CO_3^{2-} 和 H_2CO_3 的数量。在自然界中，大多数地下水的 pH 值为 6.5～8.5。浓度为一般酸性侵蚀指标。酸性侵蚀是指酸分解混凝土 $CaCO_3$ 成分，其反应式为

$$2CaCO_3 + 2H^+ \longrightarrow Ca(HCO_3)_2 + Ca^{2+}$$

(3) 总矿化度。地下水中离子、分子和各种化合物的总量称为总矿化度。以 g/L 表示。它表示水的矿化程度，又简称矿化度。通常以在 105～110℃温度下将水蒸干后所得的干涸残余物之量来确定。根据矿化度可将地下水分为五类(表 7-3)。

表 7-3　　水按矿化度的分类　　单位：g/L

水的类别	淡水	微咸水	咸水	盐水	卤水
矿化度	<1	1～3	3～10	10～15	>50

矿化度与水的化学成分之间有密切的关系，淡水和微咸水常以 HCO_3^- 为主要成分，称为碳酸盐水；咸水常以 SO_4^{2-} 为主要成分，称为硫酸盐水；盐水和卤水则往往以 Cl^- 为主要成分，称为氯化物水。高矿化水能降低混凝土的强度，腐蚀钢筋，并促使混凝土表面风化，故拌和混凝土时，不允许用高矿化水。

(4) 水的硬度。水的硬度是由水中的钙、镁离子所构成，钙、镁离子的含量决定地下水硬度的大小。水中 Ca^{2+}、Mg^{2+} 的总含量称为总硬度。将水煮沸后，水中一部分 Ca^{2+}、Mg^{2+} 的重碳酸盐因失去 CO_2 而生成碳酸盐沉淀下来，致使水中 Ca^{2+}、Mg^{2+} 的含量减少，由于煮沸而减少的这部分 Ca^{2+}、Mg^{2+} 的含量称为暂时硬度(有时以 HCO_3^- 的含量表示)。其反应式为

$$\begin{matrix}Ca^{2+}\\Mg^{2+}\end{matrix} + 2HCO_3^- \xrightleftharpoons{\triangle} \begin{matrix}Ca^{2+}\\Mg^{2+}\end{matrix}CO_3 \downarrow + H_2O + CO_2 \uparrow$$

总硬度与暂时硬度之差称为永久硬度，即相当于煮沸时未发生碳酸盐沉淀的那部分 Ca^{2+}、Mg^{2+} 的含量。

我国采用的表示硬度的方法有两种，一种是德国度(每一度相当于一升水中含有 10mg 的 CaO 或 7.2mg 的 MgO)；另一种是每升水中 Ca^{2+} 和 Mg^{2+} 的毫克当量数(1 毫克当量的硬度=2.8 德国度)。根据硬度，将水分为五类(表 7-4)。

硬度对评价生活用水和工业用水均有很大意义。根据暂时硬度可以判定水的溶解性侵蚀——物理性的溶解混凝土中 $CaCO_3$ 成分。

表 7-4　　水按硬度的分类

水的类型	硬度		水的类型	硬度	
	$Ca^{2+}+Mg^{2+}$ /(mmol/L)	德国度		$Ca^{2+}+Mg^{2+}$ /(mmol/L)	德国度
极软水	<1.5	<4.2	硬水	6.0～9.0	16.8～25.2
软水	1.5～3.0	4.2～8.4	极硬水	>9.0	>25.2
微硬水	3.0～6.0	8.4～16.8			

(5) 侵蚀性 CO_2 和游离 CO_2。CO_2 是地下水中的气体成分之一。以气体状态存在于水中的 CO_2 称为游离 CO_2。由于 CO_2 的存在使水呈酸性，当水中游离 CO_2 的含量增加时，水的溶解能力也相应增强，它能溶解碳酸盐而生成 HCO_3^-，其反应式为

$$CaCO_3+H_2O+CO_2 \rightleftharpoons Ca(HCO_3)_2 \rightleftharpoons Ca^{2+}+2HCO_3^-$$

上式为可逆反应，当水中含有一定数量的 HCO_3^- 时，就必须有相当的游离 CO_2 与之保持平衡，常称这部分游离 CO_2 为平衡 CO_2。如果水中游离 CO_2 的含量多于平衡的需要，上述平衡被破坏，则多余的 CO_2 便可以溶解 $CaCO_3$，并生成 HCO_3^-，使反应向右进行，直达到新的平衡为止。新生成的 HCO_3^- 又需要一定量的游离 CO_2 与之平衡，这部分 CO_2 必然从上述超过平衡所需的 CO_2 中来。因此，原来超过平衡所需的游离 CO_2，一部分与新生的 HCO_3^- 相平衡，另一部分则消耗于对碳酸盐的溶解，这后一部分的 CO_2 就称为侵蚀性 CO_2。由此可见，不是所有的游离 CO_2 都能和碳酸盐起作用，能溶解碳酸盐的只是其中的一部分。

因此，地下水中只要有一定量的侵蚀性 CO_2，水便具有碳酸性侵蚀。它可以溶解碳酸盐类岩石或腐蚀破坏混凝土和钢筋构件，对水工建筑有较大的影响。

地下水的化学成分是通过采取水样，进行水质分析得来的。水质分析一般可分为简分析（或野外分析）和全分析（或多项分析）两种。简分析是为了初步了解水工建筑地区大面积范围内，各含水层地下水的化学成分及其变化规律，它要求分析的项目少、数量多、精度不太高、但要快而及时。全分析是在简分析的基础上，在实验室进行较全面而多项目的分析。关于水质分析的具体项目、要求及其成果表示方法等，可参看有关的规范和手册。

第二节　地下水的类型及其特征

根据地下水的埋藏条件，可以把地下水划分为包气带水、潜水和承压水三类（图 7-3）；根据含水层空隙性质的不同，可将地下水划分为孔隙水、裂隙水和岩溶水三类。按这两种分类，可以组合成九种不同类型的地下水，见表 7-5。

包气带水的实际意义不大，潜水和承压水是地下水的基本类型。对于水利水电工程来说，广泛分布于山区、丘陵区的裂隙水和岩溶水也具有重要意义。因此，下面分别阐述潜水、承压水和泉的特征，岩溶水则在岩溶一节内介绍。

一、潜水

1. 潜水的特征

潜水是埋藏在地表以下第一个连续稳定的隔水层（不透水层）以上，具有自由水

面的重力水。一般是存在于第四纪松散堆积物的孔隙中（孔隙潜水）及出露于地表的基岩裂隙和溶洞中（裂隙潜水和岩溶潜水）。

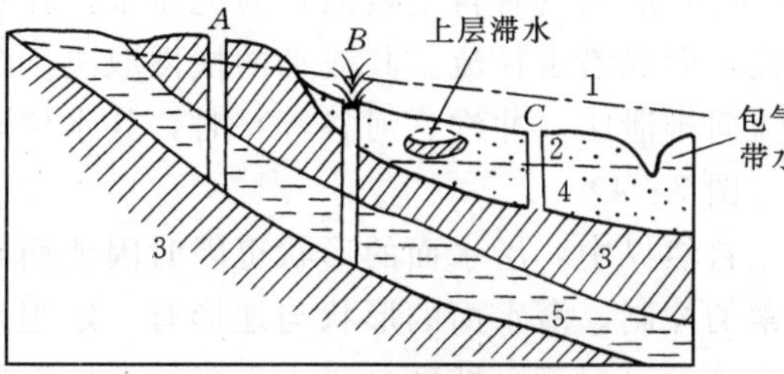

图 7-3　地下水埋藏示意图
1—承压水位；2—潜水位；3—隔水层；4—含水层（潜水）；5—含水层（承压水）
A—承压水井；B—自流水井（水面高出地面）；C—潜水井

潜水的自由水面称为潜水面。潜水面上每一点的绝对（或相对）标高称为潜水位。潜水面至地面的距离称为潜水的埋藏深度。由潜水面往下到隔水层顶板之间充满了重力水的岩层，称为潜水含水层，其间距离则为含水层的厚度（图 7-4）。

表 7-5　　**地下水分类表**

按含水层性质 / 按埋藏条件	孔隙水 松散堆积物孔隙中的水	裂隙水 基岩裂隙中的水	岩溶水 岩溶化空隙中的水
包气带水（地面以下，潜水位以上，未饱和的岩层中的水）	土壤水——土壤中悬浮未饱和的水 上层滞水——局部隔水层以上的饱和水	出露地表的裂隙岩石中季节性存在的水	垂直渗入带中的水
潜水（地面以下，第一个稳定不透水层以上具有自由表面的水）	各种松散堆积物中的水	基岩上部裂隙中的水，沉积岩层间裂隙水	裸露岩溶化岩层中的水
承压水（两个不透水层间承受水压力的水）	松散堆积物构成的承压盆地和承压斜地中的水	构造盆地、向斜及单斜岩层中的层状裂隙水	构造盆地、向斜及单斜岩层中的水

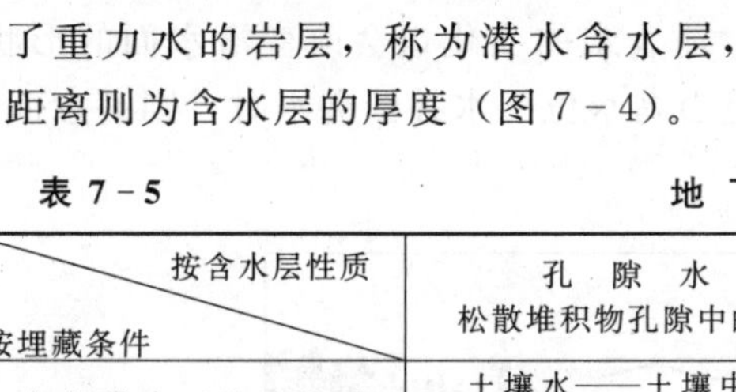

图 7-4　潜水埋藏示意图
1—砂层；2—含水层；3—隔水层；
4—潜水面；5—基准线
T—潜水埋藏深度；M—含水层厚度；
H—潜水位

潜水的这种埋藏条件决定了潜水具有以下特征。

(1) 潜水面以上，一般无稳定的隔水层存在，潜水通过包气带与地表相通，所以大气降水和地表水直接渗入而补给潜水，成为潜水的主要补给来源。在大多数情况下，潜水的分布区（即含水层分布的范围）与补给区（即补给潜水的地区）是一致的。而某些气象水文要素的变化能直接影响潜水的变化。

(2) 潜水的埋藏深度及含水层的厚度经常是变化的，而且有的变化甚大，它们受气候、地形和地质条件的影响，其中以地形的影响最显著。在强烈切割的山区，潜水埋藏深度可达几十米甚至更深，含水层厚度差异也很大。而在平原地区，潜水埋藏浅，通常为数米至十余米，有时可为零（即潜水出露地表，形成沼泽），含水层厚度差异较小。潜水埋藏深度及含水层厚度不仅因地而异，就是同一地区，也随季节不同而有显著变化。如在雨季，潜水获得的补给量多，潜水面上升，含水层厚度随之加大，埋藏深度变小，而在枯水季节则相反。

(3) 潜水具有自由表面，为无压水。在重力作用下，自水位较高处向水位较低的地方渗流，形成潜水径流。其流动的快慢取决于含水层的渗透性能和潜水面的水力坡度。当潜水流向排泄区（冲沟、河谷等）时，其水位逐渐下降，形成倾向于排泄区的曲线形自由水面（图 7-4）。

自然界中，潜水面的形状也因时因地而异，它同样受到地形、地质和气象水文等自然因素的控制。潜水面的形状与地形有一定程度的一致性，一般地面坡度越大，潜水面的坡度也越大，但潜水坡度总是小于当地的地面坡度，形状比地形要平缓得多（图 7-5）。含水层的渗透性能和厚度的变化，会引起潜水坡度的改变。大气降水和蒸发可直接引起潜水面的上升或下降，从而改变其形状。某些情况下，地表水的变化也会改变潜水面的形状：当河水排泄潜水时，潜水面为倾向河流的斜面，但当高水位河水补给潜水时，则潜水面可以变成从河水倾向潜水的曲面（图 7-5）。

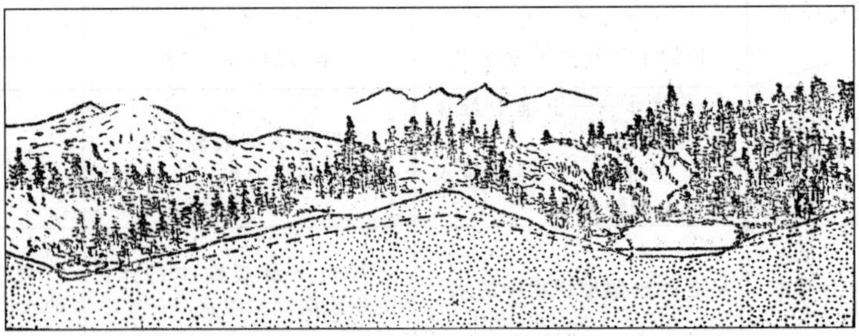

图 7-5　潜水面及其与地形的关系

(4) 潜水的排泄（即含水层失去水量）主要有两种方式。一种是以泉的形式出露于地表或直接流入江河湖海中，这是潜水的一种主要排泄方式，称为水平方向的排泄；另一种是消耗于蒸发，为垂直方向的排泄。潜水的水平排泄和垂直排泄所引起的后果不同，前者是水分和盐分的共同排泄，一般引起水量的差异；而后者由于只有水分排泄而不排泄水中的盐分，结果导致水量的消耗，又形成潜水的浓缩，因而发生潜水含盐量增大及土壤的盐渍化。

2. 潜水等水位线图及埋藏深度图

潜水面反映了潜水与地形、岩性和气象水文之间的关系，表现出潜水埋藏、运动和变化的基本特点。为能清晰地表示潜水面的形态，通常采用两种图示方法，并常以二者配合使用。一种是以剖面图表示，即在具有代表性的剖面线上，绘制水文地质剖面，其中既表示出水位，还表示出含水层的厚度、岩性及其变化，也就是在地质剖面图上画出潜水面剖面线的位置，即成水文地质剖面图。另一种是以平面图表示，即用潜水面的等高线图来表示，此图称为等水位线图。其绘制方法与绘制地形等高线基本一样，即根据潜水面上各点的水位标高（标在地形图上），画出一系列水位相等的线。潜水面上各点的水位资料是在大致相同的时间，通过测定泉、井和按需要布置的钻孔、试坑等的潜水面标高来获得的。由于潜水位随季节发生变化，所以等水位线图上应该注明测定水位的时期。通过不同时期等水位线图的对比，有助于了解潜水的动态，一般在一个地区应绘制潜水最高水位和最低水位时期的两张等水位线图。

根据潜水等水位线图可以解决以下问题。

(1) 确定潜水的流向。潜水的流向表现为垂直于等水位线，并指向标高较低的等水位线，常用箭头表示。

(2) 确定潜水面的水力坡度。在流向方向上任取一线段（或两点），该线段两端潜水位的高差被该段水平距离来除得到的商值，便近似地等于该线段距离以内潜水的平均水力坡度。通常为方便起见，可按下式关系求得水力坡度值：

$$潜水面的水力坡度=\frac{两水位线间的水位差}{两水位线间的水平距离}$$

(3) 确定潜水与地表水的相互关系。例如潜水与河水之间，从等水位线图可以看出，一般有以下3种不同的关系（图7-6）。

1) 潜水补给河水［图7-6（a）］：潜水面倾向河流，河流排泄潜水。这种情况多见于河流的中、上游及山区。

2) 河水补给潜水［图7-6（b）］：潜水面背向河流，潜水位自河流向河岸两侧降低。这种情况多见于河流的下游（如黄河下游）。

3) 潜水补给河水，河水又补给潜水［图7-6（c）］：潜水面一岸倾向河流，而另一岸则背向河流。在某些山前地区的河流可见此种情况。

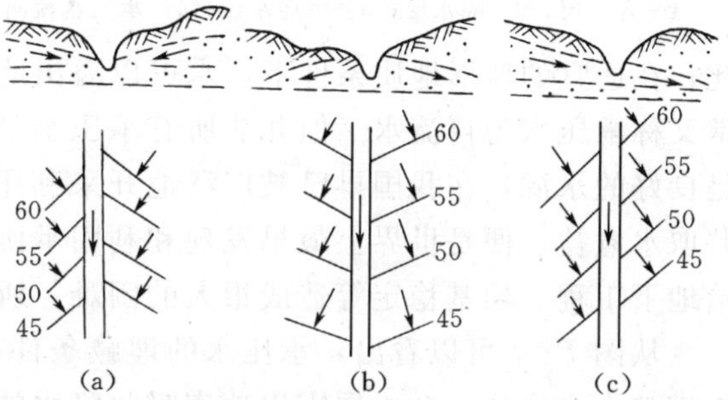

图7-6 潜水与河水间不同关系的等水位线图
(a) 潜水补给河水；(b) 河水补给潜水；
(c) 潜水补给河水，河水又补给潜水

(4) 分析潜水含水层透水性和厚度的变化。潜水流自透水性较弱的岩层转入透水性强的岩层时，潜水面的坡度便由陡变缓，等水位线由密变疏；相反，潜水面坡度便由缓变陡，等水位线由疏变密。潜水含水层岩性均匀、流量一定时，含水层薄的地方水面坡度较陡，含水层厚的地方水面坡度较缓，相应地，等水位线便密集，或稀疏。

(5) 确定潜水的埋藏深度。地形等高线与等水位线相交点，两线的高程差就是潜水埋藏的深度，即某点潜水埋藏深度，等于该点地形标高减去潜水水位标高。根据各水文地质点上潜水埋藏深度的数值，即可编制潜水埋藏深度图，也就是潜水面至地面距离的等值线图。

根据潜水等水位线图和埋藏深度图，可以合理地布置取水和排水建筑物的位置（一般应沿等水位线布置）及其最小设置深度。

(6) 确定含水层的厚度。当等水位线图上有隔水层顶板等高线时，则可确定任一地点的含水层厚度，其值为等水位线与顶板等高线之差。

在水文地质剖面图上，潜水埋藏深度，含水层的厚度、岩性及其变化，潜水面坡度以及潜水与地表水的关系等方面，往往显示得一目了然。

二、承压水

1. 承压水的概念与特征

承压水是充满在两个稳定不透水层（隔水层）或弱透水层间的含水层中承受水压力的

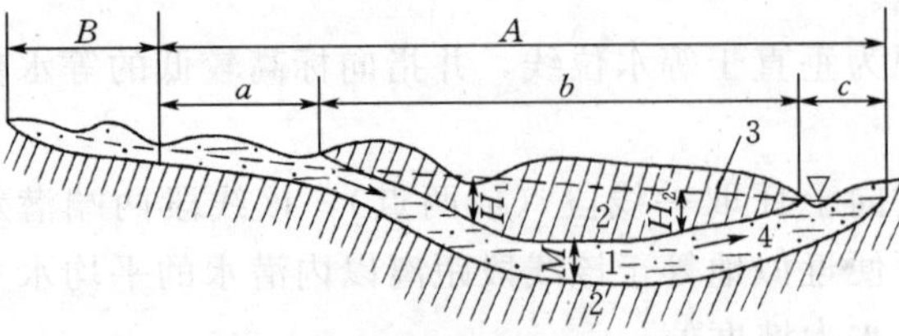

图 7-7 承压盆地剖面示意图

A—承压水分布区；a—补给区；b—承压区；
c—泄水区；B—潜水分布区；H_1—正水头；
H_2—负水头；M—承压水层厚度；
1—含水层；2—隔水层；3—承压水位；4—承压水流向

地下水（图 7-7）。承压水多埋藏在第四纪以前岩层的孔隙中或层状裂隙中，第四纪堆积物中亦有孔隙承压水存在。

当钻孔打穿上部隔水层至含水层时，地下水在静水压力的作用下，上升到含水层顶板以上某一高度，如图 7-7 中的 H_1 及 H_2，该高度称为承压水位或承压水头。各承压水位的连线称为承压水位线（或水头线）。承压水位高出地表的称为正水头，低于地表的称为负水头。因此，在适宜的地形地质条件下，水可以溢出地面，甚至喷出，如图 7-7 中的 H_1，所以通常又称承压水为自流水（但并非所有承压水都能自流）。由于承压水具有这一特点，因而是良好的水源，在我国早已被广泛地开采利用了。还在 2000 多年以前，四川的自流井凿井取水煮盐，便是世界上最早发现和利用承压水（卤水）的记录。承压水的存在，有时也给地下工程、坝基稳定等造成很大的困难。所以，研究承压水有重要的意义。

从图 7-7 可以看出，承压水的埋藏条件是：上下均为隔水层，中间是含水层；水必充满整个含水层；含水层露出地表吸收降水的补给部分，要比其承压区和泄水区的位置为高。具备上述条件，地下水即可承受静水压力。如果水不充满整个含水层，则称为层间无压水。

上述承压水的埋藏条件决定了它的下述特征：

1）承压水的分布区和补给区是不一致的；

2）地下水面承受静水压力，非自由面；

3）承压水的水位、水量、水质及水温等受气象水文因素季节变化的影响不显著；

4）任一点的承压含水层的厚度稳定不变，不受降水季节变化的支配。

2. 承压水的埋藏类型

从上述可以看出，承压水的形成主要决定于地质构造。不同的地质构造决定着承压水埋藏类型的不同。这是承压水与潜水形成的主要区别。

在适当的地质构造条件下，无论孔隙水、裂隙水或岩溶水均能构成承压水。构成承压水的地质构造大体上可分为两类，一类是盆地或向斜构造，另一类是单斜构造。这两类地质构造在不同的地质发展过程中，常被一系列的褶皱和断裂所复杂化。埋藏有承压水的向斜构造和构造盆地，称为承压（或自流）盆地；埋藏有承压水的单斜构造，称为承压（或自流）斜地。

（1）承压盆地。每个承压盆地可分成 3 个部分：补给区、承压区和排泄区（图 7-7）。

盆地周围含水层出露地表，露出位置较高者为补给区（a），位置较低者为排泄区（c），补给区与排泄区之间为承压区（b）。在钻井时打穿上部隔水层，水即涌入井中，此高程（即上部隔水层底板高程）的水位称为初见水位。当水上涌至含水层顶板以上某一高度稳定不变时，称为静止水位（即承压水位），上部隔水层底板到下部隔水层顶板间的垂直距离，称为含水层厚度（M）。承压区含水层厚度是长期稳定的，而补给区含水层厚度则受水文气象因素影响而发生变化。

当有数个含水层存在时，各个含水层都有各自的承压水位。储水构造和地形一致的情况下则为正地形，此时，下层的承压水位高于上层的承压水位。储水构造和地形不一致的情况下则称为负地形，其下层的承压水位则低于上层的承压水位。这一点可以帮助初步判断各含水层发生水力联系的补给情况。如果用钻孔或井将两个承压含水层贯通，那么，在负地形的情况下，可以由上面的含水层流到下面的含水层，在正地形的情况下，下面含水层中的水可以流入上面的含水层。

承压盆地的规模差异很大。四川盆地是典型的大型承压盆地。小型的一般只有几平方公里。

（2）承压斜地。由含水岩层和隔水岩层所组成的单斜构造，由于含水层岩性发生相变或尖灭，或者含水层被断层所切，均可形成承压斜地。

在图 7-8 所示的承压斜地内，补给区和排泄区是相邻近的，而承压区位于另一端，在含水层出露的地势低处有泉出现。此时，水自补给区流到排泄区并非必须经过承压区，这与上述的承压盆地显然有所不同。

图 7-8 所示的承压斜地，补给、承压和排泄区各在一处，类似承压盆地。

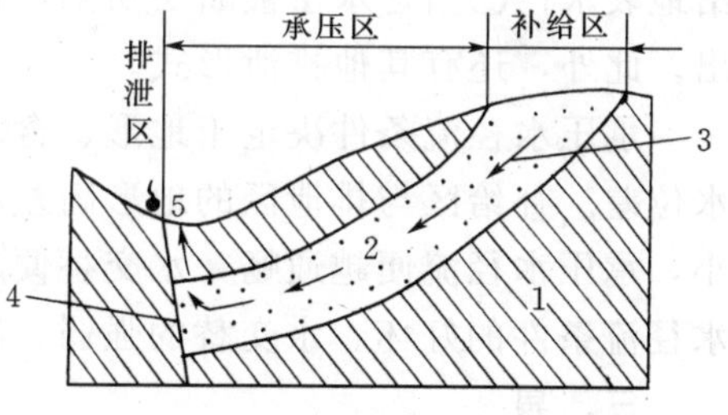

图 7-8　断块构造形成的承压斜地

1—隔水层；2—含水层；3—地下水流向；4—导水断层；5—泉

3. 等水压线图

等水压线图就是承压水含水层的承压水面的等高线图。承压水面又称为测压水面，不是实际存在的面，但它的特征可以反映承压水含水层岩性和构造的变化，以及承压水运动和变化的若干特点。

绘制等水压线图时，必须有一定数量的同一承压含水层的稳定水位、初见水位（或含水层顶板高程）等资料，这些资料是通过钻孔和井、泉（上升泉）等获得的。将各项资料一律换算成绝对标高，标在一定比例尺的地形图上，即可绘成等水压线图。其绘制方法与绘制等水位线图的方法相类似。

根据等水压线图可以分析出下列一些内容。

（1）确定地下水的流向。垂直于等水压线，常用箭头表示，箭头指向标高较低的等水压线。

（2）确定承压水面的水力坡度。在流向方向上，任意两点的承压水位差除以该两点间的水平距离，所得之商值即为该两点间的平均水力坡度。

（3）确定承压水位距地表的深度。由地面标高减去承压水位标高即得。但此深度与潜水的埋藏深度有显著的区别，因潜水在其埋藏深度上实际存在，而承压水则必须打穿其上部隔水层以后，水才可能上升到承压水位的高度上来。据此，可以选择开采承压水的地段。

（4）确定含水层的埋藏深度，即地面标高与含水层顶板标高之差。因此，等水压线图上必须有含水层顶板等高线。了解承压水的埋深情况有助于选择地下工程的位置及采取防护措施。

(5) 确定水头的大小。承压水位标高与含水层顶板标高之差，即为承压水的水头。根据承压水水头，可以预测开挖基坑和洞室时水的压力，为防治发生冲溃事故，采取预防措施提供依据。

(6) 分析含水层透水性和厚度的变化。根据等水压线的疏密分布情况即可分析，其方法与分析等水位线者相同。

4. 承压水的补给、径流和排泄

承压水的补给方式：①当承压水补给区直接露出于地表时，大气降水是主要的补给来源；②当补给区位于河床或湖沼地带，地表水可以补给承压水；③当补给区位于潜水含水层之下时，潜水便直接排到承压含水层中；④在适宜的地形和地质构造条件下，承压水之间还可以互相补给。

承压水的排泄形式：①当含水层或其排泄区出露在地表时，承压水便泄流成泉或者补给地表水；②当含水层被断层切割，且断层是导水的，则沿断层一线承压水以泉的方式排出。此外，还有其他排泄形式。

承压水径流条件决定于地形、含水层透水性和地质构造，以及补给区与排泄区的承压水位差。补给区与排泄区的地形高差和水位差越大，含水层透水性越好，构造挠曲程度越小，承压水径流便越通畅，水交替便越强烈；相反，承压水径流缓慢，水交替微弱。承压水径流条件的好坏、水交替的强弱，决定了水矿化度高低及水质好坏。

三、泉

(一) 泉的意义及一般特征

泉是地下水出露于地面的天然露头。有相当大一部分的地下水是以泉的形式排泄的，所以泉是地下水的一种重要排泄方式。它是反映岩石富水性和地下水的分布、类型、水质、补给、径流、排泄条件和变化的一项重要标志，是可以直接用于工农业和生活供水的重要水源。因此，泉是了解和研究地下水的重要依据之一。

泉是在一定的地形、地质和水文地质条件的结合下出现的。在山区、丘陵区的沟谷中和山坡脚，泉的分布最为普遍。在平原地区则很难找到泉。

我国有很多著名的大泉。如山东济南是著名的"泉城"，云南洱源县有"泉县"之称，泉水都很丰富，同时供应城市的用水。我国有不少的泉其流量超过 $1m^3/s$，甚至达每秒数十立方米。水量丰富、动态稳定、水质适宜的泉，是宝贵的水源，有的还可以作为水电站的动力，如云南六郎洞水电站和四川磨房沟水电站等。

图 7-9　向外喷涌的上升泉

(二) 泉的类型

泉的类型很多，目前尚无统一的分类。根据泉的补给、出露等条件，对泉进行如下的分类。

1. 根据水头性质分类

(1) 上升泉。为承压水补给，在出露口附近，水是自下而上运动（图 7-9）。

（2）下降泉。为潜水及上层滞水补给，在出露口附近，水自上而下运动（图 7－10）。

图 7－10　湖岸边的下降泉

但是，只根据在泉出口处的水流上升或下降来判断补给泉的含水层性质，往往比较困难。例如有些由自下而上运动水流补给的泉，由于排水畅通，在泉的出口处往往表现出下降性质。因此，在分析上升泉和下降泉时，不仅注意出口处水流性质，而且要对泉的其他特征进行全面分析。

2. 根据泉的出露原因分类

（1）侵蚀泉。当河流、冲沟切割到潜水含水层时，潜水即出露成泉，这种泉与侵蚀作用有关，因此称为侵蚀下降泉。若切穿承压含水层的隔水顶板时，承压水便喷涌成泉，称为侵蚀上升泉。

（2）溢出泉。岩石透水性变弱或为阻水断层所隔，潜水因流动受阻而涌溢于地表成

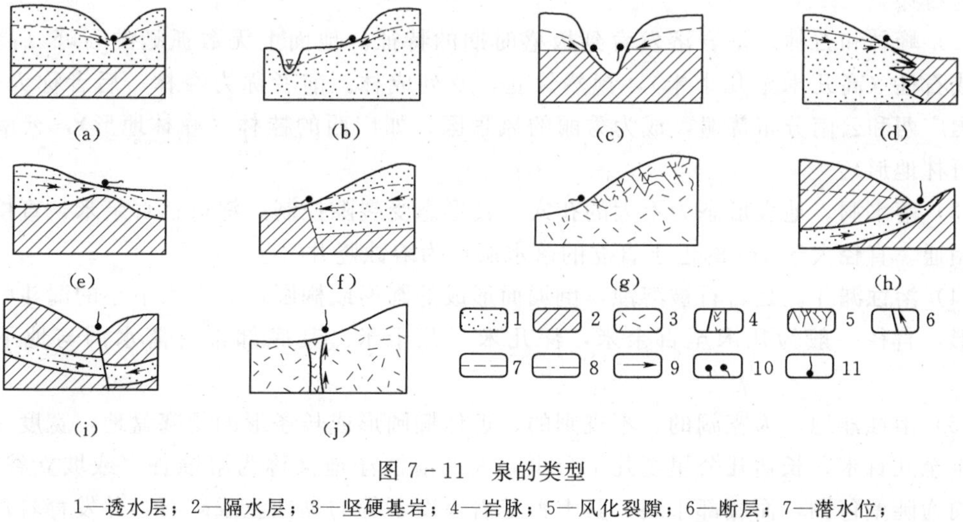

图 7－11　泉的类型

1—透水层；2—隔水层；3—坚硬基岩；4—岩脉；5—风化裂隙；6—断层；7—潜水位；8—侧压水位；9—地下水流向；10—下降泉；11—上升泉

泉，此类泉称溢出泉或回水泉。溢出泉的共同特点是：在出露口附近水的运动表现为上升运动，如果不仔细地分析地质条件，很容易将它误认为上升泉。

（3）断层泉。承压含水层被断层切割，当断层导水时，地下水便沿断层上升，在地面标高低于承压水位处便出现泉。这种泉常沿断层分布，因此称为断层泉（图 7－11）。

第三节 岩溶（喀斯特）地貌

一、岩溶的形态特征和研究意义

在可溶性岩石分布地区，岩石长期在水（主要是地下水）的溶蚀和冲刷作用下，形成各种各样奇特的形态，这些地质作用及其所产生的各种形态总称为岩溶。由于这种独特的地质现象是在欧洲巴尔干半岛的喀斯特（Karst）地区最早引起人们的注意和研究，因而又称为喀斯特。

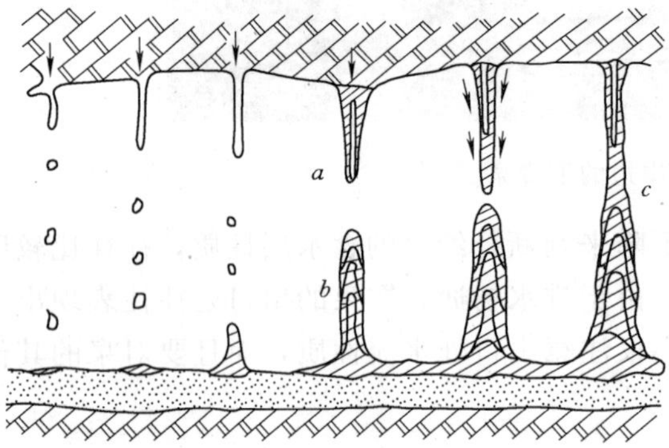

图 7－12 钟乳石的形成过程示意图

a—石钟乳；*b*—石笋；*c*—石柱

（一）岩溶

岩溶的形态是多种多样的，常见的形态有：岩石表面的溶沟、石芽；地形上的峰林、石林和溶蚀洼地；地表通向地下的落水洞、溶蚀漏斗等；地下的溶孔、溶洞、地下暗河和地下湖，以及岩溶堆积的石笋、石钟乳、石柱和石帷幕等（图 7－12）。

（1）溶沟和石芽。可溶性岩石出露地表，受到雨水溶蚀，使岩石表面形成一些沟槽，其深度由几厘米至几米，或更大，浅的称为溶沟，深的称为溶槽，在沟或槽之间凸起的石脊称为石芽。

（2）峰林和石林。是岩溶发育到极盛时期的特征。地面上无数孤峭的石峰（高几十米）或石柱（高几米至几十米），巍然耸立，罗列成林。前者称为峰林，后者称为石林。在我国广西和云南分布普遍，成为秀丽的风景区。如广西的桂林（峰林地形），云南的石林（石林地形）。

（3）落水洞。地表形态为不大的孔穴，其形态受裂隙控制，深可达百余米，直接与含水层相通。直径大于 1m 的近于直立的落水洞称为溶蚀竖井。

（4）溶蚀漏斗。是岩石被溶蚀，倒塌而形成的圆形或椭圆形、上大下小的漏斗状或碟状地形，直径一般为几米至百余米，深几米至几十米。其底部常有落水洞与地下溶洞相通。

（5）溶蚀洼地。为宽阔的、不规则的、近似椭圆形或长条形的闭塞盆地，宽度一般为几十米至几百米，长达几公里至几十公里。大的溶蚀洼地又称为溶蚀谷（或坡立谷）。洼地四周为陡壁包围，而底部平坦，其上覆盖着厚度不等的黏性土或碎石，并发育着落水洞和溶蚀漏斗，成为大量吸收地表水流的通道。当通道被堵塞而积水时，便形成岩溶湖（图

7-13）。

图 7-13 云南路南一岩溶陷落湖

（6）溶孔和溶洞。溶孔在岩石中呈蜂窝状分布，直径一般为数毫米，也有数厘米至十余厘米的，主要在地下深处形成。如山西潞安盆地的钻探结果，地面以下 500 余 m 仍有溶孔存在。溶洞是近于水平或倾斜的大型空洞，洞的规模可以很大，长可达数十公里，洞内宽者如大厅，窄者似长廊。一般洞中堆积有石笋、石钟乳、石柱等。溶洞顶部常常与落水洞相通，成为排泄地表水的通道。当溶洞位于地下水位以下时形成地下河，在低洼处则形成地下湖泊。在岩溶发育地区，地面河流往往注入地下，成为伏流，在河流下游见不到地表水流，或根本无河谷地形，这样的河谷称为盲谷。如贵州独山县，地下河道发育，其主流长达四十几公里。

（二）研究岩溶的意义

岩溶在我国分布十分广泛，地表出露约 120 多万 km^2，占全国面积的 1/8。被埋于地下的则更为广泛。主要分布于广西、贵州和云南东部。其次，鄂西、湘西、四川东部、山西、河北和山东等省分布也较广。

在岩溶分布区，岩溶水是一种极为丰富的地下水资源。它的水量充沛，水质良好，适用于饮用、灌溉和发电。

但是，岩溶也给人们带来灾害。如有的地区，由于岩溶发育使地表水极为缺乏，形成“旬日不雨，即成旱象”。而有的地区，地势低洼，每逢下雨，岩溶水大量汇集，形成“一场大雨千洼涝”的景象，对农业生产影响极大。

岩溶也往往给水利建设带来困难和危害。岩溶的发育使岩石中形成不同程度的孔洞，成为水库渗漏的通道。处理不当，就会降低水库的效益，严重的甚至蓄不起水。另一方面，岩石中的孔洞破坏了岩石的完整性，大大降低了岩石的强度和稳定性，从而影响水工建筑物的安全。此外，岩溶对施工也带来许多困难，如基坑开挖和隧洞施工，可能出现大量涌水，造成严重事故。

新中国成立以来，我国在岩溶地区兴建了许许多多大、中、小型水利工程，取得了丰富经验。实践证明，虽然岩溶地区的工程地质条件和水文地质条件十分复杂，不同岩溶地区的有利条件和不利因素又不完全相同。但是，只要掌握岩溶的形成条件和发育规律，认识不同地区的岩溶作用特点，充分利用有利条件，对不利因素采取有效的措施，就可以使岩溶为我国的社会主义建设事业服务。

二、岩溶的形成条件及影响因素

岩溶是在各种自然条件的共同作用下发生和发展起来的，其中，有 4 个基本条件：①可以溶解于水的岩石；②可溶岩石具有透水能力；③可溶岩石中有流动的水；④这种水有溶解岩石的能力。只要一个地区具备上述 4 个条件，就会有某种程度的岩溶作用发生。反之，缺乏其中任何一个条件，岩溶就不可能发生。

（一）岩石的可溶性

可溶性岩石是岩溶形成的物质基础，它的成分、结构和成层组合条件是影响岩溶发育的程度。

岩石的成分不同，其溶解度也不一样。按成分可分为碳酸盐类岩石（石灰岩、白云岩、白云质灰岩、大理岩等），硫酸盐类岩石（石膏、硬石膏等）及氯化盐类岩石（氯化钾盐、氯化钠盐、氯化镁盐等）。这三类岩石中碳酸盐类岩石的溶解度最低，硫酸盐类岩石的溶解度远远大于碳酸盐类岩石。如硬石膏在蒸馏水中的溶解度几乎等于方解石的190倍。氯化盐类岩石的溶解度最大。但是，在可溶岩中，分布最广和工程实践上意义最大的是碳酸盐类岩石。

自然界中，绝对纯粹的石灰岩和白云岩很少，一般都或多或少的含有杂质。在石灰岩和白云岩之间，石灰岩与硅质岩之间，石灰岩与泥质岩之间，存在着一系列过渡类型的岩石，故碳酸盐类的成分十分复杂，而每种成分的溶解度和溶解速度又相差很远。如白云石的溶解度比方解石高，但是，它的溶解速度却只有方解石的1/4～1/3。溶解速度的差异对岩溶的发育有极大的影响。因为，碳酸盐类的岩石中，首先被溶解的是方解石，而溶解速度较慢的或不溶解的物质，则残留下来。它们常常把岩石中的裂隙和孔洞堵塞起来，影响岩溶的发育。故一般质纯的石灰岩，岩溶较发育。如我国南方分布的泥盆系、石炭系、二叠系和三叠系的石灰岩，一般质较纯，故岩溶发育。而泥质灰岩、硅质灰岩等，岩溶发育较差。如我国北方震旦系的硅质灰岩较难溶蚀，岩溶不发育。

其次，岩石的结构和成层组合条件也影响岩溶的发育，一般晶粒粗大和不等粒结构的可溶岩，由于抗风化能力差，节理裂隙发育，易于溶蚀。而晶粒较细，均匀致密的可溶岩，则不易溶蚀。可溶岩石的成层组合条件，不仅影响岩溶发育的强度，而且影响岩溶发育在空间的分布。在质纯厚层的碳酸盐岩层中，由于中间或底部没有非溶解岩石的隔断，裂隙延伸较远，有利于地下水的循环交替作用的进行。因此，岩溶成片分布，而且可以发育很深。而在成层组合条件复杂，如可溶岩层夹有非可溶岩层，且可溶岩层厚度不大时，裂隙一般连续性差，而且易被充填，地下水运动受到约束，岩溶往往呈带状或孤立零星的分布。

（二）岩石的透水性

岩石的透水性，决定于岩石本身的裂隙、孔洞的多少和连通情况。对岩溶的发育来说，起决定意义的是岩石中裂隙的发育情况。岩石的裂隙由于成因不同，其分布特点各异，影响的岩溶发育部位也不相同。构造裂隙是水流的主要通道，因此，岩溶发育的程度和分布方向，往往和地质构造有密切关系，一般在断层和裂隙密集带、褶皱转弯的最大部位，因为岩石破碎，地下水容易进行循环交替，促使岩溶发育。另外，地表附近的岩石，由于风化作用，裂隙增多，有利于地下水的运动。因此，在地表附近，岩溶一般也比较发育。

（三）水的溶解能力

自然界的水是不纯的，含有许多化学成分。水对碳酸盐类岩石的溶解能力，主要取决于水中多余的CO_2的含量，即所谓侵蚀性CO_2的含量，水中侵蚀性CO_2的含量越多，溶解能力越强。水中CO_2的来源主要是雨水溶解空气中所含的CO_2形成的。此外，土壤和地表附近强烈的生物化学作用，也是水中 CO_2 的重要来源。当水中含有氯离子 Cl^- 和硫酸根离子 SO_4^{2-} 时，水对碳酸盐类岩石的溶解能力将增强。

水的溶解能力和水温也有一定的关系，根据实验，随着水温的升高，水的溶解能力也将增大。由此可见，水的物理化学性质与岩溶的发育有着密切的关系。

当水向地下深处运动的过程中，由于不断溶解岩石，水中的侵蚀性 CO_2 含量逐渐减少，因此，水的溶解能力也越来越弱。

(四) 水的运动状态

水的运动状态是指水在岩层中的循环与交替状态。如果可溶岩层中水的循环与交替条件好，能不断地将溶解下来的物质带走，同时，又不断地有新的具有侵蚀性的水补充，岩溶的发育速度就快。反之，岩溶的发育速度就慢，甚至处于停滞状态。水的运动状态除受岩石透水性影响外，还受该地区的气候、地表水文网的分布、地形等因素的影响。气候一般决定大区域岩溶发育的程度，如我国南方，由于气温高，雨量充沛，岩溶十分发育。北方由于气候寒冷，雨量较少，岩溶发育较弱。对小区域来说，地形对岩溶发育影响较大，如在山区和河谷地区，由于基岩裸露，受水文网排水作用的影响，地下水交替作用强烈，因此，岩溶发育较好。而在缓丘及平原地区，岩溶发育相对比较微弱。

除上述 4 个条件外，其他因素如可溶岩层的产状、植被和覆盖层等，对岩溶的发育都起着一定的作用。

必须指出，碳酸盐类岩石中，岩溶的发育过程是极其缓慢的。现代的岩溶现象是岩层在过去的漫长地质年代中逐渐被溶蚀的结果。根据观测资料，河水对石灰岩的溶解速度为每百年裂隙扩大 5cm。从上述资料可以看出，岩溶的发育速度是缓慢的。但是，对水利工程建设来说，这样小的溶解速度也是不可忽视的。因为，现在的水泥灌浆技术不能把宽度小于 0.15mm 的裂隙胶结起来。所以，在灌浆以后，岩溶作用仍然可能沿着这些裂隙发展。

三、岩溶水

可溶岩层中存在着各种溶蚀裂隙和孔洞，储存和运动于这些洞隙中的地下水称为岩溶水。岩溶水可以是潜水，也可以是承压水。当可溶岩层大面积出露地表时，常形成岩溶潜水和一些局部承压水。当可溶岩层被非可溶岩层覆盖，而孔洞又被地下水充满时，便形成岩溶承压水。

岩溶潜水多为低矿化的 HCO_3^- 型水。自流盆地和自流斜地的岩溶承压水矿化度虽然有所增加，但一般仍比其他类型的自流水低。因此，岩溶水对农田灌溉和生活用水是一种良好的水源。但是，岩溶水极易被污染。故在利用岩溶水作为供水水源时，应注意卫生防护。

由于岩溶的发育和分布十分复杂，因此，造成了岩溶水的埋藏、分布和运动状态的复杂性。

1. 岩溶水空间分布的不均匀性

岩溶发育的不均匀性使可溶岩层内可能同时具有含水岩层与不含水岩层、强含水岩层与弱含水岩层、均质含水岩层与集中渗流通道的特点。因此，岩溶水在垂直方向和水平方向上的分布变化很大。在溶洞孔道中水多，而在溶洞以外的岩体中水少，甚至无水。例如钻孔打到溶洞，涌水量就大。但是，就在附近的另一钻孔没有打到溶洞时就可能无水。根据调查，岩溶水常常富集于下述地带：质纯的可溶岩层，断层带或裂隙发育带，褶皱轴部和岩层急剧转折的部位，可溶岩与非可溶岩接触部位。

2. 岩溶水的运动特征

岩溶水可以在孔洞中流动，也可以在裂隙中渗流，由于运动条件的差异，其运动性质也截然不同。根据大量资料，岩溶水的运动特征归纳如下。

(1) 孤立水流与统一地下水面并存。岩溶地区既存在一些与周围联系极差的孤立水流，也存在具有统一地下水面的岩溶水流。前者常出现在岩溶发育的山区，这些地区岩溶通道虽然发育，但是连通性差，往往缺少统一的地下水面。后者经常出现在岩溶发育的河谷地带和岩溶平原地区。这些地区由于地下水的长期作用，通道之间的水力联系较为密切，一般具有统一的地下水面。

(2) 层流与紊流并存。裂隙中渗流的水，由于阻力较大，流速较小，因而处于层流状态。在孔洞中的岩溶水，由于阻力小，流速快而出现紊流状态。在同一孔洞中，在不同部位，由于岩溶通道本身的变化很大，而使水流在一些地段呈层流，在另一些地段呈紊流。

(3) 承压水流与无压水流并存。同一岩溶含水层中有些水流为无压流，有些则呈承压状态。就是同一通道系统，在溶洞断面大的地方可以为无压水流，在过水断面小的地方则呈局部的承压水流。

(4) 明流与伏流并存。地表河流遇到溶洞或暗河时，全部或部分以管道状的集中方式转入地下，其规模和速度都是其他地下水所不能相比拟的。反之，巨大的暗河突然涌出地表，而成为地表径流。这种情况在岩溶发育地区是屡见不鲜的，有时一条河可以做多次这样的转化。例如四川青岗堡——鱼桥段明流和伏流交替出现达三次之多。

3. 岩溶水的动态特征

大气降水是岩溶水的主要补给来源。它通过落水洞、洼地、溶蚀漏斗直接迅速地补给地下水。因此，岩溶水的动态和大气降水有着密切的关系。其主要特点如下。一是水位、水量变化幅度大，水位变化幅度最大可达几十米，如广西某地地下水水位变幅为20～50m。而流量变化更大（80倍至几百倍），如广西合山某泉最大流量为4342L/s，最小流量为10.2L/s，相差400多倍。二是岩溶潜水对大气降水的反映极为灵敏，有的在下雨后一昼夜甚至几小时就出现高峰，如四川红岩某泉，一般流量为500m^3/h，暴雨6～12h后，流量达3744m^3/h；而对于岩溶承压水，一般流量比较稳定，受大气影响较小，如山东、山西的一些大泉，这是由于补给区远、补给面积广、含水层容积大，因此，一年四季流量变化不大。

4. 岩溶水的排泄特征

岩溶水排泄的最大特征是排泄集中和排泄量大。排泄方式是以暗河形式排入河流，或以泉的方式排于地表。

根据出露情况，岩溶泉有以下几种形式。

(1) 永久性泉。泉水的补给来自饱水带，补给区大，且补给来源较远。其特点是水量丰富，流量较稳定。如山西的晋祠泉、山东济南的趵突泉等。在厚层可溶岩分布区的河床中，由于河流减压，岩溶水沿孔隙通道呈虹吸管道向上流出，而经常出现一些上升泉，这是岩溶地区特有的一种涌泉。

(2) 间隙泉。泉水的补给来源多属季节变化带中的岩溶水，因此，泉水的特点是下雨时涌水，雨后或冬季干涸。泉水流量随降雨大小而变化。当间隙泉在下雨时向外流水，而平时或干旱时则起消水作用（地表水流入地下）。这种泉又称为反复泉。

(3) 多潮泉。特点是泉的涌水量呈潮汐变化，有时水量很大，有时几乎干涸，呈周期性的变化。例如贵州红板桥多潮泉，涨潮时最大涌水量达 22.5～88.5L/s，退潮时最小流量为 0.5L/s，每一周期相隔 30～35min。流量差达 50～70 倍，其原因主要由于岩溶发育不均匀，管道系统复杂，径流不畅，形成水量补给不足而产生虹吸循环的结果。

四、岩溶地区修建水库的一些经验

（一）岩溶地区水库及坝址的选择

岩溶地区兴修水库所遇到的工程地质问题主要是渗漏问题。我国人民在和岩溶的渗漏现象做斗争的过程中，已经积累了丰富的经验。实践证明，水库及坝址选择的好坏，对防止渗漏，提高水库效益和减少处理工作量，有着十分重要的意义。

从防渗观点出发，首先尽量选在有页岩、砂岩、硅质灰岩和泥灰岩等隔水层的横谷河段。若岩层倾向上游，倾角较陡就更为有利。如贵州某电站有两个坝段，上坝段为岩溶化白云岩，下坝段为岩溶化灰岩和页岩互层所组成的横谷，岩层倾向上游，倾角较陡，从防渗来看，下坝段较为有利，最后放弃了上坝段。其次对无隔水层的河谷选坝时，应尽可能选在弱岩溶化地段。此外，选择坝址时，还应注意地貌及水文地质条件：避免设在河流转弯处，或者坝址上下游有冲沟及地形分水岭单薄的地段，以及支流汇入主流入口附近筑坝。在具有纵向径流的河段，坝址应选在上下游流量没有异常变化的地段，或下游没有大量涌泉出露的地区。因为这些现象说明该河段可能存在有漏水的通道。当河道中有大量涌泉时，坝址选择在其下游较为合适。例如，湖南某水库将坝址选在地下水溢出带的下游（图 7-14），修建后未发现渗漏。

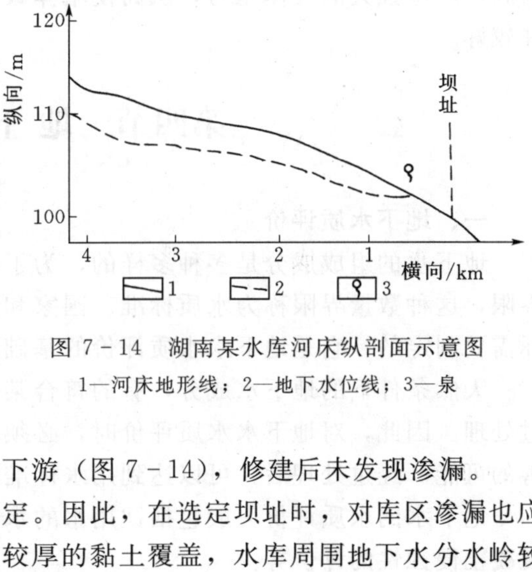

图 7-14 湖南某水库河床纵剖面示意图

1—河床地形线；2—地下水位线；3—泉

水库的严重渗漏，往往会影响到坝址的选定。因此，在选定坝址时，对库区渗漏也应进行研究。适宜的库址应当是库底平坦，并有较厚的黏土覆盖，水库周围地下水分水岭较高较厚。因为在这种情况下，建库后地下水补给水库的可能性较大，而库水向外渗漏的可能性较小，即使有渗漏，采取防漏措施的范围和规模也较小。根据国内研究资料，地下水分水岭的有无和高低与库区周围的地形有关。当水库邻近地区有切割较深的河谷，地形分水岭较单薄时，由于地下水的袭夺，地下水往往流向邻近低谷，而无地下水分水岭或分水岭较低。当地形分水岭较厚时，一般均存在有地下水分水岭。地形分水岭越高，则地下水分水岭越高。此外，库址应尽量选在水库周围有隔水层封闭的地区，如向斜盆地等。在这种情况下，即使可溶岩中岩溶十分发育，也不会产生向邻谷的渗漏。

（二）利用岩溶特点修建水库的一些方法

在进行广泛深入调查研究的基础上，充分利用岩溶的特点，因地制宜，因势利导，常常可以建成省钱、省工、效益大的水利工程，下面介绍利用岩溶特点修建水库的一些方法。

（1）堵塞溶蚀洼地和盲谷形成水库。当岩溶形态以下游为伏流、上游为盲谷或溶蚀洼地形式出现时，可采取堵塞伏流的下游出口，也可以堵塞伏流的进口，使盲谷或溶蚀洼地成为水库。一般以堵上游进水口较易成功，如湖南余水溶水库在伏流进口处用 $750m^3$ 的浆砌石，建成高 15m、长 5m、厚 10m 的堵体，造价两万余元，就建成一个库容 156 万 m^3 的水库。

（2）堵塞地下暗河形成地下水库。此法一般用在复杂的岩溶地带，由于洞穴网状串通，故必须找到总的地下水排泄咽喉，进行堵塞，才能收到好的效果。因此，堵的位置可能在暗河的出口处，也可能在暗河通道内。例如，湖南辰溪县某水库，该水库位于峰林洼地山区，漏斗、溶蚀洼地十分发育，垂直竖井与水平溶洞串通，是个“百孔千疮的空山”，地表水完全被孔洞吸收。后来对孔洞进行了详细调查，弄清了咽喉的位置，只花了几立方米混凝土进行堵塞，得库容 70 余万 m^3。

（3）堵塞漏斗底部的落水洞形成水库。这种水库虽然库容较小，有时需在库边低凹处修筑堤坝，以增加蓄水量，但投资少，施工简单，一般堵塞的材料可就地取材。堵塞落水洞时需注意它和暗河的关系，是否可能有暗河中水位抬高时直接顶托堵塞体，或由于水位抬高，产生强大的气体压力，从而使堵体破坏，引起漏水。在这种情况下，把堵体改为围井较好。

第四节　地下水资源评价

一、地下水质评价

地下水的组成成分是多种多样的，为了适应各种目的，需要规定各种成分含量的一定界限，这种数量界限称为水质标准。国家和地方规定的各项标准，都是根据各种用水的实际需要制定的，它是地下水水质评价的基础和准则。

天然条件下的地下水成分，有的符合某种用水的需要，可以直接利用；有的则必须经过处理。因此，对地下水水质评价时，必须考虑在经济技术可能的条件下，水质是否有改善的可能。经过处理后，可以达到用水标准的，方可列入水质评价的范畴。

地下水的水质评价一般包括饮用水的水质评价、农田灌溉用水的水质评价和地下水对混凝土侵蚀性的评价等。

（一）生活饮用水水质评价

生活饮用水水质评价标准的内容一般包括物理（感官性状）、化学（一般化学、有害有毒物质及放射性物质）、微生物（细菌）等方面指标。制定这种水质标准的基本原则如下。

（1）在流行病学上应保证安全。即要求在饮用水中不含有各种病原体，以防止通过水传播传染病。

（2）所含的化学成分对人体无害。即要求水中所含有害、有毒物质（铅、砷、汞等）的浓度对人体健康不会产生有害影响。

(3) 感觉性状良好。要求对人的感官无不良刺激，不产生厌恶感。

一般说来，可以作为城镇居民饮用水的地下水物理性质应当是无色、透明、无悬浮杂质、无异嗅、无味，温度在7~11℃为最适宜。当然地下水受上覆地层的保护，物理性质本身不会对人体健康产生显著的有害影响，而且经过一定的水质处理（如过滤沉淀）可大大改善物质性状。在缺水地区混浊与稍有异味的地下水也被饮用，所以，物理性质不应成为主要的评价依据。但通过人的感观，对地下水物理性质获得的感性认识，却可以帮助我们初步判断地下水的埋藏和循环条件、污染情况和某些化学成分，以确定进一步分析地下水水质的项目与要求。

《生活饮用水卫生规范》见表7-6。

表7-6 生活饮用水水质卫生规范

项 目	标 准 限 值	项 目	标 准 限 值
感官性状和一般化学指标		毒理学指标	
色度	不超过15°	砷	0.05mg/L
浊度	不超过1°（NTU）；特殊情况下，不超过5°（NTU）	镉	0.005mg/L
		铬（六价）	0.05mg/L
嗅和味	不得有异臭、异味	氰化物	0.05mg/L
肉眼可见物	不得含有	氟化物	1.0mg/L
pH值	6.5~8.5	铅	0.01mg/L
总硬度（以$CaCO_3$计）	450mg/L	汞	0.001mg/L
铝	0.2mg/L	硝酸盐（以N计）	20mg/L
铁	0.3mg/L	硒	0.01mg/L
锰	0.1mg/L	四氯化碳	0.002mg/L
铜	1.0mg/L	氯仿	0.06mg/L
锌	1.0mg/L	细菌学指标	
挥发酚类（以苯酚计）	0.002mg/L	细菌总数	100（CFU/mL）
阴离子合成洗涤剂	0.3mg/L	总大肠菌群	每100mL水样中不得检出
硫酸盐	250mg/L	粪大肠菌群	每100mL水样中不得检出
氯化物	250mg/L	游离余氯	在与水接触30min后应不低于0.3mg/L，管网末梢水不应低于0.05mg/L（适用于加氯消毒）
溶解性总固体	1000mg/L		
耗氧量（以O_2计）	3mg/L，特殊情况下不超过5mg/L		

① NTU为散射浊度单位；

② CFU为菌落形成单位。

（二）农田灌溉用水水质评价

灌溉用水的水质评价主要考虑水温、矿化度和水中溶盐成分。

(1) 水温。我国北方地区一般要求10~15℃，或高些，南方水稻区一般以15~25℃为宜。地下水的水温通常低于农作物要求的温度，因此，用井水灌溉一般采用抽水晾晒等措施以提高水温，但利用温泉水灌溉时，水温不能高于25℃。

（2）矿化度。灌溉用地下水矿化度小于1g/L时，作物生长良好；1～2g/L时，水稻棉花生长正常，小麦受影响；5g/L时，灌溉水源充足条件下，水稻能生长，棉花受抑制，小麦生长困难；大于5g/L时，农作物基本难以生长。

应当说明，由于矿化度是指水中溶盐的总量，其中有的对作物有害（如钠盐），有的无害（如钙盐），有的有益。因此，如有害盐分含量多，尤其碳酸钠含量多时，即便矿化度比较低，也会对作物产生不利影响；反之，无害盐分含量高，水的矿化度上限就可以提高。因此，适用于灌溉的地下水矿化度的上限，很难有一个统一的标准。此外，不同作物的耐盐程度，以及同一作物在不同生长期的耐盐程度也都不同，不同的土质、气候、耕作措施也都使作物对灌溉水的矿化度有不同的适应性。

（3）水中溶盐成分。水中溶盐成分不同，对作物也影响不同，一般情况下，$CaCO_3$、$Ca(HCO_3)_2$、$MgCO_3$、$Mg(HCO_3)_2$、$CaSO_4$ 对作物影响不大，钠盐的危害大，尤其 Na_2CO_3 危害最大。对透水性良好的土壤进行灌溉时，水中钠盐对作物极限含量值为：Na_2CO_3 是1g/L，NaCL是2g/L，Na_2SO_4 是5g/L。主要盐类对作物危害程度的相对关系是：$Na_2CO_3 > NaHCO_3 > NaCl > CaCl_2 > MgSO_4 > Na_2SO_4$。

国内外对灌溉水质评价的方法有很多种，下面仅介绍几种。

1. 灌溉系数（*Ka*）评价

所谓灌溉系数（*Ka*）的含意是：以英寸表示水层高度，此水层在蒸发后所剩余下来的盐量，能使土壤累积的盐分，从而达到作物难以忍受的程度，即影响作物的正常生长。灌溉系数（*Ka*）的计算方法见表7-7。

表7-7 灌溉系数计算方法

化学成分	灌溉系数
$rN_a^+ < rCl^-$，有NaCl存在时	$Ka=\frac{288}{5rCl^-}$
$rCl^- < rNa^+ < rSO_4^{2-}$，有NaCl和 Na_2SO_4 存在时	$Ka=\frac{288}{rNa^+ + rCl^-}$
$rNa^+ < rCl^- + rSO_4^{2-}$，有NaCl及 Na_2SO_4 和 Na_2CO_3 存在时	$Ka=\frac{288}{10rNa^+ - 5rCl^- - 9rSO_4^{2-}}$

注 表中 *r* 为每升水中的离子毫克当量数。

当 $Ka > 18$ 时，为良好水质；当 $6 \leqslant Ka \leqslant 18$ 时，可以灌溉，但要采取措施，防止盐分积聚；当 $1.2 \leqslant Ka < 6$ 时，不大适于灌溉，但采取措施后，可用作灌溉水源；当 $Ka < 1.2$ 时，不适于直接作为灌溉水源。

2. 钠吸附比（A）值的评价

即

$$A=\frac{Na^+}{\sqrt{\frac{Ca^{2+}+Mg^{2+}}{2}}}$$

式中 Ca^{2+}、Mg^{2+}、Na^+——该离子的每升毫克当量数。

当 $A > 20$ 时，为有害水（不宜灌溉）；当 A 为8～20时，为有害边缘水（可以灌溉但不安全)；当 $A<8$ 时，为无害水（相当安全)。

3. 盐度和碱度指标的综合评价

此种方法是河南省水文地质队豫东组，经过大量的调查研究和试验后提出的。将灌溉水对作物和土壤的危害分为 4 种类型。

(1) 盐害。指氯化钠和硫酸钠对作物和土壤的危害。水的盐害指标用盐度来表示。盐度即液态条件下氯化钠和硫酸钠的允许含量，单位为 mmol/L，其计算式为

当 $rNa^{+}>rCl^{-}+rSO_4^{2-}$ 时，盐度$=rCl^{-}+rSO_4^{2-}$；

当 $rNa^{+}<rCl^{-}+rSO_4^{2-}$ 时，盐度$=rNa^{+}$。

(2) 碱害。指碳酸钠和碳酸氢钠对作物和土壤的危害。水的碱害指标用碱度来表示。碱度即液态条件下碳酸钠和碳酸氢钠的允许含量，单位为 mmol/L，其计算式为

$$碱度=(rHCO_3^{-}+rCO_3^{2-})-(rCa^{2+}+rMg^{2+})$$

计算结果为负值时，盐害起作用。上述各式中 r 为每升的离子毫克当量数，见表 7-8。

表 7-8　灌溉用水水质评价指标表

危害类型及表示方法 \ 水质评价指标		水质类型		
		淡　水	中　等　水	盐　碱　水
盐害	碱度为 0 时的盐度	<15	15～25	25～40
碱害	盐度为小于 10 时的碱度	<4	4～8	5～12
综合危害	矿化度	<2	2～3	3～4
灌溉水质评价		长期灌溉时，作物生长无不良影响，可将盐碱地浇成好地	长期灌溉不当，对农作物生长有影响，如合理灌溉可避免这种影响	灌溉不当，土壤迅速盐碱化，农作物生长不好，必须注意方法，如方法得当，则作物生长良好

注　1. 本指标适用于非盐碱化土壤，对已知盐碱化土壤，可视盐碱化程度，调整指标使用；
2. 本指标仅限于豫东地区作物，对于蔬菜、果树可调整指标使用。

(3) 盐碱害。即盐害与碱害共存。当盐度大于 10，并有碱度存在时，即称盐碱害。这种危害一方面使土壤迅速盐碱化；另一方面对作物有极强的腐蚀作用，可使作物死亡。

(4) 综合危害：水中的氯化钙、氯化镁等有害成分与盐害、碱害同时对作物和土壤的危害称为综合危害。危害程度决定于水中所含盐类的总量，故用矿化度表示。

(三) 地下水对混凝土侵蚀性的评价

各类工程建筑中使用的混凝土，特别是基础部分或地下结构在同地下水接触时，由于物理和化学作用，使硬化后的混凝土逐步遭受破坏，强度降低，最后导致影响建筑物的安全。这种现象称为地下水对混凝土的侵蚀。有以下几种表现形式。

1. 分解性侵蚀

分解性侵蚀指酸性水溶滤氢氧化钙和侵蚀性碳酸溶滤碳酸钙而使水泥分解破坏的作用。可分为一般酸性侵蚀和碳酸性侵蚀两类。

（1）一般酸性侵蚀：当水中含有一定的 H^+ 时，则会产生如下溶滤反应：

$$Ca(OH)_2 + 2H^+ \longrightarrow Ca^{2+} + 2H_2O$$

使水泥的氢氧化钙起反应，造成混凝土破坏。水的 pH 值越低，水对混凝土的侵蚀性越强。

（2）碳酸性侵蚀：水中游离二氧化碳的含量增大时，水的溶解能力也相应增强，使碳酸钙溶解，其反应式为

$$CaCO_3 + H_2O + CO_2 \longrightarrow Ca^{2+} 2HCO_3^-$$

当水中 CO_2 含量较多，大于平衡所需数量时，则可继续溶解 $CaCO_3$，而形成新的 HCO_3^-。这部分多余的游离 CO_2 称为侵蚀性 CO_2。

由上述情况可知，评价分解性侵蚀时，必须考虑 HCO_3^- 的含量、pH 值及 H^+ 的浓度。

1）分解性侵蚀指数 pHs：

$$pHs = \frac{[HCO_3^-]}{0.15[HCO_3^-] - 0.025} - K_1$$

式中　$[HCO_3^-]$——水中 HCO_3^- 的含量，mmol/L；

K_1——按表 7－9 查得。当水中的 pH＞pHs 时，水无发解性侵蚀；当 pH＜pHs 时，水有分解性侵蚀。

2）pH 值（一般酸性侵蚀指标）：水中 pH 值小于表 7－9 所列数值，水有酸性侵蚀。

表 7－9　　水对混凝土的侵蚀性鉴定标准

<table>
<tr><th rowspan="4">侵蚀性类型</th><th rowspan="4">侵蚀性指标</th><th colspan="4">大块碎石类土</th><th colspan="4">砂类土</th><th colspan="4">黏性土</th></tr>
<tr><th colspan="12">水　泥　类</th></tr>
<tr><th colspan="2">A</th><th colspan="2">B</th><th colspan="2">A</th><th colspan="2">B</th><th colspan="2">A</th><th colspan="2">B</th></tr>
<tr><th>普通的</th><th>抗硫酸盐的</th><th>普通的</th><th>抗硫酸盐的</th><th>普通的</th><th>抗硫酸盐的</th><th>普通的</th><th>抗硫酸盐的</th><th>普通的</th><th>抗硫酸盐的</th><th>普通的</th><th>抗硫酸盐的</th></tr>
<tr><td rowspan="5">分解性侵蚀</td><td>分解性侵蚀指数</td><td colspan="8">pH＜pHs 有侵蚀性，$pHs=\frac{HCO_3^-}{0.15HCO_3-0.025}-K_1$</td><td colspan="4" rowspan="5">无　规　定</td></tr>
<tr><td>pHs</td><td colspan="2">$K_1=0.5$</td><td colspan="2">$K_1=0.3$</td><td colspan="2">$K_1=1.3$</td><td colspan="2">$K_1=1.0$</td></tr>
<tr><td>pH</td><td colspan="2">＜6.2</td><td colspan="2">＜6.4</td><td colspan="2">＜5.2</td><td colspan="2">＜5.5</td></tr>
<tr><td rowspan="2">游离 CO_2（mg/L）</td><td colspan="8">游离 $[CO_2] > a[Ca^{2+} + b + K_2]$ 时有侵蚀</td></tr>
<tr><td colspan="2">$K_2=20$</td><td colspan="2">$K_2=15$</td><td colspan="2">$K_2=80$</td><td colspan="2">$K_2=60$</td></tr>
<tr><td rowspan="3">结晶性侵蚀</td><td>Cl（mg/L）＜1000</td><td>＞250</td><td rowspan="3">＞3000</td><td>＞250</td><td rowspan="3">＞1000</td><td>＞250</td><td rowspan="3">＞3500</td><td>＞250</td><td rowspan="3">＞3500</td><td>＞300</td><td rowspan="3">＞4000</td><td>＞300</td><td rowspan="3">＞5000</td></tr>
<tr><td>Cl（mg/L）1000～6000</td><td>＞100＋0.15Cl^-</td><td>＞100＋0.15Cl^-</td><td>＞150＋0.15Cl^-</td><td>＞150＋0.15Cl^-</td><td>＞250＋0.15Cl^-</td><td>＞250＋0.15Cl^-</td></tr>
<tr><td>Cl（mg/L）＞6000</td><td>＞1050</td><td>＞1050</td><td>＞110</td><td>＞110</td><td>＞12</td><td>＞12</td></tr>
<tr><td rowspan="2">分解结晶复合性侵蚀</td><td rowspan="2">弱盐基硫酸盐阳离子[Me]</td><td colspan="8">$[Me] > 1000[Ne] > K_3 - SO_4^{2-}$</td><td colspan="4" rowspan="2">无规定</td></tr>
<tr><td colspan="2">$K_3=7000$</td><td colspan="2">$K_3=6000$</td><td colspan="2">$K_3=9000$</td><td colspan="2">$K_3=8000$</td></tr>
</table>

3）游离 CO_2（碳酸性侵蚀指标）：当地下水中游离 CO_2 含量（mg/L）大于表 7－9 中公式的计算值（CO_2）时，则有碳酸性侵蚀，计算式为

$$[2CO_2] = a\ [2Ca^{2+}] + b + K_2$$

式中 $[Ca^{2+}]$——水中 Ca^{2+} 的含量，mmol/L；

K_2——查表 7-9。

上述 3 个指标，有一项具侵蚀性即为有分解性侵蚀。据资料介绍，在以下不良地质环境时易产生分解性侵蚀：①强透水地层中有硫化矿或煤矿矿水入渗地区；②有大量酸性工业废水渗入区；③pH<4 时。此外，分解性侵蚀还与混凝土厚度、周围岩土的渗透性及混凝土标号有关。

2. 结晶性侵蚀

所谓结晶性侵蚀是水中过量的 SO_4^{2-} 渗入，会在混凝土孔隙中形成易膨胀的结晶化合物，如石膏体积增加原体积的 1～2 倍，硫酸铝增大原体积的 2.5 倍，造成混凝土胀裂。结晶性侵蚀常与分解性伴生，也与地下水中氯离子含量有关。SO_4^{2-} 含量（mg/L）是结晶性侵蚀评价指标。当地下水中 SO_4^{2-} 含量大于表 7-9 数值时，则有结晶性侵蚀，普通水泥与 Cl^- 含量有关（表 7-9）。

据经验，当具备以下地质环境时，易于发生结晶性侵蚀：①重盐渍土及海水侵入的地区；②硫化矿及煤矿矿水渗入区；③地层中含有石膏的地区；④含有大量硫酸盐、镁盐的工业废水渗入的地区。为了防止 SO_4^{2-} 对水泥的破坏作用，在 SO_4^{2-} 含量高的水下建筑中，如果水具弱或中等的侵蚀性，可选用普通抗硫酸盐水泥；如具强侵蚀性，可选用高抗硫酸盐水泥。

3. 结晶、分解复合性侵蚀

当水中 Mg^{2+}、Ca^{2+}、NH_4^+、Fe^{3+}、Fe^{2+} 等弱盐的硫酸离子含量过高，特别是 $MgCl_2$ 与混凝土中结晶的 $Ca(OH)_2$ 反应后，容易对混凝土形成破坏，其反应式为

$$MgCl_2 + Ca(OH)_2 \longrightarrow Mg(OH)_2 + CaCl_2$$

结晶、分解复合性侵蚀的评价指标为弱基硫酸盐离子 Me。当 Me>1000mg/L，且满足 $Me > K_3 - [SO_4^{2-}]$ 时，具侵蚀性。其中：K_3 由表 7-9 查得；Me 为水中 Mg^{2+}、Ca^{2+}、NH_4^+、Fe^{2+}、Fe^{3+} 等总量或其中主要离子含量（mg/L）。Me<1000mg/L 时无侵蚀性，多数地下水 Me 均小于 1000mg/L。

对水的结晶、分解复合性侵蚀的评价，一般多适用于被工业废水污染的地下水。当水中含有大量镁盐和铵盐，且不属于硫酸盐类时，其侵蚀性应进行专门性试验予以判定（表 7-9）。

二、我国地下水资源量的评价

（一）地下水资源量

水资源是人类赖以生存的最重要的自然资源之一，也是国民经济发展所不可替代的战略资源。我国幅员辽阔，人口众多，水资源总量虽然比较丰富居世界第六位，但人均拥有水量只有世界人均占有量的 1/4，耕地平均拥有的水资源量也相当紧张。因此水资源是我国十分珍贵的自然资源。

地下水具有分布广、储存量大、调蓄能力强、水质水量相对稳定、保证程度高、供水投资少、见效快的特点。从供水的角度看，地下水是缺水山区、水质型缺水地区、城镇地

区饮水的重要水源，更是荒漠地区生态用水最可依靠的就地水资源。充分发挥地下水的优势，把有限的地下水纳入合理开发、经济利用和科学管理的轨道，是今后的战略重点。

中国陆地国土面积为960万km^2，山地丘陵和高原占69%，平原和盆地占31%。东西向延伸的昆仑山—秦岭，成为南方和北方的天然分界线，对于地下水资源的分布产生主要影响。中国大部分地区的降水受太平洋东南季风控制，多年平均降水量为648mm，年降水量由东南向西北递减。全国内陆流域约占陆地国土面积的1/3，外流流域占2/3。

全国新一轮地下水资源评价已结束，最新评价结果为：多年平均年地下淡水资源量为8837亿m^3，约占全国水资源总量的1/3，其中山区为6561亿m^3，平原为2276亿m^3；多年平均年地下淡水可开采资源量为3527亿m^3，其中山区为1966亿m^3，平原为1561亿m^3；多年平均年地下微咸水天然资源量（矿化度1～3g/L）为277亿m^3，半咸水（矿化度3～5g/L）为121亿m^3。

在全国的地下水资源中，按分布面积统计，有63%的地下水资源可供直接饮用，17%需经适当处理后方可饮用，12%为不宜饮用但可作为工农业供水水源，约8%的地下水资源不能直接利用，需经专门处理后才能利用。南方大部分地区地下水可供直接饮用，可饮用地下水分布面积占各省地下水分布面积的90%以上，但一部分平原地区的浅层地下水污染比较严重。北方地区的丘陵山区及山前平原地区水质较好，中部平原区较差，滨海地区水质最差。

各省（自治区、直辖市）不同程度地存在着与饮用水水质有关的地方病。我国北方丘陵山区分布着与克山病、大骨节病、氟中毒、甲状腺肿等地方病有关的高氟水、高砷水、低碘水和高铁锰水等。全国有7000多万人仍在饮用不符合饮用水水质标准的地下水。

长江流域、黄河流域等一级水文地质单元的地下水资源量见表7-10。

表7-10　　全国一级水文地质单元地下水资源量表

编号	流域和水系	补给资源/(万m^3/a)	开采资源/(万m^3/a)
1	长江流域	26629557	8709398
2	黄河流域	4586581	2616728
3	黑龙江流域	4595440	2580805
4	辽河、鸭绿江、图们江流域	2423708	1363361
5	海河、滦河流域	2877960	2181157
6	淮河流域	3647689	3558133
7	珠江流域	15483960	3021040
8	东南沿海诸河流域	8274140	1013827
9	澜沧江、红河、雅鲁藏布江流域	10170780	985900
10	甘肃、内蒙古自治区内流区	1402018	290600
11	青藏内流区	1633300	182900
12	新疆内流区额尔齐斯河流域	5704129	2518649
	合计	87429262	29022498

（二）我国地下水的类型及分布特征

1. 我国水文地质分区

目前，我国地下水开发利用主要是以孔隙水、岩溶水、裂隙水三类为主，其中以孔隙水的分布最广，资源量最大，开发利用的最多，岩溶水在分布、数量开发均居其次，而裂隙水最小。在以往调查的1243个水源地中，孔隙水类型的有846个，占68%；岩溶水类型的有315处，占25%；而裂隙水类型的只有82处，仅占7%。

按水文地质学观点，我国可分为7个水文地质区，主要是根据影响潜水的性质、动态等自然条件，如气候条件、地形及岩石成分等划分的。这7个区分别为：①亚寒带多年冻土带水文地质区；②寒温带湿润气候的水文地质区；③半干旱气候的水文地质区；④内陆干旱气候下的沙漠与干旱草原地带水文地质区；⑤暖温带潮湿气候水文地质区；⑥亚热带强烈潮湿气候的水文地质区；⑦内陆干寒气候条件的青藏高原水文地质区。

2. 我国地下水的分布特点

我国自然条件的地区差异导致地下水资源分布的地区差异。地下水资源分布与降水的区域变化规律一致。南方水资源丰富，北方水资源贫乏。约占全国总面积60%的北方15省（自治区、直辖市）地下水补给资源约为2600亿m^3/a，占全国30%。特别是约占全国1/3面积的西北地区，地下水补给资源和开采资源分别为1125亿m^3/a和430亿m^3/a，各占全国地下水补给资源量和开采资源量的13%。而占全国面积40%的南方地区，地下水补给资源为6100亿m^3/a，约占全国的70%。东南及中南地区，面积仅占全国的13%，地下水补给资源为2600m^3/a，占全国的30%。全国地下水开采近1000亿m^3/a。北方是我国地下水开采量和开采强度最大的地区，西北大部分地区地下水开采程度低，尚有潜力。我国地下水资源的分布在宏观上具有由北向南，由西向东逐渐增加的规律。

从目前的供水情况看，全国地下水的利用量占全国水资源利用总量的16%，其中地下水开发利用程度最高的是华北地区，其地下水供水量占全区总用水量的52%。预计在21世纪，我国淡水资源供需矛盾突出的地区仍是华北、西北、辽中南地区及部分沿海城市。

受我国水资源及人口分布、经济发达程度、开采条件等诸多因素的影响，我国城市特别是北方城市地下水资源的供需矛盾尤为突出。目前全国有近400个城市开采地下水作为城市供水水源，300多个城市存在不同程度缺水，每年水资源缺口大约为1000万m^3。据不完全统计，其中以地下水水源地作为主要供水水源的城市超过60个，如石家庄、太原、呼和浩特等；以地下水与地表水联合供水的城市有17个，如北京、天津、大连、上海等。

目前城市地下水资源遭受污染的情况较为严重，据不完全统计，全国已有136个大中城市的地下水受到不同程度的污染，其中比较严重的有包头、长春、郑州、鞍山、太原、沈阳、哈尔滨、北京、西安、兰州、乌鲁木齐、上海、无锡、常州、杭州、合肥、武汉等城市，主要污染源均为工业和生活污染，局部农业区地下水也受到污染，主要分布在城近郊区的污灌区，目前有污水灌溉农田约134万hm^2，直接污染了地下水，也有的还受到农药和化肥的污染。

第五节 水资源与可持续发展

水资源既是国家基础性资源，又是国家战略性资源。水与人民的生活、生产、生存环境的所有方面都密不可分。我国水资源特点与问题可概括为：水资源总量大，年均水资源总量（狭义，即地表水与地下水）为28412亿m^3，居世界第6位，而人均水资源量很低，仅为世界平均水平的1/4；水资源的分布与人口密度相对一致；水资源的时空变化很大，集中在汛期与东南地区；水资源系统比较脆弱，对气候变化与人类活动的影响反应明显。水资源与可持续发展间的问题主要反应在供需矛盾尖锐（水少）且利用效率低下，洪涝灾害频繁（水多），水污染严重（水脏），相关的环境与生态系统退化十分突出。因此，在21世纪的地球科学发展战略中，中国水资源与可持续发展的研究，不仅对中国，而且对世界，均会有极其重要的贡献。

一、我国水资源可持续利用的战略定位

在未来一个时期，我国水资源可持续利用不可避免地面临庞大的人口数量与粮食安全保障、城市与工业化进程的加快以及生态环境质量的保护和提高带来的压力，这就要求我们在水资源开发利用中，将水资源的消耗、废污水的排放与社会发展、经济增长、环境承载、生态胁迫紧密联系在一起，努力把握人与自然之间的平衡关系，寻求人与自然的协同进化和人与自然关系的合理调适，从而为可持续发展奠定基础。基于我国经济社会发展的宏观背景，我国水资源可持续利用的战略定位为：为我国粮食安全、用水安全和生态安全提供基础支撑，为环境保护、实现人与自然和谐提供基础支撑，为国家防洪减灾提供基础支撑，这也对水资源信息知识和科学技术提出了相应需求。

在水资源可持续利用的具体实践上，在科学发展观和可持续发展理念的指导下，系统总结多年的治水实践和经验教训，我国政府提出了以水资源可持续利用为核心的治水新思路，其内容就是要强调按自然规律办事，人与自然和谐相处；认识到淡水资源是有限的、不可替代的战略资源；在对水资源进行开发、利用、治理的同时，特别强调对水资源的配置、节约、保护；对水多、水少、水脏等问题统筹考虑，综合治理；工程措施与非工程措施并重，加强科学管理；认识到水是资源，是商品，要按经济规律办事，注意发挥市场在水资源配置中的基础性作用。概括地说，就是从工程水利向资源水利，从传统水利向现代水利、可持续发展水利转变，通过水资源的合理开发、高效利用、优化配置、全面节约、有效保护、综合治理和统一管理，满足经济社会发展对水资源的需求，以水资源的可持续利用支撑经济社会的可持续发展。

二、水资源综合管理

水管理是使水资源通过各类工程和措施发挥最优效益和减缓不利影响与副作用的关键，未来一个时期，水资源综合管理的主要研究目标包括：形成适合于中国可持续发展的水资源需求管理的政策框架、水资源需求管理的技术体系、水资源需求管理信息系统建设的框架和水资源需求管理的能力建设规划等。基于上述目标，水资源管理包括行政机制研究，重点是水资源的规划技术，特别是水资源价值核算技术、需水预测技术、水资源承载能力计算技术和水资源论证技术；水资源的权属管理技术，包括用水权分配方法与技术，

总量控制与定额管理技术研究、水市场建立与水权交易规则研究等；水资源管理的经济机制研究，包括水资源价格体系研究、各项调控措施的经济效益分析技术研究、水资源费和排污费构成与标准制定研究；水资源管理体制与政策研究，包括涉水事务管理体制研究、节水激励政策研究、虚拟水研究、节水法律法规制定以及节水的公众参与研究等；水资源实时管理技术研究，重点是水情监测和预报技术、计划用水管理、水资源实时调度技术以及应急和突发事件的管理技术等。

三、数字流域建设

“数字流域”就是借助全数字摄影测量、遥测、遥感（RS）、地理信息系统（GIS）、全球定位系统（GPS）等现代化手段及传统手段，采集基础数据，通过微波、超短波、光缆、卫星等快捷传输方式，对流域及其相关地区的自然、经济、社会等要素，构建一体化的数字集成平台和虚拟环境。在“数字流域”建设中，重点发展和应用的关键技术包括：3S技术、通信和计算机网络技术、数据库技术、计算机辅助设计和管理技术、在线事务处理、在线分析技术、数据仓库技术、空间数据库技术、数据挖掘和知识发现技术、人工智能与专家系统和决策支持技术。“数字流域”的本质是计算实验，数学模拟系统是“数字流域”的核心引擎，因此，在“数字流域”建设过程中，除大力建设和完善多元化的信息采集体系、数字流域虚拟现实系统以及基于GIS技术的数字流域基础数据库外，关键要研发分布式流域二元水循环数字整体模拟系统，在此基础上，建立流域和区域的水资源统一管理系统、防洪减灾系统、水环境信息系统等应用系统，为流域水资源开发、利用、节约、保护和管理提供技术手段和工具。

四、淡水资源危机

20世纪70年代，联合国就“人类环境”问题发出警告：“水不久将成为一项严重的社会危机，石油危机之后的下一个危机便是水。”世界资源研究所就此也发出警告，告诫人类社会面临的水资源危机，不能不说是人类社会生存和发展的一个重大瓶颈。为此，世界上一方面在积极寻找新水源，进行各种尝试，并取得了一些成果。

南极洲的冰，约有1350万km^2，相当于整个地球上所有河流在650年间的总流量。南极大陆的冰层，集中了全球淡水资源的70%，如全部融化成水，将可供应全世界人口需用数万年。为此，一些国家的科学家们正在进行这项宏伟工程的科学规划。此项工作虽然较为遥远，但终究可以给人类带来希望。海洋水量丰富，只要加以提炼，亦可造福人类。目前一些国家（地区）已投入大量资金建立海水淡化厂，如中东地区建立的海水淡化厂有1000多家，全世界建成的海水淡化厂多达近8000家。海水淡化已成为一些国家（地区）工业用水和生活用水的主要来源。与此同时，一些水利专家在积极进行寻找海底淡水的研究和开发工作。在巴林群岛，人们从海底的涌泉中汲取淡水；在爱琴海，一些国家用钢筋混凝土筑起大坝，将海底的淡水加以开发，供农田灌溉和工业、生活用水。科学家们还试图采用钻石油的技术，用于海底的淡水开发。从沙漠地下取水已成现实，不少国家从沙漠的深层开采出可供生活饮用的幸福水。科学家们还在非洲的北部撒哈拉大沙漠地下1000多m的深层，发现蕴藏有大量的淡水。截雾取水已不是天方夜谭，一些科学家根据雾中含水的理论，提出了截雾取水的方法，并用于实践，收到较好的效果。如加拿大一个雾水处理厂，平均每天可供水1万多L，在浓雾季节每天可供水达10万多L。这项技术不仅经济，而且技术含量不高，便于在一些国家（地区）推行。

另一方面，人们也开始反思自工业革命以来不注重环境保护的经济增长方式，开始花大力气治理由于工业发展而受到严重污染变得不适宜饮用的水体，大力开发城市污水资源。同时，为了减缓用水的矛盾，一些国家（地区）还调整供水布局结构、调整产业结构、调整地下水开采布局；搞防渗工程等。这些措施已取得积极的效果。很显然，最终解决淡水资源的问题还须依赖对水资源的科学管理和保护，保障人类对水的需求，如图 7－15 所示。

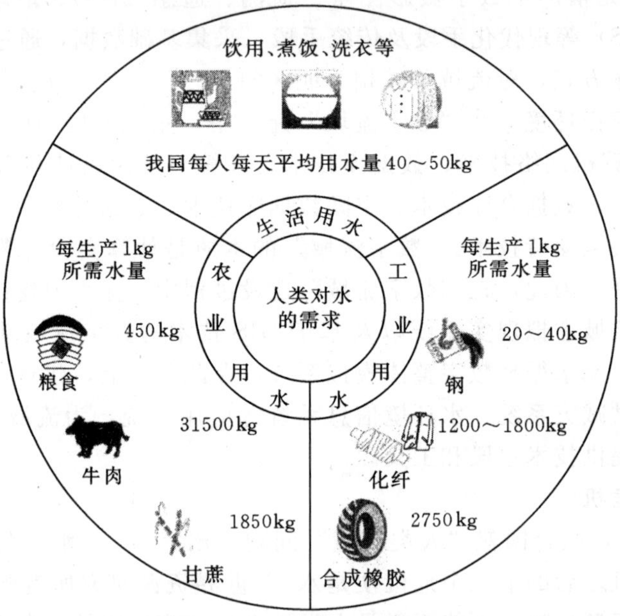

图 7－15　人类对水的需求图

五、面向 21 世纪特别是未来 15 年的优先研究方向和领域

21 世纪特别是未来 15 年，地下水科学发展的总体思路是：围绕着“地下水环境的演化和发展趋势”“地下水循环和地下水资源的可持续利用”和“人类活动与地下水环境、人类健康”3 个主题，确定优先研究的科学问题。选择确定的原则包括：①优先支持对基础科学问题的探索；②优先支持迫切需要回答的科学问题的研究；③优先支持基础较好、条件较成熟的科学探索。力图从全球视野出发，选择兼具中国特色与全球意义的课题，以便有所突破，做出与我国国际地位相称的贡献。

未来 15 年的优先研究方向和研究领域如下。

（1）不同地域单元地下水循环过程与地下水环境的演化及其自然因素与人为驱动因素。

（2）人类活动、气候变化对区域地下水循环的影响；人类活动干扰下流域地下水的循环模式；大幅度降低地下水位后包气带水分运移的特征。

（3）浅层地下水变化的地表生态效应和对深层承压水的补给机制。

（4）深层承压水的补给、循环过程，开采后的演化以及深层承压水的可持续利用。

（5）地下水污染的形成机理、各类污染物（包括微生物）在地下水中的运移过程与控制、修复技术。

（6）介质非均质性对水流和溶质运移的影响、随机理论及其在实践中应用的研究。

（7）地下水开发利用所引起的各类环境地质问题的形成机理及防治技术。

（8）区域性地下水动态监测网的优化及监测技术研究与数据管理软件的研制和开发，包括同位素示踪技术在内的各种先进技术的应用。

复习思考题

1. 地下水有哪些来源方式？
2. 地下水有哪些主要物理性质？
3. 地下水主要的化学性质有哪些？
4. 地下水随矿化度的增高，其化学类型有何变化规律？
5. 什么叫潜水？有哪些特征？
6. 什么叫承压水？有什么特点？与潜水有何区别？
7. 地下水按硬度分几种类型？
8. 如何选择生活用水？
9. 泉分几类？
10. 岩溶地貌有哪些？
11. 如何评价灌溉用水？
12. 地下水与人体健康有无关系。

第八章　风的地质作用及水土流失综合治理

在气候潮湿、地面植被茂密的地区，风力不易产生地质作用，即使是十二级大风，它可以拔起大树、掀起屋顶、吹走牲畜，也不产生显著的地质作用。

然而在气候干旱区，或者气候潮湿但地面无植被、水体覆盖的地区，风力不需很大，就能促使地表物质迁移、地形改观，产生显著的地质作用。因此，对这些地区来说，风便成为主要地质作用动力之一。

风的地质作用以气候干旱区最为显著，因为那些地区降水稀少（<250mm/a），而蒸发强烈（蒸发量大于降水量5倍以上），植被稀少甚至地面裸露。而地面岩石因物理风化作用强烈，多成碎屑，这一切均有利于风的地质作用的进行。这些地区由于缺乏水分和植被，热容量小，使气温、气压易变，从而多风。沙漠区往往在早晨天空晴朗，一过中午便会狂风大作、天昏地暗。

风的地质作用强度取决于风力的大小，风力与风速的平方成正比：

$$P=\frac{1}{2}cv^2$$

式中　P——风力，kg/m^2；

c——经验常数，其值为0.125；

v——风速，m/s。

风力纯为一种机械动力，因而风的地质作用是一种纯机械性质的作用。风与地面接触面积甚广，在气温、气压的变化和地形影响下，风的流动路线可以变化，这就是说，风的地质作用具有面状性质，无固定的剥蚀、搬运和堆积区。

由风的地质作用造成的风沙移动，常常埋没道路、村舍和耕地，危害极大。我国有1/3的领土属于干旱气候区，主要是西北诸省区，那里的地下埋藏着丰富的宝藏，可是地表风沙肆虐，严重限制我们的生产活动。另外，由风的地质作用造成的风成砂岩、黄土等，也是我们地质工作者的研究对象之一。因此，对风的地质作用的研究具有重要意义。

第一节　风的地质作用

一、风的剥蚀作用及风蚀地貌

1. 风的剥蚀作用（简称风蚀作用）

风的剥蚀作用有两方面：①吹扬作用；②磨蚀作用。吹扬作用与搬运作用是紧密相连的过程，吹扬起来的东西，紧跟着也就被搬运走了，它们之间没有一个显然的分界。磨蚀作用是在搬运过程中进行的，没有搬运作用，磨蚀作用是不会发生的。

（1）吹扬作用。风在运动过程中，单纯风力所进行的破坏作用。风虽然有一定的风向，但由于地面的粗糙和其他障碍等原因，沿地面水平方向运动的气流，经常表现为紊流的形式，因此能够把地表的固体颗粒吹起，以悬浮状态运行。吹扬作用的强度决定于风力的大小及地面岩石风化颗粒的大小和松散程度。如风速越大，地面越干燥，碎屑颗粒越细小，植物越稀少，风的吹扬作用就越强烈。据计算，风的输沙量与风速的三次方成正比，因此风速增大，输沙量就急剧增加。

（2）磨蚀作用。风利用携带着的沙石对岩石进行的破坏作用。风携带的砂石在前进途中与地面岩石碰撞或摩擦而破坏岩石，这就是磨蚀作用。显然，磨蚀作用的强度决定于风力的大小，同时还要看气流中夹带着的碎屑颗粒的大小和数量。一般来说，碎屑颗粒大于0.2mm时才有明显的磨蚀作用，而这样的颗粒在强风作用下也只是吹扬到3～4m的高处。因而磨蚀作用还显著地受到高度的限制，一般是在距地面0.5～1.5m的高度范围内最为强烈。所以在沙漠地区的电线杆子下部，常被磨蚀出凹槽，导致最后被风吹断。古老建筑物的石墙下部也常见有类似磨损的凹槽。

由此可知，吹扬作用和磨蚀作用是两个互相联系的过程，实际上总是同时同地进行着，所以应把风蚀作用看成是这两种作用的有机综合。但是在不同条件下，吹扬和磨蚀的表现程度是不一样的。一般说来，在基岩裸露的地区，磨蚀作用较为明显。而在地表是由松散而细小的物质所组成的地区，则吹扬作用就显得更为突出。因此，就土壤风蚀的角度来看，吹扬作用是更为主要的。

随着风蚀的不断进展，地面也逐渐降低。但是这种降低是有一定限制的，这个下限通常就是该地区的地下水面。当地面因风蚀而下降，达到地下水面的时候，被地下水黏在一起的碎屑颗粒就不会被吹起；同时，地下水面的出露还为植物的生长创造了条件，植被的形成就更进一步阻止了风蚀的继续发展。所以，我们把地下水面看成是风蚀的侵蚀基准。在沙漠中有时可以看到一片片的绿洲和湖盆，往往就是这样形成的。

2. 风蚀地貌

地面在风蚀作用的影响下，产生了一系列特殊的地貌形态，岩漠和石漠就是主要由风蚀作用形成的巨型地貌形态。

（1）岩漠。干旱地区地势较高的地带，因风的作用，再加上强烈的物理风化作用和暴雨的洪流冲刷作用，形成基岩裸露、地面起伏不平、植物稀少的地貌景观，这样的地区就叫做岩漠。例如我国祁连山、昆仑山的边缘，就有岩漠分布。

（2）石漠。石漠或称砾漠，蒙语叫戈壁。它是干旱气候地区地势起伏平缓，地表几乎全为粗大的砾石和石块所覆盖的地带。石漠一般分布在山麓处，其物质来源是多种多样的，有的是古洪积物，有的是冰川堆积物，也有是残积物的。上述堆积物在强劲的风蚀作用下，吹走了细砂等细粒物质，使地面留下了粗大的砾石和石块。

岩漠经长期风化剥蚀以后，可以演变为石漠。在岩漠和石漠地区还经常可以见到有各种风蚀微地貌，如岛状山、风城、雅丹地形、石蘑菇、石柱和风蚀洼地等。

1）岛状山、风城、雅丹地形：干旱地区的断块山脉经过长期风化，其四周岩石都已风化净尽，而留下残余的岛状山群，常常成条成带分布，在荒漠平原中好像是海中的岛屿，故称为岛状山。在水平岩层分布的地区，经风蚀分割后残留的孤立平顶小丘，形似片断的城墙及方形建筑物，很像一个颓毁的古城，叫做风城。这种地形在青海柴达木盆地有广泛的分布。在岩性软硬不同、岩层倾角较陡的地区，特别是在风向与岩层走向近于平行时，强烈的风蚀作用使地面发育了许多不规则的鳍形垄岗和宽浅沟槽，这类地形以新疆罗布泊北岸的雅丹地区最为典型，故称雅丹地形。

2）石蘑菇、石柱：突起的孤立岩石受到风蚀作用后，形成上部大、基部小的形态，就像蘑菇一样，故称石蘑菇（图 8-1）。它的形成主要是由于气流中所含沙粒多集中于距地面 30cm 以下的高度内，因而在这一高度范围风蚀作用最强，结果下部比上部磨损更快。垂直裂隙较发育的岩石，经风长期吹蚀后，从而形成了一些孤立的石柱（图 8-2）。

图 8-1　蘑菇石

图 8-2　青海罗布泊中的风蚀柱

3）风蚀洼地：由松散沉积物组成的地面，经风吹蚀形成宽广而轮廓不大明显的风蚀洼地，呈椭圆形，成行分布，并沿主要风向伸展。有时可形成巨大的马蹄形或新月形洼地，自地面向下凹进很深，有时达到潜水面，背风壁较陡，常达 30°以上，迎风壁较缓，其形成可能与地面裂隙的排列有关。

二、风积作用及沙丘

（1）风的搬运作用。被风吹动和吹起的大大小小的碎屑物质继续被风带走的现象，就是风的搬运作用。风搬运碎屑物质的方式决定于风力的大小，也决定于碎屑颗粒的大小、轻重和形状。

一般来说，当风速很大，细小的粉沙和尘土（粒径小于 0.25mm 的，主要是小于 0.1mm 的）总是以较长时期漂浮于空中的方式被运走，这叫做悬移，棱角状的颗粒较同体积的球状颗粒易于悬浮。被悬运的尘土被吹到很远很远的地方，搬运距离可达二三千公里以上。例如撒哈拉大沙漠的尘土可以被风吹到英国、德国和北欧半岛地区。当风速较大，吹扬的颗粒稍大时（粒径在 0.25～0.5mm），在风力作用下，沙子以跳跃方式向前移动，叫做跃移。当风速较小或沙粒粗大（粒径大于 0.5mm）时，沙子就在地面上滚动前进。

因此，风速越大，风的搬运力越大，不仅搬运的颗粒越大，而且搬运的距离也越远，搬运的高度也越高。尘土越细，吹得越高，搬运越远，这样风的搬运作用能够把原来混在一起的大小、轻重形状很不一致的碎屑颗粒，逐渐地很细致地按大小、轻重、形状特点分别集中起来，这就是风搬运作用的分选性。它是风搬运作用很重要的特征，比流水、海浪等的分选性强。

（2）风的沉积作用。被风搬运的碎屑物质在风速降低或因遇到阻碍物质，风力随之变小时，风所携带的碎屑物质就会在重力作用下沉积下来。显然，这种沉积作用主要发生在风暴区的外缘。

由于风搬运作用的分选性，细小的尘土被搬运到远离暴风的地方，在那里形成了一种很特殊的尘土状沉积物——黄土，不过黄土并不单纯是风成沉积，它还有湿润区的其他沉积物参加。重大的砾石多半搬运不远，残留在石漠，与残积物混在一起。因此，只有风成沙的沉积才是最主要的风积物。

现在所看到的风成沙多半是当地早期形成的河流沉积物、海洋沉积物、冰水沉积物等，经过风的改造作用而成的，但也有是外地的，上述碎屑沉积物或基岩风化碎屑经过风的搬运一段距离而再沉积下来。现代风成沙的堆积在海岸、湖滨及大河谷的两岸虽也经常可以看到，但是大面积分布的还是在沙漠地区。狭义的沙漠就是地面为流沙所覆盖的广大地区，在这里沙丘是其主要的景观。广义的沙漠则实际上包括岩漠、石漠（戈壁）和狭义的沙漠，或者称为荒漠（图 8-3）。

图 8-3　半荒漠景观

（3）风积地貌。沙丘是风沙堆积最基本的地貌单元。沙丘的发生一般是由于挟带沙子的风遇到植物或石块等阻碍物而引起的。当风遇到阻碍物时，阻碍物的背风面就会产生涡旋，引起风速减小，因而在阻碍物的背风面的气流速度减缓，而其两侧的气流并未受阻，流速较快，致使原始沙丘沿风向伸展方向形成蝌蚪形。

在蝌蚪状沙丘形成后，沙丘自身变成了风沙运动的更大障碍，因而引起更多的沉积。在具有大量沙源分布的地区，蝌蚪状沙丘就进一步发展，沙丘的规模不断扩大，演变为盾状沙丘。盾状沙丘为椭圆形的沙堆，其高度一般只有 6～8m。如果风沙继续增加，沙堆的高度也逐渐增高，这时的背风坡出现明显的涡旋，风的涡旋作用不断地把越过沙丘顶部的沙子带到两侧，这样沙丘的背风面出现马蹄形凹地。沙丘的高度增高，背风坡的涡旋作用加强，其作用的范围也扩大，原来的圆形丘顶也演变成了弧形的丘脊。风继续不断地把沙子带上沙丘，部分越过丘顶，沿着背风坡跌落下来，被涡旋作用分散到两侧。与此同时，部分沙子未能达到丘顶的也沿着迎风坡分向沙丘的两翼。由于在沙丘背风部堆积的沙子，中央不及两翼数量多，造成两翼前移速度大大超过中央的前移速度，因而最后演变为新月形沙丘（图 8-4）。新月形沙丘的迎风坡的坡度为 5°～12°，背风坡的坡度为 30°～35°，高度一般在 10m 左右，个别情况下也有达 30～40m，甚至更高的，沙丘的宽度达 100～300m。

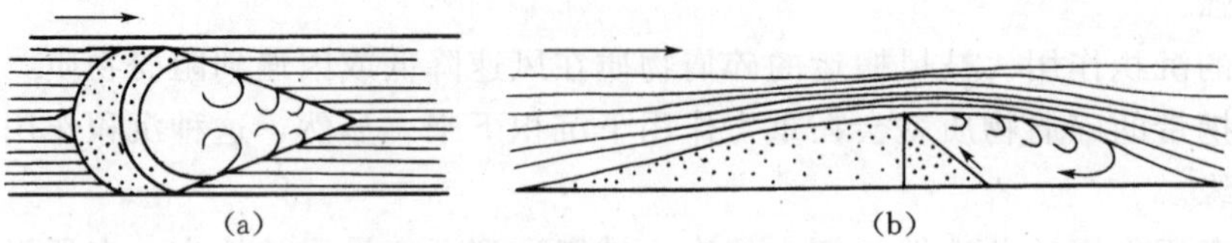

图 8-4　新月形沙丘上的气流图

（a）平面图；（b）侧面图

在面积广大的内陆沙漠区，单个的新月形沙丘是不多的，它们经常相互毗连成群，组成大小形状复杂的沙丘链。

新月形沙丘在风力作用下，还能进行移动，这时迎风坡的沙粒被风推上丘顶，当达到丘脊后就会顺着风坡滑落到坡脚堆积下来，接着后来的沙子又重新覆盖在它的上面。这样迎风坡的沙子被一层层地剥去，然后又在背风坡一层层地堆积下来，于是沙丘就不断地向前移动（图 8-5）。

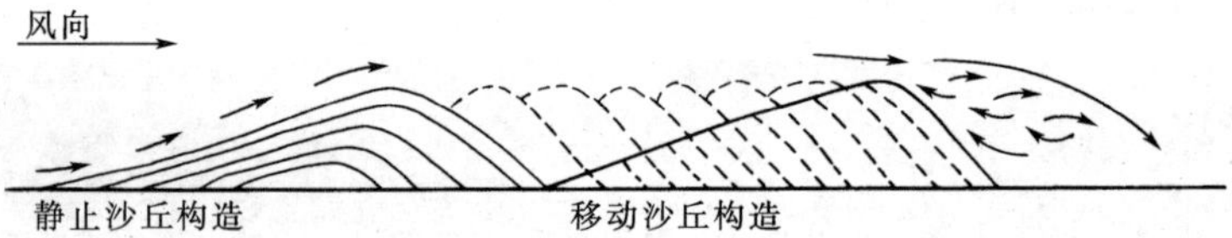

图 8-5　沙丘的移动示意图

三、风沙的危害及防治

世界上的荒漠约占据了陆地面积的 1/5 左右，在五大洲都有分布。我国的沙漠（包括干草原沙地）分布在新疆维吾尔自治区、青海省、宁夏回族自治区、内蒙古自治区、陕西省、辽宁省、吉林省和黑龙江省 8 个省区境内，面积达 63.7 万 km^2，连同戈壁一起，共有 109.5 万 km^2，约占全国总面积的 11.4%。在沙漠的边缘地区，还分布着广阔的草原地区。这些地区的气候极为干燥，降雨量稀少，沙漠中平均年降雨量不超过 100mm，在草原区平均 100～250mm。因此这里水源缺乏，植物不易生长，风的地质作用极为强烈，流沙漫游，埋没耕田，毁坏建筑（图 8-6），土壤风蚀，不仅降低土壤肥力，甚至吹走种子，使作物根部裸露地面，或连根拔起，对当地的农牧业生产和人民的生活带来极大的危害。因此，长期以来和风沙做斗争就成为改造自然中极为重要的一项任务。

防止风沙危害的基本原则是：降低风速；保护地表沙屑及土壤，抵抗风蚀；固定流沙。具体措施有以下几个方面。

（1）营造林带。营造防风林带、护田林带、防沙林带、种植多年生牧草，保护天然植被，以降低风速，加固土壤表层，防止土壤风蚀和固定流沙。

（2）工程固沙。这主要是充分利用水源，修水库、水渠、运河等，引水灌溉沙漠，以水拉沙，以淤压沙，改沙漠为良田。此外还有应用机械沙障压流沙，或采用湿土、草席、

图 8-6 曾经辉煌过的新疆古楼兰

卵石等埋压流沙等工程措施。

(3) 合理利用土地，改进耕作方法，在受风沙危害的地区，应慎重地、全面地考虑地形、土壤、气候、作物等特点，做到合理利用土地。在耕作方法上，可采用土壤带状耕作和作物带状布局，犁沟耕作和犁沟播种，播后实行先镇压、后轻耙松土等。此外还应多施有机肥料，改良土壤结构，增加土壤蓄水保水能力，以抗风蚀。

第二节 风成黄土及黄土状土的地貌

一般认为，典型的黄土是风力搬运堆积成的，以粉砂为主，质地均一，含石灰质结核，孔隙较大无层理，有显著垂直节理，未固结的黄色土状堆积物。而对那些曾经受流水作用改造的或其他成因的、质地不均一、常具层理的黄土，称为黄土状土或黄土状沉积物。

黄土是一种很特殊的第四纪大陆沉积物，它十分广泛地分布于南北半球中纬度内陆温带的干旱、半干旱地区，位于温带荒漠和半荒漠的外缘。全世界黄土分布面积可达1300万 km^2，约占大陆总面积的9.3%，我国是黄土分布面积最大的国家，约有63.25万 km^2，占全国陆地总面积的4.4%，黄土状土分布面积约为19万 km^2。我国黄土主要分布在昆仑山、秦岭、泰山、鲁山连线以北的干旱和半干旱地区，尤以黄河中游地区为最发育。广泛分布发育在黄河中游地区的黄土及黄土状土，不但厚度大，而且类型多，早就引起许多中外学者的很大兴趣（图 8-7）。

一、黄土的成因及我国黄土地层

(1) 黄土的成因。黄土的成因一直是地质、地理学者所密切关注的问题。对于我国北方的黄土成因曾经有过多种解释，多数学者主张是风力搬运堆积而成。其主要的证据如下。

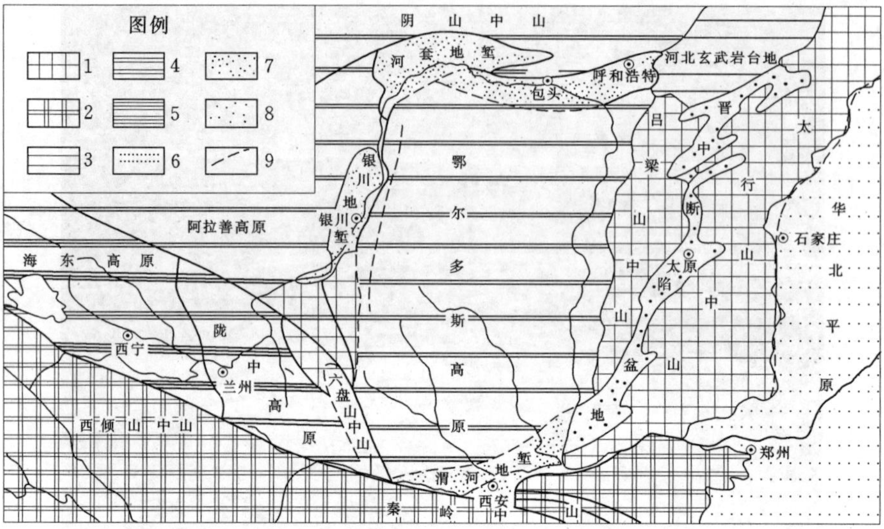

图 8-7　黄土高原构造格局与地貌分区（据袁宝印，1991）

1—中度隆起山地；2—强烈隆起山地；3—轻微隆起高原；4—中度隆起高原；5—强烈隆起高原；6—强烈沉降平原；7—强烈沉降盆地；8—中度沉降盆地；9—断层线

1）黄土与沙漠、戈壁逐渐过渡，成带状排列，而且靠近沙漠地区的黄土颗粒成分变粗，厚度较大，剖面中夹有风成沙层；远离沙漠地区的黄土颗粒成分变细，厚度较薄。

2）黄土的产状经常是被覆盖于基岩地形之上，不受基岩地形控制。

3）大量的矿物组成分析及动植物化石及孢粉组合分析，都说明黄土堆积过程是相当干燥的。

4）结构均匀，成分一致。

5）黄土剖面中具有多层埋藏的古土壤。但是在我国北方确实也存在着具有残积、坡积、冲积、洪积等岩性特征的黄土，这些类型的黄土的分布常受地形控制，矿物组成较简单，并常与附近基岩大体一致。因此不少人主张黄土是多种成因的，不过就是主张多种成因的学者也认为原始的黄土物质大量来源于风力的搬运。在我国的历史资料中，有关“雨土”的记载很多，甚至有公元 1287 年某地曾雨土七昼夜，并掩埋死了牲畜的记录。这类的雨土在现代也常有发生。1966 年 4 月中旬的一天早晨，延安天晴无风，但是天空逐渐而又迅速地变得昏黄暗淡，同时空中有大量黄土沉降下来，这样的情况持续了一个白天，室内桌子上沉积了 1mm 多厚的黄土。这是黄土风积成因的一个极好说明。至于黄土状的成因当然就不只是风形成的了。

就世界黄土的发育来说，还和第四纪冰川有密切联系。在欧洲和北美的黄土分布的边缘，往往与第四纪古冰川边缘有吻合的现象。我国也有冰缘黄土的报道，如华山顶上的黄土、青藏高原上的黄土等。但华北如此深厚的黄土与第四纪冰川究竟是怎样的关系，目前还不清楚。

(2) 我国黄土地层的划分。我国的黄土从第三纪末就有沉积，而且一直发展到现代，因此不仅成因复杂，而且堆积的厚度也很大，在黄河中游的黄土高原地区总厚度可达 200

多 m。

关于我国黄土地层的研究，早在 20 世纪 30 年代就开始了，但只是新中国成立后才进行了大规模的全面的调查研究，并取得了大量的新成果。

现在都采用午城黄土、离石黄土和马兰黄土来称呼更新世的 3 个时期的黄土地层。全新世的黄土分布并不多，主要是沿河冲积的黄土状沉积物。

午城黄土（又叫古黄土）分布范围不大，一般厚度为 10～20m，少数地方达到 30～40m。色橙黄或红黄，质地黏重、致密，常呈块状。基本都掩埋在离石黄土及马兰黄土的底下，只是在很深的侵蚀沟下部才有出露。这种土质耕性不良，陕北有小面积分布，群众称为红胶泥土。

离石黄土（又叫老黄土）分布范围很广，遍及黄河中游各地，厚度为 30～120m，一般都被马兰黄土所覆盖，只有在侵蚀沟侧面上才能见到。其色淡黄至褐黄，夹多层古土壤层，最多的地方达 20 层，古土壤呈棕红色，即当地农民所称的“红色条带”。质地为粉砂质黏壤土，或稍重，疏松多孔，古土壤层中的微孔隙更为发育，有钙质淀积，甚至有多层的石灰结核层。离石黄土出露地面成为土壤时，耕性较午城黄土稍好。

马兰黄土（又叫新黄土）广泛分布于黄河中游地区，直接出露地面，是这个地区耕地土壤的母质。呈浅黄及灰黄色，粉砂壤土，北部更沙些。一般厚 10～30m，有时夹有 1～2 层含腐殖质的灰黑及黑褐色土层。其富含碳酸盐及石灰结核，结构疏松，并多大孔隙，直立裂隙发达，透水性强。这种沉积物疏松易耕，结构良好，在这种沉积物上发育的土壤有黑垆土、黄绵土等，大寨所创造的海绵土也是在马兰黄土上进行的。

二、黄土的理化特性

黄土及黄土状土除有浅黄或灰黄色特征外，还有许多特有的理化特性。

（1）颗粒成分。黄土的颗粒成分以粉砂为主，这是黄土的重要特征之一。黄土中粉砂（粒径 0.05～0.005mm）的含量一般在 40%～60%，其中又以粗粉砂（粒径 0.05～0.01mm）为主，细粉砂（粒径 0.01～0.005mm）的含量一般仅占 5%～10%，最多不超过 15%。黄土中普遍含有砂粒，但以极细砂（粒径 0.1～0.05mm）居多，细砂（粒径 0.25～0.1mm）的含量很少，而颗粒的粒径大于 0.25mm 的砂粒通常是没有的。黏土（粒径小于 0.005mm）的含量一般在 20%左右。在黄河中游黄土颗粒组成中，还可以看到由北向南和由西向东沙粒逐渐减少，而黏土的含量逐渐增多的现象。

（2）矿物组成。黄土中的矿物成分一般比较复杂，所含矿物种类多达 60 余种，其中以石英为主，要占半数以上，其次为长石，然后为黏土砂物，含量最高可达 20%～30%，还有白云母碳酸盐和黏土矿物等轻矿物。

（3）化学成分。黄土的化学成分据分析资料也是以 SiO_2 为主，其次为 Al_2O_3，这是因为黄土中除含有大量石英外，还有大量的铝硅酸盐长石。黄土中含有相当量的 CaO，它只有少部分含于硅酸盐中，而大部分以碳酸钙（$CaCO_3$）的形式存在。黄土中原生的碳酸钙主要含于粒径 0.05～0.005mm 的粉砂粒级内，黄土堆积以后，由于富含碳酸水的淋溶作用，碳酸钙即转变为能溶于水的碳酸氢钙并发生移动。如果至下层的介质条件发生变化时，CO_2 即从溶液中逸出，碳酸钙又会沉淀出来形成石灰质结核。其反应式如下：

$$CaCO_3 + CO_2 + H_2O \longrightarrow Ca(HCO_3)_2$$

$$Ca(HCO_3)_2 \longrightarrow CO_2 \uparrow + H_2O + CaCO_3 \downarrow$$

一般说来，黄土形成时的气候条件是比较干旱或寒冷的，但是也经历过温暖湿润的阶段，因此在黄土层的剖面中有好几层的石灰质结核层。黄土中还含有相当多的钾及磷，所以是一种相当肥沃的土壤母质（午城黄土中缺磷）。黄土的化学成分见表8-1。

表8-1　山西省吕梁午城镇柳树沟黄土化学成分　%

名称＼成分	SiO_2	Al_2O_3	Fe_2O_3	FeO	MgO	Na_2O	K_2O	P_2O_5
马兰黄土	59.20	9.55	3.31	2.03	2.44	1.80	2.55	0.22
离石黄土	59.00	9.35	3.41	1.78	2.22	1.80	2.55	0.27
午城黄土	51.20	9.55	3.98	1.45	1.77	1.00	2.35	0.14

黄土状土的化学成分虽亦以SiO_2、Al_2O_3为主，但变化较大，常随源地基岩而异。

(4) 结构构造。黄土外观均匀一致，上下层之间虽亦有粗细的变化，但看不出明显的层理。黄土中的碎屑颗粒一般都具有棱角或半棱角的外形，黏土和碳酸钙是它们的胶结物质，一般疏松易碎。黄土中普遍存在有肉眼可见的孔隙，地下水的运动主要沿垂直方向移动。黄土具有特别发育的垂直节理，在黄土区的边坡部位，经常沿节理发生崩塌，形成峭壁，有时亦产生大规模的滑坡。

在结构构造方面，黄土状土与黄土的区别是很明显的。在黄土状土的碎屑颗粒中，经常夹有大于0.25mm的颗粒，黏粒成分较多时，孔隙减少，但层理往往很清晰。

(5) 埋藏土壤。在离石黄土中经常夹有红色条带，据研究这是埋藏的古土壤层。这种埋藏的古土壤层在黄土高原地区最为普遍，有的地方可达20层以上。在这棕红色的条带部位，其中含有较多的腐殖质，并有动植物生活的痕迹，腐殖质层的下面还发育有淀积层，构成完整的发育土壤剖面。埋藏土壤层的形成常标志着黄土的沉积间断，或沉积速度减缓，而且这时期的气候要比黄土堆积时期较为温暖，并稍湿润些。

在水文地质和工程地质的研究中，区分黄土及黄土状土十分重要。1959年地质部水文地质工程地质研究所把我国的黄土及黄土状土的详细特征，给予归纳和对比，见表8-2。

表8-2　黄土及黄土状土特征表

特征＼名称		黄　土	黄　土　状　土
颜色		以黄为主，灰黄	灰黄、浅棕黄
外部特征	结核	无层理结构	有层理结构
	产状	常呈垂直陡壁（>70°）	呈垂直陡壁，有节理，有呈较缓之坡（45°～70°）

三、黄土区的地貌和水文特点

我国黄河中游地区堆积了巨厚的黄土及黄土状岩石，在这里发育了特有的黄土地貌。其他有黄土堆积的地区也都产生着相类似的地貌。黄河中游黄土地貌的主要特点有3个方面。

1. 黄土区地貌

(1) 黄土的沟间地地形。在黄河中游，黄土分布地区有其特有的沟间地形态，即当地群众所习称的“塬”“梁”“峁”，它们现在都已成为黄土地貌的专用名词了，见图 8-8。

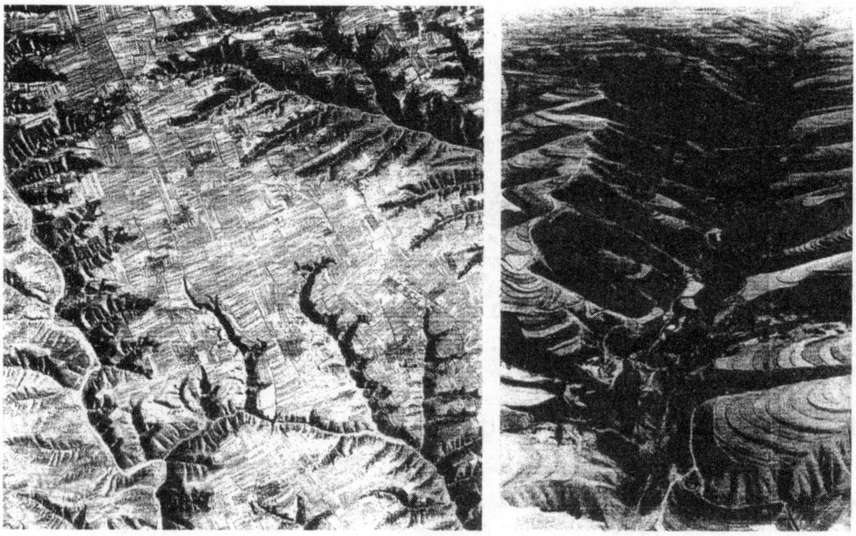

(a)　　(b)

图 8-8　黄土区地貌

(a) 黄土塬；(b) 黄土梁

1) 塬：是被黄土堆积的高平原，是巨厚的黄土掩埋了较大而平缓的古基岩盆地或古单斜平原而成的。最著名的塬有甘肃的董志塬、陕西的洛川塬等。这些塬的面积都在数百平方公里以上，最大的董志塬面积达 $2300km^2$。塬面地形平坦开阔，地面坡度在 1°～3°，一望无际，犹如在大平原上。塬边则受现代侵蚀作用影响，坡度一般较大，可达到 5°，群众称塬畔。有的塬边受现代冲沟侵蚀切割，已经显得破碎，但塬中心的形态没有什么变化。

在大河谷地两侧（如汾渭盆地两侧），还常发育有“黄土台塬”，形态与黄土塬相似。但其特点是沿大河呈带状分布，成二三级台阶状向河床降落。如陕西关中群众常说的头道塬、二道塬就是这种地形。这种黄土台塬多是黄土掩埋了大河阶地或基岩断落台阶地形而成的。

2) “梁”“峁”：即黄土丘陵地形。它们多是黄土掩埋了基岩起伏强烈的丘陵区而形成的。梁为长条形垄岗，峁为浑圆形山丘。它们的面积不如“塬”大，地面坡度也较大。梁又可进一步分为平梁和斜梁。平梁是地表较平（坡度约 1°～3°）的长条状丘陵，梁宽达 500～600m，长达几公里。斜梁的顶面较倾斜，地面的坡度约 3°～5°，并呈弧形的长条状丘陵，宽度较平梁窄，是黄土区最常见的沟间地形，陕、甘黄土丘陵区群众所说的“梁”就是指这种斜梁。峁又可进一步分为峁梁（连续峁）和峁（孤立峁）。峁梁是指彼此间还有较低的鞍形分水地连接的圆形或椭圆形分水高地，峁顶中部坡度约 3°～5°，四周则为 10°～30°。峁梁是由梁受到侵蚀切割后形成的。峁（孤立峁）也是黄土区最常见的沟间地，即黄土区群众所习称的“峁”，它是馒头状孤立地分布着的地形，四周尽为沟谷包围，峁顶面的坡度为5°～10°（图8-9）。

图8-9 黄土丘陵

在黄土高原和黄土丘陵之中，有时还残留一些未被巨厚黄土所淹没的基岩山岭，常呈点线分布，或峙立如屏（如秦岭），或零星孤立，或为黄土所包围（如山西的五台山、甘肃的六盘山）。

（2）黄土的冲沟系统。由于黄土岩性松软，垂直节理发育，土层又十分深厚，所以抗冲蚀能力差而极易产生沟谷。而黄河中游黄土分布地区又恰好是构造的上升区，再加上半干旱气候，降水集中，常出现暴雨，地面植被稀疏等条件，所以在黄河中游黄土分布区，尤其是黄土丘陵区的水土流失十分严重。强烈地表流水的侵蚀作用造成了十分发育的黄土冲沟系统，有的地区沟谷发育极快，切割密度很大，使地面十分支离破碎。在黄土丘陵区能见到各种类型的冲沟，如细沟、切沟、浅沟以及悬崖上的悬沟等。

2. 黄土区水文条件

黄土区的水文条件也很特殊。黄河中游气候较为干旱，年降雨量为250～500mm，又加上地形的割切强烈，不仅使降水被大量宣泄，而且地下水也被十分发育的深切沟谷所排掉，所以造成在黄土分布区，地下水埋藏较深，水量不大，工农业生产和人民生活用水都常感水源不足。但也有部分地区水源却较好，例如在黄土塬和黄土台塬的地区，地下水埋藏较浅，在有些塬的中央，地下水埋藏深度仅30～40m，水量亦较丰富，单井出水量可达每日数百立方米。黄土梁、峁区其主要赋水部位为掌地、杖地（即黄土梁，峁区发育的浅宽而平缓的沟谷），其他地区含水部位则只有零星分布。

第三节 黄土高原的水土流失与水土保持

一、水土流失的危害

水土流失是世界上普遍存在的问题。我国黄土高原的水土流失特别严重，年平均侵蚀模数（每年在单位面积内流失的泥沙量）一般为5000～15000t/km²，陕西北部和山西西北部一些地方甚至高达15000～30000t/km²，要把黄土丘陵沟谷区和黄土塬沟谷区做一比较，则黄土丘陵沟谷区（沟谷与沟间地的面积比大致为5：5～3：7）的大部分地方的年侵蚀模数为5000～15000t/km^2，约有25%的面积超过15000t/km^2，最大达30000t/km^2。黄土塬沟谷区与塬面积比大多为3：7，部分为4：6的年侵蚀模数一般为5000～10000t/km^2，最大达15000t/km^2。由于黄土高原水土流失严重，因此，每年流入黄河的泥沙达数亿吨以上。水土流失不仅对黄土高原各方面建设带来危害，也对黄河下游地区带来了水害。

所谓黄土流失，就是地表土层受流水作用造成的水和土的损失，其中有流水直接冲刷造成的，也有间接造成的，例如潜蚀和坡地重力剥蚀等，但是最终还是随沟谷流水一起流走。水土流失过程就是水流作用塑造地貌的过程。

（一）水土流失的因素

造成水土流失的因素是多方面的，概括起来分为自然因素和社会因素。主要如下。

（1）降水性质。黄土高原的气候有干湿季节分明的特点，降水主要集中在夏季，且多属于暴雨性质，降雨强度大，因此地面径流集中出现在暴雨时期，并造成侵蚀。

（2）地面组成物质。黄土具有粒度细、结构疏松和遇水容易分散等特点，土粒在暴雨雨滴的冲击下被溅起，并被地面径流带走，引起地面冲刷侵蚀。黄土还具有大孔隙和垂直节理，雨水在下渗过程中还发生潜蚀作用，并在一定条件下引起谷坡重力剥蚀。

（3）地形条件。黄土高原地形起伏显著，影响水土流失的主要地形要素有坡高、坡形等。坡度影响接受降雨量的多少，也影响径流流速的大小。坡形影响径流的集中和分散。

（4）植被。良好的植被覆盖是避免水土流失的重要因素，它使地面减少或避免雨滴的直接冲击，也增加地面的粗糙度，从而使地表径流减速，而且还吸收一部分降雨。

（5）人类社会活动。在不同的社会制度下，人类活动对水土流失起着完全不同的作用。根据历史记载，黄土高原原来是有森林草原植被的。在旧社会，由于剥削阶级任意掠夺自然资源、破坏地面植被和不合理的土地利用制度，使水土流失越来越严重。自新中国成立以来，在社会主义制度下，黄土高原的水土保持工作得到了迅速发展，广泛开展了水土保持的群众运动。但是要彻底改变很长历史时期以来造成的严重水土流失的局面，还要做很大努力。

（二）水土流失的危害

（1）在农业生产方面。黄土高原农业生产最突出的问题是水土流失。它冲走了耕地表层的熟土，使土壤肥力与蓄水保墒能力降低，造成了不利于农作物生长的缺肥缺水条件，作物生长不良，产量低而不稳。据调查分析，耕地每年流失厚约0.1～2cm的表土，甚至整个耕作层都被冲走。这些表土一般每吨含氮0.8～1.5kg、磷1.5kg和钾2kg。若以每年流失表土厚1cm计算，每亩耕地流失表土约8t，损失氮、磷、钾达180kg以上。所以群众将耕地上的水土流失概括为三跑（跑土、跑水和跑肥），很能说明其本质。

同时，侵蚀沟的形成和发展起着分割耕地和减少耕地的作用。原来是完整大面积耕地，随着沟蚀作用的发生发展，浅沟逐渐加深扩大形成切沟和冲沟，它一方面把耕地分割成小块，同时使一部分耕地变为沟谷而不能耕种，使耕地面积减少，而沟谷面积增加。

（2）在水利方面。由于水土流失发生在暴雨期间，一方面造成洪水，同时大量泥沙下泄。造成渠道、水库的淤积和河流的淤塞。从黄土高原每一条小河流到黄河这样大河，都受到水土流失的严重影响。渠道由于河水含沙量高，造成大量泥沙淤积在渠道中，经常要清淤，有时河水含沙量过高，还得停止灌溉。黄土高原的许多水库，由于入库泥沙迅速淤积，使水库的使用期限大为缩短。

由于黄土高原的水土流失使黄河成为世界上有名的多泥沙河流。它的下游平原淤积严重，形成地上河，在历史上决口泛滥频繁，甚至改道多次，造成严重危害。

(3) 在其他方面。水土流失对道路、城镇和厂矿带来的危害也是十分严重的。道路由于水土流失，所带来的边坡塌方常使交通中断。桥梁涵洞常因洪水冲毁或泥沙淤塞失效。城镇厂矿因洪水泥沙危害，生产和安全往往不能保证，需要经常进行防洪工作。此外，在黄土高原上因侵蚀沟的扩展，也威胁到城镇厂矿和道路，尤其是沟头迅速伸展，曾在历史上使某些城镇几次迁移。例如，陕西洛川县城有三次迁移，现在的县城又一次受到冲击的威胁。

二、水土保持措施

水土保持就是针对防止水土流失提出来的措施。在黄土高原上要求采取农业技术、水利工程和造林等综合措施，以防止水土流失，发展农业生产，根治水害和开发水利，为发展社会主义经济建设服务。

新中国成立以来，在黄土高原广泛持久地开展了水土保持的群众运动。广大人民群众在实践中已经积累许多有益的经验，创造了许多保持水土的农田技术措施，并结合在较大范围内的小型水利工程和造林种草等措施，取得了显著成效。

各种水土保持措施应能做到能够就地拦蓄雨水，同时根据经济建设的需要和可能对各种措施进行选择，以达到投资少、效果大的目的。

农田基本建设中的水土保持措施包括农田和农田水利措施。在农田方面，主要措施有坡地梯田和土壤改良等。坡地梯田是将坡地改变成阶梯状的水平梯田，梯田边缘筑埂，或将梯田略作内倾状，以起到防止水土流失的作用。土壤改良是对耕地通过平整深翻和人工培肥，使土壤形成较厚的海绵结构层，以吸收较多的雨水，减少地面径流、成为保墒性好、抗旱力强的优良土壤。此外，在耕作过程中采取等高耕作以及垅作梯田等办法，也有一定的效果（图 8-10）。

图 8-10　修造梯田使水土得到有效的保持

在农田水利方面，一类是治理沟谷的工程，包括淤地坝、小水库和护岸等工程，这些措施主要是起到削弱水流冲刷能力的作用，以防止沟谷的扩展，而且也带来一定的经济效益，例如淤地坝能造成小块肥沃耕地。另一类是治理沟间地的工程，包括坡面截流槽和各种蓄水槽，这些措施主要是为了防止坡面水流的过分集中或将坡面水引向无害地段，集中起来可供利用。这些措施可以保护耕地，防止沟头扩展。

此外，结合黄土地区大型水利工程、铁道和公路，以及城镇厂矿等建设所进行的水土保持工作也取得了重要经验。例如在人工边坡的稳定、滑坡的防治、黄土失陷的处理、沟谷的整治和河岸的防护等方面都取得了显著成效，丰富了水土保持内容。

水土保持的实质是为了制止现代黄土侵蚀地貌的发展。因此，有关黄土地貌的类型和发育规律无疑是水土保持的基础理论之一。

黄土高原地处半干燥地区，除了地表基本流失外，也缺乏地下水资源。寻找地下水和开展利用地下水资源已成为经济建设中的一项重要任务。在这项工作中，分析黄土高原的地貌发育历史是必不可少的，甚至应该说是有决定性意义的。因此，黄土高原地貌往往反映了埋藏古地貌的许多特点，同时也反映地下水的分布、储存等许多特点。

复习思考题

1. 什么叫风的剥蚀作用？
2. 风蚀地貌都有哪些？
3. 什么是风蚀地貌？
4. 新月形沙丘是怎样形成的？
5. 风沙危害的防治措施都有哪些？
6. 黄土是怎样形成的？
7. 黄土地区都有哪些地貌？其特征是什么？
8. 为什么会造成水土流失？如何防治？
9. 你对我国近年来多次遭受风沙的侵袭有何看法。

第九章　冰川的地质作用及地貌特征

冰川是陆地上终年缓慢流动着的巨大冰体。它与河冰根本不同。在高纬度（如格陵兰、南极洲）和中低纬度的高山地区，可看见众多的冰川。现代冰川占据着陆地面积的11%，合1630万km^2。在那些地区，冰川刻凿着地面，形成独特的冰蚀地形，同时又把破坏下来的岩屑搬运至他处堆积。所以，冰川是促使高纬度地区和中低纬度高山地区地壳变化、发展的主要外动力。由古代冰川地质作用形成的堆积物和地貌，是地质工作者研究的重要内容之一。

冰川是水圈的重要组成部分。冰川的扩张与缩小影响到海面升降。如果现代冰川全部融化，海面可能会上升50m；就是南极冰全部融化，足亦使世界海洋面上升20m。显然海陆分布、大气环流、世界气候以及生物分布都将因海面的升降而发生变化。可见冰川对地壳的地质作用和地表自然地理的影响是很大的。

第一节　冰川的形成

一、冰川的形成和分布

（一）冰川的形成

1. 雪原与雪线

对流层气温随高度和纬度的增加而降低，这样，到达一定高度的高山地区和一定纬度的高纬地区，气温经常在0℃以下，水分的降落和保存多处于固体状态。降雪不能在一年之内全部融化或升华掉，便长年累月地积聚起来，形成终年积雪区，称为雪原（图9-1）。

图9-1　低纬度高山区的雪原

终年积雪区的下线称为雪线。在雪线附近，年降雪量大约等于年消融量；雪线以上，降雪量大于消融量，形成冰雪的积聚；雪线以下，降雪量小于消融量，所以没有雪的覆盖。雪线高度与气温、降雪量、地形等因素有关，所以各地雪线高度不同，总的规律是自赤道向两极迅速降低。雪线高度在赤道非洲为5700～6000m，到中纬度的阿尔卑斯山降低至2400～3200m，再到高纬度的挪威更降低至1540m，而到北冰洋，雪线已接近海面了。上面所讨论是总的趋势，局部地区的雪线高度还与那里的降雪量及地形有关。气候干燥使雪线位置升高，因而纬度20°～30°的地区的雪线普遍比赤道地区高，如西藏雪线高 5800～5900m，安第斯山脉在纬度 30°附近雪线高 6400m；而赤道附近雪线高度一般为 4400～4900m。地形影响雪线高度的原因是地形影响当地的太阳辐射强度和气候。我们研究以下各山脉不同坡向的雪线高度，可以发现它们是有差异的，如喜马拉雅山南坡的雪线高度为 4000～4600m，北坡为 5800～5900m。

2. 冰川的形成

当地面高度超出当地雪线时，那里就出现雪原。降落下来的雪，被风吹扬到背风的地形低洼之外，逐渐形成巨厚的雪层。由雪变成冰川冰须经历两个过程：新雪变成雪粒，雪粒再变成冰川冰。初降的新雪为六角形的冰片，雪层疏松，密度仅 0.085g/mL。随着雪层的加厚，下部的雪层受压缩，排出部分空气，同时，在压力和阳光照射下，部分雪升华或融化，水气迁移到另一部分雪粒上再结晶，雪粒增大变圆，形成粒雪。粒雪是一种白色冰晶，比重 0.2～0.4。粒雪继续被压实，孔隙进一步减少，彼此结合成冰川冰。冰川冰是浅蓝色的，是致密透明冰层，在缓慢持久的压力下，具有可塑性，通常在低洼处积雪达到 40m 厚时，底部雪层即转化为冰川冰。只要冰川冰表面达到一定坡度，冰川冰就会在上层压力和重力推动下，从高的地方流向低的地方，冰川就形成了（图 9-2）。

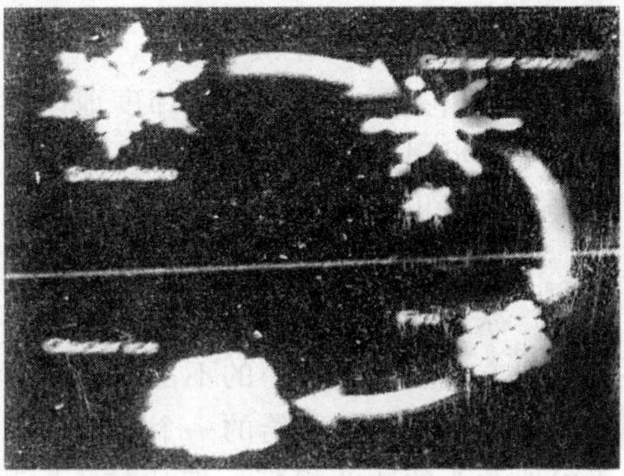

图 9-2 冰川冰的形成

（二）冰川的分布

既然冰川是气候和地形相配合的产物，所以冰川的分布和形状、规模也受地表热量、降水量分布规模和地形条件的制约。由于地表温度自赤道向两极降低，所以决定了 99% 的现代冰川分布在气候严寒的高纬度和极地地区，中低纬度地区只有高出当地雪线以上的高山上才有零星分布的冰川。我们称前者为大陆冰川，后者为山岳冰川。

高纬度与极地地区的雪线已接近地面甚至低于地面，几乎连所有的地面上都形成冰川，因而大陆冰川面积大。由于升华、融化和流失的数量少，冰层巨厚，如格陵兰中心冰层厚 3000m，南极大陆冰川平均厚度为 2500m，最大厚度达 4270m，大陆冰川不受下伏地形的影响，几乎一切高低起伏都被淹没在冰层之下。

发育中的中、低纬度地区高山上的山岳冰川极为发育，其形成及运动受地形的控制。冰雪聚积在地形低洼处，冰层较薄，常沿山谷流动，形成山谷冰川。

在我国的西南和西北各高山上几乎都发育了山岳冰川，冰川长度在数百米以上。我国最大的冰川是新疆汗腾格里峰东侧的卡拉格玉勒冰川。

二、冰川的类型特征

雪线以上积累到一定厚度的冰川冰，只要地面或冰面有相当的坡度，就可以向雪线以下缓慢移动，形成冰舌。因此，雪线以上是冰川的积累区，雪线以下是冰川的消融区。一条冰川的积累量等于消融量，冰川保持不变，末端位置稳定；如果积累量大于消融量，冰川将因冰量增多而前进；如果积累量小于消融量，冰川将因冰量减少而后退。这种积累和消融的对比关系称为冰川的物质平衡。控制冰川物质平衡变化的主要因素是气候。随着气候变化，冰川的物质平衡也发生变化，冰川相应地改变着自己的规模、形态、末端位置和运动速度。但是，冰川反映气候变化要落后一段时期，这与冰川的规模、性质和运动速度均有关。一般来说，物质循环快的海洋性冰川和规模小的冰川反映气候变化灵敏。例如，随着 20 世纪 30 年代高温期的来到，阿尔卑斯山某些小冰川完全消失。但是，随着 40 年代温度降低，50 年代又有新的冰川生成。但规模巨大的南极冰盖从中新世晚期生成以后，一直占据南极洲。按照冰川的形态、规模及其所处的地形条件可以把冰川分为 4 种主要类型。

1. 山岳冰川的类型及特点

山岳冰川主要分布于中低纬度地区，雪线高出海平面较多，冰川积累区不大，因而冰川形态受地形限制较严格，故又分为以下几种。

（1）悬冰川。这是山岳冰川中数量最多的一种冰川，一般面积小于 $1km^2$，依附在山坡上。由于所在的山头高出雪线不多，随气候变化易生易灭（图 9－3）。

（2）冰斗冰川。冰斗冰川以其所在的地形为冰斗而得名。冰斗的规模差别极大，大的可达数平方公里以上，小的不及 $1km^2$。冰斗冰川都有一个陡峭的后壁，常发生频繁的雪崩和冰崩，这是冰雪补给的一个重要来源。有时，冰斗冰川有个短小的冰舌流出冰斗口。位于谷地源头的冰斗规模一般比较大，周围还可以有次一级冰斗，这种冰川叫围谷冰川（图 9－4）。

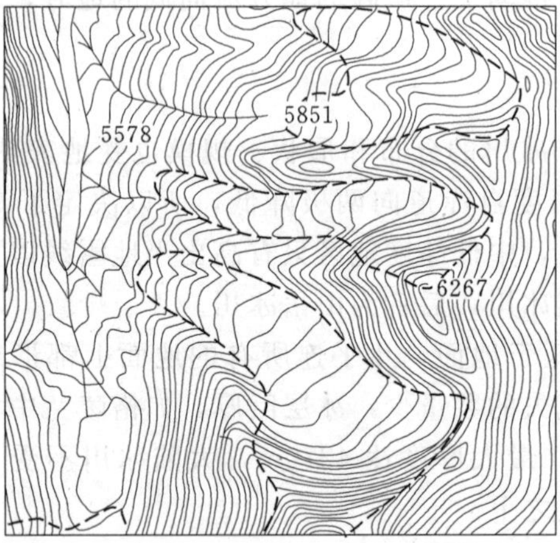

比例尺 1：50000　　等高距 20m

图 9－3　悬冰川等高线表示

图 9－4　冰斗冰川

（3）山谷冰川。当雪线下降时，在有利的气候和补给条件下，冰斗冰川迅速扩大，大量冰体从冰斗中溢出，进入山谷形成山谷冰川。山谷冰川以雪线为界，有明显的冰雪积累区（粒雪盆）和消融区（冰舌）（图 9－5）。

山谷冰川长度可由数公里至数十公里，冰川厚度数百米至近千米。单独存在的称为单式山谷冰川；由几条山谷冰川汇合的称为复式山谷冰川。汇合的方式有并列、嵌入和上迭等形式（图 9－6）。

图 9-5　山谷冰川

图 9-6　加拿大育空地区复合冰川
(Marli Miller)

2. 大陆冰川的特点

发育在两极地区，由于面积广大和冰层巨厚（常超过千米），冰流不受下伏地形限制，由中央最高处向四周做放射状流动。冰流下常掩埋规模宏大的山脉和低于海面的盆地。格陵兰和南极大陆就是两个大冰盖，是世界上由冰川组成的两大高原（图 9-7）。

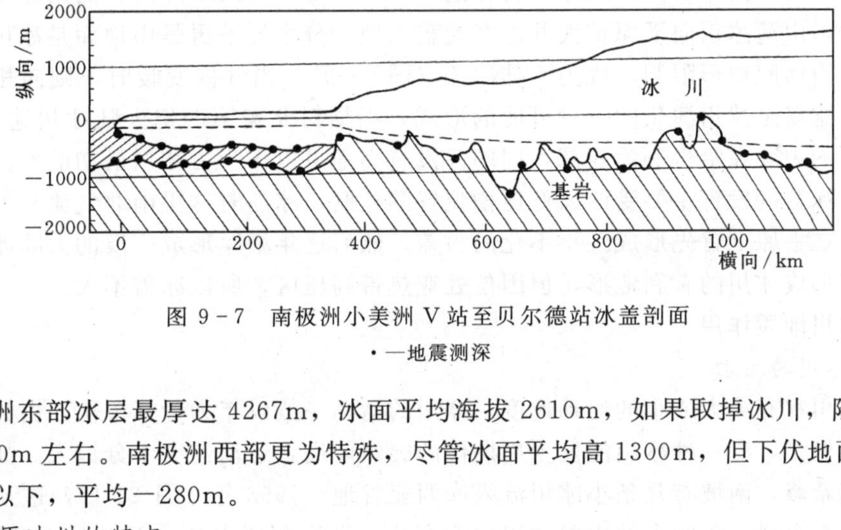

图 9-7　南极洲小美洲 V 站至贝尔德站冰盖剖面
· —地震测深

南极洲东部冰层最厚达 4267m，冰面平均海拔 2610m，如果取掉冰川，陆地平均高度只有 500m 左右。南极洲西部更为特殊，尽管冰面平均高 1300m，但下伏地面却大部分在海平面以下，平均－280m。

3. 高原冰川的特点

高原冰川是大陆冰川与山谷冰川的一种过渡类型，冰川下伏的是起伏和缓的高地，向周围伸出许多冰舌。高原冰川亦叫冰帽，如斯堪的纳维亚半岛上的约斯特达尔冰帽，面积达 1076km^2，长为 90km，宽为 10～12km，有许多冰舌向东西两侧伸出。冰岛东南部的伐特纳冰帽规模更大，面积达 8410km^2。我国西部高原和高山常在古夷平面上发育平顶冰川，也属高原冰川的性质。祁连山西南部最大的平顶冰川面积达 50 多 km^2。

4. 山麓冰川的形成及特点

一条巨大的山谷冰川或几条山谷冰川从山地流出，在山麓地区扩展或汇合成一片广阔的冰原，称为山麓冰川（图 9-8）。阿拉斯加沿太平洋海岸就有不少这样的山麓冰川，最著名的是马拉斯平冰川，它由 12 条冰川组成，山麓部分面积达 2682km^2，冰川最厚达

615m，下伏地面是一个封闭的洼地，低于海面 300m。马拉斯平冰川目前处于退缩状态，冰面多表碛，生长着云杉和白桦，有些树的年龄达百年左右，被森林覆盖的冰川面积竟达 50～60km^2。

图 9－8　山麓冰川

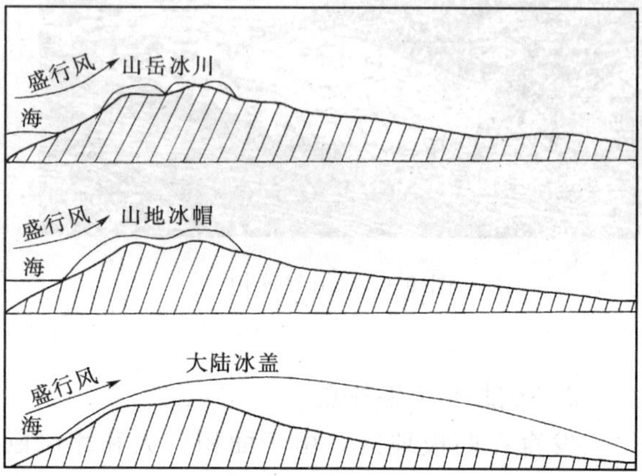

图 9－9　斯堪的纳维亚冰盖的发育方式

山麓冰川是山岳冰川向大陆冰川转化的中间环节，当雪线下降时，山岳冰川先联合形成山麓冰川，山麓冰川向平原扩大并逐渐掩盖山地，分水岭不再是山地而是冰川的高起部分。于是冰川摆脱地形限制，成为大陆冰盖（图 9－9）。当气候变暖时，则向相反方向发展。但是，这仅是冰川演化的一种可能的形式。根据对北美第四纪大陆冰川遗迹的研究，古劳伦冰盖的中心在哈得逊湾西部，周围并没有高地可以作为古冰川最初的发源地。有人认为，劳伦冰盖的发育主要受西风低压槽位置的控制，冰期时这里南北气流交换频繁，降雪量大增，在平原上首先形成经年不化的雪盖，然后逐年增厚形成广漠的大陆冰流。科迪勒拉山虽有形成冰川的有利地形，但因位处亚热带高压区，所以冰盖不大。

三、冰川地质作用

（一）冰川的运动

任何冰川都有或大或小的运动速度。冰川的运动一般以年为计算单位，由数十米至数百米不等。但是，有一种冰川能发生周期性的突然前进，运动速度十分惊人。如喀喇昆仑山的哈拉莫希峰，南坡有几条小冰川流入库西亚谷地，1953 年 3 月 21 日，这几条小冰川突然前进，汇合成一条巨大的山谷冰川向前奔流，沿途破坏森林，至 6 月 11 日冰川停止前进，不仅整个库西亚谷地被冰川占据，冰舌还进入斯塔克河谷，使该河阻塞。在不到 3 个月的时间里，冰川前进了 12km，平均每天运动 113m，每小时达 4.7m。这种冰川称为波动冰川，是特殊类型的冰川，其运动规律不受气候变化控制。近年来，世界上许多地方出现了这种冰川。

冰川运动速度在冰川的各个部分是不一样的，较快的是在冰川的中部，即从粒雪盆出口到冰舌的最上部这一段。因为这里冰川最厚，由此向上游和下游都逐渐减薄。横穿冰舌，运动速度最快在冰川的中部。冰川通过陡坡常形成冰瀑布，这里运动速度最快，因拉伸作用，冰面布满裂隙。冰川运动速度随季节变化，一般夏季快于冬季，日间快于夜晚，因为夏天和日间冰川融水多，经裂隙及边缘渗入冰川床，使冰川底部润滑，因而速度加快。

冰川运动是由可塑带的流动和底部的滑动两部分组成的。在中低纬度地区，由于冰融水活跃，滑动常占运动总量的20%～80%。但不能认为高纬度地区冰川不发生滑动，南极冰盖深钻探明，冰上部虽然温度极低，但底部基本上处于压力融点（冰的融点每增加一个大气压力要降低0.0075℃），即冰川底部与基岩并没有冻结在一起，冰川的滑动是可能的。冰川滑动又称为冰川块状运动。一条冰川是否以块状运动为主，可以从冰川横剖面上流速的分布看出。如果以块状运动为主，冰川两侧运动最慢，中部流速几乎是齐头并进；如果以流动为主，则中央流速最快（图9-10和图9-11）。

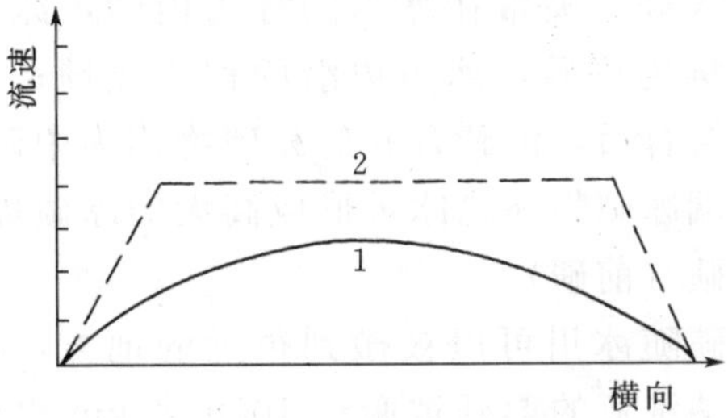

图9-10　冰川运动横剖面图

1—正常运动的冰川；2—块状运动为主的冰川

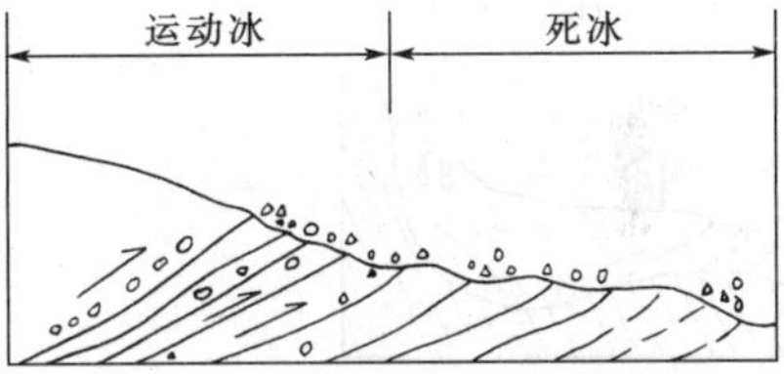

图9-11　沿破裂面块状滑动

冰川滑动不仅有冰川沿谷床的块状运动，还有冰川内部的相互滑动，最常见的就是冰舌部分的逆掩断层。由于下游冰舌消融变薄速度降低，上游运动较快的冰向前推挤，沿破裂面发生滑动。

（二）冰川的侵蚀、搬运和堆积

冰川是一种巨大的侵蚀力。有人计算过冰岛河流的含沙量，冰源河流是非冰源河流的5倍，相当于每年全流域蚀低2.8mm。阿拉斯加的谬尔冰川以含沙量计，每年流域蚀低19mm，估计冰川的全部侵蚀力可超过一般河流10～20倍。冰川本身的搬运力量极为惊人，大陆冰川可以把大片基岩从原地搬走。北欧平原上有从波罗地海彼岸搬来的约达4km×2km×0.12km的大岩块，俄罗斯平原瓦尔戴高地上的石炭纪灰岩竟大片地被撕裂，向南搬到150km以外的地方，规模比前述更大。山岳冰川的搬运力也不小，喜马拉雅山有的漂砾直径可达28m，重量可达万吨以上。

纯粹的冰川是没有什么侵蚀力量的，因为冰的硬度很低，按莫氏硬度计算，冰在不同温度下硬度为：0℃：1～2；－15℃：2～3；－40℃：4；－50℃：6。另外，冰在长期受力时，易发生流变。在0℃时，冰的抗压强度为2×10^5Pa，即22m深处的冰已处于可塑状态，遇到基岩突起时只能绕过。冰川所以能侵蚀地表，主要依靠冰中所含的岩石碎块（冰碛），特别是冰川底部的石块突出冰外时，就成为铁犁和锉刀一样的有力工具。冰碛石越大，突出冰外的部分（角、棱）越小，刻蚀力量越大。冰川底部就像砂轮一样，在滑运过程中不断锉磨冰床，这种作用称为刨蚀作用，主要产生一些细粒物质。另外，冰川还有一种掘蚀作用。冰床上如果有因节理而已松动的岩块，其突出部分能与冰冻结在一起，冰川向前移动时即把岩块掘出带走。在冰斗后背，冰川侵蚀的方式也是如此（图9-12）。

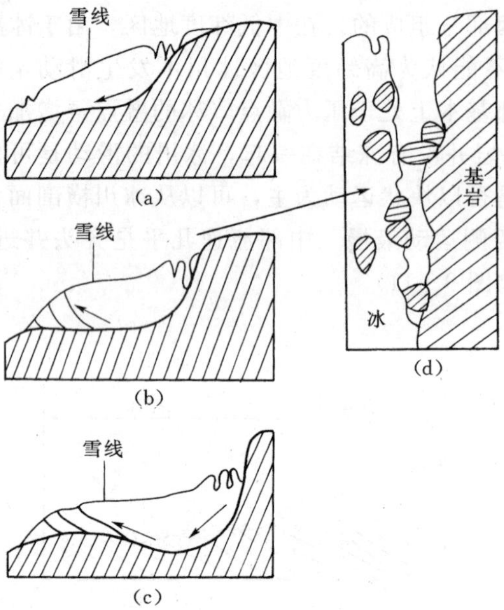

图 9－12　冰斗冰川的刨蚀和掘蚀

（a）～（c）冰斗因旋转运动刨蚀成冰盆；（d）背隙掘蚀作用

一条冰川究竟以刨蚀作用为主还是掘蚀作用为主，将取决于冰床基岩的岩性。花岗岩节理发育，有利于掘蚀作用的进行。因此，花岗岩地区冰碛物的漂砾特别多而又巨大。

冰川除通过刨蚀和掘蚀从谷床上获得冰碛物外，雪崩、冰崩及山坡上的块体运动常给冰川带来大量碎屑物质。这些碎屑在冰川中被携带而来（运动冰碛），出露在冰川表面的称为表碛，夹带在冰内的称为内碛，冰川底部的称为底碛，冰川边沿的称为侧碛；两支冰川会合后，侧碛合并的冰碛物称为中碛。冰川末端冰碛物环绕冰舌形成高大的冰碛堤，称为终碛（前碛）。

冰碛随冰川可以被搬到很远的地方，如斯堪的纳维亚的漂砾被搬到 1000 多 km 以外的英国东部、波兰和俄罗斯平原。根据这些冰碛的源地可以判定古大陆冰流的中心位置。大陆冰川的流动受本身坡度的控制，而不受下伏地形的影响，可以逆坡而上，把漂砾从低处搬到高地上。在苏格兰，漂砾被抬举的高度达 500m，在美国还有抬举 1500m 的。在西藏东南部也发现了大型山谷冰川，其把花岗岩漂砾抬举达 200m。

冰川消融以后，冰碛物堆积下来，形成基碛（包括运动冰碛中的底碛、表碛、内碛和中碛）、侧碛和终碛等，分别构成一定的冰川堆积地貌。

第二节　冰 川 地 貌 特 征

一、冰蚀地貌的类型及其形成特点

冰蚀地貌最典型的有冰斗、槽谷（U 形谷）、峡湾、羊背石等。

（一）冰斗、刃脊与角峰

冰斗是山岳冰川最典型的冰蚀地貌之一，按其分布位置可分为谷源冰斗和谷坡冰斗两种。谷源冰斗规模一般大于谷坡冰斗，往往还有次一级的冰斗分布在周围，因而又称为围谷。典型的冰斗是半圆形，三面环以陡峭的岩壁，开口处为一高起的岩槛，冰斗底部是一个洼地，冰川消退后，往往积水成湖，称为冰斗湖。

冰斗形成于雪线附近。开始在山坡平缓处有永久积雪斑，雪斑边缘冻融作用频繁，岩石受到冻融风化的破坏，崩解的岩屑在重力和融雪水联合作用下被运移到低处，逐渐在积雪斑的后沿形成一个陡坎。陡坎在冻融风化作用下不断加高，积雪增厚成为粒雪斑，进而演化成冰川。当冰川形成后，运动的冰川对底床产生刨蚀作用，并因整个冰川的旋转运动而加深底部，在前方造成坡向相反的岩槛。冰斗的后壁因冻融作用和冰川掘蚀作用后退而变高，一般高 200～300m。

随着冰斗的不断扩大，斗壁后退，相邻冰斗间的岭脊渐渐变成刀刃状山脊，称为刃脊。几个冰斗所夹峙的山峰就变成尖锐的金字塔形角峰（图 9-13）。

由于冰斗发育于雪线附近，因此冰斗具有指示雪线的意义，即可以根据古冰斗底部的高度来推断当时雪线的位置。

（二）槽谷与峡湾

冰川谷的典型形状是槽谷，亦称 U 形谷。U 形谷正是冰川为本身创造出的理想断面，因为流体只有当所通过的断面大于最大平均深度时才能畅通无阻。冰川槽谷具有明显的谷肩和冰蚀三角面，这是不同于普通山区河谷的明显特征。槽谷在谷源冰斗下方形成的陡壁称为槽谷头，冰川通过时形成巨大的冰瀑布。

槽谷的形成和冰川的下蚀和展宽是密切相关的，下蚀使冰斗和支谷高悬起来，形成悬谷和槽谷头；展宽则削平交错山嘴，造成特殊的冰蚀三角面，使槽谷平直畅通。美国加利福尼亚州的约斯迈特槽谷深 900～1200m，只是冰川的下蚀量就有 450m。近年的物探表明，谷床上还有厚达 300m 的松散堆积物（包括冰碛）。在我国西部山地也有深达千米的大槽谷（图 9-14）。

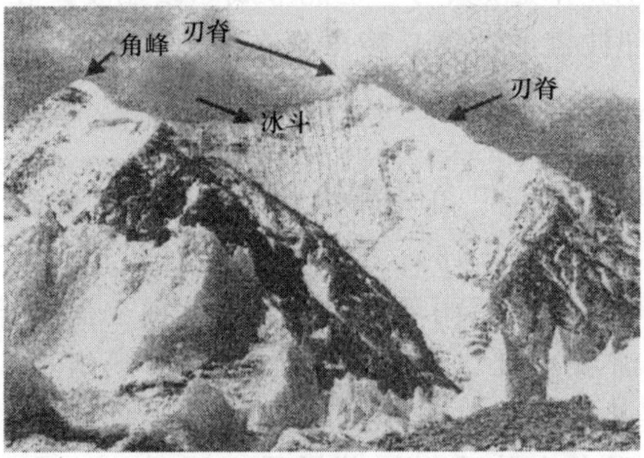

图 9-13　冰斗、刃脊和角峰

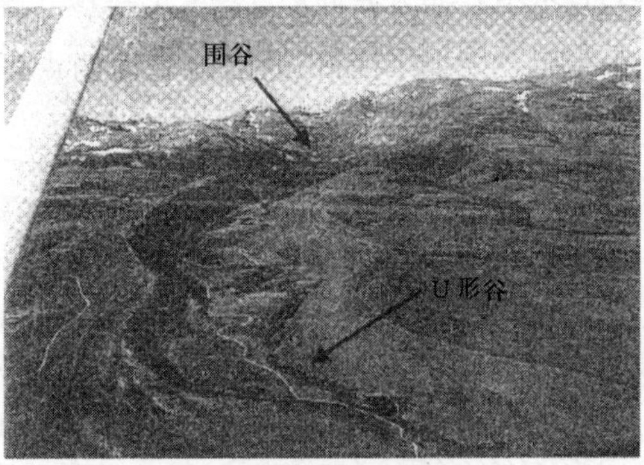

图 9-14　围谷和 U 形谷

在支冰川注入主冰川的汇合处，常在谷肩处出现悬谷。这是由于支冰川厚度比主冰川小，侵蚀力弱，底床深度也较小，冰退以后支谷就成为悬谷。我国西部许多山地的悬谷高出主冰川谷达百余米至数百米。

（三）羊背石与磨光面、冰擦痕

羊背石是冰川底部的一种侵蚀地形，形态上为一些石质小丘，远望如匍匐谷地的羊群。迎冰面因刨蚀作用平缓而倾向上游，布满磨光面、擦痕、刻槽等侵蚀微形态。背冰面因掘蚀作用多为参差不齐的陡坎（图9-15）。形成这种特征是因为迎冰面的冰川冰因压力增长而出现暂时的融化，融水向下方流到背冰面时，因压力降低而重新冻结起来，造成冰下

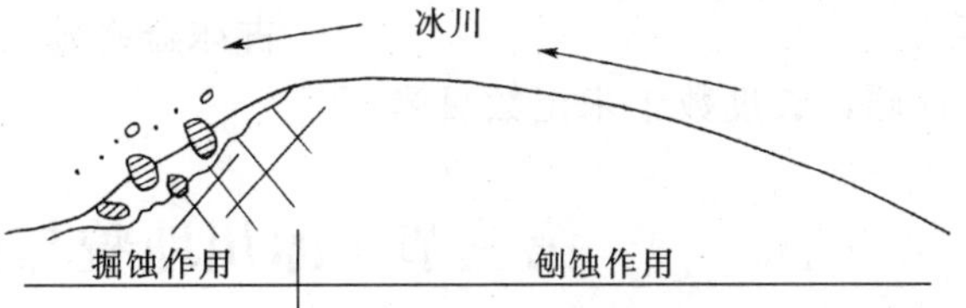

图 9-15　羊背石的形成机制

的冻融风化，使岩石沿节理、层面裂开，冰川越过时即把这种松动的碎块掘蚀而去。

冰川作用所形成的磨光面不仅出现在羊背石上，在U形谷的谷壁和漂砾上也可形成磨光面，条件是岩石比较致密，磨蚀物是沙和粉沙一级的碎屑。如果磨蚀物的粒径增大则成擦痕和刻槽，擦痕长数厘米至1m，深度一般为数毫米。由于冰川底部的冰流方向可以变化，因而磨光面上的擦痕常成几组交叉出现。冰川擦痕细长而较深，有横向阶梯的擦痕称为颤痕。

二、冰碛地貌特征

（一）冰碛丘陵（基碛丘陵）

冰川消融后，原来的表碛、内碛、中碛都沉落到底碛之上，合称基碛。基碛是大陆冰川地区分布最广的一种冰碛，多成片分布，在低洼处沉积较厚，高地很薄，形成波状起伏的冰碛丘陵，其间分布着细颗粒物质构成的洼地，积水便成湖。冰碛丘陵如果主要由底碛组成，其形态与分布规律反映古冰川消亡前冰底的形状；如果主要由表碛组成，则可以反映原来的冰面形态（冰面洼地中表碛厚）。底碛因受强有力的冰川挤压，因而多带擦痕，由于搬运路程较远，棱角磨圆现象明显，扁平砾石呈定向排列，长轴平行于冰川流向，扁平面倾向上游。表碛因随冰川融化跌落，砾石排列杂乱。大陆冰川区基碛丘陵高度由数十米到百余米，北美有高达400m的基碛丘陵。山岳冰川规模大时，也能形成冰碛丘陵，在希夏邦马峰的山麓就有冰碛丘陵存在，西藏东南部波密的冰碛丘陵出现在冰川槽谷底部，高度由数米到数十米不等。

（二）鼓丘的特点

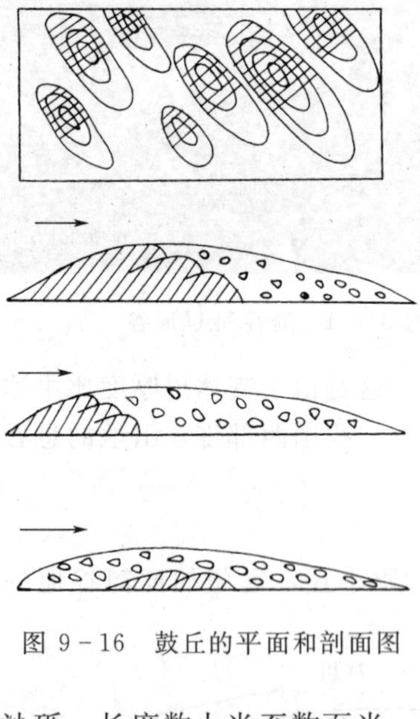

图 9－16　鼓丘的平面和剖面图

主要由冰碛组成的、几十米高、几百米长的流线型丘陵称为鼓丘（图 9－16）。它在平面上呈蛋形，长轴与冰流方向平行。前后两坡不对称，迎冰面（后坡）陡，背冰面（前坡）缓。有的鼓丘全部由冰碛组成，有的则有一个基岩核心。鼓丘分布的位置比较固定，总是成群地出现在大陆冰川终碛堤后方不远的地方。这种排列位置是冰川侵蚀和堆积作用在一定部位维持着动态平衡的结果。从鼓丘中砾石的定向排列（长轴平行于鼓丘伸延方向）来看，冰川对这些砾石显然起着制约作用。从迎冰面陡而背冰面缓来看，它不是侵蚀形态（与羊背石相反），反映冰流受阻变缓。鼓丘的剖面形态颇似机翼的剖面，是流体中阻塞物的一种适应形态。我国西藏高原上也有鼓丘分布，出现在高山古冰盖终碛的内侧，组成物质除冰碛外，尚有大量冰水沙砾，长度数十米至数百米。

第三节　冰川地貌与生产建设的关系

经过冰川作用的地区，地貌形态和地面物质组成发生了巨大变化，从而给人类生产活动带来重大的影响。

一、古冰川与水利建设

（一）冰川湖的利用

大陆冰川和山岳冰川都能形成各种冰川湖。北欧的芬兰有“千湖之国”的称号，这些湖主要是冰川侵蚀湖，还有些是冰碛丘陵之间的洼地积水成湖。湖泊之间有的有水道相通，有的则人工开挖运河联成水路网。北美五大湖区是世界上冰川侵蚀形成的最大湖群，芝加哥、底特律等大城市位于湖岸，其是运输繁忙的内陆水路枢纽。山岳冰川区形成的冰川湖有冰斗湖、冰碛阻塞湖，以及冰蚀盆地形成的湖泊。由于这些湖泊出口一般均有很大的落差，所以可以建设水电站。我国西藏就有利用终碛阻塞湖建设的水电站，欧洲阿尔卑斯山区利用高山湖泊发电的事例更多。但是，在选择坝址和施工中，要注意周围是否有冰崩和雪崩等自然灾害的威胁，如 20 世纪 60 年代，瑞士在阿拉林冰川下方的冰碛堤上施工，利用终碛阻塞湖玛特马克湖兴建电站，但由于冰川突然崩落，1965 年夏天曾发生冰崩压毁工地，近百人死亡。

除发电外，高山冰川湖又是很好的天然水库，特别是终碛阻塞湖，具有调节功能，对灌溉十分有利。新疆的天池位于天山博格多峰下，不仅风光优美，是一个疗养胜地，而且经天池调节后，三工河的流量比较稳定，下游绿洲农业用水受益匪浅。祁连山酒泉以南的观山海子是一个几乎全部淤塞的阻塞湖，但巨厚的沙砾层像海绵一样储蓄着大量由冰雪补给的地下水，涓涓不断地从冰碛堤下渗出，由于水质好，水量稳定，使下游成为高产稳定的农业区。

（二）地下水的寻找

由于各种冰碛与冰水沉积透水性不同，因而在古冰川地区地下水的分布有其特殊的规律。在大陆冰川地区，冰碛物特别是底碛多含黏土成分的冰碛物，经过冰川的挤压和后期风化，质地更加黏重而板结，透水性很差，一般是不透水层。打钻时，进入此层进度很慢。另外，由于多漂砾，亦易卡钻。外冲平原的冰水沉积透水性很好，常含有很丰富的地下水。可以利用外冲平原的天然坡度进行自流灌溉。在冰川反复进退或经历多次冰期的地方，冰碛与冰水沉积交互成层，构成很好的层间水和承压水。在大陆冰川终碛堤内侧，冰碛丘陵与冰砾阜、蛇形丘等并列，寻找地下水首先需查清地貌类型的分布，只有在冰水沙砾中易找到较丰富的地下水源。高起的蛇形丘是干旱的，但地下水在其坡麓以泉的方式出现，村落多沿泉水线分布。冰碛丘陵及鼓丘则不易汲水，多成为森林灌丛覆盖之地。山岳冰川地区冰碛物一般黏土含量少，基本上都透水（黏土含量在 10%以下的冰碛一般呈松散堆积），但地下水主要还是在冰水沉积中。由于河流下切，冰水阶地中地下水都比较深，特别是高阶地汲水不便。

二、冰川作用地区的交通建设

（一）山岳冰川地区

山岳冰川加剧了冰前期的地形起伏，分水岭成为刃脊，谷坡成为槽谷的陡壁，经常直立数百米，支流则常成为悬谷，谷底常有串珠状的湖泊和横贯谷底的冰坎、羊背石等。这些都增加了交通困难，公路通过这些地方有大量的盘山弯道。在阿尔卑斯山，人口较密地区则常设置缆车。过去，在冰川强盛时，山鞍部常形成贯穿冰川并蚀低山口、由溢流冰川翻过水岭造成的低平的溢口，这些又成为重要的山区交通要道。如阿尔卑斯山的圣哥德山口和大圣伯纳德山口等，自古以来就是联系南欧与中欧的要道。我国新疆也有一个著名的跨越天山的木扎尔特山口，尽管现在仍然被冰川占据，但一直是沟通新疆南北的交通要道。

山区公路通过冰碛区时，维持边坡较费事，因为冰碛粗细混杂，很不稳定。另外冰川作用过的地区因山坡太陡，雪崩滚石易于造成行车事故。所以我国川藏公路上就筑有防雪走廊和防石走廊。

（二）大陆冰川地区

欧洲内河航运很发达，运河很多，这和古冰川作用有关。当斯堪的纳维亚冰盖南流到波兰等国境内时，由于大陆地形向北倾斜，于是在冰盖边沿形成巨大的外缘排水道，冰川融水汇集成巨大的河流。据研究，它的流量曾达 4 万 m^3/s，从东向西流入北海，冰川消融后，威悉河、易北河、奥得河及维斯瓦河重新单独入海，古冰川沿排水道部分被这些河流利用，其他段落则成为废弃河道，沿着这些废弃河谷修建运河，很容易把这些河流连成一气。

大陆冰川的终碛堤和蛇形丘延伸很长，在富饶的平原上多为不毛之地，但却是良好的天然路基，铁道很容易在上面修建铺轨。比如，从列宁格勒到赫尔辛基的铁路，大部分就是铺在斯堪的纳维亚冰盖末次冰期的一条冰退终碛上。有的蛇形丘跨过湖泊和河流，成为天然的交通线。

复习思考题

1. 冰川形成的条件是什么？
2. 什么是雪线？影响雪线高度的因素有哪些？
3. 冰川有几种类型？各有什么特征？
4. 冰川有哪些地质作用？
5. 试述冰川地貌类型及其特征。
6. 何谓冰碛地貌？
7. 冰碛地貌的特征是什么？
8. 什么叫冰期？

第十章　冻土地貌的形成及特征

在高纬度的极地、亚极地及中低纬度的高山高原地区，如果处于较强的大陆性气候条件下，地温常处于零温或负温，降水少，大部分又渗入土层中，不能积雪成冰，而土层的上部常发生周期性（年、日）的冻融，下部则长期处于冻结状态，这样的土层就是多年冻土层。由多年冻土层中的冻融作用而产生的地貌称为冻土地貌。

冻融过程是寒冷气候条件下特有的地貌过程。冻土地区发生的一系列特殊的地貌作用，如冰劈、冻胀、融陷、融冻泥流等，都是冻融过程的不同表现形式。

冻土地貌也称冰缘地貌。冰缘原指冰川边缘地区，现已泛指所有不被冰川覆盖的气候严寒地区，大致与多年冻土区相当。

多年冻土在地球上分布的总面积达 3500 万 km^2，约占陆地面积的 1/4，主要分布在前苏联和加拿大。我国多年冻土面积约达 215 万 km^2，占全国面积的 22.3%，主要分布在东北、北部山区、西北高山及青藏高原地区。

第一节　冻 土 的 形 成

一、冻土概述

（一）冻土的基本特征

凡处于零温或负温，并含有冰的各种土（岩），统称为冻土。

冻土按其冻结时间的长短，可分为季节冻土和多年冻土两类。前者指冬季冻结、夏季全部融化的土层；后者指冻结持续多年，甚至可达数万年的土层。冬季冻结，一二年不融化的土层称为隔年冻土。它是上述两类冻土之间的过渡类型。

多年冻土可分为上下两层，上层为夏融冬冻的活动层，下层为多年冻结层。活动层在冬季冻结时与多年冻结层能完全连接起来，称为衔接多年冻土。活动层在冬季冻结时不与多年冻结层衔接，其间隔有一层未冻结的土层，称为不衔接多年冻土（图 10－1）。如今夏融化深度小于去冬冻结深度，结果便在活动层与多年冻结层之间出现一薄层（一般厚

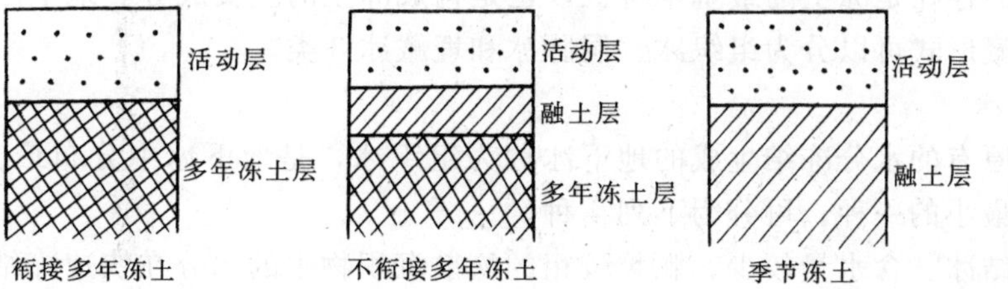

图 10－1　冻土结构

10～20cm)，称为隔年冻结层（简称隔年层)。隔年层可以保留一年或数年。

冻土层的温度是随着气温而变化的。地温变化的幅度以地表为最大，随着深度加大而减小，至某一深度，其值等于零。这个深度称为地温年变化深度。在此深度以下地温不发生年变化，而在地热影响下，随着深度的增大而地温又逐渐增加。

地温年变化深度处的地温值称为年平均地温，用 t_p 表示。在多年冻土地区，t_p 为负值，其值越低，则冻土越厚，t_p 升高，说明冻土退化（范围与厚度减小)。

（二）冻土的分布规律

冻土在地球上的分布具有明显的纬度地带性和高度地带性。在水平方向和垂直方向上，多年冻土带都可分出连续多年冻土带和不连续多年冻土带。后者又可分为具有岛伏融区的多年冻土亚带和具有大面积融区的岛状冻土亚带。所谓融区是指多年冻土带内的融土分布地区。融区可分为两类：一类是融土从地表向下穿透整个冻土层，称为贯通融区；另一类是融土未穿透整个冻土层，其下仍有多年冻土存在，称为非贯通融区。在多年冻土区的大河河床、湖泊底部及温泉的周围往往形成贯通融区，而小河河床、部分河漫滩及阶地、湖泊四周可能形成非贯通融区。在具有岛状融区的不连续冻土带，融区一般占总面积的 20%～30%；而在岛状冻土区，融区面积可占 70%～80%。多年冻土区与非多年冻土区之间的界线，在水平方向上称为多年冻土南界（北半球)，在垂直方向上称为多年冻土下界。随着多年冻土动态变化，南界和下界亦不断发生变化，并且在各种非地带性因素影响下，分界线也往往不是一条直线。

自极地向低纬度方向，多年冻土分布的特征是上限逐渐加大，厚度不断减小，年平均地温相应升高。在北极诸岛，上限趋近地面，冻土厚度达 1000m 以上，年平均地温低达 −15℃；在连续冻土带南部，厚度减至 100m 以内，地温增至 −3～−5℃左右；在南界附近（约北纬 48°)，冻土层厚度仅 1～2m，地温接近 0℃。我国东北北部大兴安岭一带属北半球多年冻土带南缘，大约每向北移 110km，多年冻土年平均地温下降 1～1.5℃，厚度增加 20m 左右。

中低纬度高山高原地区的冻土分布，主要受海拔高程的控制。一般来说，海拔越高，冻土上限深度越小，厚度越大，地温越低。例如在我国境内，海拔每升高 100～150m，冻土上限深度减小 0.2～0.3m，厚度增加 30m，年平均地温降低 1℃。此外，高山高原冻土带亦受纬度变化的影响，如青藏高原地区大约南移 100～200km，地温升高 0.5～1℃，冻土厚度减小 10～20m。由此看来，由高度控制的冻土动态变化远较由纬度控制的为剧烈，这是和自然地带总的分布状况相一致的。

二、地下冰与冻土构造的特征

地下冰的存在是冻土的最基本特征，也是构成冻土的主要成分。地下冰类型众多，根据成因及埋藏形式可以分为组织冰、洞脉冰和埋藏冰 3 类。

1. 组织冰

土层中原有的水分冻结生成的地下冰称为组织冰，是地下冰中分布最少、总量最多、冰的聚合体最小的一种。可分为下列 4 种。

(1) 胶结冰。含水量较少、颗粒较粗的松散沉积物中的水分在快速冻结条件下形成胶结冰，即水分在原地冻结，基本上没有水分迁移作用参与，因而土粒几乎不发生位移，仅被冰胶结在一起。在含水量较大的砂砾石土层中，胶结冰可包裹在砂砾表面，使冻土具有砾岩状构造。但一般说来，胶结冰的冰晶细微，肉眼不易观察到单个冰晶。

(2) 分凝冰。含水量较多、颗粒较细的松散沉积物中的水分在缓慢冻结过程中形成的地下冰称为分凝冰，其最主要特点是在冻结过程中有水分迁移作用参与。冻土中这种水分迁移作用称为聚冰作用，对冻土物理力学性质的形成具有重要意义。

(3) 侵入冰。重力水在压力作用下迁移时冻结形成侵入冰。如果活动层厚度大，而且与下伏岩层间胶结较弱时，则常在层伏岩石的薄弱带，或强风化基岩与上覆松散沉积物的接触带形成一层平整的侵入冰。在相反的情况下，则形成地下冰核（冰透镜体），表层冻土被抬升，产生不均匀冻胀，地表形成冰丘。这种情况多出现在第四纪松散堆积层中，特别是在充水的粗粒土中更易产生。侵入冰冰体较胶结冰和分凝冰为大，多具有棱柱状结构。

(4) 裂隙冰。当水分在松散沉积物和基岩的节理、裂隙或风化破碎带。构造断裂带中冻结成冰时，便形成裂隙冰。其分布深度较大，形态规律不一，一般与土和基岩呈不整合。

2. 洞脉冰

由地表注入裂隙或洞穴中的水冻结成冰，形成洞脉冰。其又可分为脉冰和洞穴冰两种。

(1) 脉冰。脉冰是由地表水注入土岩垂直裂隙中冻结而成的。充填冰体的裂隙是在冻融风化作用中不断扩大形成的。裂隙形成之后，地表水乘隙注入，由于裂隙四壁围岩的负温，水很快在其中冻结起来，形成脉冰。脉冰对围岩起着极大的破坏作用，使裂隙更加扩大。这种作用称为冰劈作用。

(2) 洞穴冰。冻土区的洞穴内，由地表水注入冻结形成的冰体称为洞穴冰。这种冰只占据洞穴的一部分，可以是凝华冰、渗入冰及普通的冻结冰。

3. 埋藏冰

地表冰体被堆积物掩埋，形成埋藏冰，常为一些透镜状冰体。按其成因可分为冻结冰和冰川冰，前者指冰锥、河冰、湖冰等被堆积物所埋藏的冰体；后者指现代冰川边缘埋藏在冰碛物下的冰体。这类地下冰常在掩埋过程中被破坏，分布有限，只有被埋藏的冰川冰可能有较大面积的分布。

我国多年冻土区地下冰有广泛的发育，其中以组织冰分布最广，脉冰很少见到。从形态上看，厚层地下冰主要有两种类型：互层状地下冰与透镜状地下冰。互层状地下冰与沉积层呈互层关系，最厚单层地下冰可达 5m（青藏高原风火山）。透镜状地下冰夹于沉积层内，最厚可达 10m（昆仑山垭口）。

地下冰在冻土中的数量、分布及其与土中其他成分的位置关系构成的各种冻土构造可分为 3 种基本类型（图 10-2）。

(1) 整体构造。冰粒均匀分布于土粒之间，冰与土胶结成整体，称为整体构造或粒状构造。

(2) 层状构造。土中分凝冰生长时，冰晶可楔进塑性土体形成冰片，冰片大致成水平分布，称为层状构造。

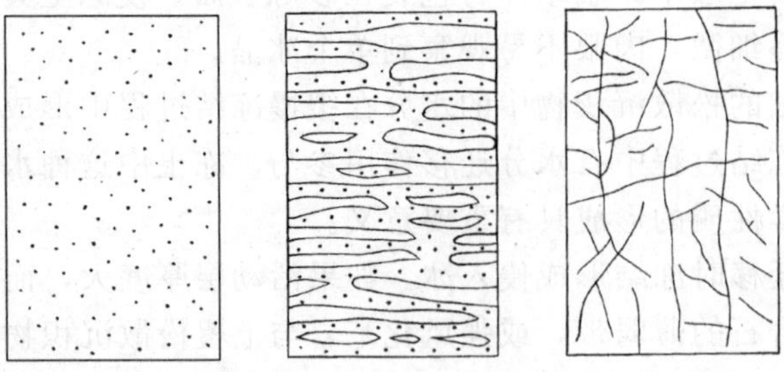

图 10-2　冰土构造图

(a) 整体构造；(b) 层状构造；(c) 网状构造

(3) 网状构造。由于冻结面下的土层水分向上迁移，土层发生干缩，形成一组垂直于冻结面的裂隙。这些裂隙中的水分在迁移过程中冻结成细脉冰后，与水平冰层共同组成网状构造。多数多年冻土是在沉积作用完成之后自上而下冻结而成的，这种冻土称为后生冻土。其构造特征是冰少，多为整体构造及层状构造；在含冰较多时，层状构造之冰片自上而下变移，但冰片加厚；基岩冻结时，仅在裂隙中形成裂隙冰，但在现代堆积地区，如冲积平原、发展中的三角洲和洪积扇、干枯的湖沼等地区，有时可见到在沉积过程中发生冻结，因而产生自下而上生长的多年冻土，这种冻土称为同生冻土。其构造特征是含冰量大，多为层状及网状构造，冰片在垂直剖面上的分布较均匀。在自然界中常见后生冻土与同生冻土共同混合形成的冻土，如多年冻土的下层是后生的，而上层是同生的，这种冻土称为多生冻土。

三、冻土中的地下水的特征

冻土层中的水分，不仅有固态的，还有一部分液态的。地下水与整个冻土层有密切的联系，一方面冻土影响并控制地下水的运行与循环；另一方面地下水也对冻土温度和厚度产生明显的影响。同时，地下水与地下冰也不时发生热量交换与相态转变，其消失的依赖关系尤为显著。可见冻土、地下冰和地下水三者通过热量交换过程构成一个不可分割的整体。

根据多年冻土区地下水与冻土层的位置关系，冻土中的地下水可以划分为冻结层上水、冻结层间水和冻结层下水三类。

1. 冻结层上水

该类地下水埋藏于季节融化层中，以多年冻结层为隔水底板，具有自由水面，相当于非冻土区潜水。冻结层上水由于距离地表近，易受气候变化影响，故动态不稳定。冬季，上部土层冻结时，其下未冻结的水具有承压性。衔接冻土中的层上水，在寒季处于固态，其他时间为液态；不衔接冻土中的层上水，其下部终年处于液态。层上水的主要补给来源是大气降水和冰雪融水，有时还要受到通过融区上升的冻结层下水补给。

冻结层上水在多年冻土区有广泛的分布，它对土层的水分状况影响很大，因而也影响土的热物理性质。并且因为它主要受大气降水的补给，水分由地表下渗，携带热量沿冻结面流动，所以往往加大了季融层的深度和融化速度。如唐古拉山南坡土门格拉地区，山坡下部因冻结层上水的影响，冻土上限深度较相邻地段增加 0.5m。然而当冻结层上水停滞而形成沼泽时，却可以起降低地温的作用。

2. 冻结层间水

当多年冻结层中夹有融土层时，在融土层中的地下水便成为冻结层间水。层间水有时孤立地埋藏着，但一般多成为冻结层上水和层下水之间的通道，形成垂直的或水平的运动

(图 10-3)。

3. 冻结层下水

冻结层下水是深埋于多年冻结层下的地下水，通常是承压水，具有正温，并随深度增加而增温，相当于非冻土区的深层水。层下水是冻土区大型建设的主要供水水源。

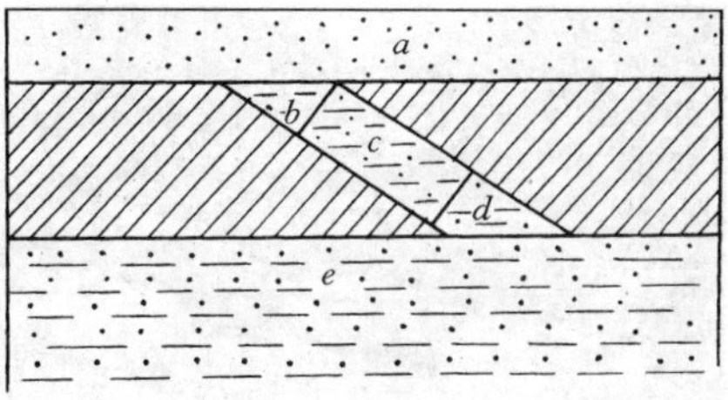

图 10-3　冻结层上水、层间水和层下水
a—层上水；*b*—向层间水过渡；*c*—层间水；*d*—向层下水过渡；*e*—层下水

冻结层下水常以上升泉形式出露于地表，对冻土层影响很大。特别是沿构造断裂带出露的温泉，往往形成贯通整个冻土层的融区。如唐古拉山北坡沿西北向和近南北向两组断裂交汇处出露的温泉，水温终年高达 40～72℃，使当地的多年冻土消失而形成一地热融区。

第二节　冻土地貌的形成及特征

多年冻土地区的主要地貌作用是冻融作用。冻土层中的地下冰和地下水，由于温度周期性的正负变化，不断发生相变和迁移，于是土层经受反复的冻融并发生应力变形，产生冻胀、融陷、流变等一系列不同于非冻土区的力学表现。冻融反复交替及由之引起的一系列复杂过程称为冻融作用。

冻融作用是寒冷气候条件下特有的地貌过程，它使岩石遭受破坏，松散沉积物受到分选和干扰，冻土层发生变形，从而塑造出各种类型的冻土地貌。

一、石海与石河的形成

(一) 石海的特点

基岩经剧烈的冻融风化破坏产生一大片巨石角砾，角砾就地堆积在平坦地面上，形成石海。在多年冻土地区的平坦山顶或缓坡上，这种以不同厚度堆积的崩解物往往没有明显的运动，或沿地面稍有移动。

基岩岩性是形成石海的物质基础。富有节理、硬度较大的块状岩石（如花岗岩、玄武岩、石英岩等）易于在冻融崩解下破碎，形成巨砾；而节理稀疏、硬度较小的沉积岩（如砂岩、页岩等）在冻融作用下往往只产生粒径细小的碎屑物，易被冰雪融水等地表径流带走，或以融冰泥流形式顺坡下移，不能形成石海。

(二) 石河的特点

当山坡上冻融崩解产生的大量碎屑充塞凹槽或沟谷时，由于厚度加大，可在重力作用下发生整体运动，形成石河。和石海一样，山地基岩岩性对石河的形成具有重要意义。局部地形条件的差异，也可引起石河发育程度的不同，如冻融风化强烈的坡向就有利于石河的形成。

对于石河的运动方式，一般认为岩块沿着湿润的碎屑垫面或多年冻结层顶面在重力作用下移动。这里温度变化可能也起着一定的作用，它会引起碎屑空隙中水分的反复冻结和融解，导致石河体积的膨胀和收缩，因而更有助于向下运动。石河的运动速率较低，多呈蠕动状态。流速在中央和边缘部分有差别。在瑞士测得石河中央部分速度为 1.35～1.55

m/a，边缘部分为0.23～0.25m/a；在中亚山地测得一石河流速仅为0.13～0.15m/a。反映在湿润气候条件下移动较快，干燥环境下流速较慢。

图10-4　山区谷底石河

岩块经过长期运动，可以被搬运至山麓停积下来，形成石流扇。在比较湿润的气候条件下，发育于高山苔原带的石河甚至能伸到高山森林带的上部，如在贡嘎山、念青唐古拉山东段，都能见到石河（图10-4）。

二、构造土的特征

构造土是多年冻土地区广泛分布的一种微地貌形态。由松散沉积物组成的地表因冻裂作用和冻融分选作用而形成网格式地面，单个网眼呈近于对称的几何形态，如环形、多边形或带状。根据组成成分和作用性质的差别，可分为泥质构造土和石质构造土两类。

1. 泥质构造土

土层冻结之后，如温度继续降低，可引起地面收缩，产生裂隙；或者土层干缩，也能形成裂隙。这些裂隙在平面上组成多边形，裂隙所围绕的中间地面略有突起，这种形态称为泥质构造土，通称多边形土。它的规模大小不等，径长从不足1m到200m。青藏高原上，目前发育的多边形土径长一般不足2～3m，但在唐古拉山南坡可见径长达100～150m的古巨型多边形土，与目前高纬度极地多边形土相仿，所以多边形土的规模可以反映形成时气候寒冷的程度。处于活动期的多边形土边缘裂隙一般呈张开状，裂隙上部宽度约数厘米，近于垂直向地下延伸成楔形。而已停止发育的裂隙常被碎屑物所充填。泥质构造土一般形成于坡面倾角小于5°～10°，平缓的、由均质细粒土组成的地表。

2. 石质构造土

在饱和水分、颗粒大小混杂的松散土层中，当活动层上部冻结时，地面和其中的砾石一起被抬高，在砾石底部出现空隙的同时，空隙就会被尚未冻结的松散土层所填塞；当夏季融化时地面下陷，但砾石由于底部空隙已被填充，不能再回到原来位置。冻融过程反复进行，砾石就一次一次地被挤向地面，最后被分选到地面上来。除垂直方向的冻融分选作用外，还有水平方向的分选。由于地表首先被网状裂隙所分割，又由于含水较多的细粒往往集中在网眼的中心，所以冻结时产生不均匀冻胀，已移近地表的砾石逐渐向边缘的裂隙方向移动，结果大的砾石就被集中分布到边缘裂隙附近，细粒土和细小碎石集中在中心，最后在平面上形成一个以粗砾为外缘的石环或石多边形。以下介绍几种最典型的石质构造土。

(1) 石环。石环是由较细粒土和碎石为中心，周围由较大砾石为圆边的一种环状冻土地貌（图10-5）。它们在极地、亚极地以及高山地区常有发育。石环的直径一般为0.5～2.0m，在极地地区可达10余m。石环形成在有一定比例的细粒土地区，细粒土一般不少于总体积的25%～35%，并且土层中要有充足的水分，所以石环多发育在平坦的河漫滩或洪积扇的边缘。

石环是冻土中颗粒大小混杂的松散砂砾层，由于饱含水分，经频繁的冻融交替，产生物质分异形成的。活动层中的大小混杂的砂砾，冬季地面冻结时，砂砾层孔隙中的水冻结膨胀，地面和砂砾层中的砾石一起被抬高，砾石的下部出现空隙，砂土填入或水渗入而形成冰透镜体［图 10-5（b）］；夏季，活动层上部解冻，由于砾石和砂土的导热率不同，砂土中的冰先融化，地面逐渐回降到原来位置，但砾石下部仍为冻结状态，这时一些大颗粒碎石或砾石却比周围含水砂土位置相对升高［图 10-5（c）］。等砾石下部冰开始融化时，砾石周围的砂土向砾石下部移动，填垫在砾石下部，当活动层全部融化后，砾石却相对抬升了一段距离［图 10-5（d）］。在这种冻融过程反复作用下，大的石块或砾石就逐渐被顶托到地面。

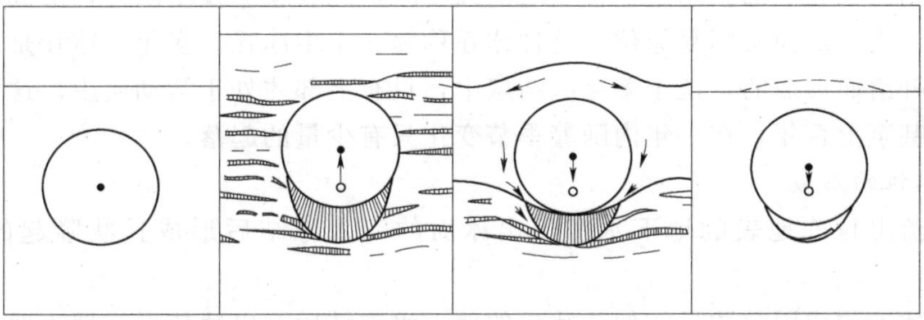

图 10-5　融冻分选过程示意图（根据比斯科夫简化）

（a）原始地面，图中的圆表示砾石，图上方的平直线表示地面；（b）冬季地面冰结，地面抬高，砾石位置也抬高；（c）夏季地面开始融化并降低，砾石下部仍有一部分冻结，砾石未完全回到原来位置；（d）砾石下部土层全部融化，砾石下部被小砾石和砂填充，砾石相对原来位置向上移动了一段距离

除上述垂直方向的冻融分选作用外，还有水平方向的分选。水平方向的分选是在活动层上部和地表进行的。在含水较多的细粒砂层中，冻结时体积膨胀要比含水较少的粗粒碎石层的为大，结果含水较多的细粒砂层就形成一个微微向上凸起的膨胀中心，分布在表层的砾石从膨胀中心向四周移动。解冻时，由于砾石和含水砂土的导热率不同，先融化的细粒砂土回到原来的位置，填充了融化后的空隙，等到砾石下部也融化时，砾石则不能回到原来的位置，凸出在地面上，只好向四周较低部位移动，最后形成以砾石和碎石为边缘的石环。

石环形成的速度很快，在祁连山平顶冰川边缘，冰川退缩不到两年，冰碛物中就发育大量的石环，其直径大者可达 4～5m，石环中心部分比边缘高约 40cm。在大雪山地区埋入地下 2cm 深处的石块，一个月后即被顶托到地面，侧向移动 2～5cm，如一年活动期按 3 个月计，年移动量为 6～15cm，这个数字比高纬地区观测到的位移量还略快一些（在巴伦支海斯匹次卑尔根群岛为 5～10cm/a）。

当石环转变为边缘隆起而中央低下，石块表面布满地衣苔藓或生长小草，表示石环已停止发育。

（2）石圈。斜坡上发育的石环，在重力作用下常成椭圆形，它的前端由大石块构成石堤，这种石环又叫石圈。

(3) 石带。在较陡的山坡上，石圈前端常分开，经冻融分选的最大的岩块，集中在纵长延伸的裂隙中，形成石带。

三、冰丘与冰锥的形成及其特征

(一) 冰丘的形成

地下水受冻结地面和下部多年冻结层的遏阻、在薄弱地带冻结膨胀，使地表变形，隆起成为土丘，称为冰丘或冻胀丘。

冰丘可分为一年生冰丘和多年生冰丘。在冬季，土层由上而下冻结时，缩小了冻结层上水的过水断面，使地下水承压；同时在冻结过程中，水向冻结面转移（水分迁移），形成地下冰层。当水冻结成冰时，体积增大，产生很大膨胀力。随着冻结深度的增加，当冰的膨胀力和水的压力增加到超过上覆土层的强度时，地表就会发生隆起，形成冰丘。融化季节，冰丘消失，地面又回复原位，这种冰丘称为一年生冰丘。多年生冰丘是由冻结层间水和层下水补给而形成的，位于多年冻结层中，只有上部才处于活动层中。这种冰丘可保持几十年，甚至上百年，在一年内随着季节变化只有少量的起落。

(二) 冰锥的形成

在冬季流出封冻地表的地下水和流出冰面的河水冻结后形成丘状隆起的冰体称为冰锥。

地下水冰锥的成因与冰丘相似，冰丘的地下水冻结后，以冰核形式埋于地表以下。形成冰锥的地下水，在土层强度较小的地方喷出地面，随温度的降低和压力的减小而逐渐冻结，形成覆盖于地表的冰体。地下水冰锥往往沿着冻结层上水的流路，呈串珠状分布，多出现在山麓洪积扇边缘、洼地和山坡坡脚等处。

河冰锥的形成是当冬季河水上层结冰以后，过水断面收缩，河水流动受限制而渐具承压性。上部冰层越厚，其下流水承压越大，当压力达到一定程度时，河水就能冲破河水的裂隙溢出冰面，冻结形成冰锥。

四、热融地貌的特点

热融地貌是指由于热融作用而产生的地貌现象。由于气候转暖或人类活动，破坏了多年冻土的热平衡状态，引起季节融化层深度加大，上限降低，多年冻土上部地下冰发生融化。冰融化以后土体体积缩小，使上覆土层自行下沉；同时冰变成水后，沿土粒之间的孔隙排出，并使融化后的细粒土成为稀释体，从而进一步使土层压缩下沉。这种过程称为热融作用。

对各种不同构造的冻土而言，经热融作用后的压缩下沉情况也各不相同。一般整体构造冻土融化后，结构变化较小，因此其物理力学性质与冻结时相比变化不大；层状和网状构造冻土，特别是其中含有厚层或透镜体地下冰时，解冻后结构变化很大，往往造成大幅度的阵陷和滑塌，在地面上可造成各种类型的热融地貌。

热融地貌可分为两种：热融滑塌和热融沉陷。两者成因基本相同，但前者主要发生在斜坡地面，而后者则主要产生在平坦地面。

1. 热融滑塌

斜坡上的地下冰融化，土体沿融冻界面移动而造成热融滑塌。

热融滑塌开始形成时呈新月形，以后逐渐溯源发展，形成长条形、枝叉形等。在

3°～5°的山坡上，常形成围椅形沉陷式滑塌；大于5°的山坡，可形成长条形牵引式滑塌；大于16°的山坡，热融滑塌现象比较少见。

发育完善的热融滑塌可以分为3个区：上部为流动区，斜坡坡度越大，流动区越长，如6.5°～8°的山坡，流动区可长达20m；中部为塑性变形区，形成一个或若干个舌形阶地（一般一年形成一个）；下部为稳定区。由于滑塌体年复一年地发展，上述3个区的位置也会发生变化。

青藏高原风火山、唐古拉山一带，祁连山东部、大兴安岭北部等地，多年冻土层上部一般均分布有厚层地下冰（数十厘米至数米不等），而且埋藏较浅，其延伸与地表起伏大体一致，因此很易融化，引起热融滑塌的广泛发展。

2. 热融沉陷

平坦地表地下冰的融化，可导致地表产生各种负地形。

由热融沉陷形成的地貌有沉陷漏斗（直径数米）、浅洼地（深数十厘米至数米，径长可达数百米）、沉陷盆地（规模大者可达数平方公里）等。当这些凹地积水时，就形成热融湖。多年冻土发育的平原或高原地区，大大小小的热融湖星罗棋布。

在热融湖下部，多年冻土上限下降或甚至转变成融区的现象说明湖水对冻土有传热作用，因此随着湖水深度的加大，必将引起热融沉陷过程的进一步发展。

第三节　冻土地貌与生产建设的关系

由于冻融作用所形成的一系列冻土地貌，如冰丘和热融滑塌等，对生产建设有一定的破坏和影响，因此常称为“冻害”。另一方面，融冻堆积物与冻土地貌对于砂矿的普查勘探、地下水的调查利用等也直接有关。

一、冰丘和冰锥的危害及其防治

（一）冰丘和冰锥的危害

冰丘、冰锥的形成和发展对工程建筑和铁路、公路都有破坏作用，它使地面隆起，建筑变形，破坏路面，冻裂基础，所以在工业建设和交通建设中必须先调查清楚该地段是否有发育冰丘、冰锥的可能，应尽量选择平缓干燥的地段。如无法避开冰丘、冰锥地区，应采取相应的防治措施。

（二）冰丘和冰锥危害的防治

（1）换填基底土。将冻胀性强的基土（细粒土）换填成冻胀性弱的土层（砂砾石），这是防治冻胀变形的可靠措施。换填厚度决定于土层的季节冻结深度。

（2）排水。排除积水，防止地表水和地下水流入渗，是防止冰丘、冰锥发展的根本措施。如线路要穿越冰丘发育地段，最关键的是切断产生冰丘的水源，可采用地下排水法，即将地下水经由盲沟中的管路排至路基以外，或采取路基外侧积冰法，即设截水天沟，夏季起排水作用，冬季使地下水进入天沟冻结。和冰锥作斗争，常在路堤上方开挖积水坑，让地下水在其中形成冰锥。

（3）抬高基底。工程建筑位于地下水位较高的地段，为避免冰丘、冰锥的产生，常将地基或路基抬高到一定高度，使地基或路基有足够厚的土层处于地下水毛细管浸润影响以外，防止厚层地下冰的产生。

(4) 保温及化学措施。在地基表面设置保温层，以减少冻结深度和冻胀量，防止冰丘产生。为降低土层中水的冰点，使其在一定气温下不至于冻结，可在土层中注入可溶盐物质；为防止或减少土层中水分迁移，从而减轻冻胀强度，可在土层中添加化学试剂，以增强土的憎水性。

二、热融地貌的危害及其防治

热融滑塌和热融沉陷对工程、交通建设也造成极大的危害，如房屋下陷、路基沉陷、路堑边坡滑塌等。

为防止边坡滑塌，可将多年冻土予以换算，其厚度必须足以保持多年冻土层堑坡处于冻结状态。也可在路堑边坡修筑结构挡墙，进行防护。

热融湖地段的地基和路基，其水下部分的填料必须以渗水性土填筑，并应高出最高水位 0.5m 以上；在预留沉陷量时，必须结合热融湖的基底土质情况、地下冰情况、上限深度等因素，综合考虑基底的下沉量。

如线路通过多年冻土沼泽地段，其主要病害是冻土融化成稀释状，造成路基沉陷。如果人为上限（修筑路基后，多年冻土上限上升，在路堤中出现的上限称为人为上限）向一侧倾斜，往往造成路堤滑动。其防止措施是：路堤两侧设排水沟，防止两侧及基底积水；加强路堤基底保温；采用隔水性能好的土作为路堤填料；保护路堤两侧地表植被等。

三、其他危害和防治

与工程建设直接有关的冻土地貌还有石河、石冰川和融冻泥流，应采取相应的施工和养护措施，以免掩埋道路和其他工程建筑。

冻土地貌与农林业生产关系也很密切。高山冻土带常因在融化期间，水分很难下渗，造成不同程度的水土流失，减低土壤肥力，影响牧场质量。冻土区的局部开垦将使冻土层加速融化，上限降低，造成许多洼地和土丘，以至农田废耕，甚至引起沼泽化。同时，也给农业机械化带来一些特殊问题。在农业生产季节，冻土融化，地面十分泥泞，更加大了地形起伏，使机械化耕地十分不便。在林区建设方面，冻土妨碍森林更新，并给林区交通建设带来许多困难。

四、冻土地貌开发利用的价值

冰锥对工程建筑，尤其是道路有很大的危害，但对农业生产也有有利的一面。

(1) 干燥区高山河冰锥是一项重要的水源，我国劳动人民早就有秋季在河上筑坝，挡住河水，使其冻结，以备来年春季使用的经验，其开发利用价值不亚于冰川，而且比冰川更易利用。

(2) 多年冻土区砂矿的形成和富集常与融冻堆积物有关。如西藏某地的砂金矿和砂铂矿就集中分布在古融冻堆积物中。通过对含有砂矿的融冻堆积发育规律的研究，可以进而追索含有矿脉的基岩，了解矿产的分布。

(3) 冻土地貌的研究对于地下水的普查也有一定的关系。随着多年冻土地区各项建设事业的开展，迫切要求有充足的水源。冻土地貌的形成和发展都与地下水动态变化有关，因此，要查明地下水的分布、性质和储量就必然和冻土地貌的研究结合起来。

复习思考题

1. 冰土是怎样形成的？其分布有哪些特点？
2. 试述冻土构造特征。
3. 什么是洞脉冰？
4. 地下水在冻土中是怎样分布的？
5. 冻土地区有哪些地貌类型？其特点是什么？
6. 什么叫热融地貌？
7. 试述热融地貌的危害及其防治。

第十一章　研究湖沼与海洋的地质作用及地貌的重要意义

海洋是生命的发祥地，是人类资源的宝库，事实证明，海洋的物理、化学、生物等各种过程及环境效应。在人类发展进步过程中起着举足轻重的作用。因此，认识海洋、研究海洋、开发海洋资源是目前最为重要的研究课题之一。

第一节　湖沼的地质作用

湖泊和沼泽是常见的自然地理单元。它们的地质作用与工农业生产密切相关。不过它与河流或地下水等陆地上流动水体不同，它们是水圈中比较宁静的水体，在地质作用过程中以沉积作用为主。

一、湖泊的形成和分类

湖泊是经常充满水的陆上洼地，是在一定的地质、地形和气候条件下形成和发展起来的。形成湖泊要有两个条件：一是要有水的来源；二是要有盛水洼地，即所谓湖盆。

全世界湖泊总面积为 270 万 km^2，占全部陆地总面积的 1.8%。世界上湖泊最多的国家是芬兰，有 35000 个之多，占全国陆地总面积的 12%。我国也是多湖泊国家之一，总面积在 4 万 km^2 以上。如洞庭湖、纳木错湖（图 11-1）、鄱阳湖、青海湖、罗布泊等都是著名的大湖。

图 11-1　位于青藏高原的纳木错湖是世界上海拔最高的大湖

湖水的来源有雨水、地面流水、地下水、冰融水及古代海洋残留水等。湖水的消耗主要通过蒸发和流泄（包括从地面流走和渗入地下）两种方式。有的湖泊有出水口，通常称为泄湖，有的湖泊没有出水口，称为不泄湖。

湖泊按湖盆的成因有下列几种。

(1) 构造湖。是由地壳运动造成的凹陷或断裂谷形成的。湖盆形状狭长，湖水深，且为石质湖底，如滇池、青海湖。

(2) 火山湖。是由于火山活动造成的湖泊，又可分为两种类型。一种是火山口形成的火口湖，如吉林省长白山的主峰白头山顶上的天池；另一种是由火山岩流堵塞河流而形成的堰塞湖，如黑龙江省的镜泊湖是火山熔岩堵塞牡丹江而成的堰塞湖，五大连池是 1720 年熔岩堵塞纳谟尔河而成的 5 个湖泊。

(3) 河成湖。由于河流的改道，旧河床中积水成为一列长形的湖泊，如黄河改道后形成了山东省的东平、独山、微山等湖泊。还有河流弯曲发展形成的牛轭湖，如长江中游的石首。还有一种河成湖是当河水泛滥时，水积在泛滥的平原洼地中形成的，汉水、淮河下游一带的许多湖泊就是这种成因。特别是河流三角洲一带，地势平缓，排水不畅，河水容易改道或溢出，所以在河流的三角洲地区，湖泊极多。

(4) 海成湖。也叫泻湖，是海湾地区因沉积物的堆积作用，使海湾与海隔离而成的。初期部分海水仍能流入湖中，随着沉积作用的发展，终于使之与海完全隔离，如杭州的西湖。

(5) 冰成湖。由于冰川活动而造成的洼地，冰川退后积水即成为湖泊，芬兰和加拿大的许多湖泊都是冰成湖。西藏高原上星罗棋布的湖泊都与冰川活动有关，其中较大的有纳木湖和奇林湖，都是分布在高原上的山麓地带。

(6) 风成湖。在干旱地区，风将地面剥蚀成为洼地，如果有大的河流流入或风剥蚀地面到潜水面时，则形成风成湖，如罗布泊、呼伦贝尔湖等。干旱地区的风成湖由于气候干燥、蒸发量大、年降雨量分配不均，因而湖水水量变化很大，湖盆轮廓也经常移动，甚至干涸成为间歇湖。

实际上许多湖盆的成因不只是单一的原因，例如长江中游荆州沙市区、武汉一带的许多湖泊的成因，既是河成湖，又与这个地区在第三纪末以来的地壳下降有关。又如山东西部的微山湖和东平湖，一方面处于冲积平原与山麓的交接洼地，同时也是地壳构造断裂的部位。

此外，还有人为的活动，如修堤筑坝、拦成水库等，形成大大小小的人工湖。

湖泊不仅可以用作水力发电、航运、灌溉和发展多种经营等，还能够调节径流、改善气候、美化环境。对农业生产和人民生活有着多方面的好处。有的地方任意围垦，缩小湖面，这会影响湖泊的蓄洪能力，造成严重后果，所以围垦要综合考虑各方面的条件。

二、湖泊的地质作用

在湖浪冲蚀之下，湖滨上开始出现湖蚀洞穴、湖蚀凹槽，随着湖浪冲蚀作用的继续，洞穴、凹槽扩大，湖蚀崖出现并扩大、后退，形成波切台波筑台。这一过程在大湖滨看得很清楚，如在鄱阳湖滨多处可见。湖浪冲蚀湖滨的产物，以及入湖的河流带来的物质，被退流、岸流、湖流、洪流带至湖滨外、湖湾、湖中心等地沉积。可见湖水的各种动力对湖盆的冲蚀作用及产物的搬运作用与海洋中相同，只是规模小些罢了。

（一）湖水的机械沉积作用

湖水机械沉积物的主要来源为入湖河流携带的物质，其次为湖浪冲蚀湖岸岩石的产物。此外，风和冰川也携带一些泥沙石块进入湖泊中。不论是浊流、退流，还是岸流也好，在它们从浅水区流进深水区的过程中，由于静水的阻滞，流速降低，从而导致搬运物质的动力减小，发生沉积。由于动力的减小是渐变的，因此机械沉积作用是从大到小、从重到轻依次进行。在同一地点沉积下来的碎屑物颗粒大小近于一致。在这种分选性沉积作用下，湖水机械沉积物在湖盆内的平面分布显示出不规则的同心环带状。

潮湿气候区的湖泊、入湖河流多，水量也大，它们携带大量泥沙至河口段，由于静水的阻滞，于是大量的泥沙在此按颗粒的大小依次地沉积下来。这样，在入湖河口均有三角洲形成。这里的三角洲是河流和湖水两种动力共同作用的结果。在入湖河流挟沙量高的情况下，三角洲的形成和增长十分迅速。随着三角洲的扩大，湖泊被淤小，淤浅，直至消亡，从而出现湖积—三角洲平原，或变为沼泽，见图 11-2。

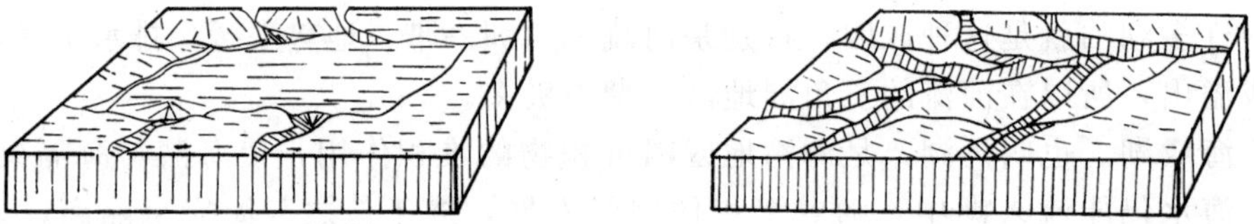

图 11-2 湖泊发展成湖积—三角洲平原示意图

干旱地区的湖泊，由于入湖河少，河流水量变化又大，不能经常携带大量碎屑物进入湖中，因而机械沉积物数量少，三角洲增长缓慢。

除非形成湖泊的因素始终起作用，否则，湖泊演化的总趋势是变小、变浅乃至消亡。因此在地质历史上，湖泊的生命是比较短暂的。它的演化方向取决于当地的自然地理条件，潮湿气候区会发展成湖积—三角洲平原或沼泽。干旱气候区因水分不断蒸发，湖水含盐量不断增加，加上湖水机械沉积作用的影响，湖泊演变成盐湖，甚至变成盐沼或泥沼。经风力地质作用后，盐湖可被沙丘掩埋。

气候的季节变化对湖水机械沉积作用有深刻的影响。夏季常是入湖河流的洪水期，携入湖中的颗粒相对比冬季的枯水期携带的颗粒要粗些。一年四季的变化，造成颗粒粗细有规律的变化。一粗一细组成一个年层，许多年层叠成纹泥。已发现现代一些温带、亚热带地区的湖泊中也有纹泥的形成，例如瑞士苏黎世湖和我国武汉东湖。据观察，温带深水湖泊有利于纹泥的形成，原因在于深水湖中有分层现象，即湖水有温度分层和化学分层现象。

湖水温度分层在湖水温度为 4℃时最大。夏季表层水热、质轻，上下无法对流，湖底在生物新陈代谢和有机质腐烂分解影响下，H_2S 含量增加，使湖底湖水呈还原环境，此时机械沉积的湖泥量多、粒粗、有机质丰富但分散在湖泥中。冬季表层水温低，密度大，深处密度小，可以产生上下对流，但由于冬季有机质分解不彻底，此时机械沉积的湖泥量少、粒细、有机质含量相对较高，所以湖泥色深。对于武汉东湖湖心纹泥，夏季为灰色湖泥，冬季为黑色有机质湖泥。

（二）湖水化学沉积作用

湖水化学沉积作用受气候条件控制极为明显。在不同气候区，湖水化学沉积物差别很大。因而以湖水化学沉积物去推论当时湖区的气候状况，是比较可靠的。按气候的干湿，将湖水化学沉积作用分为两种。

1. 潮湿气候区湖水化学沉积作用

由于潮湿气候区雨量充沛，化学和生物化学风化作用剧烈，不仅易溶的如 K、Na、Ca、Mg 等组成的盐类可呈离子状态被水搬运至湖内，就是较难溶的如 Fe、Mn、Al、Si、P 等组成的盐类也能形成离子或胶体溶液并被搬运至湖中。前者由于溶解度大，难于在本区的湖中进行沉积，而是继续被搬运，直达海洋。后者则为湖水化学沉积的主要物质来源。

当流水和地下水带着 Fe、Mn、Al 等低价盐类溶液或胶体溶液进入湖泊后，与湖泊内已有湖水相混，发生各种物化反应；或在生物的参与下，促使这些物质沉积下来。它们常形成铁、锰、铝等具有一定工业价值的矿床。其中最常见的是铁矿沉积，主要是从 $Fe(HCO_3)_2$ 或 $FeSO_4$ 等低价铁的盐类溶液中，或从胶体状态的 $Fe(OH)_3$ 溶液中沉积下来。但在不同气候条件下，由于沉积不同，其沉积作用和所形成的铁矿类型亦有显著差别。

如在湿热地区，化学风化和生物风化较强烈，易出现氢氧化铁的胶体溶液。当其进入湖泊内，与湖水中电解质相遇时，发生电荷中和；或因溶液的 pH 值变小，以及受腐殖酸浓度增大或减小的影响，均促使氢氧化铁沉积下来，形成褐铁矿，称为湖铁矿。溶液中的二价铁盐也易氧化成氢氧化铁而发生沉积。其化学反应可用下式表示：

$$4Fe(HCO_3)_2+O_2+2H_2O \longrightarrow \underset{\text{褐铁矿}}{4\,Fe(OH)_3}\downarrow+8CO_2\uparrow$$

与铁矿共生的常有锰矿，有时夹有碳酸盐和铝土矿。湖铁矿常呈团块状、透镜状或层状夹于碎屑沉积物中，多分布在湖岸地带、河流入口处或湖底有地下水出露处。我国太湖和山西鲁平的第三纪沉积物中就有这种有价值的铁锰矿床沉积。

在冷湿地区，由于氧化作用较弱，湖内多为还原环境，还往往生长着一种能吸收重碳酸铁中 CO_2 的细菌，但常有较多的菱铁矿沉积，其化学反应式为

$$Fe(HCO_3)_2 \longrightarrow \underset{\text{菱铁矿}}{FeCO_3}\downarrow+H_2O+CO_2\uparrow$$

除菱铁矿外，还易形成可作磷肥用的兰铁矿 [Fe_3 $(PO_4)_2\cdot 8H_2O$] 沉积。

此外，由于有机质分解所产生的 H_2S，在缺氧的还原环境下，亦可使重碳酸铁和硫酸铁等变成硫化铁而沉积，形成最常见的黄铁矿或白铁矿（FeS_2）。其化学反应式为

$$Fe(HCO_3)_2+2H_2S \longrightarrow \underset{\text{黄铁矿(白铁矿)}}{FeS_2}\downarrow+3H_2O+CO_2\uparrow+CO\uparrow$$

或

$$FeSO_4+2H_2S \longrightarrow \underset{\text{黄铁矿(白铁矿)}}{FeS_2}\downarrow+2H_2O+SO_2$$

如位于温湿气候区的湖盆中，或入湖河流流域内，有富含长石的结晶岩出露，长石被风化成高岭石后，被带入湖内沉积。这种富含高岭石的湖水沉积黏土，可作为耐火砖和陶瓷工业的原料。

2. 干旱气候区湖水化学沉积作用

干旱气候区的湖水很少向外流泄，主要消耗在蒸发上，因此，流水和地下水带来的盐分

年复一年地留在湖中，湖水盐度逐渐增加，以致淡水湖逐渐变成咸水湖甚至盐湖。在盐湖中，当盐度达到饱和后，各种盐类便陆续沉淀。由于强烈的蒸发，湖水面逐渐下降，加之沉积物不断淤积，从而使湖水变浅，最后盐湖将完全干涸。湖水沉积的盐类成分与湖水中所含的化学成分和盐湖发展阶段有关。如果盐湖内所含盐分比较复杂，往往依下列顺序沉淀。

（1）在湖水逐渐咸化过程中，首先是溶解度最小的碳酸盐达到饱和后结晶出来。其中以钙的碳酸盐沉淀最早，镁、钠的碳酸盐次之。这些沉积物可形成具有经济价值的苏打（$Na_2CO_3 \cdot 10H_2O$）和天然碱（$Na_2CO_3 \cdot NaHCO_3 \cdot 2H_2O$）等碱类矿床，因此这种湖也称为碱湖。在内蒙古、黑龙江和吉林等省区的西部分布最多。

（2）在盐湖中碳酸盐沉淀后，湖水进一步咸化，溶解度较高的硫酸盐逐渐达到饱和后，发生石膏（$CaSO_4 \cdot 2H_2O$）、芒硝（$Na_2SO_4 \cdot 10H_2O$）和无水芒硝（Na_2SO_4）等硫酸盐的沉淀。这类盐湖又称为苦湖。其中尤以石膏和芒硝沉积最为常见。在我国新疆、青海、吉林西部及内蒙古东部都有这类盐湖。

（3）硫酸盐析出后，湖水进一步浓缩，可使湖内残余湖水成为直接能开采的天然卤水（以氯化钠为主）。湖水继续蒸发，含盐度不断增高，当饱和后，可析出溶解度最大的氯化物来，如食盐（NaCl）、光卤石（$KCl \cdot MgCl_2 \cdot 6H_2O$）和钾盐（KCl）等。它们的出现标志着盐湖沉积到了最后阶段，也就是一般狭义的盐湖沉积。这类湖泊分布很广，在我国西北干旱地区最为常见。如青海柴达木的茶卡盐池（图 11－3）、柯柯盐池和察尔汗盐池等，都是我国著名的盐湖，其中仅茶卡盐池内的池盐就够全国人民吃 200 年之久。

与氯化钠沉淀时的浓度相当，若湖水中含有硼酸盐，也会与盐湖中的氯化物同时沉淀。如西藏高原上就有不少世界闻名的硼砂（$Na_2B_4O_7 \cdot 10H_2O$）湖，湖中氯化物便和硼砂同时沉淀。

在盐湖内，除化学沉积外，还有机械沉积，于是形成了盐和泥土交互成层的现象，其中机械沉积物数量可超过化学沉积物。盐湖发展到最后，湖水完全干涸（图 11－4），盐类全部结晶沉淀出来，结束了盐湖的生命。这时其他的地质作用，如风化、风的地质作用则代替了湖水的地质作用，它们可以使已沉积的盐层再度遭到风化、剥蚀，或被其他沉积物掩埋起来，从而保存在地层中，这种湖积盐类矿床在过去地质时期的地层中经常遇到，如湖北上白垩统下第三系地层中的石膏、岩盐等盐类矿床。

图 11－3　青海柴达木盆地中的茶卡盐湖

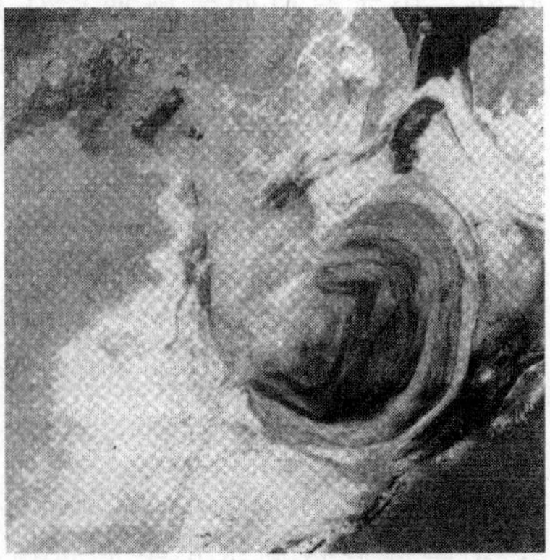

图 11－4　青海罗布泊干涸后的卫星影像

（三）湖水生物沉积作用

湖水生物沉积作用主要发生在潮湿气候区，因为干旱气候区湖水中生物较少。

潮湿气候区的湖水中生长着极为丰富的生物。当大量低等生物尸体和湖泥一起堆积在湖底时，在缺氧和富含 H_2S 的环境中，有机质经过细菌分解，形成含 C40％～50％、H6％～7％、O34％～44％及 NO＜6％的沥青质，它分散在湖泥的细小颗粒间，形成各种不同颜色的胶冻状态的黏泥，称为腐泥。腐泥经干流后可得到焦炭、煤气和石油，以及有机酸和维生素等产物。可见腐泥是一种重要的工业原料，它还可用于医疗和做饲料用。腐泥中含碳量较高，当它被泥沙掩堆后经过成岩作用便成为腐泥煤。若腐泥中矿物质含量大于 40％时，称为沥青黏土，它经过成岩作用后成为油页岩，我国油页岩含油 5％～20％。

在特殊环境下，厚层腐泥迅速掩埋于深处，在较高的温度（100～200℃）和压力（约 300×10^5Pa），还可能有放射性作用参加下，经过细菌作用和复杂的物理、化学变化形成石油。它们储藏在岩石的空隙间，形成重要的石油矿产资源。过去国外一直认为只有海洋沉积才能形成石油。根据此结论，新中国成立以前，帝国主义者污蔑和断言我国是“贫油国家”，只有靠“洋油”过活。新中国成立以后，帝国主义者尽一切力量来封锁我国，妄想借此强迫我们服从他的指挥。但是，站起来的中国人民在党和毛主席的领导下，坚持自力更生，在大庆等地陆续找出了与湖泊沉积有关的、规模巨大的油田来，满足了我国日益增长的石油需要，从此结束了使用“洋油”的时代。我们找出了湖泊形成的油田，不仅彻底粉碎了帝国主义者妄想借石油扼杀我国的恶毒阴谋，也大大丰富了石油地质科学的理论。

湖泊的生物沉积除上述外，在温带较冷的地区，如果生长着大量的硅藻，其尸体可堆积成工业上可用作吸附剂、耐火材料和充填材料的硅藻土。

（四）沼泽及其地质作用

1. 沼泽的概念及类型

沼泽是陆地表面充分湿润，嗜湿性植物大量生长，并有有机质堆积的地带。世界上沼泽分布面积约为 350 万 km^2，占陆地面积的 2.3％。

我国沼泽分布相当宽广，当年红军所经过的“松潘草地”，全区面积就达 2700km^2。沼泽在东北三江平原、松辽平原的北部及各地沿江、沿海一带均有大面积分布。除此之外，尚有许多零星分布的沼泽。

沼泽的成因是多种多样的，其中较普遍的成因主要是由于地表水体边缘和附近地区的沼泽化。这些地区水源丰富，地面经常保持充分湿润状态，有利于嗜湿性植物的繁殖。植物大量的生长和死亡造成有机质的堆积，原来的湿地便转变成为沼泽。例如若尔盖高原上的江错、错拉等地的湖滨沼泽，便是由于湖滨湿地沼泽化而成的，江错湖不久将全部被沼泽所代替。又如黄河口以北至天津一带的渤海海滨沼泽，系黄河三角洲沼泽化而成，面积也很广阔。长江沿岸从宜昌到上海，低河漫滩和河心滩均因江水经常泛滥，使地面经常积水，植物繁殖迅速，若不是人工排水耕种，也会变成一片绿葱葱的沼泽（图 11－5）。

2. 沼泽的生物堆积作用

沼泽地区生长着大量嗜湿性植物，死亡后的尸体不断堆积起来，在沼泽水、上复植

图 11－5　近海低地的红树林沼泽

物体和泥沙的掩复下，同时处于氧气不足的环境中，从而进行缓慢的氧化和细菌分解，放出 CO_2 及 CH_4 等气体，使有机堆积物中的含碳量相对增加。随着水、氧气损耗和腐殖酸的增加，细菌无法继续生存，于是微生物的分解作用就停止下来，形成一种处于半分解状态，含碳量达 59%，富含碳氢化合物的质地疏松而呈棕褐或黑色的物质，称为泥炭。实际上，沼泽的发展演化过程就是泥炭的聚集和形成过程。泥炭可直接作为燃料和肥料之用，亦可干馏，获取焦炭和石油中的某些产物。我国泥炭分布广阔，主要分布在华北平原、松辽平原、江汉平原、成都平原和滇西各断陷盆地。它们多为第四纪形成的，现今均被泥沙所掩埋。滇西鹤庆、川西北松潘草地等地区目前还在进行现代泥炭的堆积。

第二节　海洋的基本特征

海洋是地表最洼、最广大的积水地区，是陆地河流的归宿。

海洋是沉积作用的主要场所，河流搬运来的一些物质最后都沉积在海洋里，成为各地质时期沉积岩层和沉积矿产。今天在陆地上看到的沉积岩及矿产，绝大部分是过去海洋地质作用的产物。因此，研究海洋的地质作用，对开发海洋资源或研究古地理古气候都有极其重要的意义。

一、海洋的一般特征

在地球表面 51 亿 km^2 的面积中，陆地占 14 亿 km^2，占地壳表面积的 29.20%；海洋面积约为 36.1 亿 km^2，占地壳表面积的 70.8%。

根据面积和深度，海洋底部的地形要素基本上可以划分为四部分，见表 11－1。

二、海水的化学成分

海水含盐度很高，平均约为 35‰，其中以氯化物（如 NaCl、$MgCl_2$、KCl 等）为最多，仅 NaCl 含量就占含盐总量的 77.7%，其次是硫酸盐（如 $MgSO_4$、$CaSO_4$ 等）和碳酸盐（如 $CaCO_3$）等，所以海水是又咸又苦的。海水的化学成分见表 11－2。

表 11-1　　海底地形的面积和深度

海底地形名称	面积 /(10^6km^2)	平均深度 /m	面积百分比 /%
大陆棚 (0～200m)	27.5	50	8
大陆坡 (200～2450m)	38.7	1270	12
海洋底部 (2450～5750m)	283.7	4420	77
深海盆地 (75750m)	11.2	6100	3

表 11-2　　海水的化学成分

名称	1000g 海水中的含盐量/g	占盐分总量的百分比/%
NaCl	27.2	77.58
$MgCl_2$	3.8	10.873
$MgSO_4$	1.7	4.737
$CaCO_3$	1.2	3.600
K_2SO_4	0.9	2.465
$CaCO_3$	0.1	0.345
$MgBr_2$	0.1	0.217

海洋中繁殖着大量的生物，有的漂浮于水中，有的在水中自由游动，有的在海底下爬行，或附着在岩石上。

三、海洋生物作用

生命的发生和进化起源于海洋。生物由原始的、简单的适应能力发展到现代几乎占领整个海洋空间，生物成为海洋的一个组成部分。海洋生物从海水中摄取某些化学成分，同时放出其他物质，进行生物平衡。生物死亡后，有时聚集成为有价值的矿产（如石油、煤等），有时则被重新放回海水中。所有这些过程在地质作用中有着巨大的动力意义。

第三节　海水的运动

海洋表面由于受各种营力的作用，海水不断地运动着。这种营力包括太阳的辐射能的影响，月球对地球表面的吸引，地球内部的地震作用，以及大气的变化，风的流动等。

一、潮汐

主要是由于月球和太阳对地球的引力所引起的海水运动。每昼夜海平面要上升两次，降低两次，即约以半日作为周期而进行的升降，这种现象称为潮汐。当潮浪中的峰到来的时候，水位变化最高，称为高潮或满潮。如为潮浪的谷到来时，则水位最低，称为低潮或落潮。

二、洋流

主要由风的作用引起的海洋中水的前进式运动，即水分子按一定方向和固定路程被带到很远的地方，好像沿着一条在大洋中的河流流动一样。洋流方向在大多数情况下决定于风，也依大陆的位置、海岸的轮廓以及洋底性质而定。洋流的运动速度有的可达每日 15km。

三、波浪

波浪主要是由风的作用所引起的，也可以是因地震作用或大气压剧烈变化而发生的。波浪是塑造海岸地貌最普遍和最重要的外营力。波浪的能量是控制海岸发育与演化的主要因素之一。

(一) 深水波浪的特性

海洋中的波浪主要是由风力作用形成。风作用于海面时通过近水面大气层的垂直压力和切应力，将能量传递给海水，使水质点在风力和重力、水压力、表面张力的相互作用下，作近于封闭的圆周运动，海面相应地产生周期性的起伏，形成波峰和波谷，波峰的最高点为波顶，波谷的最低点为波底。两个相邻波顶间的水平距离为波长（L），波顶与波底间的垂直距离为波高（H），相邻两个波顶或波底通过海面同一准线所间隔的时间为波浪的周期（T），单位时间内波形传播的速度为波速 $C=\frac{L}{T}$。

水质点在圆形轨道上位相改变，其水平流速、垂直流速和运动方向亦随之而变。位于圆形轨道上半部时，水质点的运动方向与波浪传播方向（波向线）一致。位于圆形轨道下半部时，水质点的运动方向与波浪传播方向相反。水质点自波顶向波底运动时，垂直流向向下；自波底向波顶运动时，则向上。位于波顶和波底时，水质点的水平流速值最大，垂直流速为零；位于波顶与波底之间的中点时，垂直流速值最大而水平流速为零。水质点沿圆形轨道运行一周，海水面就发生一次升降，并使波形向前传播（图 11-6）。

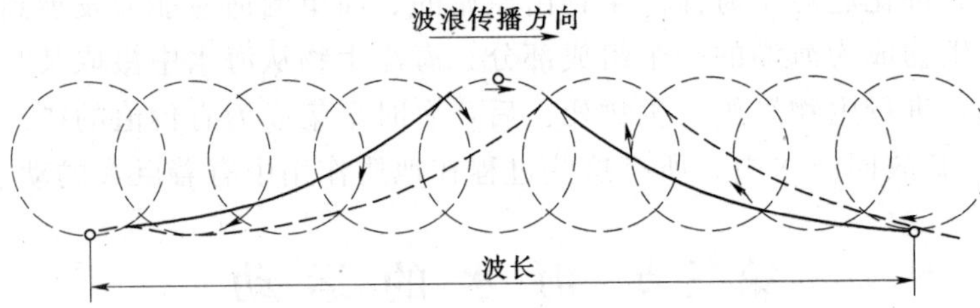

图 11-6　深水波水质点运动和波形的传播

波浪在向前传播的同时也向下部水层传播。自海面向下随深度按等差级数增加，水质点运动轨道的直径（波高）则以等比级数减小（表 11-3）。所以当海底深度大于波长时，波浪对海底的作用已很微弱。

表 11-3　波浪运动随深度增加的变化

海面以下深度（以波长为 1）	0	1/9	2/9	3/9	4/9	5/9	6/9	7/9	8/9	1
水质点轨道直径（以海面处为 1）	1	1/2	1/4	1/8	1/16	1/32	1/64	1/128	1/256	1/512

由风直接作用下形成的波浪称为风浪。风浪的大小决定于风速、风时和风区。当风速达到 1m/s 时，可形成波高为 0.02cm、波长 2m 的毛细波。随着风速增大，风时越久、风区越长、风浪就越大。风浪在水质点运动轨道为不封闭的圆形或椭圆形，波形为非正规的余摆线，峰顶较陡，略呈不对称。风浪在风停息后或离开风区向外传播就转变为涌浪，涌浪是在无风作用下继续传播的自由波，水质点运动轨道为封闭的圆形，波形为余摆线，峰顶较钝，呈对称。涌浪在传播过程中，波能渐减，波高渐低，而波长与波速渐增。经长距离传播，其波长与波速逐渐趋于某一稳定值，波形越显规则。全世界海岸地区除北半球高纬度和南美洲南端海岸地区为风暴浪区外，大多属涌浪区。

风传递给波浪的能量，是波浪在海岸带做功、引起复杂的海岸过程和泥沙运动的原因。单位波长内波浪的总能量可简单地以下式表示：

$$E=\frac{1}{8}\rho g H^2$$

式中 ρ——海水密度，g/cm³；

g——重力加速度，m/s²。

从上式可知波能的大小主要取决于波高。

（二）浅水波浪的传播与变形

当波浪传播进入浅水区，发生变形后就转变为浅水波。一般认为 1/2 波长的海底深度是波浪变形的临界深度。海底深度大于 1/2 波长，海底的水质点运动轨道直径小于海面 1/24，波浪的性质尚能继续维持不变。当海底深度小于 1/2 波长，波浪将发生变形。

波浪一经变形，就转变为浅水波。水质点的运动轨道将由深水域的圆形轨道变为呈不对称的上凸而向下逐渐展平的椭圆形轨道。自水面向下随着轨道半径不断减小，轨道还变得越来越扁平。到了海底，轨道的扁度达到极限，水质点仅作平行于底面的直线形振荡运动（图 11－7）。水质点运动轨道的不对称也使波形呈现出不对称性。在向岸传播过程中，波形不对称越益显著，前坡越变越陡，后坡越显平缓。水质点运动轨道伸展的上半部，其波动流速大，运动轨道较短的下半部波动流速小，这就使向岸的波动流速大于向海的波动流速，越近海岸，波动流速的不对称亦越显著（图 11－8）。

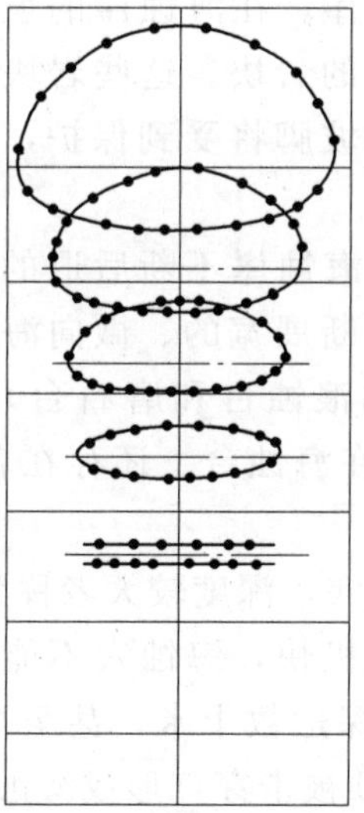

图 11－7 浅水波水质点运动轨道波浪强烈变形

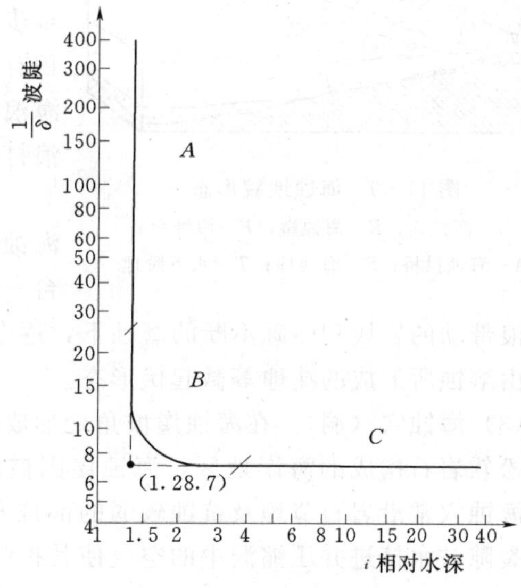

图 11－8 波浪破碎界限

第四节 海 岸 地 貌

在波浪及其他海洋动力的作用下，海岸同时发生了侵蚀和堆积过程。在这个过程中，入海河流及其他自然因素对其有着或深或浅的影响，而人类经济活动对这个过程进行着越来越大的干预。因此，就产生了复杂多样的海岸侵蚀（简称海蚀）地貌与海岸堆积（简称海积）地貌。

一、海蚀地貌

海蚀地貌主要是在波浪作用下产生的。海蚀地貌的基本形态大都是暴风浪的产物，普通波浪则起着经常修饰地貌的作用，因此，可以分别把它们对海岸的侵蚀比作鲸吞和蚕食。

（一）海蚀作用

海浪对海岸的侵蚀，首先是波浪水体给予海岸的直接打击，即冲蚀作用。波浪以巨大的能量冲击海岸时，水体本身的压力和被其压缩的空气对海岸产生强烈的破坏，这种力量可达到 $37t/m^2$，甚至可达到 $60t/m^2$。据说，有一次在暴风浪的袭击下，海岸码头上重达135t的混凝土块连同它的基础一起被破坏，并被抬举至港口内侧。波浪的冲蚀作用对于松软岩石或者岩石虽坚硬，但节理较发育的海岸，侵蚀力是非常显著的。尤其当波浪水体夹带岩块或砾石时，其侵蚀力更大，这就是磨蚀作用。

若海岸是由含有易溶矿物的岩石组成的，如石灰岩、白云岩等，还要发生溶蚀作用。

（二）海蚀地貌类型

由海蚀作用所产生的地貌有以下几种（图11-9）。

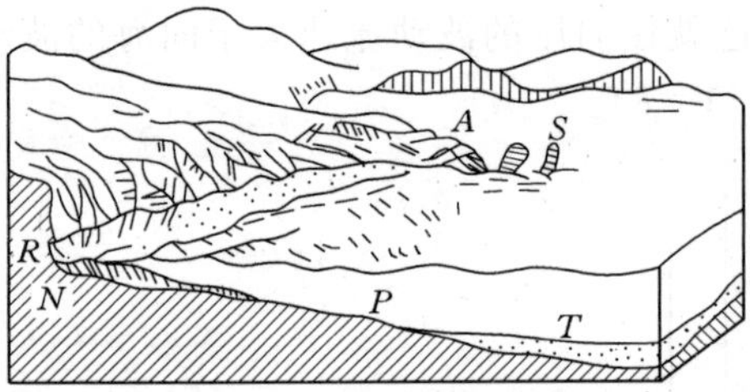

图11-9　海蚀地貌形态

N—海蚀穴；*R*—海蚀崖；*P*—海蚀台；*A*—海蚀拱桥；*S*—海蚀柱；*T*—水下阶地

（1）海蚀崖。波浪打击海岸主要集中在海平面附近，使海岸形成凹槽，凹槽以上的岩石被悬空。波浪继续作用，使悬空岩石崩坠，促使海岸步步后退，形成海蚀崖。在海蚀崖的坡脚，常堆积有由悬崖崩坠下来的岩块。这些岩块如果不被海浪搬走，海蚀崖的坡脚将受到保护，不再受波浪打击而后退。

（2）海蚀台。在海蚀崖不断后退的同时，在海蚀崖前出现一个不断展宽的、微向海倾斜的平台——海蚀台（也称浪蚀台和磨石台）。海蚀台在波浪带动的岩块和砂砾不断的磨蚀下，逐渐被削平。通常在海蚀台上还存在着浪蚀沟，以及由溶蚀所形成的洼地等微起伏形态。

（3）海蚀穴（洞）。在海蚀崖坡角处形成的凹槽称为海蚀穴，深度较大者称为海蚀洞。在较松软岩石构成的海岸地区，海蚀崖因被波浪打击，后退极快，海蚀穴不能大规模发展。海蚀穴常沿岩石节理及抗蚀较弱的部位发育。海蚀洞可深达数十米，甚至200m。当岩石裂隙被水挤进并压缩洞中的空气使其扩张，可使海蚀洞顶被击穿，形成海蚀窗。

（4）海蚀拱桥。当波浪从两侧打击突出的岬角时，可在其两侧形成海蚀洞，洞的扩大最后可贯通，形成海蚀拱桥。

（5）海蚀柱。海蚀拱桥继续发展，可使拱桥顶板崩坍，在海蚀台上形成海蚀柱。海蚀柱也可以由海蚀崖在后退过程中，由在海蚀台上较坚硬的蚀余岩体所组成。

二、海积地貌

进入海岸带的松散物质，在波浪推动下进行运动，并在一定条件下堆积下来，形成各种海积地貌。

在海岸带内，任何泥沙颗粒都是在波浪力和重力共同作用下运动的。如果波射线与海岸线正交，波浪的作用方向与重力切向分量方向将在同一直线上，泥沙颗粒垂直于岸线运移，这称为泥沙的横向运动。

如果波射线与海岸斜交，波浪作用的方向与重力切向分量方向不在同一直线上，泥沙颗粒沿着Z字形路线前进。泥沙颗粒沿着海岸线移动，这称为泥沙的纵向运动。

（1）水下堆积阶地。在水下岸坡坡脚，由向海运移的泥沙堆积形成的堆积体，称为水下堆积阶地。

（2）海滩与滨岸堤。海滩是激浪带的堆积体，它是激浪流作用的产物。海滩在平缓的海岸有着广泛的发育。海滩有两种，一种形成于海蚀崖前，或在过去大浪形成的海滩斜坡上，或在人工建筑物的坡脚处。这种海滩是在海滩上部边缘没有激浪流充分活动的条件下形成的，它的剖面形态成凹形曲线。另一种往往是由数条顺海岸线方向延伸的滨岸堤所组成，滨岸堤是在激浪流的进流上有充分的空间条件下形成的，所以剖面形态向上凸起。

（3）离岸堤与潟湖。离岸堤同滨岸堤一样是激浪作用的产物。它只是由激浪流所挟带的泥沙在未达到水边线以前，即在一定位置上形成的出露在水面上的堤状堆积体。这样就把离岸堤向陆侧的海水与外部隔开形成湖泊，这种湖泊称为潟湖。离岸堤可以向岸移动，最后转为滨岸堤。构成滨岸堤或离岸堤的物质为砾石、沙、海生贝壳或其混合物。究竟堤是由什么成分组成的，除波浪外，要视物质的供应条件而定。

（4）水下沙坝。水下沙坝是一种大致与岸平行成直线或弧形的水下堤状堆积物，有时为一条，多数情况下为两条，最多可达5～6条。水下沙坝形成于破浪带，它是破浪的产物。其形成过程是，当波浪到达水深为1～2个波高的地方倾翻形成波浪，倾翻时以其巨大的能量挖掘海底泥沙，大部分泥沙在破浪点向海侧堆积下来，从而形成水下沙坝。

（5）潟湖沉积。潟湖是沙坝、沙嘴进一步发展而形成的（图11-10），也可以是由地壳上升运动使陆地上升，致使较小的海湾与海洋隔绝而形成的。潟湖中的水不能与海水自由交流，只能有表面一部分水通过一个狭小的海峡与海水沟通；当涨潮时，海水越过沙坝流入潟湖，退潮时则相互隔绝。潟湖的水较浅，受海浪的影响很小，水体比较安静，含盐度与邻近的海水有明显的不同。它不是海洋中的一个带，而是位于海岸带与浅海带之间的一个特殊沉积环境。

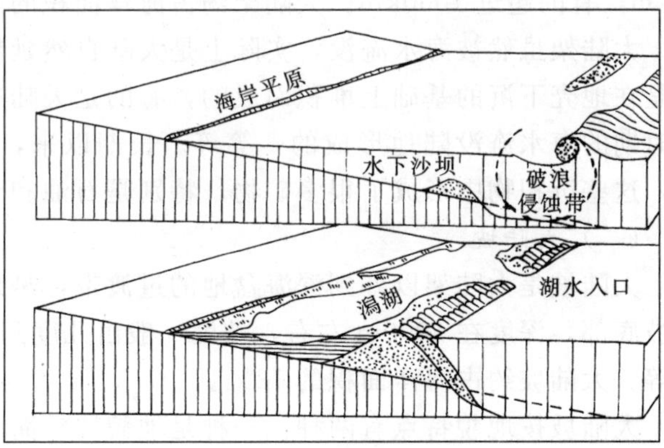

图11-10　潟湖

潟湖中的水处于相对静止状态，是沉积的良好环境，其沉积特点受气候条件的影响而有所不同。

在温湿气候区的潟湖，由于有陆地上的淡水流入，可使咸水湖逐渐变为淡水湖。湖中大量生长生物，同时流水可携带大量的泥沙，故这里以机械沉积和生物沉积为主。

在干旱气候区的潟湖，湖水不断蒸发而使湖水的含盐度增高，同时海水可不断补充并带来盐分。因此，在这里就连易溶的硫酸盐和氯化物也可由于浓度的增加达到饱和而发生沉淀，故以化学沉积为主。常见的沉积物有石膏、硬石膏和岩盐等。

第五节　海底地貌特征

海底是一个宽阔宏大的水底世界。海底地貌也是多种多样的，有绵延的海底山脉与广阔的海盆，也有巨大的海底高原与浅海平原、海沟与海底峡谷等。

随着海底测量技术的发展与海洋地质的深入研究，人们对海底轮廓、构造与海底地貌有了进一步的了解。

一、海底的基本轮廓

从陆高海深曲线图上可以看到，海底是一个深达 3000～6000m 的规模巨大的盆地，称为海盆。它是地壳表面最大的地貌单元之一。

根据深海测量资料，自大陆向海底可以划分这样几个地带：从海岸向外延伸，一般坡度不大，比较平缓的地带称为大陆架；再向外是相当陡峭的斜坡，急剧向下直到 3000m 左右的深度，这个斜坡称为大陆坡；由大陆坡再向外便是广阔的大洋底部，它们组成了海底阶梯地貌。

（一）大陆架（陆棚）

大陆架是环绕各个大陆边缘的浅海地带。它的坡度平缓，范围是从低潮线起向海方向延伸，到坡度显著增大的转折点止，这个地带称为大陆架，又称为陆棚。

大陆架表面坡度缓和，一般不超过 1/10。世界大陆架的宽度也不一致，有的不到 10km，有的超过 1000km。大陆架约占海洋面积的 8%。

大陆架虽然被海水淹没，实际上是大陆自然延伸部分。大陆架的成因是多方面的，有的是在地壳下沉的基础上堆积而成的，有的是大陆边缘发生断裂下沉产生的，也有地质历史时期的海水淹没陆地形成的，等等。长期以来，大陆被侵蚀的物质沉积覆盖在大陆架上，这些沉积物中形成了很多矿物，特别是石油和天然气。大陆架的渔业资源也很丰富。

（二）大陆坡

大陆坡是大陆架以外到深海盆地的过渡带，是地球上最大的斜坡。由大陆架到深海大陆坡底部，深度在 3000m 左右，坡度一般由几度到 20 多度，宽度由十几公里到数百公里不等。大陆坡约占海洋面积的 12%。

大陆坡按地貌特点有两种。一种是地貌比较简单，坡度均一，但上半部一般较陡，基岩裸露，缺乏深度物质，而接近海底的下半部坡度变缓，有大量的沉积物，如北大西洋沿北美、欧洲及北冰洋的巴伦支海等地的大陆坡。另一种是地貌复杂，坡面凸凹不平，是一些有棱角的顶平垒陡的高地与凹地，呈阶梯状，高地上堆积有沙、砾石与软泥层，它们的形成大多与当地断裂活动有关。此外，在大河河口外围的大陆坡，常因河流泥沙堆积，坡度平缓，为沉积物所覆盖。

在大陆坡上最特殊的地貌是海底峡谷。它深深切入基岩内，谷首深入陆架外缘，谷尾一直延伸到洋底。它一般是地壳断裂作用造成的巨大裂隙，经强大海底浑浊流、海底滑坡、地塌等作用修饰所形成的，横断层呈V形，两壁多呈阶梯状陡壁。各大河口附近的大陆坡由于覆盖有厚层冲积物，一般坡降很小，地势平坦，很难与大陆架区分开（图11－11和图11－12）。

图11－11 海底峡谷的源头，深50m，位于墨西哥加利福尼亚海滨外，系浊流侵蚀而成（据C. Heezen等）

二、洋底

洋底是海洋的主体。深度一般为3000～6000m，约占海洋总面积的80％。洋底地貌类型多样，地貌起伏比陆地大得多。洋底地貌主要有以下几种类型。

图11－12 海底峡谷及浊积扇地示意图（据Moore）
实箭头为沙的移动路线；点线箭头为泥质物移动路线

（1）海底山脉。海底山脉也叫海岭。相对高度在3000m以上，有的成带状山岭，也有孤立的海底火山。海底山脉的规模并不亚于陆地上的山地，如太平洋中的夏威夷山，总高度8300m，出露于太平洋洋面，形成夏威夷岛。大西洋中央的海底山脉自北部的冰岛一直伸延到非洲好望角以南的地方，呈S形纵贯大西洋，称为大西洋海岭。

（2）海底平顶山。海底平顶山是一个顶部平坦的单个的海底山地。有时孤立存在，有时聚集呈带状排列，海底平顶山以太平洋为最多，其高度不一，一般为1000～3000m不等。对海底平顶山的研究还很少，根据对太平洋马绍尔群岛附近的平顶山研究，从采集到的磨砾石来看，说明海底平顶山原先位于洋面附近，以后地壳下沉没入海底。

（3）海底高原。顶部平坦，四周陡峻，与陆上高原地貌相类似（图11－13）。

图 11-13　二叠纪海底景象

（4）海底。海底又称海槽，是一种长而狭窄的深沟，深度一般为 400～5000m，甚至更深。沟壁陡立，呈 V 形或槽形。槽内常填充深厚的沉积层。海沟在大西洋中较少，在太平洋中最多，分布很有规律，常呈弧形环绕太平洋。

海沟是地壳上地震活动最频繁的地带，海沟的分布又常同火山带的分布相一致。

（5）海盆。海盆是面积广大而封闭的凹地，深度在 4000m 左右，分布在大西洋海岭两侧。

（6）洋脊裂谷带。世界各大洋洋脊及其轴顶的裂谷带是地球上绵延最长、宽度极大和构造运动活跃的洋底山脉。海底火山和岩浆的喷发溢流普遍，并伴有频繁的浅源地震（震源深度不足 30km）。

第六节　海平面上升灾害

一、背景

由全球气候变化引发的海平面上升是一种长期的、缓发性的海洋灾害，受到了全球沿海国家的高度关注。海平面上升引起了海岸侵蚀、海水入侵、土地淹没、土壤盐渍化、河口海水倒灌等问题，加剧了风暴潮、咸潮等海洋灾害。过去 100 年间，世界海平面上升了约 10～20cm，最近联合国发布的全球气候变暖导致的海平面上升的趋势加快。2007 年 12 月，国家海洋局发布了我国海平面变化的最新研究成果。研究表明，近 30 年来中国沿海海平面总体上升了 9cm。其中，天津沿岸上升最快，为 20cm；上海次之，为 12cm，辽宁、山东、浙江都超过了 10cm；福建、广东较低，为 5～6cm。总体趋势为“北高南低”，天津沿岸和长江三角洲地区上升较快，福建和广东沿岸上升较缓。根据预测，未来中国沿海海平面上升趋势还将进一步加剧，与 2000 年相比，2050 年中国沿海海平面将上升 13～22cm。

长期来看，海平面上升影响到未来人类生存和活动的环境，影响到海洋国家沿海社会经济发展的长远规划，已经成为各国政府在规划沿海经济和社会发展时必须面对的重要问题。

二、国内外研究现状和我国存在的主要问题

(1) 我国应对海平面上升工作形势严峻，任务艰巨。我国沿海是人口密集、经济活动最为活跃的地区，这些地区大多地势低平，极易遭受海平面上升及其带来的各种海洋灾害威胁，是易受海平面上升影响的脆弱地区。预计未来我国沿海海平面将长期保持上升趋势，由于海平面上升引起的海岸侵蚀、海水入侵、土地淹没、土壤盐渍化、河口海水倒灌、风暴潮和咸潮灾害加剧等问题，对沿海地区生态环境及经济活动带来许多不利因素，将严重制约沿海经济和社会的可持续发展，尤其对我国沿海城市群密集的地带影响甚大。

(2) 海平面监测调查能力不足，各部门资源共享机构缺乏。我国沿海海平面监测站点不足，大多数监测站点差分全球定位系统（DGPS）、大地基准测量、野外作业通信等海平面监测调查能力亟须进一步加强。另外，我国海洋、交通、水利等部门和沿海省市都在沿海地区开展了潮位观测工作，但由于缺乏资料共享交换机制，这些资料很难得到集中使用。

(3) 海平面上升预测水平需要进一步提高。海平面上升受海洋、气候、地理等多种因素的影响，分析预测技术涉及的学科广、难度大。目前我国分析预测技术仍然沿用传统的统计方法，海平面上升数值预测处于初始研发阶段，尚不能开展不同时空尺度的精细化、高时空分辨率海平面上升数值预测，分析预测信息产品单一，缺少先进、高效的信息开发发布平台和可视化动态产品，整体服务能力不足。

(4) 海平面上升影响评价能力薄弱。目前，我国海平面上升影响评价仍处于研究阶段，针对海平面上升的风险评估和区划研究尚属空白；海平面上升影响评价以定性评价为主，缺乏形式多样、具有针对性和科学性的评价产品，尚不能为各级政府和社会提供有效的评估意见和有针对性的对策建议。

三、优先发展和研究内容的建议

(1) 加强海平面监测调查，建立完善海平面资源共享机制。建立和完善海平面资料共享机制，整合海洋、交通、水利等部门和沿海省市的海平面资料和信息资源，对海平面监测站网进行科学合理规划和建设，建立和完善海洋资料浮标监测系统和 GPS 监测系统，发展卫星遥感监测，完善和提高监测数据传输网络；充分利用航空和卫星遥感、现场踏勘等技术和手段，对沿海地区高程基准、地面沉降、岸线变迁、海岸侵蚀、滩涂和湿地变化、海水入侵、社会经济、城市防护设施等状况进行综合调查，为沿海地区应对海平面上升提供支持和依据。

(2) 开展海平面上升基础研究，提高海平面上升预测技术水平。开展海平面上升基础研究。利用海平面和相关要素监测资料，分析海平面的趋势性、周期性、区域性等时空变化规律，分析海平面与相关要素的关系，研究建立单要素、多要素、不同区域、不同时空尺度的统计预测模型。开发海平面数值预测的并行计算技术、数据同化技术、多系统耦合技术等，研究建立包含海洋环流、水循环过程、冰雪圈过程、温室效应、天文因子变化的全球海平面变化多系统耦合数值模型，分析全球气候变化对海平面上升的影响，提高海平面上升预测水平。

(3) 加强海平面上升影响评价和决策支撑技术研究。综合考虑沿海各地区海洋环境要素、经济、社会、资源、生态等条件，构建海平面上升危险度和脆弱度指标体系，开展海平面上升风险评估和区划研究，研究建立海平面上升影响评价模型，全面分析评估海平面上升对沿海地区自然环境、社会经济、海洋权益和国防安全的影响。按照“回避、适应和保护”的基本原则，针对各重点区域的不同特点，研究提高城市防护与海岸工程标准、控制地面沉降、提出经济规划与调整、城镇建设与人口安全、生态环境保护等适应对策和应对措施，为沿海各级政府提供决策支撑服务。

(4) 开展海平面上升宣传教育和法规建设。开展海平面上升宣传教育和法律法规建设，加强政府引导，推进企业行动，提高公众意识，推动各级政府将海平面上升影响危险度区划指标作为沿海新兴开发区规划的重要内容加以考虑。

第七节　研究湖泊、沼泽及海洋地质作用的意义

一、研究湖泊、沼泽地质作用的意义

对湖泊和沼泽地质作用的研究，有助于我们掌握它们所形成的矿产资源（各种盐类、铁矿、腐泥、石油、油页岩、泥炭和煤等）的分布与成矿规律，从而指导我们对这些矿产的找寻和勘探。如我国新油田的开发和对当前农业上急需的钾盐的找寻工作，均与湖沼地质作用的研究有着密切关系。

气候对湖泊与沼泽沉积影响很大，不同气候地区的沉积物显著不同，可以说，湖泊、沼泽的沉积是气候状况的标志。因此，利用它们可推测出沉积物形成时期的古气候。如四川盆地的下侏罗统地层中广泛分布着煤层，而中、上侏罗统中则有红色地层并有石膏等盐类出现，据此可推知四川盆地在侏罗统时，气候比较潮湿，而至中侏罗统以后逐渐变为干旱气候。可见，对湖泊和沼泽地质作用的研究，对恢复地质历史有重要意义。

二、海洋地貌与生产建设

海洋是航运的天然通道。海港与入海河口港是陆地与海洋的交通枢纽，世界大港多数是位于海岸的海港与河口港，其中河口港更为重要。海洋还是生物资源和矿产资源的宝库。在海岸区还有广阔的海涂可以利用或围海造田。在海洋开发利用中，对海岸地貌的研究是有很重要意义的。

（一）动力资源的利用

海洋动力资源包括潮汐、波浪和海水热能等方面。

潮汐涨落具有巨大的能量。中国沿海海岸曲折，港湾又多，潮能蕴藏量相当可观。据估计仅黄海沿岸，潮汐能量可达550万kW，东南沿海蕴藏量更大。我国是世界上最早利用潮汐的国家之一，人们利用潮汐涨落进行农田排灌、航运和制盐，于1955年建立了第一个潮汐水轮泵站，把潮能化为机械能（图11-14），提水灌溉。波浪和海水热能的利用也引起了人们的注意，不久的将来要大量开发利用。

（二）港口和航道建设

港口和航道建设是发展航运事业的两个方面。发展海上运输，首先必须对港口的水深，水下的地形特点，泥沙的特性、来源、来的方向、来量、运移规律、分布情况等，以及作用于海岸地貌的动力因素和海岸地质条件进行调查分析，最后做出港口冲淤变化趋势及港域地貌发展预测。在选港建港过程中，如遇某些不利条件，那么必须要采取措施，如

图 11-14 江厦潮汐发电站外景（前）

遇沙堤、防坡堤以及其他措施时，必须减少泥沙进入港区，避免破坏港区相邻地区的泥沙平衡。例如在陡峻的海岸，泥沙常集在岸边，防沙堤应建在泥沙流向港区的一侧，其堤长可以短一些；但在较平坦海岸，泥沙最大饱和度常在第一破浪区附近，为防止泥沙进入港口，在其迎沙流一侧建立的防沙堤必须较长，最好伸至第一破浪区以外。在港口迎向泥沙来向的一侧，在建立防沙堤的同时，必须考虑在港口背向泥沙来向一侧，因泥沙量失去平衡而发生的侵蚀，并采取适当措施加以防治。

对于进港航道的要求，从地貌角度看，必须具备稳定的水深和宽度，以及比较顺直而平缓，少浅滩、暗礁的水道。从动力角度看，航道的轴线与当地主要动力方向尽可能一致，以减少航道的淤积。

为了防御或减小波浪对港区的作用，可建岛式离岸防坡堤，但是，如果这种建筑要建在泥沙量大的海岸，这是要极慎重处理的，否则会引起港区淤积，甚至形成陆连地形。然而为了防止海岸侵蚀，这种岸外堤却可以起着很有效的作用。

河口港的选择与建港，也必须对港区岸的稳定程度、港区陆域的面积大小、码头前缘的保证水深、港区水域的大小，以及航道的水深、航道宽和航道的稳定性等进行深入的调查。

（三）海涂的利用与围垦

平原海岸有广阔而平坦的海涂，尤其有大量泥沙入海的三角洲地区以及一些海湾的内部，泥沙停积而逐渐淤积的地方是海涂利用与围海造田的好地方。我国海岸有长江、黄河、珠江等大河以及众多的中小河流入海，带来大量泥沙，沉积物很厚，且多系细粒的泥沙，适宜围垦。我国已有千余年的围涂历史，积累了丰富经验。新中国成立以来，围海造田规模空前沿海或沿大湖周围填海或填湖造陆，使局部地域自然面貌发生明显的变化，水域减小而陆地扩大，岸线延伸方向及形体改变，伴随出现海堤或湖堤，堤的高度一般略高于当地 30 年、或 50 年、或 100 年一遇的台风、海潮、洪水引发的高水位，以阻挡水的淹漫。堤身或为混凝土或为土质或为混合质。

例如，香港新机场选址大屿山赤角岛，需夷平赤角岛屿和填海而成，面积为 1248hm²。完全改变了该处自然的海岛景观和地貌分布。又如武汉市在 20 世纪 90 年代之前还以百湖之市引以为自豪，享誉国内外，而今仅仅留存 30 余个湖泊，且湖的周围被填埋，改变了水体与陆地的空间存在与分布及其平面形体。而且还采用了如丁坝等工程，以及在海涂上种植大米、草、红树等生物促淤措施。以人工方法加速海涂淤积程度，随着施工技术的提高，围海的高程可进一步降低，围涂可进一步扩大。围海造田对海岸地貌提出的要求是：要进行海涂的形态特征、泥沙性质与补给、海涂的动力特点与泥沙沉降条件及速率等的研究。必须注意，围海造田应与航运与渔业等建设相互促进，如有矛盾，统筹兼顾，选取最有利而合理的方案加以解决。

（四）渔业的开发利用

辽阔的海洋有丰富的生物资源。海洋有机物的生产力为陆地的两倍。尤其在近海岸浅水区域，由于光线的透入，海水不断的运动，含有足够的溶解氧，加以陆地入海的营养物质，所以包括大陆架在内的浅海地区，比深海区域的生产力还要多一倍多。现在捕捞的鱼类中，80%以上来自于浅海地区。世界上三大渔场的北海渔场、纽芬兰渔场和北太平洋西部渔场大都在大陆架上。在海岸带与河口区域，除了捕捞事业外，尚可发展水产养殖业。因此，对大陆架及海岸、河口区的地形、动力及地质条件的调查研究，是我国近期渔业开发的首要任务，海洋的渔业生产不仅具有食用价值，而且在工业、国防、医疗事业上都有着广泛的前途。

（五）海底矿业的开采

提到海洋矿产，首先应注意食盐，这是取之不尽的海洋矿产。在陆地上已发现的 100 余种元素中，有近 80 种在海水中存在，有一些比陆地更为丰富。

从海岸带和大陆架浅海区域来看，海滩的砂砾分选好，是很好的建筑材料，有时还可以找到作为玻璃原料的石英砂。贝壳的富集可作为石灰的原料。在海水动力作用下，比重大的矿物总是富集于基岩矿床附近的堆积地貌部位，而比重小的则扩散到较远的地方。东南亚的锡矿，就是一种比重大的重金属沉积砂矿。

大陆架是陆地自然延伸的地区，这里有着各种沉积矿床，最主要的是石油和天然气。据统计，海底石油的储量占世界石油总储量的 1/3，也许更多。石油和天然气主要储存在大陆架区，而被陆地或岛屿部分封闭的海盆也是石油储存的场所。实践已证明，大油田、气田多数是古三角洲沉积体系，三角洲既有产生油、气物质的来源，又具有三角洲沙堤储油的场所。三角洲地区具有沉降条件，从而使黏土超覆了沙堤与沙层之上，成为油、气保存的有利盖层。

复习思考题

1. 湖泊是怎样形成的？其类型有哪几种？
2. 湖泊地质作用有何特点？
3. 湖水沉积特点是什么？
4. 海水运动主要营力是什么？

5. 海蚀地貌有哪些特点?
6. 生物沉积有几种?
7. 研究湖泊、海洋地质作用有什么意义?
8. 湖水生物沉积有何意义?
9. 什么叫洋流?
10. 海洋里为什么会有丰富石油呢?
11. 我国水资源较缺，为什么不利用海洋水源呢?

第十二章　自然旅游地学资源的研究

旅游业已成为世界上最大的产业，对我国国民经济的贡献已经超过汽车业、钢铁业、电子业和农业。2017 年，旅游业占中国 CDP 已达 22.1%。旅游业在我国必将成为一个可持续发展的新兴产业。

第一节　旅游活动是人类社会发展的必然产物

旅游业又称“无烟工业”或“朝阳工业”，是当今世界社会经济发展中最为活跃的因素之一，正蒸蒸日上，方兴未艾。世界各国对旅游业都十分重视，一些国家将其作为一项经济支柱产业，即使发达国家也把它作为经济的重要补充。旅游业的兴旺发达与否也是社会进步的重要标志，一个国家、一个地区的发达程度与旅游业的发达程度成正相关关系，包括旅游业在内的第三产业越发达，在国民经济中的比重越大，则标志着这个国家或地区的经济技术越进步。如瑞士是一个既无平原又无海岸线的先进国家，旅游业是它的重要经济支柱，瑞士对山地、湖泊旅游资源的综合开发利用处于世界领先地位。

根据世界旅游理事会的资料，旅游业已成为世界上最大的产业，对国民经济的贡献已经超过汽车业、钢铁业、电子业和农业。其总产值超过 3.4 万亿美元，相当于全世界国民生产总值的 10.1%；提供税收 6550 亿美元，占世界税收的 17%；直接或间接提供了 2.04 亿个就业机会。预计到 2005 年，全世界旅游业总产值将达 7.9 万亿美元，旅游就业人数将达 3.48 亿人。当今世界公认，环境、旅游、文化将是 21 世纪的三大产业。三者密切相关，不可分离。文化与环境产业的发展将推动旅游业的蓬勃发展。

党的十一届三中全会以来，随着中国改革开放和社会主义现代化建设的不断深入与发展，人民生活水平不断得到提高，经济收入有了一定保证，旅游休闲正在走进千家万户。为拉动消费而延长的假期又为人们的旅游提供了时间的保证；旅游景点的不断更新、提高和完善，以及一批高品位新景点的开发，极大地吸引和激发了人们参与旅游的兴趣。近年来，我国国内旅游业突飞猛进地发展。

我国的旅游资源得天独厚，作为具有 5000 年历史的文明古国，勤劳智慧的中华民族创造了丰富的世界级优秀人文旅游景观，如故宫、长城、秦兵马俑等。同时，我国疆土辽阔，岩石类型齐全，气候条件多样，地质地貌现象典型，从而造就了各种类型的精美山水和自然景观。可以说名胜古迹遍布各地，自然景观与人文景观往往自然融合在一起，独具风采，这对世界各国人民都具有巨大的吸引力，为旅游业走向世界提供了优越的、坚实的基础。改革开放以来，尤其 20 世纪 90 年代以来，入境游客人数激增，相应旅游创汇额也迅猛增长。

旅游是一项综合性的服务行业，通过欣赏自然风光，观光名胜古迹，了解各地风土人情，使人增长知识，陶冶情操。旅游具有投资少、收效快、利润高等特点，被称为“无烟工业”，现已成为我国国民经济发展的新的增长点。

我国旅游资源丰富，历史悠久，文化传统别具一格。无论是自然风光、文化古迹还是民族风情、革命纪念地，都有丰富多彩、引人入胜的内容。我国旅游名山和名胜见表12-1和表12-2。

表12-1　旅游名山简表

名　称	位置	特　色	名　称	位置	特　色
泰山	山东	东岳	衡山	湖南	南岳
九华山	安徽	佛教名山	峨眉山	四川	佛教名山
黄山	安徽	奇松、怪石、云海、温泉	贡嘎山	四川	冰川奇观
普陀山	浙江	佛教名山	珠穆朗玛峰	中尼边境	世界第一峰、登山
庐山	江西	避暑胜地	恒山	山西	北岳
雁荡山	浙江	东南第一奇秀	五台山	山西	佛教名山
玉山	台湾	中国东部第一峰	嵩山	河南	中岳
井冈山	江西	革命圣地、江南丘陵名山	华山	陕西	西岳、险峻

表12-2　旅游名胜简表

名　称	位置	特　色	名　称	位置	特　色
五大连池	黑龙江	火山地貌	石林	云南	喀斯特地貌
承德避暑山庄	河北	皇家园林	滇池	云南	山水美景
北京故宫	北京	明清皇宫	三亚	海南	热带海滨
周口店	北京	北京猿人遗址	乐山大佛	四川	世界第一巨佛
曲阜	山东	儒家文化	海螺沟	四川	现代冰川景观
无锡	江苏	太湖美景	黄龙寺-九寨沟	四川	自然风光
苏州园林	江苏	石典园林	布达拉宫	西藏	佛教名寺
杭州	浙江	山水美（西湖）	云冈石窟	山西	古代石刻艺术
瑶琳仙境	浙江	喀斯特地貌	龙门石窟	河南	古代石刻艺术
南溪江	浙江	江南水乡	壶口瀑布	山西	黄河名瀑
三峡	湖北	自然风光	延安	陕西	革命圣地
日月潭	台湾	湖光山色	秦兵马俑	陕西	世界第八大奇观
韶山	湖南	毛泽东诞生地	蓝田	陕西	蓝田人遗址
张家界	湖南	自然风光	塔尔寺	青海	佛教名寺
武陵源	湖南	自然风光	莫高窟	甘肃	古代彩绘艺术
织金洞	贵州	喀斯特地貌	楼兰古城遗址	新疆	考古探险胜地
黄果树瀑布	贵州	中国第一瀑布	天池	新疆	湖光山色

第二节 科学旅游的意义

一、科学旅游

科学旅游是指高品位的旅游活动。通过旅游景点的深层次开发，特别突出景点的科学文化内涵，使游客游得更加充实、更加有意义。一般而言，科学旅游应包含以下基本含义。

用科学原理研究、揭示旅游资源的科学、文化内涵，用高科技方法来包装、展示和保护旅游资源，让游客在景点游览中获得感官和心灵上的双重愉悦。不仅使游客得到休闲、度假和观光的满足，而且又能开阔眼界、增长科学文化知识和陶冶情操，甚至还能激发人们对大自然探秘的兴趣、对自然科学的爱好。这种情况下，旅游就成为文化宣传、科普教育和精神文明建设最广泛、最生动的形式之一。

图 12-1 1906 年美国旧金山大地震形成的波状起伏的马路

所有自然旅游景观都是地壳内部地质作用和地壳外部地质作用长期综合作用的产物，所以不同类型的自然旅游景观都有不同的地学形成机理，都蕴藏着丰富的地学科学内涵（图 12-1）。

二、旅游资源

旅游的目的是多种多样的，旅游资源是旅游活动的物质基础，它主要包括对旅游者具有吸引力的，以山水名胜、自然景观为主的旅游地学资源和以历史古迹、文化遗址、革命纪念地为主的人文旅游资源。旅游资源具有不同于其他矿产资源的特殊性。

1. 旅游资源的特性

旅游是一项综合性的服务行业，通过欣赏自然风光，观光名胜古迹，了解各地风土人情，使人增长知识，陶冶情操。具有多样性、非凡性、长存性和可创造性的特征。

2. 旅游资源的价值

旅游具有投资少、收效快、利润高等特点，被称为“无烟工业”，现已成为我国国民经济发展的新的增长点。具有一定的美学价值、科学价值、历史文化价值和经济价值。

3. 旅游资源的分类

旅游资源可分为自然景观和人文景观。其中自然景观包括地质地貌景观、气象气候景观、水文地理景观和生物景观；人文景观包括建筑景观、文化艺术景观和风土民情（图 12-2）。

三、旅游地学

“旅游地学”这一术语是 1985 年由陈安泽等首先提出，它是地球科学与旅游学相结合而产生的一门新兴边缘学科，以地球科学的理论与方法为基础，吸收其他学科的知识与方法去研究旅游业的客体要素——自然旅游资源，探讨资源的形成机理、分布规律、演化趋势，研究资源的美学和科学价值，对资源进行评价、保护和规划，并在旅游中普及地球科学知识。

倡导科学旅游就是要按旅游地学的要求对不同旅游景点进行深入研究，充分挖掘其科

八达岭长城

桂林山水

北京故宫

五台山

三亚天涯海角

日月潭

西双版纳傣族泼水节

长江三峡

敦煌莫高窟

图 12-2 旅游资源的分类

学内涵，做到每一景点形态美、艺术美和科学美相结合，并把它们用高科技手段以多种形式展示出来，让游客参观游览之后，不仅达到休闲、度假、观光目的，还能开阔眼界，增长知识，陶冶情操。例如，浙江西北地区溶洞旅游景观十分丰富，较著名的有建德灵栖洞（包括灵泉洞、清风洞和霭云洞等），临安瑞晶洞，金华双龙洞（包括冰壶洞、朝真洞、桃源洞和仙瀑洞等），兰溪六洞山地下长河（包括涌雪洞、玉露洞、紫霞洞、白云洞等），桐庐瑶琳仙境、垂云通天河和杭州灵山洞、锦绣风水洞等。这些溶洞有其许多共性，它们都发育于同一构造单元江山—绍兴断裂带北侧钱塘褶断带中，都发育于碳酸盐岩中，属于喀斯特溶洞类型。但是每个溶洞又都具有各自的独特个性，如瑞晶洞发育于 6 亿年前的寒武纪白云质泥质石灰岩中，以美丽的文石晶体构成的石花称绝；六洞山涌雪洞以千米地下长河闻名；灵栖洞上下三层溶洞分别以霭、风、水为特征；冰壶洞、仙瀑洞分别以洞中瀑布跻身于吉尼斯纪录；朝真洞以地下狭谷称奇；瑶琳仙境、灵山洞均以千姿百态，琳琅满目的各种溶洞沉积景石吸引人。不同特色意味着不同的形成机理，包含不同的科学内涵。这样使浙西北地区诸多溶洞不是千篇一律，看了一个溶洞还希望看第二个、第三个。所以说开发旅游资源必须要抓住个性、力求创新、富有特色，这样才能避免走雷同的路子，在挖掘旅游资源新意和特色的同时，突出自己的特色，创造自己的品牌。

到 2016 年 6 月，我国共有 204 个国家地质公园。进入世界地质遗迹保护名录的有 13

个国家地质公园，即云南石林国家地质公园、张家界砂岩峰林国家地质公园、嵩山国家地质公园、庐山国家地质公园、澄江动物群国家地质公园、五大连池火山国家地质公园、自贡恐龙国家地质公园、漳州滨海火山国家地质公园、翠华山山崩国家地质公园、龙门山国家地质公园、龙虎山国家地质公园。应充分发挥这些建成的地质公园的科普作用，同时加强新的国家地质公园的开发建设。

我国地域辽阔、地质作用复杂多样，地质现象丰富多彩，地质遗迹分布广泛，保护好这些地质遗迹是人类的责任，更是各地政府和地学家的责任。

第三节　我国旅游地学资源的主要类型

凡与旅游有关的自然现象都是旅游地学研究和开发的对象，尤其重要地质现象，如古火山、古冰川、泥石流、温泉以及许许多多现代地质现象；山水风光地质景观，如岩溶、瀑布、湖泊、黄土、沙漠、峡谷、海岸奇观、石林及土林等（图 12-3 和图 12-4）。我国开发旅游地学资源的前景很大，范围很广，类型齐全。

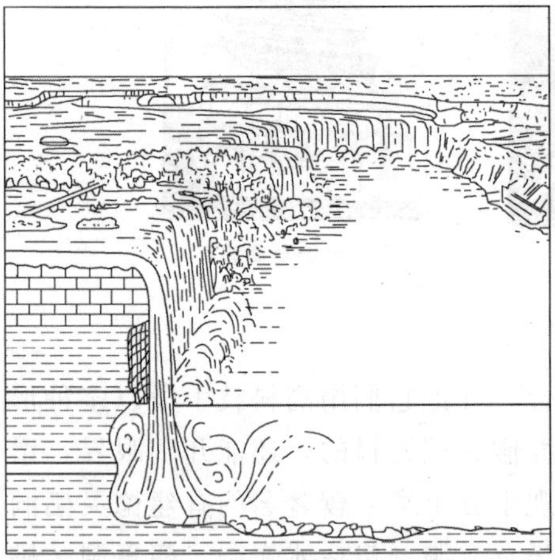

图 12-3　北美尼亚加拉瀑布
（据 G. K. Gilbert 和 E. Raisz）

图 12-4　美国黄石国家公园的老实泉

下面重点介绍我国地质地貌景观、水色景观和气象气候景观三部分旅游资源。

一、地质地貌景观旅游资源

地表不同物质组分在内外营力作用下，造就了千姿百态的地貌形态与结构，成为重要的自然旅游资源。

（一）山岳景观

地表高度较大、坡度较陡，一般在海拔 500m 以上。它以峰顶面积小区别于高原，以较大高度区别于丘陵。许多名山所以成为壮观的风景区，均与其地质构造、岩石性质以及内外营力作用密切相关。

山岳自古就是我国优美的风景区和游览胜地，如黄山、华山皆为旅游胜地。

（1）花岗岩山岳。一般山体平圆，由于垂直裂隙发育并经流水侵蚀与风化，形成峭壁耸立、危崖入云、状若芙蓉的山岳景观，如我国泰山、崂山、黄山、华山、衡山、贡嘎山、莫干山、天台山、白云山等大部分属花岗岩山岳。

（2）流纹岩山岳。流纹岩发育裂隙，经风吹雨蚀、日晒冷冻，造成许多奇峰异洞，如浙江雁荡山、天目山等。

（3）玄武岩山岳。常呈平顶状方山和柱状山形（玄武岩柱状节理构成），还有火山锥、火山熔岩“石林”，如山西大同、黑龙江五大连池（图 12-5）、滇西腾冲等。

（4）岩溶山岳。壮丽奇观的岩溶山岳是石灰岩被酸性的雨水溶蚀，形成奇异的石林山峰、溶洞、石桥。含重碳酸钙溶液的水沉淀形成千姿百态的石钟乳、石笋和石柱等，形成如迷宫仙境一般的岩溶洞穴，给人以“奇”“险”“幽”“深”“幻”“美”等感受，令人流连忘返。如浙江瑶琳仙境，灵栖洞天、六洞山地下长河、双龙—冰壶洞、广西桂林七星岩和阳朔山水、云南路南县的石林等，见图 12-6。

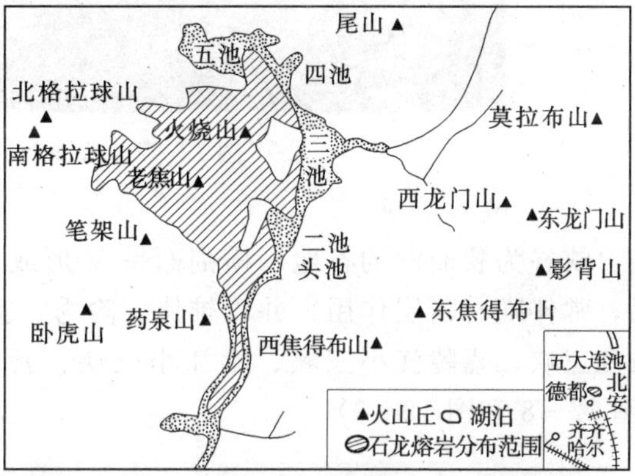

图 12-5　黑龙江德都县五大连池

（5）丹霞地貌。南方红色砂砾岩或凝灰质砂砾岩地区，山峰奇异多样，如堡垒，似宝塔，平地拔起，陡峭突起。如武夷山的奇峰异岭、承德的棒槌山、江西的龙虎山、浙江的江郎山以及穿岩十九峰等。

图 12-6　云南路南县的石林

（6）雅丹地貌。西北内陆干旱少雨，风速很大，侵蚀岩石形成风蘑菇、蜂窝石、风蚀柱等。

（二）山峰景观

尖而高的山地称为山峰。高而小，海拔在 1000m 以上，山体在群山簇拥之中。由于其高，群山可以尽收眼底或尽在足下；由于其小，可俯望四周，视野宽阔。山峰常为坚硬的花岗岩所构成，有峻峭险阻的特征，是登山的好场所，旅游可与登山运动相结合。如珠穆朗玛峰（8844.43m）、希夏邦马峰（8012m）、贡嘎山（7556m）、新疆慕士塔格峰（7546m）、公格尔峰与公格尔九别峰（分别为7719m、7595m，系姊妹峰）、博格达峰（5445m）等（图12-7）。

图12-7　珠穆朗玛峰脚下的绒布冰川

（三）峡谷景观

峡谷为狭而深的谷地，横剖面呈V形或U字形的山谷，是冰川或流水强烈下蚀的结果，常伴随有断层作用，并以雄伟、险秀、寂静、隐蔽等特色为旅游者所向往。如著名的长江三峡、嘉陵江小三峡、岷江小三峡、云南虎跳峡、广西大藤峡、贵州壶口龙门峡等（图12-8和图12-9）。

图12-8　我国最大的峡谷——云南丽江境内金沙江的虎跳峡

图12-9　我国第二大峡谷——长江三峡

（四）高原景观

海拔500m以上、顶面较平缓的高地。其旅游意义表现在，特殊的地形——地势高平坦荡，给人以宏伟开阔之感；特殊的习俗——适于当地环境的生产设施与生活习俗，给人以广闻博见、增长知识的享受；特殊的景观——高寒气候、高原地貌的物质组成（如黄土地区的黄土塬）及自然景观的殊异特征（如云贵高原的高山深谷）等，给人以大起大落、雄伟壮观的气概。我国的四大高原早已驰名中外，号称世界屋脊的青藏高原（世界高峰，现代冰川，平均海拔4500m，面积200万～250万km^2)，波状起伏的内蒙古高原（海拔1000m以上，总面积100多万km^2的茫茫草原牧场），雄伟壮丽的黄土高原（海拔800～2000m，总面积60万km^2，有塬、梁、峁、沟等自然景观），和拥有万水千山的云贵高原（海拔1000～2000m，山岭逶迤，峰峦叠嶂，地面崎岖，高山深谷相间）。

（五）盆地景观

周围山岭环绕，中间地势低平，状如盆形。风景意义在于：①山野与平原相接，景色结构完整，多山水风光；②盆地与山川相接处，生活习俗、生产方式相异，有利于旅游业发展；③不同成因盆地具有不同特色的景观；④盆地为独立的各具特色的地貌单元，各具独特的旅游资源风格。

我国四大盆地为：①塔里木盆地，总面积53万km^2，中部为塔克拉玛干大沙漠，海拔768m，中西部为流动沙丘，东部为石质戈壁，是古代“丝绸之路”的重要地段；②准噶尔盆地，海拔500～1000m，内有不少“绿洲”；③柴达木盆地，海拔2600～3000m，为一陷落盆地，是“盐的世界”；④四川盆地，盆地海拔300～600m，盆周山系海拔1000～3000m，为一红色盆地，西部为成都冲积平原，中部为方山丘陵，东部为巫山峡谷，素有“天府之国”之称。此外，吐鲁番—哈密盆地，最低处艾丁湖低于海平面154m，气候干燥，有“火州”之称。台北盆地和台中盆地位于阿里山北端外侧和东侧，均为旅游胜地。

（六）平原景观

海拔500m以下低平地区，地形低平坦荡，幅员辽阔，人文景观突出。

二、水色景观旅游资源

水与山结合、水与动植物结合、水与季节气候结合、水与建筑物结合，水、山、动植物、季节气候和建筑物的共同结合，或不同程度、不同形式的结合，便构成了奇妙、文雅别致的风景名胜。自然界水色的基本形态有河川、瀑布、湖泊、泉点、天池、海洋、海滩等。

（一）河川景观

河川地区人文景观多，山川相映，自然景色与人文景观相互配合，交通方便，旅游点密集，易满足旅游者需要。我国河流长度在1000km以上的有长江、黄河、黑龙江、额尔齐斯河等20条。长江是我国第一大河、世界第三大河，全长约6300km。长江流域居住着全国1/3的人口，拥有众多的资源和星罗棋布的旅游点，是我国一条重要的河川景观资源；黄河是我国第二大河，全长约5464km。黄河流域为中华民族的摇篮之一，文化古迹众多，高原风光、塞上江南、黄土风貌、千里平野等都对游客有吸引力。此外，黑龙江、珠江、淮河、湘江、钱塘江、富春江和黄浦江等都是著名旅游地。

（二）瀑布景观

瀑布是从河床纵断面陡坡或悬崖处倾泻下来的水流，是山水结合、别具风格（“形”态、“声”态、“势”态）的风景点。它常形成千岩竞秀、百舸争流、飞泻千仞、银花四溅、蔚为壮观的景观。我国著名的瀑布景点有贵州黄果树大瀑布、黄山三瀑、庐山瀑布、雁荡十三瀑、珠江上的云崖飞瀑等（图12-10）。

（三）湖泊景观

许多湖泊都是著名的旅游景点。不同湖泊具有不同成因。由地壳运动造成的构造湖中，有地面沉降坳陷蓄水成湖，如鄱阳湖；断层湖也很常见，如昆明滇池、新疆艾丁湖等；火山口积水成湖，如吉林的白头山天池（图 12－11）；由冰川作用形成的凹地积水而成冰蚀湖，西藏北部多冰蚀湖；河道因山崩、冰碛物、泥石流或火山熔岩阻塞而成堰塞湖，如东北镜泊湖就是玄武岩流阻塞牡丹江上游河道而成；溶蚀湖系石灰岩溶蚀陷落而成，如黔西威宁草海；由河曲改造形成牛轭湖；海湾的湾口被沙嘴或沙坝封闭形成泻湖，如杭州西湖；干燥地区风蚀而成的风蚀湖，如敦煌月牙泉；不同规模的堰塘、水库称为人工湖。

图 12－10　贵州安顺黄果树瀑布

图 12－11　火山口湖——吉林长白山主峰白头山天池

作为风景旅游资源，瑰丽晶莹的湖泊是极其重要的，有了秀丽的湖光，山色更加增辉，山清水秀，自然风光才能够绚丽多姿，生机盎然。如杭州西湖之美已驰名中外。此外，如绍兴东湖、嘉兴南湖、武汉东湖、沈阳南湖、长春南湖、陕西凤翔东湖等也都是风光秀丽、引人入胜的旅游佳境。

许多天然湖泊烟波浩渺、水天相连，也是著名的旅游盛景；岳阳楼上望洞庭，鼋头渚畔眺太湖，大孤山上赏鄱阳，攀龙门瞰滇池。登高远眺，水天一色，碧波帆影，尽收眼底，常使游人心旷神怡，流连忘返。我国还有许多湖泊与山色相映成趣，构成一幅美妙绝伦的画卷。如云南点苍山与洱海，新疆天池与博格达峰，江苏洞庭东山与太湖，南京紫金山与玄武湖，武汉珞珈山与东湖，吉林长白山白云峰与白头山天池，北京颐和园万寿山与昆明湖、北海琼岛白塔山与太液池等，都是山水交辉，形成了著名的风景区。

（四）泉点景观

泉是地下水的天然露头，泉景赏美功能多样，可观、可闻、可饮、可浴，诸般赏玩无所不宜。我国是世界上泉点最多的国家之一，类型齐全，分布很广。主要集中在：①西藏矿泉区（约 630 多处，包括温泉、热泉、沸泉、沸泥泉、热水塘等，还有奇特罕见的间歇泉、水热爆炸泉等，见图 12－12）；②云南矿泉区（440 多处，包括著名的腾冲新生代火山区的温泉、热泉、高热泉、沸泉以及气泉等)；③粤、闽、台矿泉区（约500余处，有著名的广东从化温泉，福州温泉城，台湾阳明山、北投高、关子岭和四春溪四大温泉)。全国主要以泉闻名的旅游胜地很多，如以泉城著称的济南与福州、邢台的百泉、邯郸黑龙洞泉、辉县百泉、太原晋祠南老泉、朔县神头泉、临龙子洞泉、五大连池火山群矿泉、西安骊山华清池温泉、青岛崂山矿泉、杭州虎跑泉、南京汤山温泉、敦煌月牙泉、大理蝴蝶泉等。许多泉点不仅是旅游观光的胜地，更是治病、疗养的好地方，因此常建有相应的疗养院、休养所。

图12-12 西藏羊八井盆地的井喷，水柱高近50m（引自《地质》，1977.2)

（五）天池景观

天池就是山顶的湖泊，一般出现在1～2km以上的山顶上，常给人以宁静、舒展、开阔、纯真和富有生机的感受，作为旅游景点的天池常与整个山体的风景资源相配合，成为整个山地风景的组成部分。我国著名天池景点新疆天山天池，海拔1900m，犹如天山上的一颗明珠。它为古代冰川、泥石流堵塞河道而成，四周雪山和针叶树林夹围，消融雪水补给湖水。而吉林长白山天池是火山口湖，形如漏斗，积水成湖，山上终年云雾弥漫，常有暴雨冰雹，平时难识真面目，但在晴朗天气里景色异常优美。

（六）海洋与海滩景观

我国面临太平洋，陆地海岸线长达1.8×10^4km，沿海有5000多个岛屿，四大海域（内海渤海和边缘海黄海、东海与南海）海洋总面积约$4.85\times10^6 km^2$。我国上升海岸与下降海岸相间、基岩海岸与沙质海岸交替，南方还有珊瑚礁海岸与珊瑚礁岛屿区。我国有许多著名的海滨旅游胜地可供人们避暑消夏，寻古探幽，朝山赏海，避寒冬游，疗养运动。如大连海湾、北戴河海滨、青岛海滨、普陀山海滨、厦门海滨、汕头海滨、海南天涯海角海滨。还有澎湖、兰屿、西沙、南海诸岛的珊瑚海岸，大都是热带风光的海滩，构成多姿的珊瑚群岛。另外浙江钱塘江口海宁观海潮自古即为奇观，今更驰名中外，每逢农历月初或月中以后都可观潮，特别是中秋节后天高气爽，潮汐特大，潮水陡如岸壁，犹若万马奔腾，轰声如雷。在辽宁熊岳望儿山的岩石上保留有海蚀崖、海蚀阶地（图12-13)，但它已远离海岸约10km，高出海水面60m，是由于地壳上升而造成的。

三、气象气候景观旅游资源

一方面气象和气候的变化可以激励或抑制人们的情思，良辰美景诱人出游，恶劣天气压抑和阻止人们的游兴；另一方面气象和气候也直接导致不同季节景物的变化。加深景意的天气和气候变化现象很多，其中以雪、雨、雾、霞、热、寒、风、旱瞬间变化及季节更替等最为常见，并构成精彩的旅游景点。

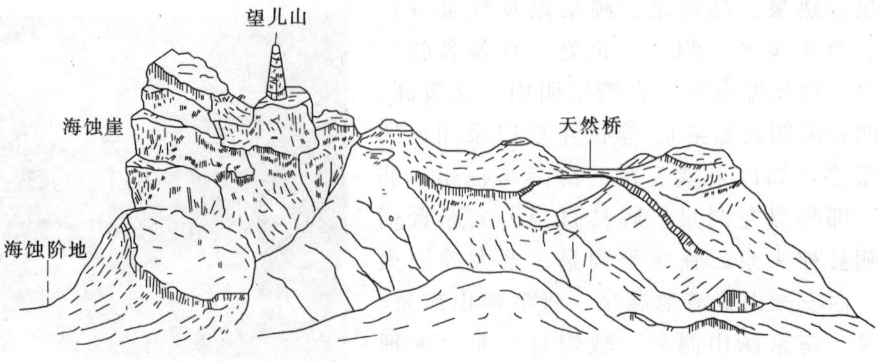

图 12-13　辽宁熊岳望儿山海蚀地貌素描图

（一）以雪景为主的气候景观

雪是中纬度地区的冬季、高纬度地区及雪线以上山顶地带出现的特殊天气降水现象，配合其他自然条件便构成特异的雪景风光。

（1）“千里冰封万里雪飘”：描述我国辽阔坦荡、肥沃美丽的华北平原、黄土高原和东北大地冬季风雪的雄伟气魄和静寂抑郁的自然景观。

（2）林海雪原：对东北大地山环水抱、沃野千里、气候寒湿、森林茂密等壮丽景观的概括。

（3）太白积雪：秦岭主峰陕西太白山兀立于关中平原，海拔 3767m，茫茫山峰，巍峨雄壮，阳光照耀下银光闪闪，形成“太白积雪六月天”的独特景观。其实并非全是真雪，山顶淡色片麻岩风化破碎成倒石堆，呈一片浅色石海，与其下茂密森林相对照，山顶给人以“白雪”皑皑六月不化的错觉。当然雪线 3500m 以上的山顶部分一年中大部分时间也有积雪，两者叠加在一起，“太白积雪”的景观更无疑了！推而广之，“太白积雪”还可泛指高山雪线以下从郁郁葱葱的森林到雪线以上的自然景观。如西藏喜马拉雅山（8844.43m）等。

（二）以雨景为主的气候景观

雨丝可以唤起人们对多种情思遐想，春雨贵如油，秋雨几多愁等，描写了人们在生产和生活中的思绪。例如江南烟雨、梅雨赏梅、巴山夜雨等都是一定季节中与雨有关的景观。

（三）以雾景为主的气候景观

气温下降时空气中所含的水蒸气凝结成小水点，浮在接近地面的空气中，这种雾在特定的地点与其他条件相配合也可组成耐人寻味的景色。如陕西户县秦岭主峰山麓下某寺内一水井，每当夕阳西下，井内水气上升，弥漫于空，雾气腾腾，此景被誉为“草堂烟雾”。

（四）以霞光为主的气候景观

霞是日月斜射天空时，由于空气的散射作用而使天空的云层呈现黄橙红等彩色的自然现象。霞光就是阳光穿过云雾射出的彩色光芒，多出现在日出或日落时，常与山地水气、云雾等相伴，特定地区可成为瞬息变化的光景。如峨眉山见到的“金顶佛光”、陕西临潼见到的“骊山晚照”。

（五）夏季高温气候景观

亚热带或温带内陆由于位置、地形及气候等原因，夏季形成高温中心，使当地风土民情和生产生活呈现高温风景。如内陆热都吐鲁番盆地呈荒漠地形，中间艾丁湖低于海平面154m，气候干热，古有“火州”之称，是全国夏季最热的地区。另外沿长江至重庆、武汉和南京均处于平原或盆地之中，夏季湿热，积温难散，号称三大“火炉”。

（六）沙漠中的“绿洲”景观

在干旱、半干旱气候下，由于水分或植被条件构成特殊的与当地自然风光明显不同的气候景观。如戈壁沙漠地区由于高山雪水灌溉而出现的“绿洲”（如喀什、阿克苏、库尔勒、乌鲁木齐、酒泉、武威等），或因河流引水灌溉而形成银川平原或河套平原等。那里热量充足，有利于发展农牧业，与周围单调的荒漠景象成鲜明对比，给人一种“塞外江南”之感，如果是大面积的牧场则会出现“天苍苍，野茫茫，风吹草低见牛羊”的美丽景色。

（七）瞬息万变的气候景观

自然界气象万千，由于各种不同季节性气象气候变化，常产生许多瞬间变化的美丽景色，如北京西山深秋季节出现“西山红叶”美景；黎明屹立海滨举目东眺，观赏“海上日出”，在泰山日观峰观日出效果更佳；在多变的山地气候，立于山顶常可观赏“高山云海”——瞬息万变的万马奔腾、排山倒海、波澜壮阔的云海怒潮。在日落前，晚霞霞光普照下会呈现出夕阳无限好的“落霞余晖”景观。

（八）不同时令气候下景观的变化

如杭州西湖就有春日的苏堤春晓，夏季的曲院风荷，秋夜平湖秋月，冬天的断桥残雪。这是西湖十景的一部分，领略西湖风光，应当按不同的季节变化，突出不同的风景观赏。

第四节 旅游地学资源的研究

一、旅游地学资源的评价

一个自然景点要作为旅游资源进行开发利用，首先要对自然景点进行正确的评价。国家对风景名胜区评价提出的3条原则性标准如下。

(1) 景观质量，包括景物的观赏、文化和科学价值及其分布和环境规模。

(2) 自然环境的质量，包括气候、生态、污染、灾害及区域稳定性等。

(3) 开发条件，包括交通、管理、设施、服务及社会经济等。

景观质量是评价旅游地学资源主要的决定性依据，对自然景观应以美学价值和科学价值为主要评价指标。对一个旅游区评价首先要摸清资源数量的多少，不同类型的资源是否比较齐全；其次注意资源的艺术形象是否完美及各种资源在其组合时能否构成美的形象，提供美的意境，资源所在的地理环境能给予多大的创造余地，能否经人工修饰后开创情趣美，寄托意念美，从而形成比较完美的旅游区；第三是科学价值的大小，是否有补充、完善与丰富科学领域的内容，能否提供具备研究意义的实体。

对旅游资源的评价主要采用如下3种方法。

(1) 野外实地考察，掌握第一手资料。以地学工作者为主体，但必须吸收旅游管理人员、历史、美学、文艺等多方面的专家参加，以便对考察区作全面评价。

(2) 地理综合法。以各种实际资料为基础进行综合分析，找出区内一个或若干方面的典型性与代表性（即科学价值）；可能构成各种具有观赏性的景观，能给人美感、启迪人思维的条件；旅游资源发展变化趋势，可塑（改造）性大小，再造性条件等，通过各种条件的综合，给景区扩大、资源保护等提供依据。

（3）理论分析法。用地学的各学科如地质、地貌、气候、水文、土壤、生物等学科的某些基础理论，去论证某一地区的成景机制及发展前景，科学地解释景观的成因，准确地预测新的旅游资源区。

以上3种方法应该紧密配合使用，通过旅游资源的综合评价，既可论证旅游景点（小区）的价值，也可对大范围内旅游资源的区划、区内规划建设的管理、旅游中心地的选择、旅游资源之预测等起指导作用。

二、旅游地学资源的预测

旅游地学资源的预测是开展自然景观资源调查的前期工作。其目的在于对预测区各类自然景观资源的前景作初步评价，为远期规划提供地学方面的依据，也为寻找新的自然景观提供预测前景较好的地段，从而缩小调查范围，加快寻找速度，收到事半功倍的效果。

预测的原理是通过对已有自然景观的研究找出各种类型自然景观的成景作用及其地质地理条件和自然环境，从而归纳景观形成的一般区域性规律和每种景观类型的特定成景条件，并运用它对各种类型新的景观进行预测。例如，通过对三峡“神女峰”和高岚风景区“将军柱”的研究，得出柱石的成景作用是卸荷作用，它是谷坡岩体卸荷崩塌使山坡后退而残存下来的地质体。它的地质条件是轻微受构造作用，多数为厚层至巨厚层状碳酸盐岩，地貌部位位于河流切割的斜坡区，特别是两条沟谷交汇的山嘴部位。据此在四川涪江峡谷中找到了姿态雄浑的几处柱石景观。

构造、岩性、气候和空间等因素对自然景观的特殊成景作用具有普遍性和区域性。预测自然景观除了掌握区域性规律之外，还要对每种类型自然景观的特殊成景作用和地质背景进行研究，之后在区域成景的地质背景中寻找符合某类型景观的成景条件的部位，这就是某类型景观的预测点。一般常采用地质法、地形地貌法、成因条件类推法和形态测量法来进行自然景观的预测工作。

例如峡谷景观的成景作用是侵蚀作用，地质条件是在抬升区河谷分布有坚硬岩石，特别是可溶性碳酸盐岩，四川盆地边缘山区多具上述条件，故流经盆地边缘的较大河流两岸都可能形成峡谷景观。周绪伦在黄龙景观调查设计时分析预测在涪江流经黄龙乡—施家铺一段约70km的二叠系灰岩区内，存在峡谷景观形态。经实地调查，果然发现该峡谷景观异常雄险奇特，具开发前景。

对于埋藏型景观如洞穴、暗河等寻求扩大景观资源，可用形态测量法进行预测。通过对已知埋藏型景观的形态测量，查明其发育规律和条件，运用它作为预测新的埋藏型景观的依据。例如兴文天泉洞规模很大，目前所见仅是流水洞穴的尾部，在该洞穴的上游某横断面仍有20余m见方，足见它原是巨大流量的地下水渠道而不是地下河的尽头，只不过是被一个数百米方圆的陷阱把天泉洞远远的源头塌没了，采用形态测量法把天泉洞运移和发育的规律查清楚，必定会找到那段埋藏的部分。可以断言，埋藏部分的钙华沉淀形态一定是丰富多彩、琳琅满目的。

总之，自然景观资源预测能对旅游业的远期规划和开展旅游地学景观资源普查提供地学依据，具有现实意义。我国地域辽阔，自然景观类型繁多，除了具有区域性分布规律外，各种类型的自然景观都具有它独自的成景条件。自然景观的预测理论就是掌握它们形成的区域性规律和成景条件，有目的地寻找符合成景条件的地段作为景观预测区给予圈定。

中国特色社会主义进入新时代，又开启了科学旅游的新征程。

要促进旅游业可持续发展，倡导科学旅游势在必行。我们认为具体应该抓好以下几件事：

(1) 应用多学科知识，针对不同类型旅游资源特点进行综合研究、评价、规划、开发与保护。如喀斯特岩溶洞穴景点，我们要综合利用地质学、地貌学、气象学、水文学等学科知识解决下面一系列问题：为什么该景点会出现在这个地区？为什么该景点会出现在这个地区的这个部位？洞穴形成于什么时代的碳酸盐岩之中？岩石中的矿物成分及可溶性程度如何？洞穴延伸受什么方向的构造（断层、褶皱）控制？洞内景石展布受什么方向断裂或裂隙控制？为什么洞穴内景石形态如此千奇百怪、千姿百态？它们的形成环境、条件有何区别（包括当时水量的大小、碳酸钙浓度、落水类型、浇水速度等因素的差异）？同时发挥丰富的想象力发掘景石的象形魅力，增强旅游的趣味性。如有可能应尽量发掘历代文人雅士对该景点赞美的诗篇与文句，以期增加景点的文化艺术内涵与品位。对洞穴中景点进行统一规划，合理布置游览路线，配置必要的灯光照明。

(2) 在景区设置必要的导游设施，如导游路标、导游图示、主要景点简介牌、景点介绍橱窗等。尤其洞内景石简介牌更为重要。尽可能利用高科技手段来改善、更新景点（区）旅游设施，同时编制新的科学导游图、科学导游词，使游客在旅游过程中除欣赏大自然的美景外，还得到知识的充实丰富，即寓教于旅游之中。

(3) 结合景区特征对导游员进行必要的业务培训。不仅要提高他们的科学文化素质，扩大他们的知识面，还要让他们了解本景区（点）旅游资源的具体特征、形成机理，使他们能尽可能地回答一些游客提出的问题。

(4) 加强对旅游资源的必要保护措施，加强宣传，增强人们保护旅游资源和保护生态环境的意识。

(5) 对旅游资源进行全方位的开发，开展多层次、多形式的旅游项目。

复习思考题

1. 什么是科学旅游？
2. 什么是旅游地学资源？
3. 为什么倡导科学旅游势在必行？
4. 我国旅游地学资源的主要类型有哪些？
5. 试述蓬勃发展的旅游产业。

第十三章 土壤环境系统

陆地表层过程的相互作用决定地球生命赖以生存的资源和环境要素供应，尤其是大气、水、土壤、生物资源和环境。

图 13－1　土壤是地理环境中的重要组成要素

土壤是组成自然地理环境的重要组成要素（图 13－1），是一种多孔隙的分散体。它处于风化壳的最表层，处于岩石圈、水圈、大气圈及生物圈的过渡地带。土壤可以积蓄水分，又可以渗透水流，在水分循环中起着媒介和对降水起着再分配的作用，从而影响径流的形成及其过程。同时，土壤抗侵蚀能力的强弱对水土流失也有很大影响。在水利、土建、交通运输工程建设中，土壤作为建筑材料和承压基础，主要是利用土体的材料力学特性和物理机械性质。

按照农学的观点，土壤是地球表面能够生长植物的疏松表层，应当具有一定的肥力。本教材仅从地质学的观点出发，将地表岩石风化后所堆积的松散物质统称为土壤。

第一节　自然土壤的形成与土壤的分布规律

一、自然土壤的形成

自然土壤是指那些目前尚未被人们开发利用，在自然因素和自然过程下发育形成的土壤。

1. 自然土壤形成过程

自然土壤是在风化作用与成土作用的综合影响下形成的。岩石经过风化过程形成母质，在母质的基础上，经过生物引起的成土过程就形成土壤（图 13－2）。岩石的风化过程属于物质的地质大循环范畴，成土过程则属于物质的生物小循环范畴。这两个过程的矛盾统一，即是自然土壤的形成过程（图 13－3）。

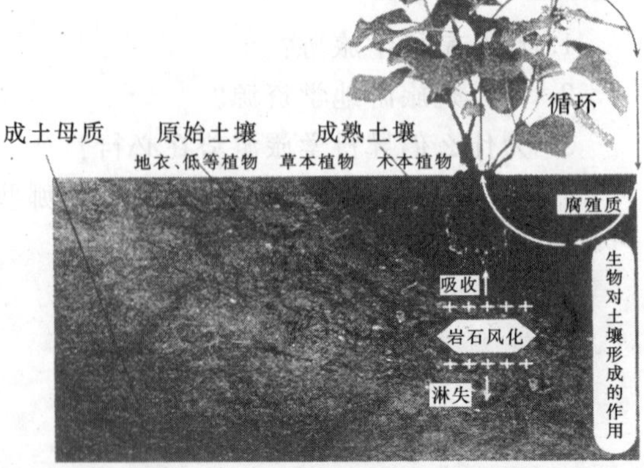

图 13－2　土壤的形成和发育

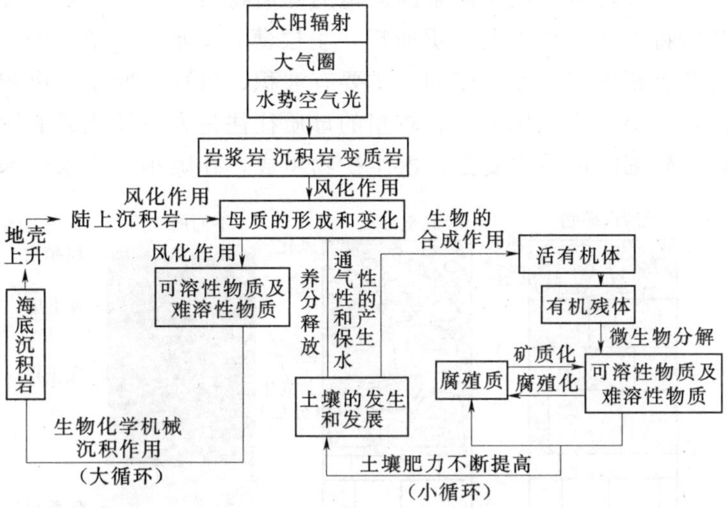

图 13-3　土壤形成过程中大小循环关系图解

物质的地质大循环过程又称为物质的地质淋溶过程，是指岩石风化过程中很多可溶性物质及松散的碎屑物质，由于雨水的淋溶，在漫长的地质年代经搬运、沉积和硬结成岩作用形成沉积岩，这些沉积岩在地壳运动中又出露于地表，重新继续遭受淋溶过程，形成物质的地质大循环。岩石风化后形成的松散碎屑物质，在土壤学中称为成土母质。它与岩石本身比较起来，具有许多新的特性，例如对水分、热量和空气的通透和保蓄性能都加强了。同时由于地质大循环的作用，使封闭在岩石中的矿物质养分得以释放，为生物的生长创造了有利条件。

物质的生物小循环亦即物质的生物累积过程，是指地球上有了生物活动（特别是绿色植物的出现）时，它们以太阳能为热源，利用空气中的 CO_2，并从土壤和母质吸收养分和水进行光合作用，合成为不溶性的有机质，积蓄于自己的体内，等有机体死亡后经微生物的分解再释放出来，又为新生植物体的生长提供了营养。所以生物小循环的实质就是有机质的合成与分解。

2. 影响自然土壤形成的因素

影响自然土壤形成的因素是多方面的，其中气候、母质、生物、地形等起了重要作用。

（1）气候因素。气候因素可以直接和间接成土过程，其中尤以在太阳辐射下气温的变化和降水最为重要。它们对岩石的风化及对有机质的合成与分解，会在一定程度上制约土壤的发展方向、发展速度及地理分布。在高纬度和高山地区，岩石的风化速度慢，绿色植物所合成的有机质数量少，其分解也慢，使土壤的发育往往处于原始阶段。而在高温多雨的热带，化学风化过程剧烈，除石英以外的绝大多数矿物均已被分解，植物生长迅速，微生物分解也旺盛，田间土壤的形成发展也快。而在气温低、雨量多和蒸发少的地区，若遇排水不畅，则易形成沼泽土。

（2）母质因素。成土母质是构成土壤的基本材料（图 13-4）。母质类型、粗细、成分等均直接影响成土过程中物质与能量的迁移和转化，从而影响土壤的形成与发展。从类型来看：残积母质是基岩直接风化而未经搬运的碎屑物质，一般分布在分水岭地带和缓坡上，其性状受基岩特性的影响较大，质地粗，土层薄，一般深度在 20～30cm。运积母质是在外营力搬运和沉积作用下而形成的，主要有坡积、洪积、冲积、风积、冰碛、冰水堆积等类型，质地及土层厚薄各地不一。较粗的母质往往是岩石风化后的原生矿物，其透水性和透气性较好。较细的母质主要是由次生矿物组成，孔隙小，透水性和透气性不良。

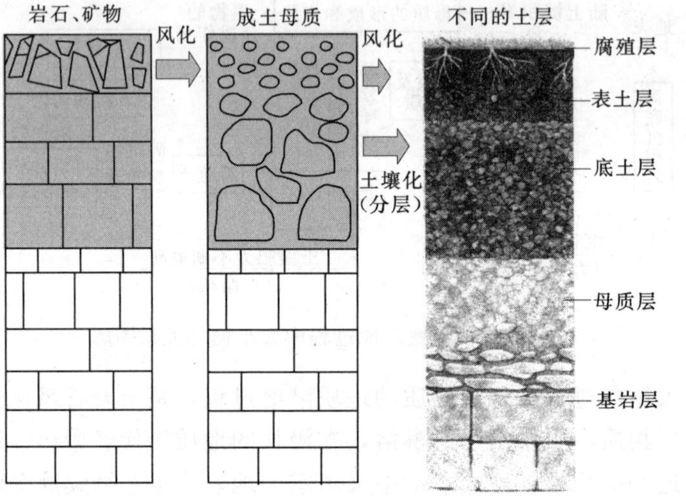

图 13-4 土壤的形成

(3) 生物因素。生物包括森林、灌丛、草类、微生物和土壤中的动物，它们是土壤形成的重要因素（图 13-5）。它们影响土壤有机质的质和量，也影响土壤透水、透气等物理性质。森林植被活质的残存量很大，但归还土壤的残落物主要是枯枝落叶、花果等，主要堆积于地表。草本植被活质残存量虽较小，但却堆积在地表以下一定深度。微生物能固定空气中游离的氮元素，且能分解有机态养分与难溶性矿物质，从而为土壤创造新的物质。土壤中的动物如蚯蚓、鼠类等，它们打洞翻土增加了土壤的孔隙度等，从而又增强了土壤的透水性能。

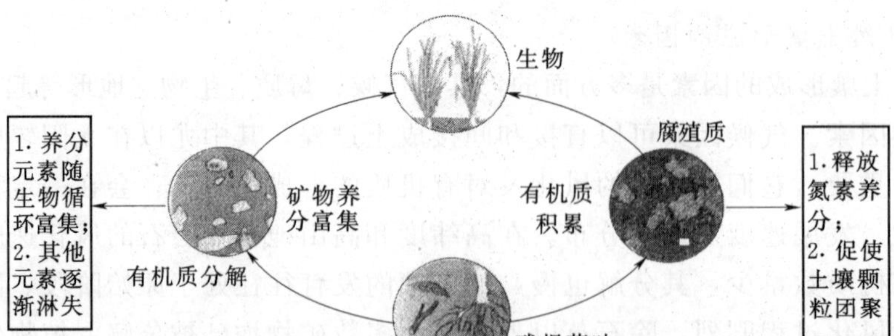

图 13-5 生物在土壤形成过程中的作用

(4) 地形因素。不同海拔高度、不同坡向和坡度的成土母质和水热条件都有一定的差异，从而影响土壤营养元素的重新分配和生物活动状况。这就在一定程度上影响到土壤成土过程的方向和速度。在平原地区，水热条件的分布较为均一，土壤的性质也就比较相似。在中高山地区，由于水热条件在垂直方向上存在着较大差异，所以土壤的类型在垂直方向上也就呈现较大差异。以江西庐山为例，土壤的颜色随海拔高度的增加而改变，自下而上由红而黄，再由黄而棕。在海拔 400m 以下的山麓及山麓以外的丘陵和堆积阶地是红壤和黄壤；在 400～1200m 的山坡地带分布的则是黄壤和棕壤；在 1000m 以上高度分布的却是山地棕壤、亚高山草甸。

上述几大因素，对土壤的影响绝不是孤立的，而是相互制约、密切联系的。此外，人类活动，如农业耕作、过量砍伐森林、过度放牧、农药废水污染等，也要影响土壤的发育和性状。时间也是影响土壤发展的因素之一，土壤形成的母质、气候、生物和地形等因素的作用程度或强度，都随着时间的延长而加深。因此，土壤也随着时间的进展而不断地发展变化着。

二、土壤的分布规律

由于地表水分与热量的分布具有带状配置的特性，因而地表各种土壤的分布相应地具有一定的规律性，即地带性，包括水平地带性（纬度地带性和经度地带性）与垂直地带性。

1. 土壤的纬度地带性

土壤纬度地带性是指土壤随地理纬度不同而发生变化。其原因是由于热量自赤道向两极递减，从而引起天然植被自赤道向两极呈有规律的更替，进入土壤中的有机质的组成和数量也必须随纬度的不同而产生差异，加以岩石的风化过程与风化类型南北也有差异，使土壤的形成与发展自赤道向两极发生有规律的变化，东西展布，南北渐变，这就使土壤的分布表现出明显的纬度地带性。这种纬度地带性在欧亚大陆、非洲大陆以及北美大陆的东部都有较为明显的表现。如在我国东部湿润地区，自北向南为：温带分布着暗棕壤，暖温带是棕壤，北亚热带是黄壤，中亚热带是红壤和黄壤，南亚热带是砖红壤或红壤，热带是红壤。

2. 土壤的经度地带性

土壤分布的经度地带性是指土壤随经度不同而出现有规律的变化，即近于南北展布，东西渐变。这是由于各地距海洋的远近、山脉的走向、风向等差异，进而影响气候、生物等成土因素自沿海向内陆渐变，导致土壤由湿润地区到干旱地区产生差异。例如，在东部太平洋沿岸 40°N 左右的暖温带地区，自沿海到内陆的土壤更替顺序是：棕壤、褐土、灰褐土、灰钙土和荒漠土。在南北美洲，由于北美洛基山脉和南美安第斯山脉均呈南北走向延伸，加深了水热条件的东西差异，因此南北美洲西半部土壤分布的经度地带性表现得特别明显。例如北美大陆西半部由东而西的土壤类型依次为湿草原土、黑钙土、栗钙土和荒漠土。

3. 土壤的垂直地带性

前已述及，由于各地海拔高度、坡向、坡度不同，引起水热状况和植被差异，而且岩石性质和风化类型也不一样，从而引起土壤的类型和性质出现相应的垂直带状分布，这种现象称为土壤的垂直地带性。前面所举庐山土壤即为一例。再以我国西南地区横断山脉南部为例（图 13－6）。土壤垂直地带性与水平地带性存在着一定的关系，大致与该地区到极地的土壤水平顺序相同。

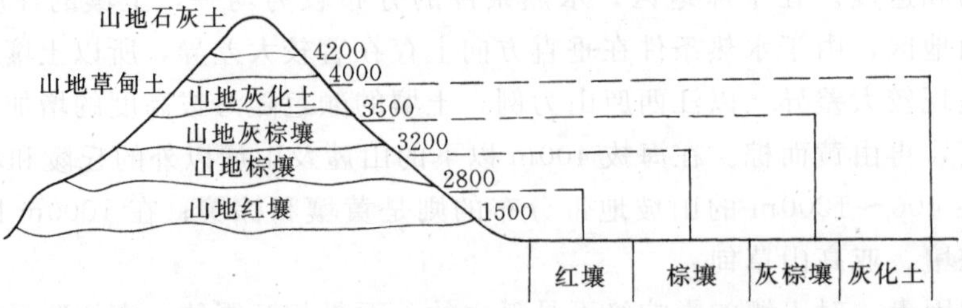

图 13-6　横断山脉南部土壤垂直带与纬度带关系示意图（单位：m）

第二节　土壤的基本特征、机械组成和类型

一、土壤的基本特征

1. 土壤矿物质

土壤由矿物质、有机质、土壤水分和土壤空气 4 个部分组成。按容积来说，适于植物生长的土壤约含 50%的孔隙（气和水），其中 25%是水分，25%是空气；固体部分有 38%的矿物质和 12%的有机质。

土壤矿物质是土体的主要物质基础，一般占土壤固体部分总重量的 95%，犹如土壤的“骨架”，支撑着生长在土壤上的植物。许多粗细不等的土粒大都是矿物质颗粒。土壤矿物质种类很多，它们的来源、组成和性质决定于成土母质。按照成因类型，土壤矿物质可分为两大类：原生矿物和次生矿物。原生矿物最常见的有长石类、角闪石类、云母类、石英等。次生矿物分布最广的有高岭土、蒙脱石、伊利石等。次生矿物颗粒很小，一般小于 0.25 mm。次生矿物常与腐殖质结合，形成有机质—矿物质复合体，对土壤的物理、化学性质有较大的影响。

2. 土壤有机质

土壤有机质是土壤的重要组成部分，它和矿物质一起构成了土壤的固相部分。土壤有机质主要来源于动植物残体，其中主要来自高等绿色植物，因为只有高等绿色植物才能大量制造有机质，而土壤中的动物和绝大部分微生物的作用主要是改造有机质。

动植物的残体进入土壤后，在腐烂过程中受到微生物的作用，处于不同的分解阶段，因而有机质可以分为以下几种类型：新鲜有机质，即未被分解的动植物残体；半分解有机质，即有机质残体经微生物作用形成的黑褐色物质，它几乎分辨不出残体原来的组织结构；腐殖质，黑色或黑褐色的胶质物体，它与矿物质颗粒紧密结合，是土壤有机质中的主要类型；简单的有机化合物，如糖类、氨基酸、脂肪酸等，由有机残体带来和有机物分解产生的，在土壤中数量很少。

3. 土壤的孔隙度和孔隙类型

土粒或土壤结构体之间的间隙称为土壤孔隙。它的形状和大小是非常不规则的，它是水分、空气的通道和储存所在，所以土壤孔隙的数量和类型在生产上对水文、水利工程有很大意义。

土壤孔隙度是指土壤孔隙占土壤总体积的百分比。土壤孔隙度大约为 30%～60%，主要取决于土壤质地、土壤腐殖质的含量及土壤结构方面的特征。如腐殖质含量高，结构良好的土壤孔隙度就偏大。砂质土的孔隙度约为30％～35％，壤质土为40％～45％，黏质土可超过50％。通常土壤孔隙度随其深度的增加而减小。

土壤孔隙的孔径大小不同，其作用也不相同，孔径大于0.001mm时，仅能被薄膜水充填，称为无效孔隙；孔径为0.001～0.1mm时，具有显著的毛管力，称为毛管孔隙，它能吸持水分，但通气性能较差；孔径大于0.1mm时，称为空气孔隙，它不能保持水分，而有利于空气和水分的流动。

4. 土壤的结构

土壤结构是指土壤颗粒在土壤胶体的黏结作用下，聚结在一起成为较大的团聚体，它的大小和形状均不相同。土壤结构的类型主要有团粒结构、块状结构、核状、柱状和片状结构等，其中三轴等长近似于圆形的，称为团粒结构。

具有团粒结构的土壤，在团聚体之间是大的非毛管孔隙，而在团聚体内部充满了毛管孔隙，所以降雨、冰雪融水以及灌溉水容易通过大孔隙渗入土壤，当流经大孔隙时，又能很快被团聚体内部的毛管孔隙吸进去，并保存在其中，可见团粒结构的土壤保水性和透水性都比较好。具有团粒结构的土壤，因蒸发而损失的水分也较少，这是因为土壤中水分是借着团粒间接触连通而自下向上移动。随着上层土壤变干的同时，团粒的体积缩小，连通被破坏，从而减少了水分的蒸发，有利于水分的保存。

非团粒结构的土壤透水性和保水性是矛盾的，透水性好的保水性就差，而保水性好的透水性就很差。例如砂质和砾质土中，没有明显的结构，以大孔隙为主，大气降水进入土壤后，在重力作用下，水分很快向下渗透，导致土壤不能保持水分。黏质或粉砂质土壤以毛管孔隙为主，地表水只能借助毛管作用向土壤中缓慢渗透，以致地表水来不及下渗而流失了。据一些实验资料，在夏季透入土壤中的水分大约不及降水的30％。

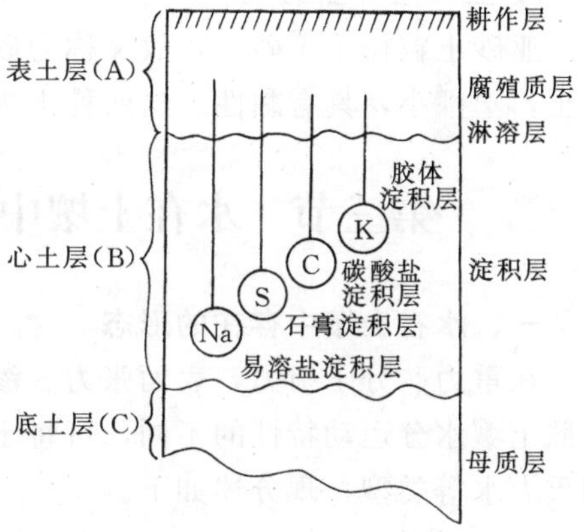

图13－7　土壤剖面图

5. 土壤剖面

土壤剖面是指从地表到母质的垂直断面，其形态是长期以来土壤形成过程的产物。其中的层次称为发生层。不同土壤类型具有不同形态的土壤剖面。完整的土壤剖面层次见图13－7。表土层（A）也称为腐殖质—淋溶层，是熟化土壤的耕作层；心土层（B）也称为淀积层，是受表土淋溶下来的物质形成的，质地偏黏，具有块状或棱状结构；底土层（C）也称为母质层，由未受成土作用或影响甚微的风化残积物或堆积物组成，是土壤的基础。

二、土壤的类型

出发点不同，土壤分类的原则、命名迥异。这里我们从工程的角度和土壤对水分循环的影响出发，因土粒具有一定的稳定性，所以工程上根据土粒的直径不同，将土壤分为：

砾石土、砂土、粉土、黏土、亚砂土和亚黏土等。

1. 砾石土

砾石土的粒径大于 2mm，它是岩石经风化后所残留下来的碎屑沉积物，形状不定，但具有一定的磨圆度，成分主要是原生矿物。其特点是颗粒粗大，粒间孔隙很大，完全没有毛管作用，排水快，蓄水很难。它主要是由河流与湖岸流搬运沉积而形成的。

2. 砂土

粒径以 2～0.05mm 为主，是岩石风化后的碎屑物质经河湖、海浪等搬运沉积而来，形状近于圆形，棱角已被风化，主要成分为石英。其特点是颗粒粗大，孔隙度大，排水易而蓄水难，易遭受干旱。砂土广泛分布于河岸、海滩、湖滩与沙漠地区。

3. 粉土

粒径为 0.05～0.005mm，它的主要成分是 SiO_2，也有很大一部分是原生矿物风化后的细小碎屑物质。其特点是具有黏性和可塑性，潮湿时呈复粒，干旱时表面很硬，水多时容易分散呈泥泞状态发生流动，容易引起严重冲刷。这种土排水难，我国北方黄土即属此类。

4. 黏土

粒径小于 0.005mm，具有多种颜色，如白、黄、黑、红、褐等。这种土壤颗粒细小，但很少呈单粒存在，多呈复粒，孔隙细小且多，具有明显的毛细性，能保持水分，吸水时易变软，体积膨胀，有很大的黏性与塑性。

5. 亚砂土与亚黏土

亚砂土粒径小于砂土，故又称为砂壤土。亚黏土粒径很小，故又称为壤土，性质接近黏土，塑性小，具有黏性。这两种土壤都是过渡型的土壤。

第三节 水在土壤中存在的形态和土壤的水理性质

一、水在土壤中存在的形态

在重力、分子引力、表面张力、渗透压力等作用下，土壤水分具有不同的运动特性。按照土壤水分运动特性的不同，可将土壤中的水分分为气态水、吸着水、薄膜水、毛管水和重力水等类型，现分述如下。

1. 气态水

气态水以水汽的形式存在于土壤空气之中。它来自其他形态水的蒸发，或者随大气进入土壤的孔隙。在适当的条件下，气态水可以变成液态水。就质量而言，气态水通常都不超过土壤质量的 0.001%，但它却是土壤中可以自由移动的水分。

气态水在土壤中运动的方式有两种：①自绝对水气压较高的地方主动向水气压较低的地方以汽态运动；②随着气流被动地运动。

2. 吸着水

吸着水是土壤颗粒在分子引力和静电引力的作用下，吸附空气中的水汽于土壤颗粒表面而形成的，一般以占干土重的百分数表示。由于吸着水是被干燥土粒表面分子引力强烈吸引而成的水分，其吸力内层可达 1×10^9 Pa，外层也有 31.41075×10^5 Pa，因此它是不能自由移动的水分，只有受热后温度在105～110℃时，转为汽态水才能移动。

吸着水的分子排列极为紧密，无溶解力，不导电，冰点低达－78℃，植物无法吸收。但是它能增加土壤的含水量，增加土壤的湿度，这就比干燥好。

3. 薄膜水

薄膜水是在土粒与液态水接触的情况下，被吸引在吸着水上的水分，水在土粒表面形成薄膜状。薄膜水所受的吸力较吸着水为小，其吸力在$31.41075\times10^5\sim6.3328125\times10^5$Pa范围内。近土粒内层吸力较大，外层较小。它运动的特点是不受重力影响，不向下渗透，仅以湿润的方式从一个土粒水膜较厚处，向另一个土粒水膜较薄处移动。移动的速度缓慢，一般不超过0.2～0.4mm/h。这种水能被植物根系所吸收，但只有在与根毛相接触的地方及其周围很小的范围内，才能对植物发挥有效的作用。这个水量显然非常有限。

4. 毛管水

毛管水是由于毛管力的作用而保持在土粒间毛细管中的水分。土壤中的毛管水可以向任何方向运动，但主要是由下向上和由上向下运动的。前一种称为毛管上升水，后一种称为毛管悬着水。毛管上升水就是土壤下层的地下水，在毛管力的作用下，沿着毛管孔隙上升的水分。土壤中毛管上升水达到最大量时的土壤含水量的百分数，称为毛管持水量或最大毛管水量。毛管悬着水与潜水面没有直接的联系，而是在降水或灌溉之后，渗入土壤中，被毛管孔隙所保持的水分。毛管悬着水达到最大值时的土壤含水量的百分数，称为田间持水量或最小持水量。

毛管水能够较长久地存在于土壤中，被植物根系吸收，促进植物生长发育，因此毛管水是土壤中最宝贵的水分。但另外，当地下水转变时，毛管水则促使土壤沼泽化；当毛管水蒸发到大气中时，则降低了地下水位，成为排水强烈的因素；在矿质化地下水的条件下，毛管水上升将导致土壤的盐渍化。

5. 重力水

在水分饱和的土壤中，超过了毛管力的影响，由于重力的作用，自上而下渗漏出来的水分称为重力水。土壤中的重力水只有在其通过土层所必需的那一短暂时间内才存在，实际上重力水不是土壤水分，因为它与土壤无直接连接关系。它虽然可以被植物吸收，但自由重力水很快就被排走，因而它不是供给植物需要的理想水分。

土壤能否产生重力水与土壤的透水性有关。土壤的透水性不但决定于土壤的总孔隙度的大小，更重要的是决定于孔隙的大小，孔隙越大，透水性也越大。重力水是重要的水资源，是我们常见的地下水，井和泉中流出的地下水都是重力水。上述土壤中各种水的形态见图13－8。

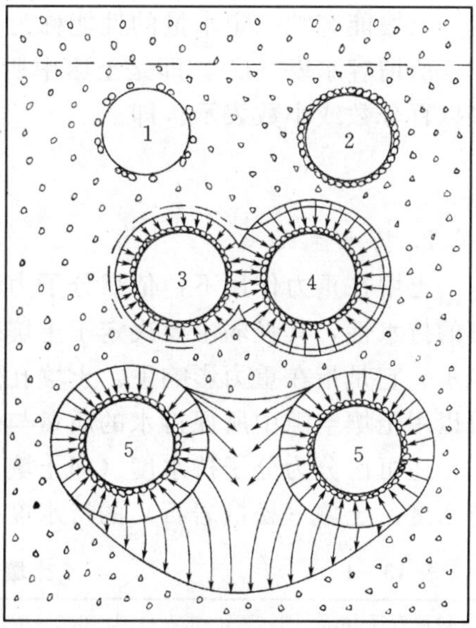

图13－8　土壤中各种水的形态示意图

1—具有不完全吸着水量的土粒；2—具有最大吸着水量的土粒；3—被较薄水层包围的土粒；4—被最大薄膜水包围的土粒，水会从土粒4向土粒3运动；5—具有重力水的土粒最后我们将上述土壤中的各种水归纳起来，由上到下按顺序作一土壤垂直剖面，便可以清楚地看到：近地表部分由于土壤空隙中除含有水分外，还包含有与空气相通的气体，并未完全被水所饱和，因此称为包气带。包气带的上部土壤水的存在形式主要有汽态水、吸着水和薄膜水。包气带下部便是毛管水带，其下即为重力水，可称为饱水带，因为在这一带土壤的所有空隙都充满了水分，见图 13-9。但是，从水文上考虑下渗问题的角度来看，研究包气带水比研究其他水分更为重要。因为流域表面的降水到达地面后，首先补充土壤上层所缺的水分，之后才向下渗透，变为地下潜流，而其下渗强度（又称为下渗率，即单位时间内下渗的水量），特别是最大下渗强度（又称为下渗容量）对于流域产流与否和产流形式都有密切关系。这方面的详细情况将在下节介绍。

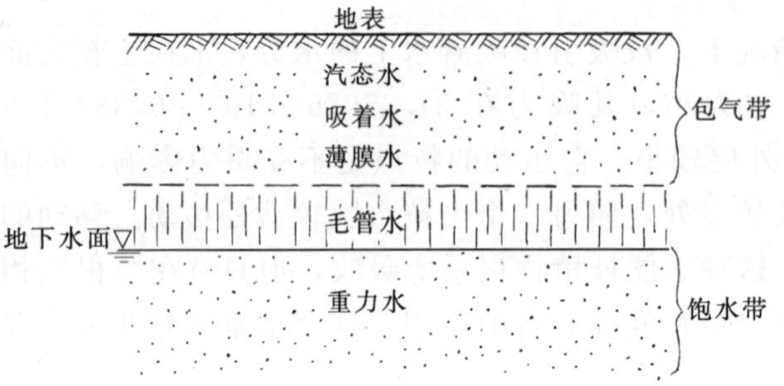

图 13-9　包气带与饱水带示意图

二、土壤的水理性质

地下水部分储存于土壤的孔隙中，使土壤具有一定的水文特征。土壤与水结合时所表现出来的物理性质称为土壤的水理性质。它包括土壤的容水性、持水性、给水性、透水性和毛细性。这些性质对径流的形成与过程有着一定的影响。

1. 容水性

土壤能容纳一定水量的性能称为土壤的容水性，通常以容水度来衡量。

所谓容水度（C），即是土壤中所容纳的水的体积（V_w），与土壤总体积（V）之比，多以百分数或小数表示。即

$$C=\frac{V_w}{V}\times 100\%$$

2. 持水性

土壤在重力作用下，依靠分子力和毛细力，能在其孔隙中保持一定水量的性能称为土壤的持水性，其强弱主要决定于土壤颗粒表面吸附水的能力。持水性在数量上用持水度来表示。它是指在重力影响下，土壤孔隙中所能保持的水的体积与土壤总体积的百分比。也可以用土壤空隙中所保持水的质量与烘干土质量的百分比来表示。根据保持水分的形式不同，还可区分为分子持水度（即土壤所能保持的最大薄膜水量与土壤总体积之比）和毛细持水度。土壤（松散岩石）的持水度见表 13-1。

表 13-1　土壤（松散岩石）的持水度

颗粒直径/mm	1～0.5	0.5～0.25	0.25～0.1	0.1～0.05	0.05～0.005	<0.005
持水度/%	1.57	1.6	2.73	4.75	10.18	44.85

3. 给水性

饱和土壤在重力作用下，能自由排出一定水量的性能称为土壤的给水性。它与土壤孔

隙的多少、大小以及连通程度有关。在数量上，给水性用给水度 μ 来表示，它是指饱水土壤能自由流出来的水的体积，与该出水土壤总体积的百分比。给水度的最大值等于容水度减去分子持水度。土壤的给水性与持水性强弱有直接的关系，即持水性越强，给水性就往往越弱。一般砾石土、砂土的给水度很大，接近于容水度，而黏土的给水度很小，甚至接近于零。

4. 透水性

土壤允许水从孔隙中通过的性能称为土壤的透水性。土壤的透水能力主要取决于空隙的大小和连通状况，并与空隙的密度和形状有关，但主要决定于空隙的大小。因为空隙越大，所受阻力越小，水就越容易透过；如果空隙虽多，但孔隙细小，所受阻力大，水反而很难透过（例如黏土就是这样）。一般衡量土壤透水性的指标是透水系数。它是土壤的主要水文地质参数，透水系数越大，土壤透水性越强，单位以 m/s 或 m/a 表示。根据透水性的强弱，土壤可分为透水的、半透水的与不透水的 3 种。各类土壤的渗透系数见表 13-2。

表 13-2　各类土壤的渗透系数　　单位：m/d

名称	渗透系数	名称	渗透系数	名称	渗透系数
黏土	＜0.001	黄土	0.25～0.5	中砂土	12～35
亚黏土	0.001～0.1	粉土	0.5～1	粗砂土	20～50
亚砂土	0.1～0.25	细砂土	1～5	砾石土	50～150

5. 毛细性

借助于毛细力作用，而保持在土壤毛细孔隙中的水分，能产生垂直向上运动的性能称为土壤的毛细性。根据试验资料表明：土壤的毛细性与毛管的孔径大小有关，土壤的毛管孔隙越小，上升高度越大，上升速度则越小；反之则情况相反。当孔径小于 8mm 时，开始产生毛细作用，由 8mm 向 0.1mm 过渡时，逐渐显示出来，至 0.1～0.01mm 范围内时，毛细现象最为显著，而小于 0.001mm 时，则被薄膜水充填，毛细性则随之消失。各类土壤的最大毛细管上升高度见表 13-3。

表 13-3　各类土壤的最大毛细管上升高度　　单位：cm

名称	高度	名称	高度
粗砂土	2～4	亚砂土	120～250
中砂土	12～35	亚黏土	300～350
细砂土	35～120		

总之，在一定范围内，土壤颗粒粗，上升高度低，颗粒细，上升高度高。

第四节　土壤对径流的影响

自然界的土壤可以积蓄水分，渗透水分，在水分循环中起着媒介作用，或者说起再分配的作用，对一条河流的产流和汇流有着重要的影响。这些都跟土壤的类型、土层的厚薄等因素有关。

一、土壤对产流的影响

流域土壤主要是通过下渗而影响径流。大气降水后，消耗于植物截留、下渗、填洼、蒸发，而且大部分是消耗于下渗。同样的降水强度，下渗量和土壤的前期含水量密切相关。一次降水后，产流与不产流，径流的大小，都决定于土壤的前期含水量。土壤干燥，吸收的水分多，不易产流或径流量较少。例如在干旱地区，土壤经常较干燥，地下水埋深大，往往一次降水只能湿润表土，下渗水分很难达到地下水面，很难形成地表径流。显然降水强度不大，且小于渗透速度，不会产生地表径流。只有当降水强度大，且超过下渗速度，才能产生一定的地表径流。这种产流在水文学上称为超深产流。与此相反，若雨前土壤湿润，则土壤吸收的水分少，下渗量小，容易产生地表径流，或者径流量较大。例如在湿润地区，土壤经常较湿润，尤其是深层土壤始终保持湿润的状态，仅表层受大气的影响变得比较干燥，地下水位总的说来比较高。在此情况下，一次降水后，表层土壤很快湿润，达到饱和。这时入渗水流很快以重力水的形式渗透成地下径流，同时产生地表径流。这种产流形式在水文学上称为蓄满产流。

二、土壤对径流的调节

土壤的机械组成和土层的厚薄等，都明显地影响着流域的下渗过程、下渗强度及下渗水的出路。若土层深厚，质地疏松粗糙，因透水性能强，一部分下渗水再以地下水缓慢补给河流。这样就能削减洪峰流量，而增加枯水期流量，从而调节了河流的水量，可以缓解洪涝和旱魃灾难。反之，若流域土层薄，质地细小紧密，透水性能差，一次降水后下渗水分少，水量很快进入河床，则洪峰来得快，消退也快。若河流沿岸土壤质地疏松，雨洪期河水还将下渗补给地下水，而枯水期地下水又可释放补给河水，形成岸边调节。这都说明土壤对河川径流具有调节功能。

再如，寒冷地区的森林土壤一般较农田土壤冻结得较浅，春季森林内积雪消融较慢，林内融雪径流较田野迟10～15d，而且大部分融雪水缓慢地渗透到土壤中，成为壤中流。因而春洪时期，森林河川水位升降平缓，春洪不剧烈，春季的融雪水能够均匀地流入河道，同样起了调节作用。

不同质地的土壤对径流的影响是不同的。以森林土壤为例，如果以壤质土壤的地表径流为100%，则砂壤土为25%～30%，而沙土只有10%～15%。土壤中的水分循环见图13-10。

三、土壤对河流含沙量的影响

一条河流的含沙量同该流域的降水强度、地质、地貌、土壤、植被、河流输沙能力、人为活动等多种因素有关，其中土壤是影响河流含沙量的重要因素之一。

土壤被流水侵蚀是河流泥沙的主要来源。被侵蚀的土壤一部分在低洼地区和坡麓沉积下来；另一部分随水进入河槽，成为流水所含的泥沙。以水为动力的土壤水蚀现象（即水土流失），在我国暴雨集中的黄土高原和雨量充沛的南方丘陵地区最为严重。其发展过程一般是由面蚀发展成为沟蚀，最后导致土地的完全破坏。面蚀是指被雨水分散的土粒从地表随薄层水流均匀地流失，主要发生在斜坡顶部。面蚀过程中，由于土粒呈分散状态而流失，虽然不易觉察，但流失量却很大，侵蚀模数年可达1.51～222t/hm^2。沟蚀是指地表径流在汇集过程中，使地表形成沟槽，它不仅冲走分散悬浮于水中的细颗粒，同时也冲走粗土粒和小土块。此外以水和重力形成的崩塌、滑坡以及泥石流等物质也是河流重要的沙源。

影响土壤侵蚀的主要因素有雨强、地形、植被等，以及土壤本身的抗侵蚀能力的大小。所谓土壤抗侵蚀能力是指土壤抵抗径流机械破坏和推移的能力。它与土壤的膨胀系数和土壤的硬度关系密切。通常膨胀系数越大，土壤在水中崩解越快，抗侵蚀能力越差。同时土壤硬度越小，抗侵蚀能力也越小。其次土壤利用情况不同，抗侵蚀能力也有显著差别，其中以林地最强，草地次之，农地最弱。总之抗侵蚀能力越强，侵蚀量越小，河流含沙量也越小，反之则大。我国北方黄土区土壤抗侵蚀能力特别小，加之植被差、多暴雨，故河流含沙量特大（图 13-11）。

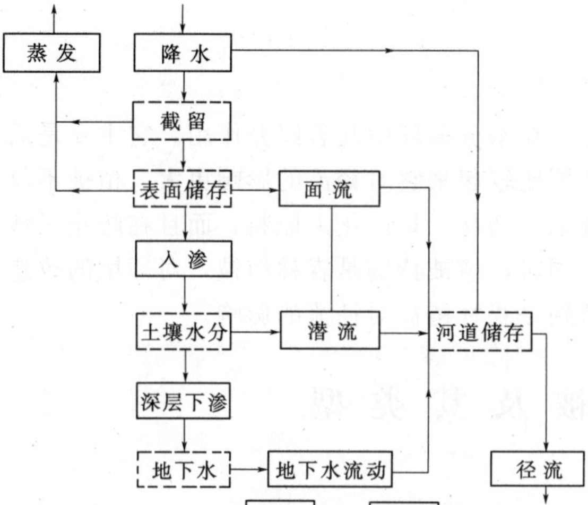

图 13-10　土壤中的水分循环示意图

1—运输过程；2—储存

图 13-11　天水县吕二沟黄土区斜坡上的片流洗刷作用

复习思考题

1. 土壤是怎样形成的？
2. 影响土壤形成有哪些因素？
3. 土壤分布有什么特点？
4. 土壤的基本特征是什么？
5. 土壤分几种类型？各有什么特点？
6. 水在土壤中存在的形式如何？
7. 土壤的水理性质有哪几种？
8. 土壤对河流含沙量有何影响？

第十四章　植被对环境的影响

植被也是自然地理环境的组成要素之一，在水分循环中起着媒介作用。它主要是通过蒸发、截留、下渗及降水而影响径流，与土壤比较起来它对径流的影响更大。植被不仅是宝贵的生物资源，为生产建设提供木材、林果、药材、林产化工原料，而且在防止风沙灾害、在水土保持中的功效也是众所周知的。同时，植被特别是森林植被，对环境的改造作用也是十分明显的。本章将着重讨论植被特别是森林植被对径流的影响。

第一节　植被及其类型

一、植被的概念

任何植物的生长、发育都离不开一定的自然地理要素，对植物具有直接作用的地理要素包括土壤、气候、地貌等，它们称为生态因子。这些因子常常是综合在一起对植物发生作用，构成所谓的生态环境。在自然界，植物不是单独存在的，每一种植物的周围都或多或少地生长着其他植物。在一个地段内有规律地共同生活的植物总体称为植物群落。例如仅从层态来看，可以把植物群落分为地上层和地下层两种。地上层最高的为乔木层，次为灌丛层，以下是草本层，高低明显有序。

所谓植被就是指地球表面所有植物共同组成的植物覆被层。对某一地区而言，植被就是该区域植物群落的总称。

流域上植被分布面积的特征值称为覆盖度，即植物的覆盖程度。它的大小以植被的面积占流域总面积的百分数来表示，即

$$覆盖度=\frac{植被面积(km^2)}{流域总面积(km^2)}\times 100\%$$

流域上覆盖度的大小对于径流的形成过程和径流量的大小都有重要影响，这将在本章第三节中详细讨论。

二、植被与环境

前已述及，任何植物都必须在一定的环境中生长、发育。所谓环境是指植物周围的一切地理要素。对某一株植物来说，它生存地点四周的一切物质都是它的环境。植物在生长发育过程中始终和周围环境进行物质和能量交换，既受环境条件制约，又影响周围环境。对植物生长、发育、分布等起重要作用的环境因素主要有气候、土壤、地貌、生物以及人类活动。

1. 气候因素

气候因素包括光、温度、水分等，它们对植物的生长和分布等起着重要作用，因为充

足的阳光、适宜的温度、足够的水分是植物不可缺少的生存条件。

光是一切绿色植物生长发育的必要条件，因一切绿色植物的生长发育都必须在一定的光照条件下进行，光照不足，植物会发生黄化现象，无光照只能生长没有叶绿素的细菌等。光的强弱又影响植物的外形，比如生长在旷野的松树和生长在密林中的松树，树型就差异很大。旷野的松树树冠宽大，树干矮而弯曲，节短而多分枝；密林中的松树的树干高而挺直，节长而分枝稀少。为了适应光照，森林中的植物常具成层现象，一些喜欢阳光的植物组成了最高层，一些可以在较弱的光照条件下生存的植物总生长在低层，一些植株细小但又要求多光照的藤本植物，则攀缠于林木上层通光处。

适宜的温度是植物必备的生成条件之一。植物有机体所进行的全部生命活动过程，如光合作用、呼吸作用、蒸腾作用以及生长发育等，都要求一定的温度条件。因此温度是决定植物地理分布的主要因素之一，许多植物生长的北分界线和南分界线都是和等温线相应的。热量不足就会出现冻厚地带和高山无林现象。因温度在水平方向上由赤道向两极降低，在垂直方向上由山麓向山顶逐步降低，故水平方向上植物分布的多样性由赤道向极地逐步减少，由山麓向山顶逐步减少。此外温度的高低还影响植物叶面的大小、厚薄。例如在高温地区植物的叶子大而薄，叶片具有很多孔且多具白色光泽，这样可以加速蒸腾作用以减少高温伤害，反射光线和减少吸热。

同样，水分条件对植物的生长、发育和分布也有很大作用。水是植物细胞中最主要的组成部分。植物的新陈代谢作用和其他种种生理变化，必须在充满水的细胞里才能进行，如果细胞中一旦失去了水，一切生理变化就不能够正常进行，植物体的生命也就不能延续下去。在陆地上，各地的水分条件差异很大，在低纬度和高纬度地区、在沿海和内陆、在山地和平原、在山的阳坡和阴坡等，水分情况都有所不同。不同的水分条件会影响植物的种类、形态、生长状况等。植物所需水分主要来自大气降水，因为降水能够润湿土壤，并补给地下水，植物所需要的水分就是通过根系从土壤中吸收的。降水对植物的影响决定于降水的季节分配和降水形式。例如两个地区的年降水量相等，但一个地区降水季节分配均匀，而另一个地区旱季和雨季明显，则两地的植物往往有很大的差异。降水均匀地区的植物生长比较正常，而在降水季节差异明显的地区，植物就会出现显著的季相或者具有旱生构造。此外，降阵性雨、暴雨、冰雹对植物往往起有害作用。

2. 土壤因素

自然界大多数植物生长在土壤里，只有少数低等植物、附生植物、寄生植物和浮水植物才能脱离土壤而生活。植物体的地下部分与地面部分比较起来，地面部分的重量大得多，但从其与空间的接触面来比，则地下部分所分布的体积要比地面部分大得多。植物之所以和土壤接触面积大，原因是植物的生活除了需要阳光、热量和水分以外，还需要各种养料。

植物所需的养料中，氮、磷、钾等主要部分，以及镁、铁、硫、钙等微量元素都是靠土壤供应的。同时，植物生长、发育所不可缺少的水分，也多从土壤中吸收（图 14－1）。

土壤的物理性质对植物的影响也非常显著。植物的形状甚至整个植被都受到土壤的机械组成的影响。疏松的土壤（如砂质土）对产生较长而分枝很多的根系，以及横走的地下茎都是很有利的。而在胶结的黏质土中，植物根系及地下茎的生长因受板结的土壤阻力较

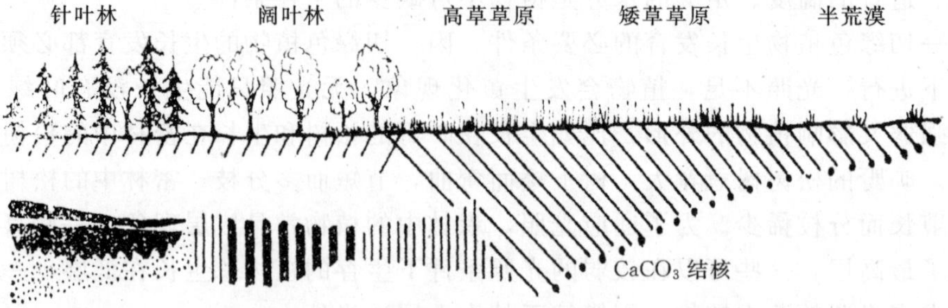

图 14-1 植被类型和土壤类型的关系（据 Bridges：World Soils）

大，所以根系短小，地下茎也长得不好。

3. 地貌因素

地貌对植物只起间接作用，但它对植物的影响也很大，主要表现在海拔高度、坡向和坡度等方面。

陆地表面复杂的地形为植物的生长提供了多种多样的环境。山区植物通常比平原丰富得多，因为山区的水热条件比较复杂；同时高山又起着保护古老植物的作用，偏僻的山区常是植物的“避难所”。山区对植物的迁移起着障碍作用，如果有一条较高的山脉横贯平原，山地两侧的植物就有很大的差异。

山地气温自下而上逐步降低，海拔越高温度越低。降水随海拔的增高在一定范围内虽有增加的趋势，但超过某一限度后，降水量又逐渐减少，或以另一种降水形式出现。山地的光照和风也随海拔的变化有一定的改变。所有这些都使植物的生长、分布和形态随海拔高度的变化而有一定的改变。

山地的坡向对植物的影响也很大。北半球的北坡多为中生植物，较耐阴，因为北坡光照条件较差，温度也较低。而南坡多为阳生植物，并表现出一定程度上的旱生特征，原因是南坡光照条件较好，温度较高。高大的山系南坡与北坡植被的差异更为明显。在干旱气候带的山地，北坡通常覆盖着森林或中生草甸植被，南坡则多为旱生的干草原植被。如果高山南北坡都是森林，那么森林的上界，南坡要比北坡高得多。

坡度对植物的影响表现在土壤的冲刷和流失状况上，山坡越陡，土壤与水分就越难保持，这就要影响植物的生长与形态。

此外，高山的植物形态一般比较矮小，叶子也较小，而且集中生长在主茎附近，具有旱生构造，树冠形状奇异，有些成旗形，有些成匍匐状或坐垫状，这些生态都和高山风力强大有关。

4. 生物因素

生物包括动物和植物，对植物体本身的生长、发育也有一定的影响。

动物与植物之间在营养上有着密切的关系。一切动物都直接或间接摄取绿色植物，因此植物必然要多方面受到动物的影响，这些影响有些是有害的，有些是有益的，有些是既有害又有益。家畜和野生山羊、野牛、羚羊、獐等，都靠食草为生，因此过度地放牧或饲养成群的食草动物，常常将大面积的草原破坏。森林中的鹿、野羊、兔等都喜食幼苗、芽、嫩枝、树叶或树皮，这对森林的更新起了破坏作用；林中的松鼠、猿猴之类以及各种鸟类常食植物果实，从而直接影响到植物的繁殖；有许多昆虫，如螟虫、蝗虫、松毛虫等，也是对植物有害的动物。有些动物可以传送花粉，有些专吃植物果浆或果核的鸟兽，可以把吃进以后但消化不了的种子随粪便散布到远处，起了播种作用。

5. 人类活动因素

人类活动对植物的影响主要包括以下两个方面。

首先，陆地上保持原始面貌植物的地方已经很少。绝大多数的原始森林、天然草地，由于人类的砍伐、开荒、放牧和其他经济活动，植物的自然面貌已经发生巨大改变。比如我国东部地区，按自然植被区划来说，属于湿润森林区，由北至南可划分为温带针叶林带、针阔叶混交林和落叶阔叶林带、亚热带常绿阔叶林带以及热带季风雨林带等自然植被类型。可是长期以来，由于人类从事发展生产、改造自然，使自然植被绝大部分逐渐消失了，原来茂密浓郁的森林绝大部分变成了农耕地区。

其次，天然植被的种类受到改变。千万年来，植物在自然环境中不断演化和发展。石炭纪森林的广袤和茂密可以从中国所产煤层的厚度上看出来，有的煤层厚度竟然超过120m，这相当于2440m的原始植物质的厚度（图14-2）。

图14-2 石炭纪的森林面貌

此外，石炭纪也是地壳运动频繁的时期，许多地区这时褶皱上升，形成山系和陆地，地形高差起伏，使地球上产生明显的气候分异。按照地理环境的不同，科学家们根据石炭纪的植物分布特点划分出各具特色的植物地理区，每一植物地理区都有自己的特色植物群和一定的生态特征。可是自从人类出现以后，从生产生活的实际需要出发，对那些具有较大意义的植物种加以保护、培育和种植；特别是现代随着农业科技的进步与发展，对许多植物采取嫁接、杂交等人工措施，改变了自然种的特性，产生了许多新的品种。相反，一些古老的植物及一些对环境条件要求比较苛刻的植物种，随着人类的砍伐、垦牧越来越多，甚至于灭了种。

三、植被的类型

出发点不同，命名原则不一，植被的分类就不相同。这里所谈的植被类型仅仅是根据植被的外表形态，按其对水分循环的影响来区分的。不同外表形态的植被对水分循环的影响，对径流的形成及其过程的影响是不一样的。例如，一个流域仅为森林覆盖，而另一个流域既有森林覆盖，又有草原覆盖，那么两个流域在同样降水强度的情况下，产流、汇流就不相同。按其植被的外表形态可将植被分为乔木、灌木、草本植物三大类型。

1. 乔木

乔木属于较大型的木本植物，大多数高度在3m以上，甚至超过数十米。它有整齐高大的树干，一般分枝少，甚至不分枝。树叶茂密，叶形也较大，有常绿的，也有落叶的，有阔叶的，也有针叶的。乔木树干也是多样的，有的呈圆柱状，有的如尖锥状，有的像一束蜡烛黏在一起。在我国，主要集中分布在大、小兴安岭、长白山、横断山等地，其他广大地区也有零星分布。乔木又可分为针叶林、常绿阔叶林和落叶阔叶林。

(1) 针叶林。针叶林主要分布在寒温带，在我国主要分布在大、小兴安岭及新疆阿尔泰地区。为适应干冷的生态环境，叶子缩小成针状。这种植被的最大特点是乔木几乎全部为针叶树，主要树种如云杉、冷杉、松、落叶松等，但林中也常夹有桦树、青杨等小叶树。植株的树冠都是尖塔状或圆锥状。由于林内优势树种不同，森林的外貌也不一样。例如由云杉或冷杉组成的森林，树的树冠都是尖塔状或圆锥状，故林冠的截面呈锯齿状。如果是由松属组成的森林，各种植株的树冠都是近于圆形的树冠，林冠的截面呈波浪状。落叶松在冬季是落叶的，在冬季的林相很像夏绿阔叶林的景色。针叶林分布地区的土壤冻结期比较长，林下光线也不足，故林下草本植物稀少，松林下常有较多的苔藓、地衣或蕨类等低等植物出现。

(2) 常绿阔叶林。常绿阔叶林主要分布在北半球亚热带大陆的东南部，在我国主要分布于长江中下游一带。多数树种的叶面都比较大，呈椭圆形，适应冬季干旱而不落叶，故称常绿阔叶林。树种主要有樟科植物，其次是山毛榉科、木兰科和山茶科植物。由于林下底层比较暖和，故林下草本和蕨类、藓类都生长得非常茂盛。

(3) 落叶阔叶林。落叶阔叶林主要分布于温带大陆西部，在我国主要分布在华北山地及山东、辽东半岛。它适应冬季严寒和干旱环境，故有落叶现象，而夏季因温暖湿润，枝叶生长特别茂盛。森林外貌树冠整齐，上层乔木一般具有相同的高度，由于树种单一，故层态也很分明，一般可分为乔木层、灌木层和草本层等几个清楚的层次。主要树种有栎、槭、山毛榉等。夏季因林冠茂密，故草本较少。

2. 灌木

灌木属于较矮小的木本植物，大多数高度在3m以下，与乔木比较起来，树干低矮且多弯曲，树干多，叶形小而柔软。旱生灌木较稀疏，若与森林共生，则更茂密。

灌木还可以分为以下几种类型：落叶阔叶林型，寒冷干旱季节落叶；常绿阔叶林型，终年常绿，叶片较厚而硬；有刺型，植物具有刺；肉质茎型，如仙人掌，具有肥厚的变态茎；半灌木型，茎和枝都在寒冷干旱季节枯死；矮灌木型，属于在地表附近分枝的低矮灌木，高度在25cm以下。

3. 草本植物

草本植物包括一年生或多年生的各种草类，其根叶的生长能力都较森林、灌丛差。草

图 14-3　乔灌草组成的植物群落

类植物的生长发育与草原气候明显适应，发育茂盛期多在高温多雨期。由于水热条件的差异，还可根据其外貌划分成草甸草原、干草原和荒漠草原 3 种主要类型。它们的共同特点都是其上没有或很少有树木，但因种类繁多，有的草高，有的草矮，因而群落的层次也很多。草本植物在热带，特别是温带都有较大面积的分布，我国主要分布于内蒙古、新疆以及青藏高原。

全球的植被都可划分成上述三类。例如我国大、小兴安岭、长白山、横断山地皆属林区，以乔木为主，内蒙古大部属于草原。就一条大的河流来讲，流域上 3 种植被类型都可能出现，但就某一河段来说，可能以某种类型占优势（图 14-3）。

第二节　植被分布的特征

气候条件对植被产生直接影响，并通过土壤产生间接影响，因此一定的植被类型总是与一定的气候相联系。气候要受地理纬度、距海洋远近和海拔高度的影响，因而植被的分布就具有纬度地带性、水平地带性和垂直地带性 3 个基本特征。

一、纬度地带性

以北半球来说，由赤道至极地，水热条件渐差，因此植被基本上呈东西展布，南北渐变的条带状分布。图 14-4 所示是北半球植被类型分布模式，从图中可以看出：赤道地区为热带雨林，温带地区为阔叶林、针叶林和草原，至极地为无林带，只有苔原和极地荒漠。植被的纬度地带性在我国东部林区也表现得很明显。由南向北植被类型是：热带雨林，亚热带常绿阔叶林，温带落叶阔叶林，寒温带针叶林。

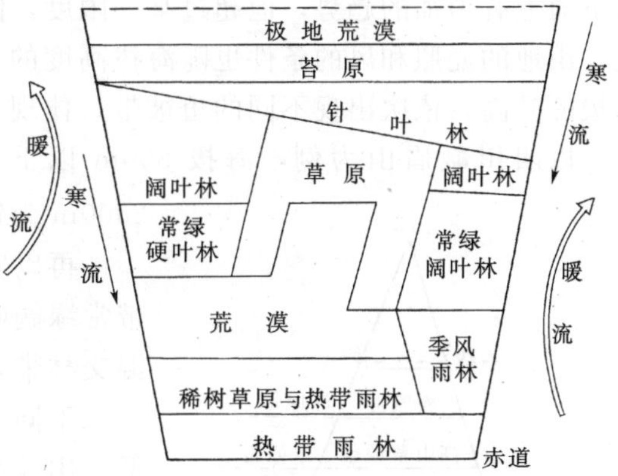

图 14-4　北半球植被分布模式

二、水平地带性

由于各地距海洋的远近不同，水热条件相异也很大。例如我国从东南向西北延伸，依次出现 3 个植被类型，即森林、草原、荒漠（图 14-5）。上述两种情况都说明植被的分布在水平方向上是有规律可循的。

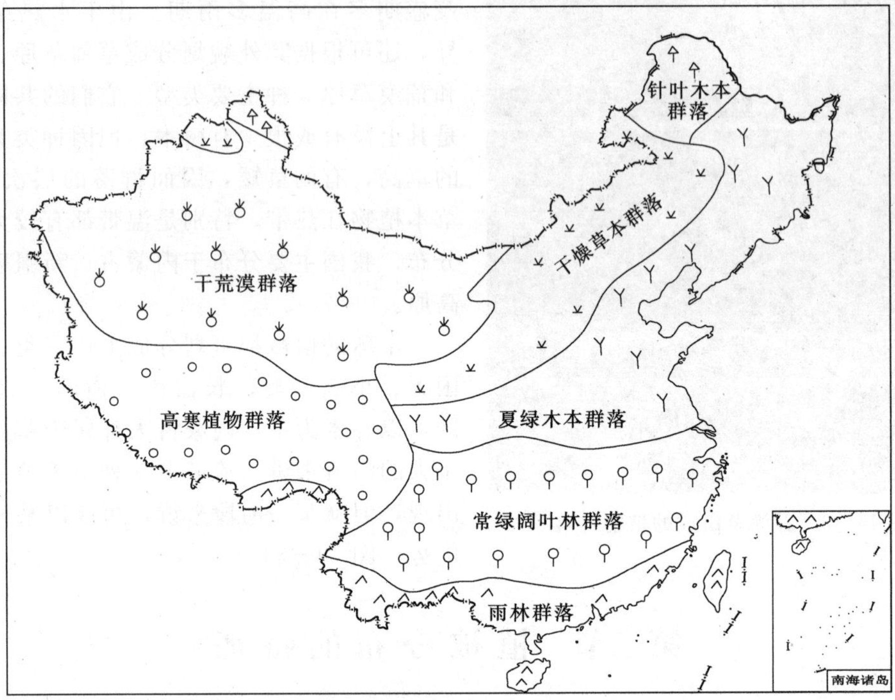

图 14-5　我国植被分布的纬度地带性

三、垂直地带性

前已述及，山地温度从下而上逐渐降低，海拔越高，温度越低。降水在一定高度内，由下而上有增加的趋势，但超过某一限度，降水量又逐渐减少，或者以另一种降水形式出现。山地的光照和风的条件也随海拔高度的变化而变化。由此，山地植被的分布类型随着海拔的升高，依次出现不同的植被带，体现了垂直分布的规律。

以四川峨眉山为例，海拔 800m 以下为阔叶林，800～1500m 为混交林，1500～2500m 为针叶林，2500m 以上为草类。

再以安徽黄山为例，自下而上，500～900m 为亚热带常绿阔叶林，900～1300m 为亚热带常绿与落叶阔叶混交林带，1300～1840m 为温带落叶阔叶林带。

不同纬度起点的山地植被带的多寡不同，纬度越低，山地海拔高度越大，垂直植被带越多。例如台南山地所处的纬度低，海拔高度又高，出现了 5 个垂直分带，即：海拔高度小于 500m 为热带雨林带，500～1500m 为亚热带常绿阔叶林带，1500～3000m 为温带落叶阔叶林带，3000～3500m 为温带针叶林带，大于 3500m 为高山草原带。

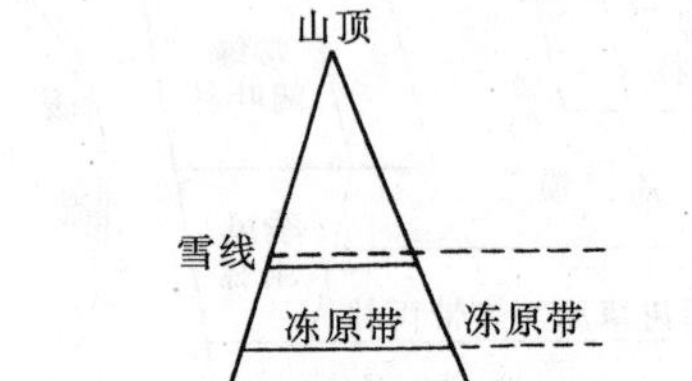

图 14-6　高山植物群落分布理想图

图 14-6 所示是高大的山体自山麓至山顶植物群落

垂直分布的理想图。

需要注意的是，垂直地带性不能绝对以海拔高度而定，应结合纬度地带性来考虑，因为二者都是同时在起作用。另外，山地垂直变化快，即高度相差数百米至千米，气候和植被就可以由一个带转变成另一个带，而水平方向按纬度变化则要慢得多，由一个带转变成另一个带，其水平距离往往为数百甚至数千公里。

第三节　植被对径流的影响

地表植被积极地影响水分循环，因而也影响地表径流。植被特别是森林植被对径流的影响主要是通过截留降水、下渗、蒸发和降水而进行的，主要体现在以下几个方面。

一、林冠截留

森林可以滞留降水，降落到其上面的雨水，一部分被林冠及枝干阻留，只有一部分到达地面，从而减少了坡面径流。以四川西部高山林区为例，仅林冠的年截留量就可达年降水量的20%～30%。被截留的这部分降水供植物根系吸收和叶面蒸发，不参加地表径流。

林冠截留量的大小取决于植物的种类、层次结构、覆盖度和降水强度等。例如耐阴性树种，由于林冠枝叶茂密，截留的降水要比阳性树种为多。云杉林冠能截留总降雨量的30%，松林为18%，而桦木只有9%。通常阔叶林比针叶林大，阔叶林能截留年降水量的45%，而针叶林仅有22%～24%。稠密的灌丛仅相当于森林年截留量的一半。草本群落截留能力最差。截留量的大小与植被的层次结构有关，层次越多，结构越复杂，则所截留的降雨量越多。枝条分布形状对截留降水也有影响，梳子状分布的枝条和侧枝向下的林木截留降水量最少，刷子状分布的枝条和侧枝向上斜的林木截留降水量较多。同一树种，林木的叶片量在其天然发育过程中，随着林龄增长而变化，从幼龄到中龄，随着林龄的增高，叶片量相应增加，林冠的截留降水量也随之增加。当林分接近近熟林和成熟林时，林分的叶片量逐渐减少，林木逐渐稀疏，其林冠截留降水量也随之减少。

二、林下土壤的蓄水

土壤本身吸持的水量称为土壤蓄水量，土壤能够储蓄的水分总量取决于土壤的质地、结构和土层深度。一般来说，粗质地的土壤蓄水量少，细质地、结构良好的土壤蓄水量多。林木根系的延伸，增加了土壤的孔隙度，有利于地表水的下渗。同时林下枯枝落叶层、生长层又可改变土壤结构，增加土壤的孔隙度和透水性。通常未受干扰的天然林比受破坏的林地土壤（如采伐迹地、放牧地、农耕地等）的渗透率高。成熟林的土壤水分渗透率最高。林地还有很多昆虫孔道，也能储存一些降水。因此渗入土壤水分最多的时候，土壤蓄水量可达降水量的50%～70%。土壤蓄水量取决于土壤非毛管孔隙度及土层厚度。

位于内蒙古高原南缘的清水河是永定河上游洋河的一条较大支流，又分东沟、正沟和西沟三支，汇合后流经张家口市，河道长110.5km，张家口以上集水面积为2300km^2。东沟和西沟的气候、地质和地貌条件基本相同，但植被情况悬殊（表14-1），东沟以榆树林站，西沟以喇嘛庙站为代表，以此来说明森林对径流年内分配和对洪峰流量，以及对洪水过程的影响。

表 14－1　　　　　　　　　**东沟和西沟植被情况对照表**

流域面积/万亩	林地				灌木林加草地			
	面积/万亩	占流域面积/%	其中天然林/万亩	占流域面积/%	面积/万亩	占流域面积/%	其中较好草地面积/万亩	占流域面积/%
东沟 116.25	17.3	14.9	15.0	12.9	31.3	26.9	31.3	26.9
西沟 105.9	4.8	4.5	2.2	2.1	21.3	20.0	2.1	2.0

注　摘自《自然地理学》，何钟主编。

从图 14－7 中的多年平均各月径流量占年径流量的百分比数值可以看出，榆树林站的枯水期径流量比喇咪庙站大，而且稳定。榆树林站各月的百分比变化为 3.9～17.8，而喇咪庙站的变化为 1.5～19.4。同时还可以看出森林对径流的调节作用，越是枯水年越明显，在 1965 年，榆树林站最大月与最小月百分比之差为 10.8，而喇咪庙站达 33。

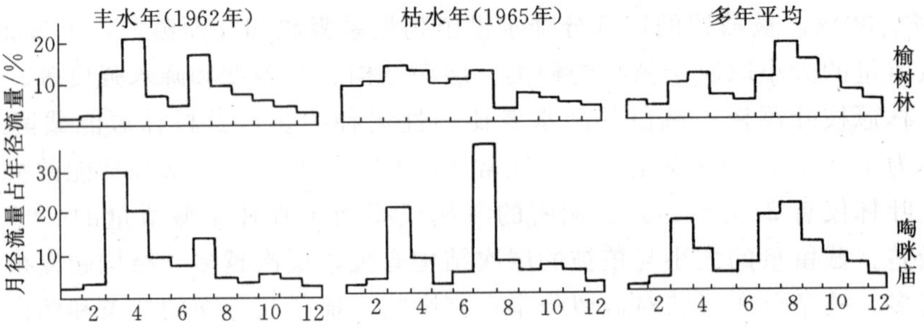

图 14－7　榆树林站、喇咪庙站月径流量占年径流量百分比图

下面是两个站的 1959—1967 年最大洪峰流量统计表，见表 14－2。

表 14－2　　**榆树林站、喇咪庙站历年最大洪峰流量统计表**

年份	榆树林站		喇咪庙站		两站之比
	洪峰流量/(m^3/s)	洪峰模数/[m^3/($s \cdot km^2$)]	洪峰流量/(m^3/s)	洪峰模数/[m^3/($s \cdot km^2$)]	
1959	71.0	0.092	43.7	0.619	6.7
1960	13.3	0.017	171	0.242	14.2
1961	20.6	0.027	223	0.316	11.4
1962	41.4	0.053	50.4	0.076	1.4
1963	31.7	0.041			
1964	44.3	0.057	158	0.224	3.9
1965	14.0	0.018	248	0.351	19.5
1966	86.0	0.111	81.0	0.115	1.0
1967	48.3	0.062	327	0.463	7.5
平均	41.2	0.053	212.4	0.361	5.1

注　摘自《自然地理学》，何钟主编。

从表 14－2 可以看出，喇咪庙站多年平均洪峰模数是榆树林站的 5.7 倍，1965 年竟高达 19.5 倍，可见森林对削减洪峰流量的作用是相当明显的。点绘 1960 年 6 月 26 日 18 时至 28 日 12 时，两流域的出口断面处同期降雨过程线，就可以看出所形成的洪水过程截然不同，喇咪庙站的洪峰流量是榆树林站的 28.5 倍。喇咪庙站的洪水历时短，暴涨暴落，而榆树林站洪水历时较长，涨落比较平缓。

三、植被对河流泥沙的影响

植被，特别是森林植被的林冠和林下枯枝落叶层，均是地表的保护层，它可以减缓阻止坡面径流，减缓土壤侵蚀。同时森林土壤具有良好的结构和较多的大孔隙，增加了下渗水分；植物根系在土壤中网状交织，固结了土壤，减少了滑坡、泥石流及坡积洪积物的冲蚀。这一切都增强了土壤抗侵蚀的能力，从而减缓了土壤侵蚀，减少了河流的含沙量。

草原植被是以多年生者占优势，有机质积累较多，使土壤具有良好的结构，并使土壤在全年都有植物覆盖，所以草原植被土壤抗侵蚀能力也较大，减少了水土流失，减少了河流的含沙量。黄河虽然含沙量很大，但在其上源，流域属草原植被，河水反而较清澈。

采伐森林、减少森林覆盖度不但影响着河流的流量，同时对河流含沙量也有明显的影响。例如，长江上游的主要支流岷江，其上游流域覆盖着原始森林，是四川省森林茂密地区之一。但自1950年以来，森林经大量采伐，毁林开荒，结果使该地区的森林覆盖度下降了15%～20%。据水文统计资料，在此期间，除了河流径流量的年内分配产生显著的变化外，各支流的河流泥沙含量也增加了2～4倍。岷江支流渔子溪20世纪60年代的年输沙量为0.15～0.26kg/m^3。采伐前（50年代），岷江干流多年平均含沙量为0.15～0.26kg/m^3。进行大面积采伐后（70年代），岷江支流杂谷脑河与黑水河的年平均含沙量分别为0.35～0.53kg/m^3和0.51～0.72kg/m^3。采伐的与未采伐的河流年平均含沙量相差约1～3倍。

针对森林对河流含沙量的影响，中国科学院横断山地综合考察队曾作了对比试验。该队在金沙江三级支流上，设置有林沟和火烧沟两个集水区，面积分别为1.15km^{2}与0.8km^2。1983—1984年对这两个对比沟进行了河流含沙量的测定。结果表明，有林沟基本无沙，即使降水量达到30mm/h以上，河水含沙量也只有0.06kg/m^3，而且延续时间很短；而森林被火烧后清除的沟则完全不同，其河流的含沙量达42.3kg/m^3。这就是最有说服力的例证。

表14-3　喇咪庙站与榆树林站土壤侵蚀模数比较

测站 ＼ 侵蚀模数/(t/km^2)	多年平均	丰水年(1967年)	枯水期(1965年)
西沟喇咪庙站	1730	3670	1930
东沟榆树林站	174	203	54.7

注　摘自《自然地理学》，何钟主编。

其实上面提到的清水河的西沟流域，由于森林植被不发育，喇咪庙站多年平均侵蚀模数与植被条件发育较好的东沟榆树林站相比较，两沟相差9倍，丰水的1967年两站的侵蚀模数相差17倍，见表14-3。如果从一次洪水的含沙量变化来看，东沟榆树林站含沙量变化平缓，而西沟喇咪庙站的含沙量变化剧烈，该站测得的最大含沙量为榆树林站的12倍。由此又说明植被对河流的含沙量影响很大。

第四节　植被对环境的改造作用

植被，特别是森林植被不仅能涵养水源，调节河川径流，减少河流泥沙，而且还有诸多环境效益。

一、森林能增加降水

关于森林对降水的调节作用，到现在为止争论尚多，观点不一，但均不能否认森林能增加水平降水这一事实。林区气候较湿较凉，气流产生涡漩，水汽易于上升凝结而产生降水。据观测，林区降水量一般比无林区多10%。北京市百花山林场几个测候站的降水量均较北京市内多1/3以上。又如海南岛的安定县，在同一个地方的两个紧邻地区，有林区的雨量比无林区多到一倍。因此林区气候较湿润，河流雨水补给多，径流量较大，水土保持较好，自然生态平衡，故林区被称为“绿色的海洋”。

根据资料，森林能增加降水，自然植被的种类、覆盖情况、叶子形状等，对降水量多少的影响都很大，具体情况参见表 14-4。

表 14-4　年总降水量与自然植被的关系

年总降水量/mm	自然植被	植被高度/m	覆盖状况	叶子形状
125～250	荒漠灌丛	达到 5	很稀疏	刺状、小
250～500	热带旱生木本	达到 10	稀疏	刺状、硬叶、发状落叶
500～1000	干燥森林	达到 15	有不大的裸露空间	硬叶、落叶
1000～2000	半干森林	达到 30	无裸露空间	点型落叶
2000～4000	半湿森林	达到 50	无裸露空间	常绿
4000 以上	湿润森林	达到 50	无裸露空间	常绿

注　摘自《自然地理新论》，牛文元著。

森林能增加降水的原因是林区的气温低、湿度较大，当气流通过林区被迫抬升时，有利于水汽的凝结；林冠截留了降水，减少了地面径流，使降水能缓慢地渗透到土壤中去，提高了土壤的含水量。同时由于植物个体多，可以从土壤中吸收水分，增加了水汽的蒸腾量；树干枝叶截留的降水以及林下枯枝落叶层的蓄水又有相当一部分蒸发到大气里去，所以大大增加了森林上空的水汽含量。林区湿度一般比无林区高 15%～25%，空气容易饱和成雨，从而直接增加了河川径流。此外，近地表的气流进入林区，与气温较低的林木枝叶接触，气流中所含水汽就凝结成液态或固态，从而形成森林中的水平降水（雾、露水、霜、雨凇、雾凇）。我国云南省南部水平降水在旱季可达 50mm 以上，在西双版纳允景洪地区可达 70～80mm。

对森林能增加降水补给河流的作用也不能片面估计过高，更不能绝对化，它也存在着不利的一面。比如，发达的植物根系像吸虹管一样，吸收了大量的地下水蒸发到空气中，从而降低了地下水面，减少了土壤中水流对河流的补给。若水汽被风大量带走，还要减少降水，从而减少了河川径流。

二、森林的水土保持效益

在我国，特别是北方黄土地区水土流失非常严重。所谓水土流失就是地表土层受暴雨、流水冲刷，或重力剥蚀而造成的水和土的损失。以最严重的黄土高原为例，年平均侵蚀模数（单位面积内每年流失的泥土量）一般为 5000～15000t/km^2，最高可达 30000t/km^2。水土流失造成的危害是多方面的，且十分严重。首先使河流含沙量大增，黄土高原每年流入黄河的泥沙就达 10 亿 t 以上，而且还常常造成塘、库淤塞报废，洪水泛滥。在农业上造成的损失更大，它冲走了表层熟土，降低了土壤肥力和保水性能，分割减少了耕地，作物生长不良，产量低而不稳。耕地年均失去表层熟土达 1～2cm，若年均失去表层熟土 1cm，每亩耕地就失去表土 8t，损失氮、磷、钾肥 180kg 以上。在交通方面，水土流失使道路塌方，桥涵因泥沙淤塞失效，而使交通中断。所以与水土流失作斗争，保水保土是一项十分紧迫的任务。然而植被，特别是森林植被却是有很强的水土保持作用。

森林是陆地生态系统中对环境影响最大的覆盖层。无论何时何地，森林都发挥着蓄水、固土的作用。其原因是森林植被及其林下的枯枝落叶层对地表的覆盖，有利于减弱降雨对林区土壤的击溅侵蚀能力；减少地表径流量，滞缓流速，降低径流的冲蚀力；根系及有机质改善了土壤结构，固结土体，提高了土壤抗蚀、抗冲性能。总之由于森林的存在，不断改变着侵蚀力和抗侵蚀力的对比关系，从而有效地控制和防止了水土流失。森林对水土保持作用的大小，因森林类型、生长和覆盖度大小而异，也与综合自然地理因素有关。据全国各地的观测，森林减少土壤冲刷的效益可达90%以上，使地表径流减少50%以上。

在流域范围内土壤流失的强度一般随森林植被的情况的不同而有所不同，在植被完整的地方，水土流失轻微，在植被覆盖差的地方，水土流失严重。在干旱无林或少林地区，由于地表少有植物覆盖，雨水直接落到地面，有时不等雨水渗入土中，就从地表流走。一般经过砍伐森林后，又经过开荒的裸露地，水土流失更加严重。以长江支流岷江上游为例，原来这里覆盖着茂密的原始森林，自1950年以来，经大量采伐和毁林开荒，使该区森林覆盖度下降了15%～20%。根据水文系统资料，在此期间水土流失猛增，除了使雨洪期流量增加，枯水期流量减少，河川径流量年内分配更加不均外，还使各支流的泥沙含量增加了2～4倍。故人们常说只有山青才能水秀，穷山只能带来恶水。

复习思考题

1. 植被的含义是什么？
2. 什么叫植被覆盖度？
3. 植被与环境有什么关系？
4. 人类活动对植物有何影响？
5. 植物分布的特征是什么？
6. 植被对河流泥沙的影响是什么？
7. 森林对水土保持产生了哪些效益？
8. 你对植树造林、改善生态环境做了哪些有益工作？

第十五章　地质环境系统

环境保护与经济发展是关系到人类生存的决定性因素。1992 年 6 月在里约热内卢召开的联合国环境与发展大会各国首脑会议，充分表明环境恶化已成为全球性战略问题。在这一全球性和多学科重大综合问题上，工程地质学和工程地质学家应首先站在发展与环境协调的前沿，协调人地关系，即人类和自然的关系。

自然环境通常是指环绕人类社会的自然界，包括作为生产资料和劳动对象的各种自然条件。它是人类生存、社会发展的自然基础。自然环境是在漫长的历史演化中形成的，主要是由岩石圈、水圈、大气圈和生物圈等组成的有机整体，并处于不断地变化之中。各圈层之间存在着相互作用和相互制约关系，促使自然环境的整体性在时间和空间上的有机结合。自然环境中的任意部分的变化都将导致其他部分的变化，即自然环境的整体变化。岩石圈中与人类社会发展有特殊的、紧密联系着的，与水圈、大气圈、生物圈相互密切作用着的地球表层即称为地质环境。它是人类工程活动的直接对象，也是人类栖息的场所。

随着人类社会技术力量的指数增长，城市化的日益加剧，人类活动的范围和强度都呈现了前所未有的变化。人类活动大大加速了自然环境的演化，也干扰了自然环境的自然演化。人类活动对自然环境所造成的后果，一是造成环境污染；二是加剧了自然灾害。

人类要生存，社会要发展，就必须拥有一个能与人类长期维持和谐的自然环境，应使自然环境的演化有利于恢复，维持人类社会与自然环境和谐的关系。这就要求人类从时空整体性把握自然环境的变化规律和演变趋势，从长远的、整体系统的角度处理自己与自然环境的关系，调整并控制人类活动对自然环境的改变作用，真正实现人类社会发展与自然环境演化的协调一致。

第一节　自然环境与地质灾害

一、自然环境

自然环境（Element）是对人类社会而言的，与人类社会发展有密切关系，它包含着人类生存所必需的生产生活资料，也是人类从事各种活动的基础。自然环境的好坏直接影响人类社会的发展。

自然环境是由岩石圈、水圈、生物圈和大气圈组成，这四部分相互依赖，共同存在地球表面或上部，组成一个整体。从时间上看，今天的自然环境与过去的自然环境有关，并且可以影响未来的自然环境。

二、自然灾害

所谓自然灾害（Nature disaster）是指由自然因素引起人类的生命安全、财产、资源、环境发生损坏和恶化，使人类正常生活受到干扰，社会有时失去稳定等。自然灾害是自然环境系统的一个组成部分，自然环境有良性和恶性之分。自然灾害属于恶性自然环境系统。自然环境与自然灾害的关系见表 15－1。

表 15－1　　自然环境与自然灾害关系

自然环境	自然灾害系列
岩石圈	地震、山水、滑坡、泥石流、崩塌
土圈	沙漠化、土滑坡、地裂缝、水土流失、地面沉降
水圈	洪水、暴雨、震灾、冻灾、海水入侵
大气圈	飓风、沙暴、酷热、严寒
生物圈	虫灾、火灾、植物退化

三、地质灾害

我国是一个幅员辽阔、地质和地理条件复杂、气候条件各地区变化较大的国家，加之工农业、城市、交通、水利的迅速发展，每年都会发生一些自然灾害，其中地质灾害在自然灾害中占有很大的比例。

地质灾害（Geology Calamity）是大自然支配人类的最显著的因素，指在地球内部动力和岩石圈、大气圈、水圈和生物圈的相互作用和影响下，生态环境和人类生命、物质财富受到损害的现象和事件。它包含着两种动力地质作用，一种是内动力，另一种是外动力。外动力除自然动力外还有人为因素所引起的地质动力，给大气圈、水圈和生物圈带来直接和间接的影响。

四、我国地质灾害发育及分布规律

地质灾害是在一定环境条件下形成的，它受诸多因素的控制，如地形地貌、地质构造、地层岩性以及人类活动等，我国的地质灾害的分布存在以下几方面的规律。

1. 地震灾害受到地球板块迁移的影响

我国位于欧亚板块东南部。东部是太平洋板块，西部是印度洋板块，受到世界两大地震带的挟胁，因此，在全国有许多地震活跃区，如台湾、青藏高原、华北平原等。我国地震分布面积广、强度大、频率高。据统计，我国地震 30 多个省市中，20 世纪以来有 21 个发生过 7 级或 7 级以上的地震。全国有 312 万 km^2 土地面积和 136 个城市属于地震区。

地震灾害也会产生次生效应。如长江中上游横断山地区、黄河中上游祁连山地区和华北燕山一带，其滑坡、崩塌、泥石流发育分布多是沿着活动构造带和地震带。

2. 地质灾害受纬度和气候条件的控制

中国大陆自南向北气候分布依次为热带、亚热带、温带、亚寒带，这一气候模式显然与纬度分布有关。所以引起的地震灾害南北方有明显的差异，南方雨量充沛，以喀斯特陷落、岩土体变形、山洪、滑坡、水灾为主；北方气候干旱，土地沙漠化、盐碱化严重；到东北大兴安岭地区，由于纬度高、气候寒冷，以冻融灾害为主。

3. 地形地貌对地质灾害的影响

我国地势自西向东由高变低，大体可以分为三级阶梯。第Ⅰ级为青藏高原，海拔 4000m 以上，年平均气温在－0.8～6.5℃，地质灾害以冻害、雪崩为主。依次向东为第

Ⅱ级，海拔在1000～2000m，秦岭以南长江流域为湿润—半湿润气候。秦岭以北黄河流域为干旱—半干旱气候，但两者均在夏季降雨，雨量充沛，故地质灾害常以滑坡、崩塌、泥石流、水土流失为主。在太行山、伏牛山至雪峰山以东地区为第Ⅲ级，它包括了东北平原、黄淮海平原、长江中下游平原以及江南广大盆地、丘陵区，海拔500m以下，地势平稳。这些地区人口密集，城市集中，工农业发展快，交通便利，形成了以人类活动、工程活动为主的地质灾害，如地面沉降、海水入侵、诱发地震、土地沙漠化、水土流失、江河淤积等。

第二节　地　面　沉　降

一、概述

地面沉降是指地壳表面在自然营力和人类活动的作用下所造成大面积的、区域性的沉降运动。不同城市和工业区的地面沉降可能有不同的原因，但绝大多数是由于汲取地下水引起的，其面积一般达100km^{2}以上。其特点是发展比较缓慢，无仪器观测难以感觉。地面沉降一旦发生，即使除去导致地面沉降的因素，也不能完全复原。地面沉降已经成为我国及其他许多国家的城市和工业区的严重公害。表15-2是国内外一些城市地面沉降的主要情况。

表15-2　国内外一些城市地面沉降主要情况

城市名	沉积物	压密层深度范围/m	最大沉降速率/(mm/a)	最大沉降量/m	沉降区面积/km^2
上海	冲积、湖积、滨海	3～300	98	2.63	121
天津	滨海		262	2.16	135
台北	冲积、浅海	10～240		1.90	235
太原	冲积		207	1.23	254
常州	冲积		90	0.22	200
湛江	冲积	30～200		0.11	140
墨西哥城	湖积、冲积	0～50	420	9.0	225
东京	冲积、浅海	0～400	270	4.6	2420
大阪	冲积、湖积	0～400		2.88	630

注　摘自《工程地质手册》。

地面沉降对城市及工业建筑区的主要危害如下。

(1) 沿海沿江城市由于地面下沉，湖水或江水越过堤岸，迫使海堤或江堤不断加高。

(2) 地面积水，尤其是雨水和暴雨之后的地面积水，严重影响正常的生产、生活和交通。

(3) 引起地下管道坡度改变，影响雨水、废水、污水的排放功能，严重时可完全丧失功能，不得不重建。

(4) 造成建筑物倾倒，桩产生负摩擦力，井管相对上升而高出地面。

(5) 桥墩下沉，桥下净空减小，影响船只通行，以及引起码头、仓库地坪下沉等。

地面沉降的发生一般需具备两个条件：第一，该城市或工业区的供水水源以汲取地下水为主，超量开采使水位（水头）逐年下降，形成既深又大的降落漏斗；第二，地层以松软沉积物为主，具有较高的压缩性。图 15－1 及图 15－2 清楚地说明了地面沉降与地下水开采及地下水位下降有着密切的关系。

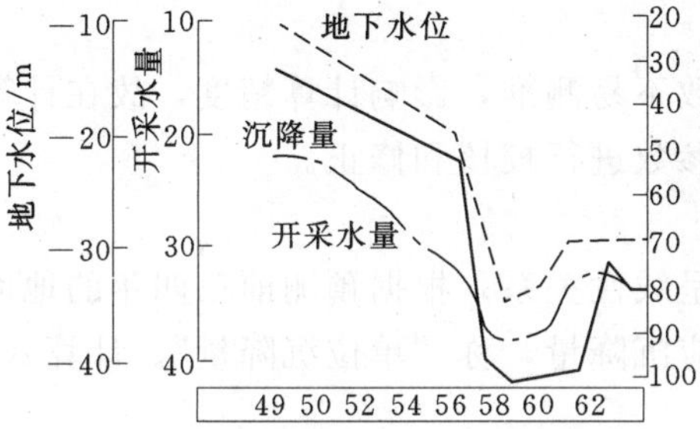

图 15－1　上海地下水开采量、水位与地面沉降的关系（摘自《中国工程地质学》）

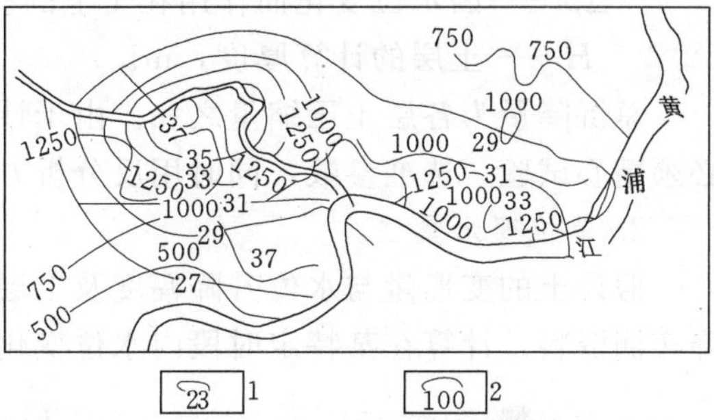

图 15－2　上海地下水降落漏斗与地面沉降中心的关系

地面沉降的机理可用有效应力原理来解释。水位下降引起土中孔隙水压力降低，颗粒间的有效压力增加。在抽水前：

$$\sigma' = \sigma - u_w \tag{15-1}$$

式中　σ——总压力；

σ'——抽水前有效压力；

u_w——抽水前的孔隙水压力。

抽水后，水头下降 u_f，孔隙水压力随之下降，水对土的浮托力减少，下降了的 u_f 即转化为有效压力增量，使土体压密，此时：

$$\sigma' = \sigma - u_w + u_f \tag{15-2}$$

二、地面沉降的预测

对地面沉降的工程地质评价主要是预测沉降量及其发展趋势。预测前首先应查明该地区的工程地质和水文地质条件，划分压缩层和含水层，通过固结试验、渗透试验等取得土的压缩性指标、渗透性指标及其他有关土性参数，并详细调查历年汲取地下水的水量、水位及地面标高的变化情况，掌握动态观测资料。

预测地面沉降可用下列方法。

1. 分层总和法

本法可计算因抽水使地下水位下降造成的地面沉降及因回灌水位上升而造成的地面回弹。

对黏性土和粉土：

$$S_\infty = \frac{a_v}{1+e_0}\Delta p H$$

对砂土：

$$S_\infty = \frac{\Delta p H}{E}$$

式中 S_∞——土的最终压缩量或回弹量，m；

a_v——土的压缩系数或回弹系数，kPa^{-1}；

E——砂的变形模量或弹性模量，kPa；

e_0——原始孔隙比；

Δp——因水位变化而作用在土上的有效应力，kPa；

H——土层的计算厚度，m。

总沉降量为各层土压缩量之和。由于计算参数不易测准，影响计算精度，故在计算前必须精心试验，选准参数，同时用反分析方法对参数进行校核和修正。

2. 单位变形量法

假设土的变形量与水位升降幅度及土层厚度呈线性关系，根据预测前三四年的地面沉降实测资料，计算在某特定时段内水位变化的相应沉降量，称“单位沉降量”。计算式为

$$\left.\begin{aligned} I_s &= \frac{\Delta S_s}{\Delta h_s} \\ I_c &= \frac{\Delta S_c}{\Delta h_c} \end{aligned}\right\}$$

式中 I_s、I_c——水位升、降期内的单位变形量，mm/m；

Δh_s、Δh_c——计算期内水位的升、降幅度，m；

ΔS_s、ΔS_c——相应于该水位变化幅度的土的变形量，mm。

将单位变形量除以土层厚度（H）得“比单位变形量”。以 I'_s 及 I'_c 分别表示水位升、降期的比单位变形量，则有：

$$\left.\begin{aligned} I'_s &= \frac{I_s}{H} \\ I'_c &= \frac{I_c}{H} \end{aligned}\right\}$$

在已知预测期水位升、降幅度及土层厚度的条件下，预期沉降量 S_s（mm）及预期回弹量 S_c（mm）为

$$\left.\begin{aligned} S_s &= I_s \Delta h_s = I'_s \Delta h_s H \\ S_c &= I_c \Delta h_c = I'_c \Delta h_c H \end{aligned}\right\}$$

3. 沉降与时间的关系

通常按太沙基一维固结理论计算，公式为

$$S_t = S_\infty U$$

$$U = 1 - \frac{8}{\pi}\left[e^{-N} + \frac{1}{g} e^{-9N} + \frac{1}{25} e^{-25N} + \cdots \right]$$

$$N = \frac{\pi^2 C_v}{4H^2} t$$

式中 S_t——预测某时间 t 的变形量，mm；

U——固结度，以小数表示；

N——时间因素；

C_v——固结系数；

H——土层厚度，mm，双面排水时取 $H/2$。

三、地面沉降的防治

由于地面沉降的主要原因是超量汲取地下水，故防治地面沉降的根本措施是科学合理地开采地下水，加强对资源的管理和保护，防止超量开采。对尚未发生严重地面沉降的地区，可采取以下措施。

(1) 加强对地面沉降的监测和试验研究，预测地面沉降量及发展过程。

(2) 结合水资源的计算和评价，研究地下水的合理开采方案，防止因超采地下水而加剧地面沉降。

(3) 避免在可能发生严重地面沉降的地段建设重要工程。在进行房屋、道路、管道、堤坝、水井等工程的规划设计时，预先估计地面沉降的因素。

在已经发生比较严重地面沉降的地区，可采取下列措施。

(1) 压缩地下水开采量，减小水位降深，必要时暂时停止地下水的开采。如天津市1976年后禁止在400m深度内建新井，限制对第Ⅱ含水层的开采，从而降低了地面沉降速率。大直沽1975年沉降194mm/a，至1979年减为99mm/a。

(2) 调整地下水的开采层次，从主要开采浅层地下水转向主要开采深层地下水。

(3) 向含水层进行人工回灌，并严格控制回灌水的水质标准，防止污染含水层。如上海市1965年开始人工回灌，全年回灌200万 m^3，至1980年水位上升了30m，控制了地面沉降。

为了做好地面沉降的防治工作，一定要搞好规划，精心设计、精心施工，并设置区域性的观测网，对开采量、水位及地面标高进行长期的系统监测。

第三节 地 面 裂 缝

一、地面裂缝概述

我国自20世纪70年代初期起，先后在一些地区发生了地裂缝问题，如西安、大同、兰州等城市都发生过不同形式的地裂缝，给城市建设、水利规划、设计等带来严重影响，甚至威胁人民的生命和安全。

广义的地裂缝多种多样，如强烈地震后的地震裂缝、液化地裂缝、边坡及斜坡附近的重力地裂缝、膨胀土区的收缩地裂缝、黄土节理、黄土湿陷地裂缝、采空区地表的陷落地裂缝、岩溶区的塌陷地裂缝等。本节阐述的地裂缝则专指发生和发展比较缓慢，与构造和地下水有关的、大范围的地裂缝，并以我国西安市的地裂缝为代表。

西安市区有7条显现的地裂缝、3条隐藏的地裂缝，系1959年首次发现的，并在继续发展，范围达110km^2。7条地裂缝大体平行展布，总体走向NE70°，长度分别为7km、9km、7.2km、17km、0.8km、6.2km及1.5km。

二、形态与成因

西安地裂缝一般由1条裂缝组成，局部地段由1条主裂缝及1～3条次裂缝组成。主裂缝很长，一般连续分布，不具雁行状排列。据探槽观测，主裂缝延伸最浅者为2.0～6.3m，最深者为7条，均未见底，其中辛家庙地裂缝挖至18m未见底；地裂缝带宽度平均每条为1.1～

3.1m，最大宽度为1.5～6.4m（6.4m为南郊地裂缝）。主裂缝形态浅部一般垂直，上宽下窄，深部以陡倾角向南倾斜，倾角约为75°，呈正断层状，并错断黄土中的古土壤层。

西安地裂缝两侧具有明显的差异沉降，南盘相对下降，北盘相对上升。据观测，南郊地裂缝1981年5月—1985年5月，年平均差异沉降为15.4mm/a，最大为27.2mm/a；边家村地裂缝平均差异沉降为31.16mm/a，各条地裂缝之间、同一条地裂缝各段之间，速率很不一致。探槽观测发现，第一古土壤层被错断，南郊地裂缝最大错距1.8m，秦川中学最大4m，全新世地层错距较小，更新世地层错距较大。除垂直运动外，还有水平张裂和微量的扭转。

对西安地裂缝的成因有不同的解释：从地裂缝的走向、形态看，与临潼—西安断裂一致，似与地质构造活动有关，但由于近期无强震活动，显然与地震无关。近期大量抽汲地下水，造成地下水位下降，与地裂缝快速发展在时间上的吻合，似与抽汲地下水有关，但地下水降落漏斗平面上为弧形，而地裂缝为直线，又不相吻合。因此，单纯的构造成因或抽汲地下水成因都是不全面的。现在学术界倾向于复合成因，即基底地质构造缓慢的差异沉降（蠕动），将上部土层“拉松”，地下水位下降和地面沉降加速了地层的压密，造成不均匀沉降，使地裂缝发生和发展。构造活动是地裂缝发生的基础，抽汲地下水是地裂缝发生和发展的直接诱因。

三、工程地质评价

当地裂缝穿过墙体时，在墙上产生一组张性裂缝。地裂缝垂直穿过建筑物时，变形带的宽度一般小于3m；与建筑物斜交时，变形带较宽，一般大于3m。地裂缝所经之处，无论何种工程，如房屋、混凝土路面、钢质及混凝土管道等，均遭破坏，在西安已有500多处。地裂缝上的建筑物建成后，少则一年，多则三五年，必将开裂。目前尚无抵抗地裂缝的工程措施，只能避让。

由地裂缝的形态特点可知，它的活动宽度是不大的。而单条主裂缝的宽度通常为10cm，裂缝两侧土体结构基本完整，不存在较宽的细微破裂带。对地裂缝两侧未破坏的129幢建筑物的调查统计表明：平均安全距离为9.73m，约10m以内。对裂缝两侧地面沉降的观测表明：随着与裂缝距离的增加，差异沉降衰减很快。地裂缝南侧一般5m以内差异沉降较大，为主变形带，20m以外基本无影响；地裂缝北侧3m以内为主变形带，15m以外无影响。

根据以上分析，吴嘉毅、廖燕鸿提出了地裂缝及其两侧进行工程建设的具体建议，见表15-3。

表15-3　　地裂缝带建设容许距离

分带	与主裂缝距离/m		容许建筑物
	上盘	下盘	
主变形带	0～5	0～3	临时建筑，简易仓库
弱变形带	5～10	3～8	四层及四层以下住宅、办公楼、小型场房，必须设防
微变形带	10～20	8～15	高24m以内的民用建筑，跨度18m以内的单层场房，必须设防
无影响带	＞20	＞15	各类建筑物

第四节　地　面　塌　陷

我国可溶岩分布面积占国土面积的 1/3 以上，是世界上岩溶最发育的国家之一。据不完全统计，在全国 22 个省（市、自治区）中，共发生岩溶塌陷 1400 例以上，塌陷坑总数超过 4 万个。

地面塌陷是隐伏的喀斯特（岩溶）洞穴，在第四系土层覆盖以后，又产生的塌陷现象。我国自 20 世纪 80 年代以来，由于城市供水、农业灌溉、矿山排水的需要，大量抽汲岩溶地下水，引起水位下降，进一步发展而形成各种各样的塌坑，导致房屋沉陷、道路塌陷、地下管道弯曲破裂等事故。如 1988 年河北省秦皇岛市柳江水源地，由于超量开采岩溶水，造成地面塌陷面积达 34 万 m^2，出现塌坑 286 个，直径 0.5～5m、深 2～5m，最大直径 12m、深 7.8m，并同时出现地裂缝。各种裂缝交织在一起，使部分耕地破坏，房屋开裂。又如，1988 年湖北武汉市陆家街发生地面塌陷，使附近工厂、学校房屋塌陷、破坏，造成停产、停课。类似例子还有很多，在此就不一一列举了（图 15－3）。

图 15－3　地下溶洞造成的塌陷

我国岩溶塌陷灾害以桂、黔、湘、赣、川、滇、鄂等省（自治区）为最多，全国可分为 4 个大区，即：西部高原、台地、盆地岩溶区；东北山地、平原、辽东半岛丘陵岩溶区；华北山地、高原及黄淮海平原岩溶区；云贵高原丘陵、盆地、平原岩溶区。

全球岩溶地面塌陷分布比较广泛。除中国外，在美国、南非、法国、英国、俄罗斯、波兰、捷克、南斯拉夫、比利时、土耳其、加拿大以及以色列等国都有岩溶塌陷危害。它已引起国际社会普遍关注，20 世纪 70 年代以来召开过多次有关的国际会议。

国外在岩溶塌陷研究方面主要关注以下几个方面。

（1）岩溶塌陷发育条件的勘测技术。

（2）岩溶塌陷发育过程及机理研究。

（3）岩溶塌陷基础数据库建设。

（4）岩溶塌陷危险性预测与风险评估。

（5）岩溶塌陷预测预警。

（6）岩溶塌陷对环境的影响。

（7）岩溶塌陷灾害保险。

第五节　海　水　入　侵

海水入侵主要是滨海地带由于过量抽汲地下水，使海水从地下向大陆入侵，在含水层中海水越过分界线，取代淡水，造成水质恶化（盐化），如图 15-4 所示。

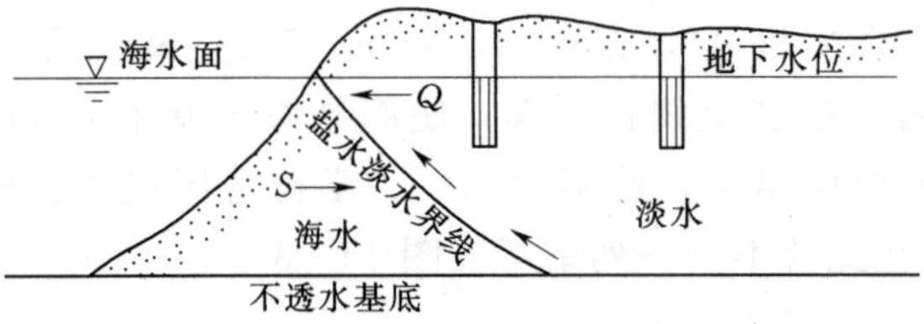

图 15-4　滨海地带海水入侵示意图

海水入侵问题，在我国已屡见不鲜。如山东半岛、辽东半岛、辽西走廊、南方的杭州湾等地，已发生过多起海水入侵事件。

山东半岛，如莱州湾附近的龙口、掖县、寿光一带，已发生多次因抽取地下水（海水入侵盐化水）灌溉而造成的大片农作物枯萎事件，有的地方颗粒不收。又如青岛附近的崂山县，1965 年沿海滨打机井 27 眼抽取地下水，到 1966 年就发现海边 200m 处水井水质变咸，10 年后井水位由 2m 降到 8m，结果海水向内陆推进了 500m，使全部水井报废。

辽东半岛大连市自来水厂位于基岩地区，断层、裂隙很发育，大量抽取地下水，也导致海水入侵，造成水厂不能使用。

辽西走廊大小凌河冲积洪积扇地区，工农业用水加大，集中抽取地下水，也发现地下水漏斗及海水入侵。又如秦皇岛、北戴河、山海关地区，20 世纪 80 年代以来，由于发展旅游事业，大量开采地下水，也使海水入侵，水质恶化，有的地方稻田枯死。这些问题已引起我国政府及生产、科研部门的广泛重视，并已着手调查、研究，布置地下水长期观测孔，进行水位、水质监测，有的地区还采用计算机建立水质模型，进行水情水质预报，加以防治。在国外，如日本、美国，海水入侵问题也很严重，对于已被污染地区，有的地区修建地下防渗墙，切断海水入侵途径，但造价昂贵，一般多使用在基岩海滨或海岸以下有隔水底板条件的地区。

今后需要加强以下几方面的研究。

（1）海水入侵的定量研究。对过渡带的咸淡水混溶模型的研究要进一步加强。目前的模拟条件相对很简单，许多实际条件反映不出来，需要建立更符合实际的海水入侵模型。

（2）要加强海水入侵过程中伴随发生的一系列物理过程、化学过程和生物过程，及过程中的物质循环的研究。

（3）应以防为主，加强超前的预报工作，建立预警预报系统。

（4）加强海水入侵监测方法和监测手段的研究。

（5）加强控制技术与方法的研究。

第六节　地　下　水　污　染

随着环境污染和地下水开发强度的加剧，地下水污染已成为城市和工业区的一个严重问题。据我国 40 个城市的调查，其中 10 个污染较严重的城市，有 7 个以地下水为主要供水水源，水中普遍析出多种工业排放的有害物质及生活污染物质，工业“三废”物质超标 30%以上，每个城市超标面积超过 $100km^2$。受中等污染的城市有 20 个，其中 9 个以地下水为主要供水水源，井中有害物质超标率达 14%～15%，生活污染物质超标 35%～38%，超标面积一般在 $100km^2$ 以下。

一、地下水污染的原因

1. 工业污染

由于工业的废气、废水、废渣及矿井水经过透水地层大量渗入地下，造成地下水污染。如北京的某石油化工企业，每天排放的污水中含有汞、铬、砷、酚苯及氰化物等有毒有害物质，有的超标几十倍甚至 100 倍以上，严重影响着人民的生命及健康；又如陕西某工厂，排放含硼量高达 52mg/L 的废水，渗入地下，造成 200 亩耕地不长庄稼。

2. 农业污染

农业污染主要是引污水灌溉造成。此外，大量使用的农药及化肥也是重要污染源，如杀虫剂中的有机氯类较难溶于水，在土壤中滞留时间较长；又如滴滴涕（DDT）使用 8 年后，土壤中仍可残留 50%，化肥也可造成地下水的 $N—NO_3$ 增高，造成硝酸盐污染。

3. 生物污染

人民生活及牲畜饲养所排放的水，在适当的条件下会造成病毒及细菌污染。如秦皇岛市有一眼深井（270m）打在石灰岩的岩溶水中，水量充沛，但水中大肠杆菌超标，曾引起居民大量腹泻病。据调查，井的上游，正是农民集中的饲养耕畜之地。水质污染，不言而喻。

4. 放射性污染

放射性污染主要是放射性物质外泄，或放射性物质废渣、废液未加保护、处理所造成的。在核电站及核武器生产地区，应特别注意放射性物质的扩散和污染。

二、地下水污染防治措施

（1）为预防固体废物对地下水的污染，应设置符合卫生标准的垃圾埋坑，将垃圾压实盖土填入坑中。坑底设防渗层，并通过暗沟、井将渗透液收集处理。

（2）为预防城市污水及工业废水对地下水的污染，应按规定建设污水处理厂，达到标准后再排放。在污水或废水容易流失的地段设防渗帷幕或建造深井，排放有毒污水。

（3）按国家标准建立水源卫生保护带，进行严格的水源保护。

第七节　固　体　垃　圾

随着城市和工业建设的发展，固体垃圾已经成为重要的环境问题。发达国家每人年产垃圾 3.5t。我国北京年产垃圾 160 万 t，近郊有 5000 个垃圾堆场，占地约 900 亩；上海每天生产垃圾 1.1 万～1.5 万 t，绝大部分在市郊存放。未经无害化处理的垃圾，不仅大量占用土地，而且严重污染环境，产生恶臭，滋生病源，并通过雨水、渗出水、地下水扩散，成为严重公害。

无害化处理垃圾的方法有掩埋、焚化及堆肥等。以我国的国情，今后相当长时间内，仍将以掩埋为主，据台湾省 1992 年的统计，掩埋处理占总处理量的 90%。垃圾掩埋场的场址，宜选在人烟稀少、交通便利之处，避开农牧业区，并应具有适宜的地质和水文地质环境。其主要条件如下。

(1) 地形坡度不宜过大，避免设在不稳定的滑动区，不应设在河川行水区和有洪水的平原区。

(2) 应避开断层带。如无法避开，则应在查明断层的位置、产状、透水性的基础上，采取防治措施。

(3) 尽量远离水源，尤应避免位于取水口的上游和水源的补给区，确保水源不受污染。

(4) 上覆土层要有一定的承载力且不透水，并有可作为掩埋的覆土材料。

(5) 避免选在人口密集区的上区，避免设在稀有动植物的栖息地。

因此在选址时，应对场地及其附近进行自然、人文和经济调查，尤其是地质与水文地质调查；在掩埋场设计和施工前应进行勘察；使用期间应进行长期的、系统的环境监测。

垃圾掩埋场地按地点的不同，分为山谷掩埋、陆上掩埋、海岸掩埋和填海掩埋 4 种，各有不同的设计要求，目前以前两者为主。

垃圾掩埋场的岩土工程设计内容包括不透水底层设计、土堤设计、场周边坡设计、封闭处理及监测等。

为了防止垃圾渗出水对地下水的污染，掩埋坑底部需铺设柔性的塑料隔水薄膜，厚度为 2.5mm。薄膜下利用原土做 30cm 厚的垫层，薄膜上覆 50cm 厚的砂土做保护层（图 15-5）。为了有效地收集和排出渗出水和雨水，需设置排水系统，掩埋场周边一般筑土堤或挡土墙，将污染物质固定在一定的范围内，土堤上一般要有植被和绿化，以美化环境，土堤的断面和材料应做专门的设计。掩埋场周边的山坡如不稳定，可设置锚杆、土钉、刚性或柔

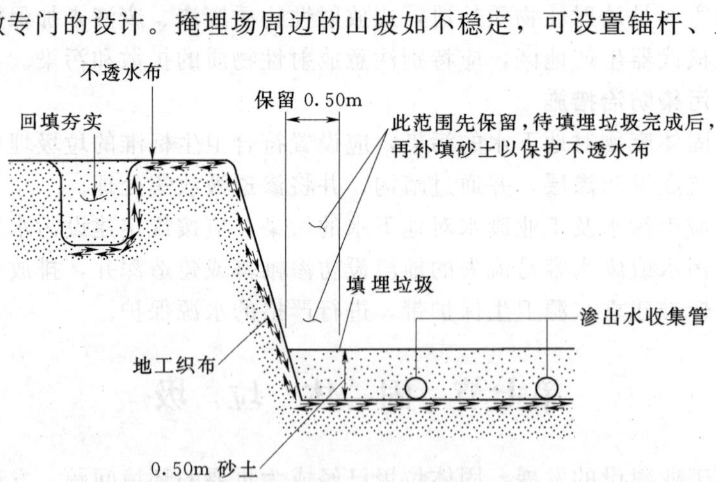

图 15-5　陡坡不透水底层设计

性挡土结构，并采取适当的排水措施，确保山坡稳定。掩埋完成后，面上应覆土，并在其上绿化，以保护环境。

长期的、系统的环境监测是掩埋场设计的重要组成部分，监测内容包括掩埋场沉降、渗出水的水量、水质，附近地下水污染情况等。

第八节　人类活动导致重金属元素的富集

重金属是有潜在危害的化学物质，其特殊威胁在于它不能被微生物分解而可以被生物体所富集。这样使某些重金属转为毒性更大的金属——有机化合物。这里主要讨论汞、镉、铅、铬及类金属砷等生物毒性显著的重金属元素的富集及其对人体的影响。它们具有下列共同特征。

（1）重金属是构成地壳的元素，分布广泛但含量均低于0.1%，通过岩石风化、火山喷发、大气降尘、水流冲刷和生物摄取等迁移循环，使重金属元素遍布土壤、大气、水体与生物体中。

（2）广泛应用于人类生产与生活各方面，所以在环境中存在多种金属污染源。采矿场、冶炼厂是主要污染源，通过废气、废水和废渣向环境中排入，在局部地区造成严重污染。

（3）重金属大多属周期表中过渡性元素，其价态不同，活性和毒性效应也不同，在水体中扩散范围很有限，但它们存在二次污染问题。

（4）重金属的污染特点在于：①在天然水中只要有微量浓度即可产生毒性效应；②微生物不仅不能降解重金属，相反可在微生物作用下转化为毒性更强的金属有机化合物，产生更大毒性；③生物体从环境中摄取重金属，可经过生物链的放大作用逐级在较高级生物体内成千百倍地富集起来；④重金属可通过多种途径（食物、饮水、呼吸、皮肤接触等）进入人体，与蛋白质和酶作用后积蓄于人体某些器官中，造成慢性积累性中毒。

一、汞元素的影响

地壳中汞平均含量约为0.08mg/kg，而99%处于分散状态。在受污染地区某些环境中元素汞的含量可高出背景值3～4个数量级。在非工业区正常大气中汞的含量$2\times10^{-9}\sim14\times10^{-9}g/m^3$，而在某些繁忙的高速公路附近大气中汞的浓度可高达$1.8\times10^{-5}g/m^3$，在使用有机汞杀菌剂的农田地区，大气中汞含量达$1\times10^{-5}g/m^3$。汞污染源有两类，工业污染源与农业污染源。汞污染分为汞的蒸气中毒、无机汞盐中毒、有机汞中毒，尤其剧毒的甲基汞侵入脑内可引起脑动脉硬化症，即“水俣病”。

二、镉元素的影响

地壳中镉含量相当稀少，其丰度约0.2mg/kg，镉常存在于闪锌矿之中，镉的污染来源主要为采矿和冶炼、废物焚化处理、肥料制造、化石燃料燃烧等。这主要通过挥发作用和冲刷溶解作用释放到环境中。污染物镉通过呼吸道、消化道吸收进入人体（污染区的大米中含隔量相当高），通过血液蓄积于肾与肝。镉中毒主要表现为人体动脉硬化、肾萎缩或慢性球体肾炎等。如进入骨质取代出部分钙，则引起骨骼软化和变形，即日本流行的“骨痛病”。

三、砷元素的影响

地壳中砷的平均含量为 2～5mg/kg，富砷矿物有 60～70 种，主要为硫化物如雄黄、雌黄等。环境中砷一部分来自岩矿中的砷，一部分来自工矿农业的污染。1995 年日本森永奶粉公司制造奶粉时使用了二磷酸钠（内含 3%～9%亚砷酸）作中和剂，使奶粉中混入砷含量高达 0.03～0.09mg/g，结果导致遍及日本 27 个府县都道的 12131 人中毒，死亡 130 人。对人体而言三价砷毒性大大高于五价砷，亚砷酸盐毒性比砷酸盐大 60 倍，而三甲基砷的毒性比亚砷酸盐更大，而且砷具有积累性中毒作用。近年来发现砷还是致癌元素之一。慢性砷中毒可引起皮肤色素沉着皮炎，这是癌前现象，进一步发展就成为皮肤癌。

第九节　人类活动对土壤环境的影响

土壤处于大气圈、岩石圈、水圈和生物圈之间的过渡地带，是联系有机界和无机界的中心环节，是地球表面人类赖以生存的地方。土壤由土壤矿物质（原生矿物和次生矿物）和土壤有机质（两者占土壤总量的 90%～95%）、土壤水分及其可溶物（合称土壤溶液）和土壤空气三部分组成，三者相互联系、制约，成为一个有机整体，构成土壤肥力的物质基础。土壤不同于风化、土化的岩石，因为它含有氮素，具备绿色植物生长所必需的肥力条件。土地是一个综合性概念，是包括气候、地貌、岩石、土壤、动植物等组成的自然综合体。人类活动对土壤环境的影响，主要表现为如下几方面。

一、人口增长与土壤、土地资源的矛盾

在地球表面，陆地仅占 1/3，总面积约 1.35 亿 km^2，但有一半土地不能供人利用，其中 16%为终年积雪、4%为冻土区、20%为沙漠、16%为陡坡土地。现在人类已耕种的土地仅占陆地面积的 8%，放牧地占 15%。世界上土地面积有限，可耕地面积更有限。因此人类人口不能盲目增长。按目前每 41 年世界人口增长一倍的速度计算，1980 年为 44 亿，到 2021 年为 88 亿，2062 年为 176 亿，到 2103 年则为 352 亿……700 年后世界人口可达千万亿的天文数字，到那时，即使地球上全部土地包括山脉、沙漠都利用，平均每人只占地 0.3m^2，根本没有供耕种的土地了。另外，能供人类食用的植物与动物仅能养活 80 亿人。因此地球上不可能容纳无限多的人口，必须控制人口的无限增长，做到优生、优育、计划生育。

二、人类活动对土壤、土地的破坏

（一）土壤侵蚀

土壤侵蚀指在风或流水作用下，土壤被侵蚀、搬运和堆积的整个过程。这种自然侵蚀相对比较缓慢，但当人类严重破坏了坡地上的植被后，地表土壤破坏和土地物质的移动、流失就会扩大加速。

在土壤缺失植被、土质松软、土层干燥的地区，在风速达 4～5m/s 的起沙风作用下，会出现原有土壤被吹蚀，尘沙向远处蔓延的情形。其结果不仅毁坏土壤，而且出现风蚀洼地，被吹远的土壤被重新堆积而掩埋河道、湖泊和农田，给人类带来危害。滥垦草原可引起土壤风蚀。美国在 20 世纪 30 年代、俄罗斯在 60 年代都发生过著名的“黑风事件”。美国中部大草原大部分地区放牧比农作更合适，但人们在多雨年份超出安全限度一再扩大农场和牛群，当周期性重现干旱年份就出现了灾难。1934 年 5 月 11 日，整个美国东海岸好像被大雾笼罩，这是被横贯大陆的气流通过风蚀作用从美国中部大草原所带来 3.5 亿 t 肥沃表土所形成的“雾”，风过后把堪萨斯州和科罗拉多州东部耕地表土刮去一层。

由于人类不合理的农业措施而发生的盐渍化称为次生盐渍化。次生盐渍化是干旱地区土地资源利用中的重要问题之一。6000 年前，在最早的人类文明发源地之一的底格里斯河与幼发拉底河平原即美索不达米亚（现伊拉克），人们已把河水引到农田，在沙漠里栽培了许多作物，这是世界上最古老的灌溉区。但历史悠久的灌溉行为却彻底破坏了土壤，至今没有复原。当土壤中的水分蒸发或被植物利用，水中所含少量溶解盐并不蒸发，余下的水分含盐量不断增高，并下渗到地下水中，在缺少排水条件的情况下，该区地下水位开始升高，逐渐在地表留下一层盐。千百年湿润与干燥的反复使地面留下一层又厚又白的盐壳，致使许多土地完全不适宜经营农业。现在伊拉克南部广大地区的古老农田就这样由于没有排水条件的不合理灌溉而有 20％～30％的土地被毁坏。

（二）土地沙漠化

世界各大洲约有 1/3 以上土地处于干旱地区，大部分为各类荒漠，其中主要为沙漠，许多沙漠都是当地不利气候条件加上人类活动，尤其是破坏当地植被的活动而形成的。印度塔尔沙漠就是在当地特殊气候下，由于人们破坏了植被而形成的。内蒙古伊克昭盟南部和陕北毛乌素沙漠至少在唐朝还是水草丰盛的地区，后来才就地起沙成为沙漠。新疆塔克拉玛干大沙漠的内部及周围，曾分布过很多绿洲，而现在都被沙所覆盖。

沙漠化指由于植被破坏，地面失去覆盖，在干旱气候区强风作用下就地起沙的现象；也是指由固定沙丘变成半固定沙丘，再变成流动沙丘的现象；还指流动沙丘向外围扩展前进的现象。干旱和半干旱草原的沙漠化可能是滥垦草原或过度放牧造成的。由于不合理的垦殖、放牧，加之气候变化，全世界沙漠化土地的面积正以惊人的速度增长着，每年至少有 $1000km^2$ 土地变成沙漠，给许多国家和地区的农牧业和人民生活带来严重威胁。撒哈拉沙漠南部边缘约 65 万 km^2 适合农业或集中放牧的土地已消失在沙漠中，目前世界上沙漠及沙漠化土地面积约 $4.56\times10^7km^2$，占地球上土地面积的 35％，威胁到 15％的人口、100 多个国家与地区。我国北方沙漠化土地约 33 万 km^2，影响到 12 个省（自治区）、212 个县（旗），近 3500 万人口，威胁到将近 $6.7\times10^4km^2$ 的草原与耕地。我国每年因土地沙漠化至少要损失 45 亿元以上。由于高强度利用土地，破坏了原有脆弱的生态平衡，使原非沙漠地区出现类沙漠的景观。

第十节　人类活动对大气环境的影响

自然界局部的物质能量转换和人类所从事的各种生产和生活活动向大气排放各种污染物质，当污染物的浓度超过大气自净能力时，就会改变大气圈中某些原有成分，致使大气质量恶化，影响原来有利的生态平衡体系，严重威胁着人体健康和正常工农业生产，并对建筑物和设备财产造成损坏，这就是大气污染。

人是靠空气生存的。如果空气中混进有毒害的物质，则毒物随空气不断被吸入肺部，通过血液而遍布全身，对人体健康直接产生危害。大气污染对人体的影响，不仅时间长而且范围广，世界上发生的8起严重“公害事件”中，有5起是大气污染造成的。

一、大气污染物的主要来源

大气污染有的是自然的，风的吹尘、火山喷发所产生的气体和灰粒，以及花粉等，它们构成了空气的背景污染。除火山喷出的气体和灰粒有极大危害外，一般不损害空气质量。人为来源的污染物主要有以下3种类型。

(1) 工业污染物。包括矿物燃料燃烧排放的污染物；生产过程中排放的有各种有害气体，如炼焦厂向大气排放的 H_2S、酚、苯、烃类等有毒害物质，各类化工厂向大气排放的具有刺激性、腐蚀性、异味性或恶臭的有机和无机气体，化纤厂排放的 H_2S、氨、二磷化碳、甲醇、丙酮等；以及生产过程中排放的各类矿物和金属粉尘。另外农田中飞散的农药，也可进入大气成为大气污染物（图15-6）。

图15-6 工厂排污使海滩变成了铁黄色

(2) 交通汽车排气。发达国家汽车排气已构成大气污染的主要污染源。据统计，1979年全世界有汽车2亿辆，1年内排出一氧化碳近0.2Gt，铅0.4Mt，美国每年由汽车排出一氧化碳66Mt，碳氢化合物12Mt。日本每年由汽车排放的一氧化碳10Mt，碳氢化合物200Mt。

(3) 家庭生活炉灶排气。这类污染物分布广，排气量大，排放高度低，危害性不容忽视。

二、主要大气污染物

大气污染物质可分为一次污染物和二次污染物。一次污染物直接从各类污染源排出，比较重要的有碳氢化合物、一氧化碳（CO）、氮氧化物（NO_x）、硫氧化物（SO_x）和微粒物质5种。这些污染物排放到大气中之后，与正常大气成分相混合，在一定条件下会发生各种物理和化学变化，并可能生成一些新的污染物质即二次污染物。常见的有臭氧、过氧化乙酰、硝酸酯（PAN）、硫酸及硫酸盐气溶胶、硝酸及硝酸盐气溶胶等。

(1) 一氧化碳。一氧化碳是城市大气中数量最多的污染物，大多是由汽车排放的，在城市不同地段、不同时间其浓度变化不一。

(2) 氮氧化物。主要是一氧化氮 (NO) 与二氧化氮 (NO_2)，大部分来自矿物燃料的燃烧过程，也有来自生产或使用硝酸的工厂排放的尾气。NO 对人体无害，但它转化成 NO_2 后则具腐蚀性和生理刺激作用。NO_2 的主要危害为：毁坏棉花、尼龙等织物，破坏染料，腐蚀镍、青铜材料；损害植物使其减产；引起急性呼吸道疾病。

(3) 碳氢化合物。主要来源于不完全的燃烧和有机化合物的蒸发，它能导致生成有害的光化学烟雾。

(4) 硫氧化物。主要来自固定源燃料的燃烧，其中 80% 是煤的燃烧结果。全世界每年排入大气中的 SO_2 大约有 0.15Gt，SO_2 腐蚀性较大，可损坏材料；影响植物生长，降低其产量；刺激人的呼吸系统，并有致癌作用。

(5) 微粒。微粒是空气中分散的液态或固态物质微粒，包括气溶胶、烟、尘雾和炭烟等，其危害主要有：遮挡阳光，使气温降低或形成冷凝核心，使云雾和雨水增多，影响气候；使可见度降低，交通不便，航空与汽车事故增加；令可见度差，致使照明耗电增加；对呼吸系统危害特别大；如有铅微粒排入空气，则引起铅中毒，危害更大。PM2.5 就是一种微粒，是指空气中直径不大于 2.5μm 的颗粒物，也称入肺颗粒物。其在地球大气中含量很少，但有重要影响，它含有大量的有毒物质，在大气中停留的时间长，输送距离远，因而对人类健康和大气环境质量的影响大。

(6) 臭氧层。臭氧层是地球和人类的保护伞，它可以吸收阳光中的紫外线。臭氧层的破坏可能造成严重的后果。阳光中的紫外线辐射对于地球生命系统具有很大的伤害力，能破坏生物蛋白质和基因物质脱氧核糖核酸。自 1969 年以来，全球除赤道以外，所有地区臭氧层中臭氧的平均含量减少了 3%～5%，全球臭氧层都已受到损害。南极中心地区上空臭氧破坏尤为严重，臭氧含量比正常含量减少了 65%，南极边缘地区减少了 30%～40% (图 15-7)。臭氧层被破坏是人造化工制品氯氟烃和哈龙污染大气的结果。在对流层顶部飞行的飞机排出氧化氮气体，也是破坏臭氧层的催化剂。农业无控制地使用化肥，产生大量氧化氮，各种燃料的燃烧也会产生大量氧化氮，这些都是破坏臭氧层的因素。

三、大气污染的危害及其控制

工业革命引起矿物能源的广泛使用和人口的高度集中，结果加剧了环境的污染。目前以大城市的问题最为严重，加之气象情况难以掌握，以致空气污染常导致重大事故的发生。甚至可以进一步影响整个地球的气候，影响生态平衡并威胁人类的生存。

(一) 光化学烟雾

这是现代工业化国家中一种普遍而又最难防治的大气污染。这种烟雾使大气能见度降低，对动植物有严重刺激作用，使人发生眼睛红肿、哮喘、喉头发炎等病状，并使植物叶子变白、枯萎，危害极大。光化学烟雾是一种特殊混合物，它常发生在碳氢化合物和氢氧化物同时存在并有阳光照射的大城市里。

(二) 酸雨

正常的雨水接近中性，pH 值为 7 左右。近 20 多年来，酸性降雨已成为十分严重的环境污染问题，并且对农业、林业、水产业及土壤都有重大危害，对人体健康也有明显影响。酸雨的 pH 值小于 5.5，含有多种无机酸和有机酸，而且绝大部分是硫酸 (60%) 和

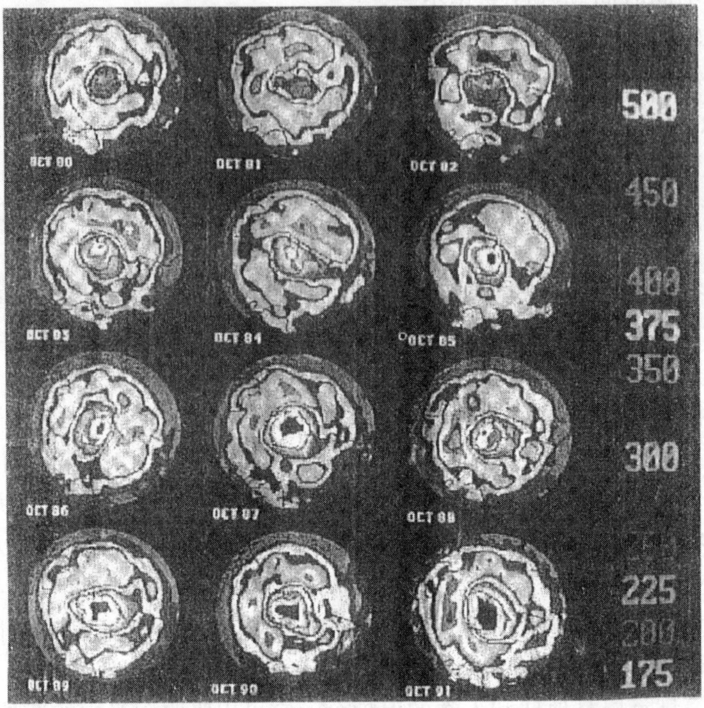

图 15-7　1980—1991 年南极上空臭氧层空洞的变化

硝酸（40%）。由人为排放的二氧化硫（SO_2）和氮氧化物（NO_x）转化而成，如煤和石油燃烧、金属冶炼排出 SO_2，高温燃烧生成一氧化氮 NO，大气颗粒中的 Fe、Cu、Mg、V 是成酸反应的催化剂，臭氧 O_3 和过氧化氢 H_2O_2 等是氧化剂。

（三）大气飘尘

它不仅是空气污染物中量最大、成分复杂、性质多样、危害较大的一种有毒有害物质，而且是其他污染物的运载体、催化剂，一般粒径小于 10μm，长期悬浮在空气中，故又称气溶胶，约占总悬浮颗粒的 60%～70%，许多有害金属及致癌物都集中在这样粒度的微粒上，易被人、畜吸入（特别是小于 3.5μm 粒径者），对健康有害。这些飘尘，主要来自汽车排气、土尘、海盐、水泥灰和燃料燃烧的飞灰。

因此控制大气污染已势在必行，而控制空气污染物来源是问题的关键。目前控制空气污染的主要措施有：①根据工业类型和排气特征，考虑地理、气象条件合理进行工业布局；②区域采暖、集中供热，因为分散燃烧所产生的污染更严重且不易控制；③高烟囱排烟，有利于扩散稀释作用；④改变燃料类型，由油燃料代替煤燃料，研究开发无污染的燃料；⑤进行技术革新，改善燃烧过程，做到尽可能的充分燃烧，既可消烟除尘又能节约燃料；⑥改革生产工艺，变单产品为多产品工艺，综合利用，化害为利；⑦开发新的能源，如太阳能、原子能等较洁净的能源，既解决石化能源枯竭问题又解决大气污染问题；⑧减少机动车辆的废气污染，改善汽车排气质量，用电车、蒸汽机车、电瓶车等交通工具代替燃油汽车。

控制氮氧化物的排出一般采用两种方法，一是改革工艺或改进燃烧条件，借延长燃烧时间来降低温度，或借降低空气与燃料的配比来降低炉温，以减少氮氧化物的生成与排出；二是借催化还原法或吸收法净化排烟中的氮氧化物。

第十一节　地球化学场与人类健康

由于地球物质分布的不均匀性，在一些地区会形成某些元素的富集或缺失。元素的迁移扩散就会形成一定的地球化学场，地球化学场包括了元素的正负异常。一些地方病的形成就是与某种元素的富集或缺失有关（表 15－4）。元素的运移规律除了和元素的化学性质有关外，还和地形地貌、岩石的性质、地下水的流向等多种地质因素相关。

表 15－4　　几种常见的地方病与元素的关系

地方病	症　状	相关元素
骨痛病	人体丧失吸收磷和钙的能力	隔中毒
矮人病	慢性骨关节病变	钙和锶元素的缺乏
克山病	心肌损伤引起血液循环障碍	可能与晒元素缺乏有关
甲状腺机能亢进	甲状腺肿大	碘缺乏
氟地方病	有氟缺乏病变和氟中毒病变	氟中毒或缺失

人体中还有许多微量元素，对人体的生理机能和新陈代谢起到非常重要的作用（表 15－5），根据区域地质情况，通过对岩石地球化学特征的认识，及时地补充一些微量元素，或对饮用水源进行处理，可以促进人体健康和有针对性地进行地方病的防治工作。

表 15－5　　人体中的微量元素及其作用

元素	含量（$\times10^{-6}$）	在人体中的作用
硅	260	在细胞组织中
铁	60	造血、运氧，缺铁致贫血
氟	37	帮助骨骼、牙齿生长，缺氟致牙病、骨质疏松症
锌	33	促新陈代谢，缺锌致生长缓慢，伤口愈合慢
铜	1	在一些酶中存在，缺铜会引起贫血、骨质疏松、胆固醇升高
镁	0.2	帮助新陈代谢
钼	0.1	在一些酶中存在
镍	0.1	帮助铁的吸收
钴	0.02	存在于维生素 B_{12} 中，其影响与缺少 B_{12} 一样
铬	0.03	催生胰岛素，缺铬致糖尿病
硒		帮助新陈代谢，能防治癌症、心脏病、神经系统病
砷	18	作用不明

第十二节　人地关系与区域可持续发展

20 世纪 70—80 年代以来，经济工业化和社会城市化急剧发展以及强大的技术手段的运用，强烈地改变着各地区的经济结构和生态环境结构，资源被加速消耗，许多地区的生态环境正在恶化。在这样的背景下，地理学研究开始进入一个新的阶段：注重由自然因素引发的环境变化正在转变为由人类因素引发的环境变化，即转移到自然过程、生物过程和人类活动过程间的相互作用方面。

地球表层系统急剧变化，集中体现在“人”和“地”的关系方面。“人地关系”变化的严峻态势危及我国可持续发展的基础。可持续发展研究涉及地理、生态、经济以及系统科学等学科。地理学侧重从“人地系统”角度研究“人地关系地域系统”演变的规律和区域可持续发展的基础及支撑条件，是地理学特别是人文地理学理论发展和解决可持续发展重大实际问题研究的“前沿”。

研究“人地关系地域系统”重点要求落实到区域可持续发展。其主要任务是通过对不同类型地区经济增长、城市化和生态与环境演变的系统分析和过程模拟，揭示长期经济增长（总量增长、结构转型、人均国民收入的提高以及与此相关的资源消耗和占用的增加等）与生态和环境（资源量、水土及空气领域污染状态、景观特征、生物多样性等）要素之间的作用机理和态势之间的相互关系，提出对不同发展阶段不同空间尺度区域的发展与生态和环境进行协调的途径和可供选择的模式。回答如何应付全球变化对我国的影响及实现我国可持续发展的重大理论问题和实际问题。

工业化和大规模城市化将是我国未来 20 年的基本趋势。在这个过程中，这些重大问题已经产生并将越来越突出，如国土开发的总体战略和地区发展的合理格局（哪些区域将可能成为未来人口、城市和产业的集聚区？哪些区域应当采取保护和整治为主的措施？如何实现空间上的总体部署?）、城市化的科学进程和模式等。这些重大问题体现了国家的战略需求。

“人地关系的地域系统”是地理学理论发展和解决可持续发展重大实际问题研究的“前沿”。是人文地理、自然地理和环境科学研究对象交叉基础上形成的一个新兴研究领域。在这个研究领域中，借鉴国际上关于地球系统和可持续发展的理念的同时，重点突出自主创新。这个领域研究的目标是发展我国人文地理学的学科和建立我国自己的关于城市化和区域可持续发展的理论体系。

第十三节 依法保护地质环境 国际合作防灾减灾

一、依法保护地质环境

1989 年 12 月 26 日我国正式颁布了《中华人民共和国环境保护法》，为我国在新形势下加强环境管理、保护与改善环境提供了有力的法律依据。1999 年 3 月 2 日国土资源部又发布了《地质灾害防治管理办法》，为我国地质灾害防治工作提供了法律保障。

环境保护是实施可持续发展战略的重要内容，也是推动先进生产力发展的一个重要因素。江泽民同志指出，保护环境实质上就是保护生产力。环境意识和环境质量如何是衡量一个国家和民族文明程度的重要标准。中国政府历来重视环境保护，中国坚持把环境保护作为一项基本国策。我们要加大对全社会增强环境意识的宣传力度，转变观念，坚持可持续发展。对广大人民群众要大力开展“保护环境就是保护你自己”的教育；对企业法人要开展实施清洁生产，变污染治理成本外部化为内部化的工业绿色文明教育；对各级领导要加强环境保护就是保护生产力的教育，克服决策中急功近利的短期行为和盲目性。

我国从中央到地方，根据基本国情和本地实际，制定了保护地质环境的政策，并投入了大量人力、物力，积极做好防治地质灾害的基础工作。全国地质环境监测网已成为国家六大公益性监测网之一。“地质灾害预报工程”“西北地区地下水特别计划”，以及地质生态环境调查，为地质环境保护提供了基础资料和技术支持。党中央提出，对矿产资源要坚持“在保护中开发，在开发中保护”的总原则，在全国范围实行最严格的资源管理制度。对地质灾害防治要认真贯彻执行“以防为主，防治结合”的方针，采取更加有力的措施提高抵御和防范地质灾害的能力，最大限度降低地质灾害的损失。

二、国际合作防灾减灾

环境祸患，地质灾害，不是哪一个国家、地区的局部问题，而是涉及全球的世界性问题。因此也要求世界各国的政府、科学家联合起来共同研究、对待当前的环境与地质灾害问题。目前全球普遍存在的10大环境隐患如下。

（1）土壤遭到破坏。全球110个国家可耕地的肥沃程度在降低，非洲、亚洲和拉丁美洲由于森林植被面积减少，耕地过分开发，牧场过度放牧，土壤剥蚀情况极其严重。

（2）空气受污染。由于亚洲、拉丁美洲经济高速发展的部分地区也受到酸雨侵害，空气污染打乱生态系统正常运转，气候反常变化，房屋加速损坏。

（3）淡水受到威胁。发展中国家80%～90%的疾病和1/3以上死亡者都与受细菌感染或受化学污染的水有关，而且淡水资源十分缺乏，许多人挣扎在缺水的艰苦环境下。

（4）气候变化与能源浪费。温室效应严重威胁整个人类，气温变暖，海平面将升高，给农业和生态系统也带来严重影响。

（5）森林面积减少。过去数百年中温带地区的国家失去了大部分森林，近几十年来热带地区的国家森林面积减少情况也较严重。

（6）生物品种减少。由于城市化农业发展，森林减少和环境污染，导致数以千计的物种灭绝。

（7）化学污染。工业带来的数百万种化合物存在于大气、土壤、水、植物、动物和人体中，甚至于北极的冰盖也受到了污染。

（8）混乱的城市化。第三世界数以百万计的农民聚集在大城市的贫民窟中，使大城市生活条件进一步恶化。

（9）海洋过度开发和沿海地带受污染。由于过度捕捞，海洋渔业资源正在不断减少。

（10）极地出现臭氧层空洞。每年春天，在地球的北极上空会形成臭氧层空洞，北极臭氧层损失20%～30%，南极的臭氧层损失达50%以上。

对于以上这些全球性的环境祸患，必须依靠国际合作，团结世界各国科学家在各国政府支持下共同努力才能获得逐步解决。

随着21世纪的到来，联合国20世纪90年代兴起的“国际减灾十年”全球统一行动已胜利结束。21世纪减灾已成为特别迫切的问题。它不仅对各国政府，更对地学科学家们提出了挑战。目前联合国已对走向新世纪的全球减灾做了全面战略部署。它要求各国认清减灾是一项中长期的工作，目的是通过用科学、技术及社会经济知识，确保政府和社会采取防御措施并付诸实践，以在未来自然和技术灾害的全员影响下，能保护人类社会。“国际减灾十年”经验表明，具有成效的长期防灾战略，首先要依靠具有广泛基础的跨部门和多学科的合作。“国际减灾战略”1999 年 7 月通过了“使 21 世纪成为一个安全的世界，减轻灾害和危险”的决议。“国际减灾战略”的四大目标是：提高公众关于自然灾害、技术灾害和环境灾害对当代社会造成危险的认识；取得政府当局对社会和经济的基础结构以及环境资源危险的承诺；在各级的实施工作中确保公众的参与；通过增加减灾网络以建立抗灾的社区，在防灾、预报、响应、减灾、重建和恢复等方面进行有效的国际合作管理，继续开展定于每年 10月第二个星期三的“国际减灾日”活动。

我国 21 世纪的减灾工作应与联合国大会的决议及国际减灾战略任务相协调一致，以综合减灾管理为主线，抓紧做好未来减灾工作。

复习思考题

1. 什么是环境地质问题？
2. 地面沉降是怎样形成的？如何防止地面沉降？
3. 地裂缝与地面沉降有何区别？危害如何？
4. 地下水污染是由哪些因素造成的？如何防止污染？
5. 海水入侵是怎样发生的？如何控制海水入侵？
6. 重金属元素对人体有何危害？
7. 大气污染物有哪些？

第十六章 “数字地球”产生的时代背景及应用示范

第一节 信息时代与数字地球

现在人类正迈步进入信息时代，以互联网与万维网为基础的网络经济和网络化生存等信息化的浪潮正以迅猛的势态席卷全球。信息和信息技术已经成为推动社会经济发展的驱动力。1995 年 2 月，西方 7 国集团在比利时布鲁塞尔召开了信息技术部部长会，通过了建立信息社会的原则，并确定了“全球信息社会”的构想和方向。1996 年 5 月，联合国在南非的约翰内斯堡召开了“联合国建设信息社会和发展大会部长级国际会议”，会上讨论了建设全球化与互联网与万维网计划及其在资源与环境管理中的应用等。2000 年 7 月 22 日，西方 8 国（7 国加俄罗斯）发表了《全球信息社会冲绳宪章》。宪章强调，信息通信技术是创造 21 世纪最强劲的动力之一。宪章呼吁所有的人消除国际性信息、知识差距；在持续刺激竞争、提高生产效率、促进经济增长、创造就业方面，信息技术具有极大的潜力；消除国内和国家间的信息差距，在各种课题中具有决定性的重要意义。

我国对于信息社会建设也是非常重视的。早在 1994 年，我国就成立了以邹家华为首、由 15 个部委参加的“国民经济信息化联席会议”，协调全国的信息化工作。1997 年，国务院在深圳召开了“全国信息工作会议”，制定全国信息化规划。从那时起，我国正式进入了工业社会到信息社会的过渡时期。

四个现代化，哪一个也离不开信息化。其中科学技术的现代化更是离不开信息化。信息化一般包含了数字化、网络化和智能化全部过程在内，而数字化是基础。若要运用计算机处理和在网上传输都要首先数字化，而数字化是网络化和智能化的基础。所以人们把数字化与信息化等同了起来。数字化已经渗入地球科学各个领域，尤其在科学领域内，已引起广泛重视，如气象、海洋中的数值预报，环境及地学中的数值模拟等。

中国对于数字地球十分重视，中国发展改革委、科技部、国土资源部、中科院、教育部等部委，都成立了相应组织，制订了开展数字地球的工作计划，现在正在落实和执行之中。

第二节 数字地球的基本概念

一、数字地球的基本概念

数字地球（Digital Earth）是由美国副总统戈尔于 1998 年 1 月在加州科学会堂的“Open GIS”年会上的报告中正式提出来的。

数字地球是指以地理坐标（即经纬网）为依据的，具有多分辨率的、海量数据的和能多维表达（显示）的虚拟地球技术系统。详细一点地说，数字地球是指以地球整体或局部为对象，以地理坐标为依据的，多种分辨率的，多种类型的，海量的，过去和现在的，有关资源、环境、社会、经济的，可以进行多种整合的，并能用多媒体、多维进行表达的，包括数字化、网络化和智能化等全部信息化过程在内的虚拟地球技术系统，或地球信息化技术系统。简单地说，数字地球就是指信息化的地球，或指电脑虚拟地球技术系统。

从地理信息系统技术角度讲，"数字地球"就是对地球在时间尺度基础上的各大地球系统模型的虚拟表达和操作。这些地球系统模型包括实体地球（从地心到地壳）、海洋（包括其他大型水体）、大气（特别是对流层）、电离层（空间气象）、生物圈（包括人类）、低温层（特别是极地地区）等。

时间尺度表示的地球系统操作概念模型如图 16-1 所示。

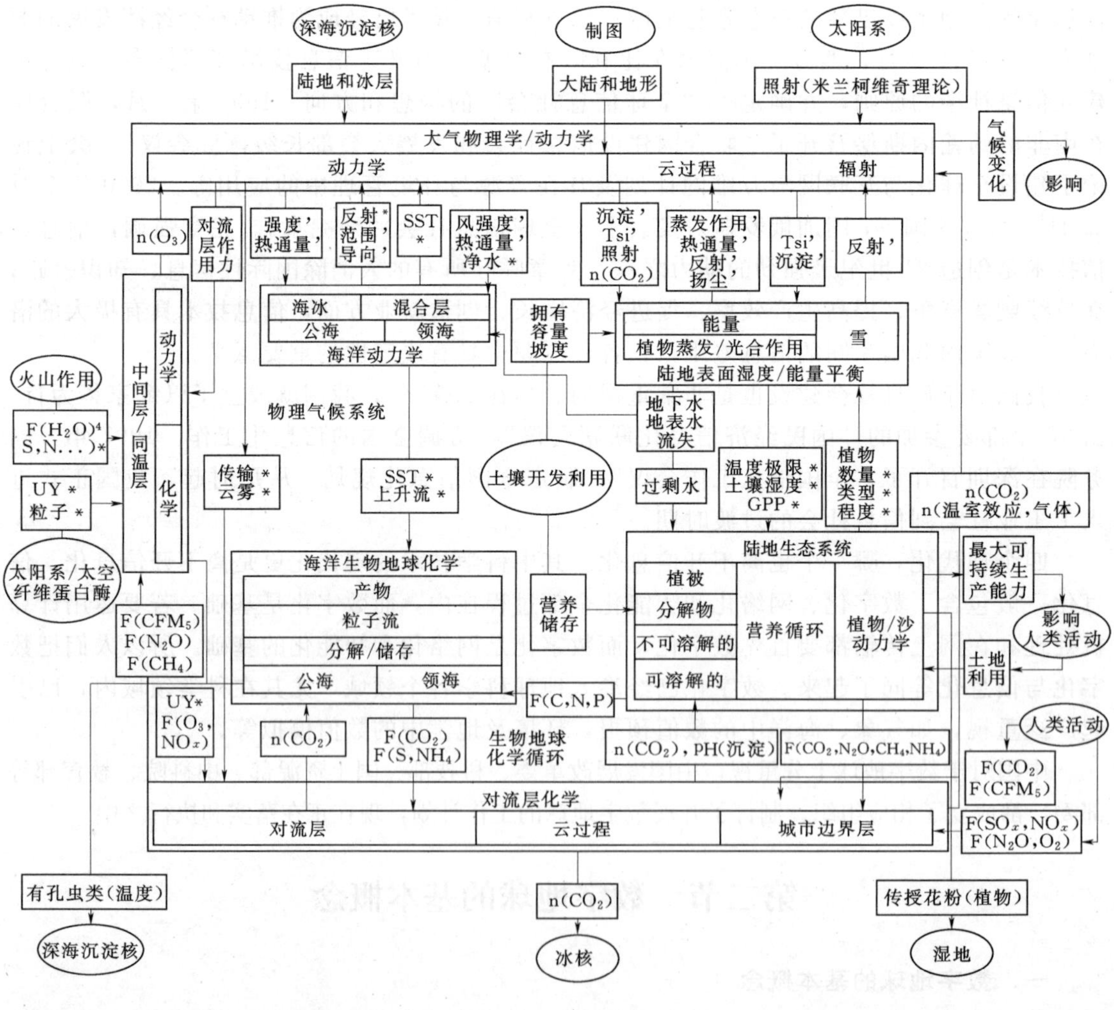

时间尺度：'＝几小时到几天，*＝几个月到几个季节，F＝通量(流)，n＝浓缩

图 16-1　时间尺度表示的地球系统操作概念模型

二、数字地球的作用和意义

"数字地球"这个学术名词虽然是由戈尔首先提出来的，但这是种"以地理坐标整合有关地球的各种数据"的思想。

数字地球既是一个技术系统，又是一个学科领域，但目前更倾向于属于技术系统。它具有以下特点。

（1）数字地球技术系统是遥感（RS）、全球定位系统（GPS）、地理信息系统（GIS）、互联网—万维网、多媒体—超媒体、多维（如五维）表达及仿真—虚拟等技术的高度综合与升华，是当代科学技术发展的制高点。

（2）数字地球技术系统为地球科学的知识创新和理论可能取得突破，提供了科学实验条件。它为信息科学技术的创新提供了试验基地。数字地球是世界上最大的、最开放的、没有围墙的实验室和最大的、最开放的和没有校园的大学。

（3）数字地球技术系统不仅能扩大产业的规模，而且还能形成新的产业（如虚拟旅游等），改变人类的生产和生活方式，促进社会经济跨越发展。

（4）数字地球技术系统是继信息高速公路之后的又一重要的信息基础设施。它不仅考虑了"路"，而且还考虑了路上跑的"车"和车中载的"货"。数字地球是"路、车、货"三位一体的地学信息高速公路。据资料表明，带有空间坐标的信息，约占总信息量的75%以上。所以数字地球技术系统将成为信息基础设施的主要组成部分。

（5）数字地球是美国继"星球大战"之后的又一个全球性战略目标。1m分辨率的、高时间频率的卫星遥感技术和1m分辨率（1∶1万）的世界地图，对全球起到了监控作用。

第三节 高空间分辨率的遥感卫星数据

随着卫星遥感数据的应用深度和广度越来越大，对于遥感卫星数据的空间分辨率也越来越高，例如1m分辨率的遥感卫星数据（表16-1），受到了广泛的关注。

表16-1　美国计划中发射的1m分辨率的民用卫星

卫星名称	Early Bird	Quick Bird	Orb View	CRSS（商业遥感系统）	GDE系统
公司	Earth Watch	Earth Watch	Orb Image	Space Imaging Com	GDE系统公司
分辨率（地面）					
全色/m	3	1	1	1	1
多波段/m	15	4	4	4	4
成像带宽/km	30	10～20	4～15	11	15
轨道高度/km	470	470	460～700	680	700
重复成像周期/周	2	2	2～3	3	2
工作寿命/年	5	5	3～5	5	5

关于1m分辨率的卫星遥感数据，在军事应用方面早已不成问题，甚至厘米级的技术水平也已经达到，如高级锁眼-11（KH-11）及Lacrosse卫星等。

KH-11光电成像侦察卫星：既能普查（地面分辨率优于3～5m），又能详查（地面分辨率优于2m）；既能在白天进行可见光成像，又能进行夜间红外照相。该光学系统镜头采用了自适应光学成像技术，在电脑控制下，随视场环境灵活地改变主透镜表面曲率，从而有效地补偿大气层造成的畸变影响，使地面分辨率达到0.1m。红外成像系统能在光线不足或全黑的条件下拍摄地面目标和发现热源。它还具有极强的、机动的变轨能力，轨道高度在280～1000km时随时可以调整，卫星所获得的数字图像数据用“跟踪与数据中继卫星”，实时传到贝尔沃堡地面站，10min内可将结果传给用户。

长曲棍雷达成像侦察卫星（Lacrosse）：载有极高地面分辨率的、0.3～1m的合成孔径雷达成像仪，能克服云、雾、雨、雪和黑夜的障碍，实现全天候成像。它不仅能发现地面的任何车辆、船只、桥梁及各种设施，而且对地下有一定的穿透能力，能穿透森林的覆盖，在干沙和干土条件下穿透深度达数十米，甚至可达100m。该卫星自重15t，轨道高度680km，一颗卫星每天对同一地点可成像一次。

在1m分辨率的卫星影像上，地面的资源、环境、社会与经济的主要内容都清晰可见，可见它的意义与用途都是很大的。

1m分辨率的卫星影像，如果是全球覆盖，其数据量之大可能不止1000G字节了。如果每天重复一次，或者哪怕是若干天重复一次，它的数据亦可称为是“海量”。如果再加上要求快速处理，那难度就更大了。因此，美国正在开发超级计算机来解决这个难题。其他国家没有“超级计算机”怎么办？能否用多台普通计算机进行平行处理的方法来替代超级计算机，或开发一些其他技术来处理？这是需要攻关的难题。

第四节　遥感小卫星

对于数字地球的数据获取来说，小卫星将成为十分重要的工具之一。小卫星应该成为数字地球计划的组成部分。

在最近5年来，科学家对于发射小卫星发生了兴趣。因为发射小卫星具有以下的优点：费用低、周期短，有利于进行新的传感和新的应用实验。一个小的国家，甚至一所学校，乃至学生做的实验都可发射一颗小卫星，因此人们把当今时代称为“小卫星世纪”（the micro-sat era）。小卫星将成为数字地球的数据获取的主要手段。

20世纪80年代以来，以美国为主的对地观测（EOS）计划是最为综合和全面的一项全球性研究计划。计划中的一系列大型综合卫星平台，如TERRA、AQUA、AURA等也集中体现了当前发展的最新技术（NASA，1999），一些国际上的重要大型卫星平台，见图16-2（a）。

在人们关注发展大型平台，实施较全面而综合的对地观测的同时，一种专业性强、目标明确的小卫星、微小卫星得以兴起和发展。这种以“好、快、省”为特征的小卫星系统受到许多国家的欢迎。美、英、法、以色列、西班牙、意大利、新加坡、马来西亚、泰国、韩国以及中国台湾等许多国家和地区都在小卫星发展方面有很好的贡献。美国的“快鸟”卫星、IKONOS 卫星、OrBView 系列卫星和 WorldView 卫星也均属小卫星之列。泰国计划于 2007 年年底发射由法国研制的 THEOS 卫星，其最高空间分辨率达到 2m。一些典型小卫星如图 16-2（b）所示。

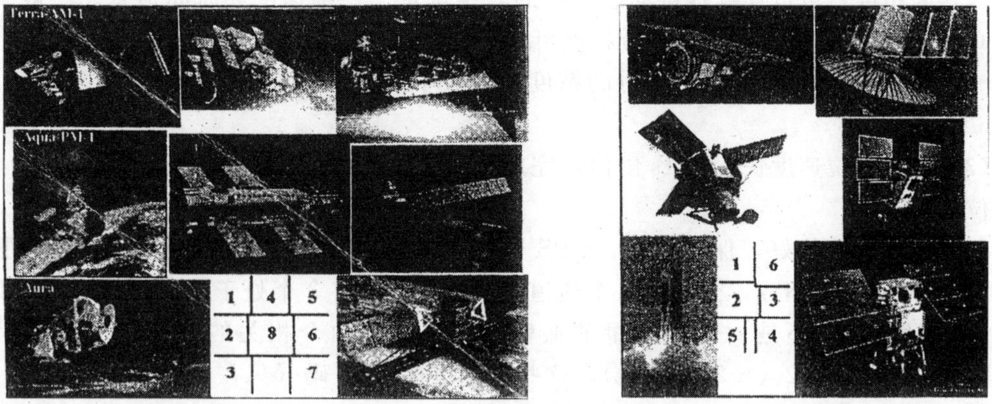

(a) (b)

图 16-2 当前运行的重要卫星平台

（a）大卫星平台：1. TERRA（AM-1）卫星；2. AQUA（PM-1）卫星；3. AURA 卫星；4. 法国 SPOT 卫星；5. 欧空局 ENVISAT 卫星；6. 日本 ALOS 卫星；7. 加拿大雷达卫星；8. 美国“大鸟”军事侦察卫星。

（b）一些小卫星平台：1. GeoEye 卫星；2. IKONOS 卫星；3. QuickBird 卫星；4. WorldView 卫星；5. WorldView 卫星在发射中；6. 以色列的 TesSat

关于小卫星，至今还没有统一的定义，但是目前大多数人同意 Prof. Swiding 关于卫星级别的划分（表 16-2）。

表 16-2 卫星级别划分

卫星	星体重量/kg	费用/美元
大型星	>1000	1 亿
中型星	500～1000	5000 万～1 亿
小型星	100～500	500 万～2000 万
微型星	10～100	200 万～300 万
纳米星	≤10	<100 万

我国对于小卫星的研究也十分重视，早在几年前就筹备发射自己的小卫星。清华大学与英国 Surrey 大学协作，于 2000 年 7 月发射“清华 1 号”小卫星成功，该卫星用于卫星通信和遥感（分辨率为 50m）；清华大学还准备发射“清华 2 号”，遥感传感器的分辨率计划为 1.8m。哈尔滨工业大学、中国科学院上海冶金研究所和空间中心也都准备发射自己的小卫星。美国 JPL 计划发射 1kg 重的超微卫星，并拟发射 100 颗这样的科学实验卫星。

第五节 全球定位系统(GPS)

全球定位系统（GPS）计划，包括美国国防部的 GPS（共 18 颗工作卫星）；欧空局的

NAVSAT；俄国的 GLONASS（共 13 颗卫星）。全球定位系统（GPS）的特点如下。

（1）全球无缝连续覆盖：GPS 卫星数量较多，而且分布合理，任何地点均可连续同步观测到 4 颗卫星。

（2）高精度：可以连续提供动态目标的三维位置、三维速度和时间信息。一般来说，利用 C/A 码广播星历目前单点定位精度可达 5～10m，静态相对定位精度可达 0.1×10^{6}～1×10^{6}，测速精度为 0.1m/s，测时的精度约为数十纳秒。若采用差分分析方法，精度可达 cm 级。

（3）实时定位速度快：在 1s 内便可完成海军导航系统（NNSS）约需 8～10min 完成的测位任务。

（4）抗干扰性能好，保密性强：GPS 于 1994 年就全面进入正式运行，并开始服务。该系统由 21 个卫星组成，分别占 6 个轨道平面运行，还有 3 个处于热备份状态，总计 24 个。GPS 卫星的核心是一个高质量的振荡器，它产生两个相关的波，即 L 频段的 L1（1.57542GHz）和 L2（1.2276GHz）。这些信息包括 C/A 码（只在 L 上）和 P 码，或复合成 Y 码（在 L1 和 L2 上都有），在播发的载于 L 上的信息，可以使用户在任何时刻获得 GPS 卫星的近似位置（广播星历）和 GPS 卫星在 GPS 时间框架中播发上述讯号的时间，GPS 用户就可以由此确定自己的位置，全球卫星定位系统如图 16-3 所示。

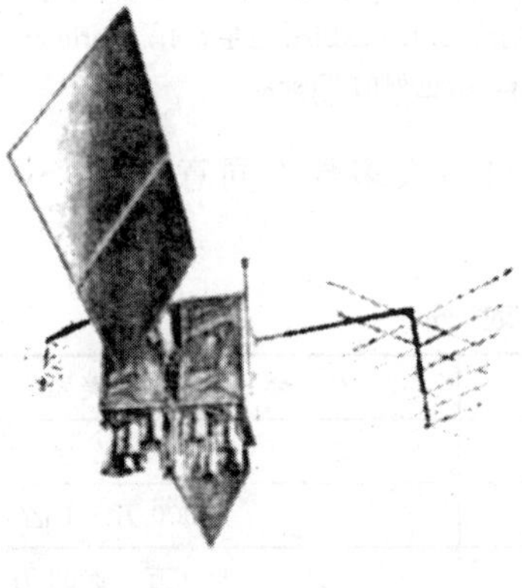

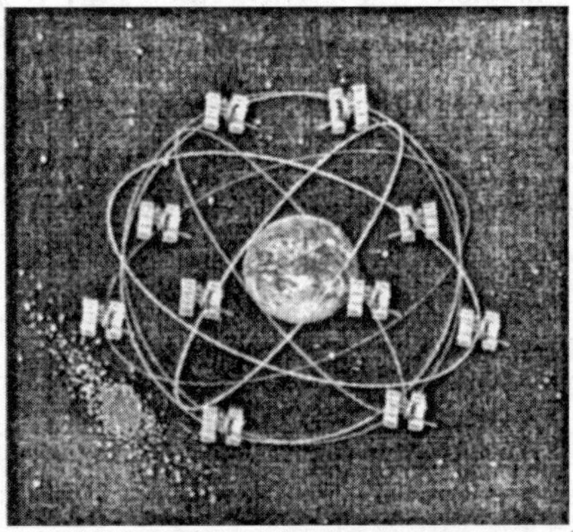

图 16-3　由 24 颗卫星构成的全球卫星定位系统

第六节　数字地球应用

对于地球科学来说，数字地球技术为地球科学开创了前所未有的科学实验的条件，使过去认为不可能进行的时间和空间跨度太大、结构太复杂的地球系统过程实验成为可能，为地球科学的知识创新和理论研究提供了试验基地，为地球科学的发展提供了强大的动力。

数字地球为经济社会的可持续发展和构建和谐社会提供了必要条件。经济社会的全球化与资源环境的全球化已成为大趋势。数字地球不仅可以为灾害天气过程（如洪涝、干旱及其他灾害）进行监测和预报，还可以对全球的农作物的播种面积、长势进行监测与产量的估计，对草场、森林资源进行监测及评估，对全球的荒漠化的动态变化进行监测和预测，甚至还可以对由于气候变暖引起的海平面变化，植被带的迁移，农作物带的变化进行监测和预测，为社会经济的可持续发展与构建和谐社会战略目标服务（图 16－4）。

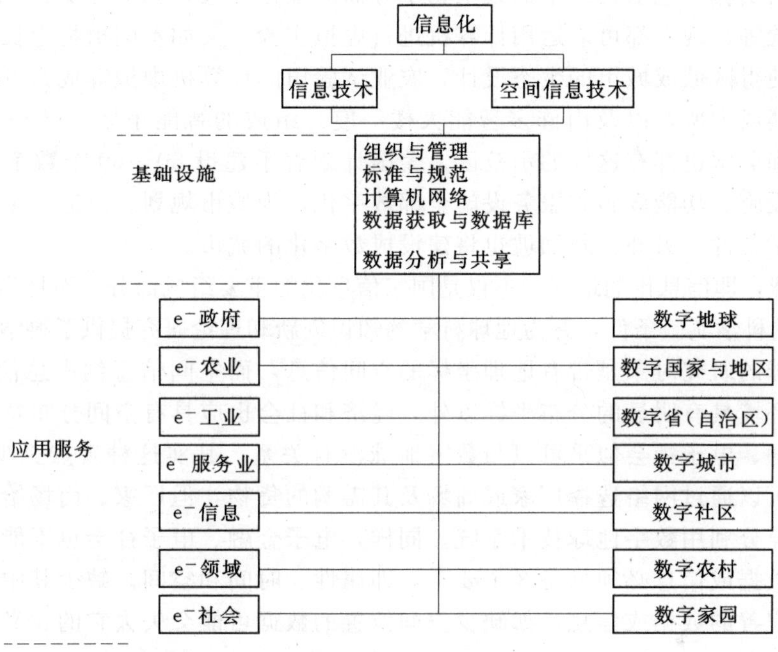

图 16－4 数字地球与相关领域之间的关系

数字地球：全球及地区的环境、资源、灾害的调查、监测、评估、预测。
数字国家与地区：国家、地区的资源、环境、经济社会的客观调查、监测、评估、预测。
数字省、区：省（自治区）的资源、环境、宏观经济、社会调查、监测、评估、预测。
数字城市：信息带动工业化，带动 e⁻政府、e⁻工业、e⁻服务业、e⁻信息、e⁻领域、e⁻社会、城市规划、城市基础设施建设与管理、城市基本功能建设与管理。
数字社区：以提高市民的工作效率与效益及市民的生活质量为主要目标。
数字农村：以信息化能带动农民的生产产业化和提高教育、医疗水平和生活质量为目标。
数字家园：以提高市民的生活质量，方便和丰富生活内容为主要目标。
e⁻政府：以信息化改造管理与服务方式提高工作效率，包括十金工程。
e⁻农业（一产）：以信息化提高农业、林业、牧业、渔业、养殖业的生产水平、加速产业化。
e⁻工业（二产）：以信息化提高制造业、石化业、电力工业、钢铁、轻纺业的生产效率和效益。
e⁻服务业（三产）：以信息化改造金融、商业及交通运输、物流业等，提高管理水平与效益。
e⁻信息（四产）：以信息化提高信息、数据、通信、计算机的硬件、软件业的水平与效益。
e⁻领域：以信息化带动测绘、气象、水文、海洋、环境、地矿、土地等部门的发展和水平提高。
e⁻社会：以信息化带动教育、科技、医卫、社保等事业的发展和水平提高。

数字地球虽然是最近才提出来的，但数字地球的思想和技术却已酝酿了很长时间，现已经成功地进行了“龙卷风”“海气交换”“天体运行”“圣安得利斯断层地震”“恐龙生态环境”“毛孔虫生态环境”“洛杉矶城市改造”与“拉斯维加斯城市改造”等的计算机仿真和虚拟实验，取得了相当大的成功。另外，科幻艺术片“侏罗纪公园”和“天地大碰撞”等也有一定的科学参考价值。计算机虚拟实验技术，不仅在制造业、建筑业及培训驾驶员等方面成绩突出，而且在生物实验、人体解剖学等方面都发挥了很好的作用。

数字地球为地球系统开创的科学实验条件，不仅可对未来的事件或过程进行实验，而且还可以对已经发生过的系统过程进行反演实验，两者都是提供知识创新和理论研究的试验基地。对于数字地球提供的反演实验来说，也是前所未有的。

在科学实验方面，利用数字地球技术，可以做你想要做的，虽然不能说是一切，但可能是大部分的实验，包括物理学的或生物学方面的虚拟实验，如工程实验，特别是水工实验和风洞实验等，现在都可以运用计算机进行虚拟实验。又如不同植物生长模型的计算软件的开发，使得区域或城市的生态设计、农业试验田的计算机虚拟等成为可能。

智能大楼或大厦，以及由许多智能大楼（厦）组成的智能小区，已经不是新鲜的事了，在日本和美国也都有这样的示范区。美国计划着手建设50～60个数字化城市，将全部城市基础设施、功能设施和服务设施全部数字化，为城市规划、改造及生态设计等的实验创造了科学条件。另外，新加坡也将建设成数字化的城市。

数字地球，即信息化的地球，不仅是国家信息化的重要组成部分，而且为地球科学开创了前所未有的科学实验条件，并为地球科学的知识创新和理论研究提供了科学实验基地。

数字地球的研究对象是带有地理坐标的空间信息，而空间信息约占总信息量的80%。除了资源、环境具有明显的分布坐标以外，经济和社会也应具有空间分布特征，如电子商务、电子金融、电子社会似乎可以与数字地球没有关系，其实这种观点至少是不全面的。例如，人们可以通过网络选择厂家或商场及其需购的货物，但厂家、商场给多个客户送货时，就应该充分利用数字地球技术系统。同样，电子金融、电子社会也不能离开数字地球技术。任何数据或信息必须具备3个要素，即属性、时间和空间。缺少其中的任何一个要素，都不是完善的数据或信息，如缺少空间位置的数据可能会失去它的意义。

一、数字国土

数字国土的研究包括基本理论和方法，国土数据库、数据更新、国土管理、国土模型和国土演化等。

中国的国土从陆地到海洋，从地下到空中，范围大，影响远。数据类型包括国土法规、国土规划、国土利用、区域地质、海洋地质、地球物理、地球化学、工程地质、水文地质、环境地质、矿产资源、潮汐海流、产权产籍等，尤以1∶1000地籍图、1∶1万土地利用图、1∶4万海图和1∶25万地质图、矿产图及其属性特别重要。

国土数据库包括空间数据图层、数字、影像、文档和其他多媒体数据；需要开展国土资源数据总体规划，数据库设计；建设国土资源空间数据库、元数据库、数据仓库，开展数据挖掘和知识发现。

数据更新与国土动态监测密切联系，包括斑（地）块数据更新和总量数据更新。

国土管理的职能范围包括国土规划、耕地保护、地籍管理、矿产开发管理、矿产资源管理、地质勘探管理、地质环境管理、法规监察、战略决策、政务办公、综合管理、统计分析等，研究他们的功能实现，配置系统、子系统和模块。

研究国土规划、耕地保护、矿产开发的机制和数据，开发国土规划模型、耕地保护模型、可持续发展模型、经济发展模型、社会稳定模型等；提出国家经济和社会发展重大决策的供选方案。

数字地球有时间坐标系。国土演化模型反映国土随时间的变化、虚拟国土变化及其经济发展和社会动态。

国土规划是国家规划的基础和重要组成部分。实际上，80%以上的信息具有空间属性；随着数字地球和数字国土的建设，信息系统将在经济发展和社会稳定中发挥重要作用。

数字国土是以数字地球科学与技术为主的创新体系，有许多基础研究和工作要做，尤其在数据结构、坐标系统、基础功能、总体框架、数据存储、更新、管理和网络协同等方面。

坐标系统应以地球中心为坐标原点，包括空间三维坐标、时间、属性、逻辑等多维坐标系的定义、设计、布设和控制等。数据结构设计反映上述坐标系统，又便于查询检索和数据处理。研究并开发符合上述定义的基础功能平台，支持数据录入、处理、查询检索和输出。全面开展国土资源数据总体规划，进行国土资源数据库的概要设计和详细设计。

国土资源卫星进行对地观测，卫星影像除包括中分辨率卫星影像外，还应该包括高分辨率卫星影像和连续观测的卫星影像。国土资源卫星地面站接收卫星信息；建设准实时监测系统。在此基础上，进行发布指令给卫星，控制卫星轨道和姿态，使卫星在预定时间完成预定地区的遥感任务。利用人类大脑和认知的研究成果，加速遥感影像判读智能化的进程。

二、数字海洋

海洋覆盖了地球表面的71%，是全球生命保障系统的一个基本组成部分，也是资源的宝库、环境的重要调节器。人类社会的发展，必然会越来越多地依赖海洋。因此，数字海洋是数字地球的十分重要的组成部分。

中国是一个发展中的沿海大国，即将到来的21世纪是人类开发利用海洋的新世纪。在世纪之交的特殊历史时期提出数字海洋的发展战略，对于有效维护国家海洋权益，合理开发利用海洋资源，切实保护海洋生态环境，实现海洋资源、环境的可持续利用和海洋事业的协调发展具有重要的意义。

当代海洋学在各个分支领域的迅猛发展以及它们之间的有机交叉与渗透为数字海洋的形成奠定了坚实的科学基础。这些学科包括海洋地质学、物理海洋学、海洋化学、海洋生物学、水产科学和海洋工程等。另一方面，与海洋相关的一系列热点问题，例如海洋国土的划界与权益、南极周边海域的归属、El Nino 事件的形成机制及其对全球气候的影响、非再生海洋资源的勘探与开发等，也迫切需要实现数字海洋的构想。

空间遥感技术的广泛应用是20世纪后期海洋科学取得重大进展的关键之一。这一信息获取技术方面的突破，为海洋的观测、研究与开发揭开了崭新的一页。众所周知，卫星遥感具有大面积、同步连续观测及高分辨率和可重复性等优点，微波传感器还具有全天候的特点，这些都是传统的浮标和船只观测手段所无法比拟的。除此之外，卫星数据的另一个重要特点是高精度量化，并与计算机系统完全兼容。从这个意义上讲，每一台海洋卫星传感器就像太空中的一台“数码相机”，成为数字海洋系统的一只“千里眼”。

20世纪60年代，第一部海洋遥感专著的出版标志着空间海洋学的诞生。1978年，美国连续发射了3颗用于海洋观测的卫星——Seasat - A、Tiros - N 和 Nimbus - 7，形成了卫星海洋学历史上的第一次高潮。迄今为止，国际上已先后发射了10多个系列的数十颗可用于海洋观测的卫星。20世纪90年代以来，以 Sea WIFS、TOPEX/Poseidon、ERS - 1、2 和 Radarsat 等为代表的系列海洋卫星从数量到传感器的综合探测能力都有了飞速发展，卫星海洋遥感的重点明显地由实验型转向业务化，并开始进入社会生活的各个方面，从而形成其发展史上的第二次高潮。

三、数字城市

数字城市，又叫信息城市，或叫信息港、数码港，还有称为智能城市等，但数字城市更可能为大家所接受。

城市是社会经济的中心，国内总产值（GDP）的80%以上集中在城市。在发达国家中。80%左右的人口集中在城市，我国最近也提出了农村城镇化的发展计划，城市化已成为当前的大趋势。

数字城市不仅是信息社会的主要组成部分，而且也是数字地球技术系统的集中表现。数字城市可以从不同角度来理解，但城市数据库、城市信息系统则是其最主要部分。Al Gore综合了很多教授、专家、企业家及政府管理人员的意见，于1998年9月提出了“数字化舒适社区建设”，即“数字城市”建设的倡议。实际上约在5年前，在一些发达国家中已经开始建设“智能大厦（楼）”“智能家庭（数字家庭）”“智能小区”和“智能城市”（数字城市）的实验。所谓的智能大厦，就是利用先进的仪器设备与计算机系统来控制和管理大厦的供热/水、空调、照明、防火、安全、多媒体、音响、通信等部分，使其协调、合理地工作。推而广之，智能小区、智能城市等是更加复杂的智能管理系统。新加坡首先提出了建设“智能城市”或“智能国家”（数字新加坡）的设想，并正在积极地进行之中。美国和日本等已经分别建成了若干个“智能化（数字化）的生活小区”的示范区，美国现在约有50个城市正在或打算建设“数字城市”。

三维数字小区是三维数码城市建设的一个特例。它的应用对象是房地产开发商和市民购房、物业管理公司。在面向房地产开发商和市民购房的应用方面，可通过三维虚拟大屏幕系统，开发具有三维虚拟现实漫游数字模型、户型属性查询、样板房、售房价格参考、楼盘位置，水电、煤气、交通状况等功能，并可提供购房者网上相关浏览咨询功能。在面向物业管理公司的应用中，可以开发具有三维管线显示、查询，小区设施管理、小区安防工程设计、小区收费等功能为一体的综合三维管理系统（图16-5和图16-6）。

图16-5 武汉市某数字小区三维查询系统（真实三维景观）

图 16-6　银川市某小区的虚拟景观

数字城市的关键技术除了和数字地球的相同外，还应侧重强调以下几点。

(1) 真三维地理信息系统（3D-GIS）研究。现在普遍认为3D-GIS是数字城市首先要解决的问题。国际上已经专门成立了3D-GIS研究组织，主要为城市研究服务。德国的Rostock、Stuttgart大学等研究机构，在3D-GIS方面已经做了很多工作，并建立了模拟系统，对一些城市进行了研究。

(2) 仿真—虚拟技术，或虚拟地理信息系统（VR-GIS）技术已成为公认的数字城市的关键技术。1995年，Liggetti等人运用VR-GIS技术制成了大比例尺城市模型，1997年，Dodge等人运用VR-CIS技术对城市环境设计和规划进行了研究，同时还对土地污染、大气污染进行了深入仿真的研究。还有一些国家正在进行城市行为仿真技术研究等。

(3) 数字城市的信息模型与体系结构研究。如城市建筑设施、交通设施、能源设施、通信设施、服务设施、文化设施和行政管理设施的信息模型及体系结构（包括逻辑及运行）和信息组织与管理研究。

(4) 数字城市的运行管理技术。通信网络系统及其管理、数据组织及数据转换、决策模型管理、城市信息安全保障机制研究。

(5) 数字城市的功能系统。包括数据交换中心、公用信息平台、专业信息平台等的研究。

数字城市或信息城市，或智能城市是指将城市的部分或大部分的基础设施、功能设施数字化，建立数据库，并用计算机高速通信网络相连接，实现网络化管理和调控，并具有高度自动化、智能化的技术系统。

三维虚拟城市，也称赛博城市（Cyber City），是数字城市建设的基础三维地理模型。它的建设，提供了整个城市的三维真实景观漫游场景，并可为城市景观设计、三维数字规划审批、城市灯光效果设计、虚拟城市道路交通导航、城市基础设施以及管线系统的三维查询、城市建筑日照分析、通视分析、视域分析等提供诸多的专业化、大众化三维地理信息服务。图16-7和图16-8给出的是这些应用的一部分。

图 16－7 银川市北京路的虚拟景观

图 16－8 银川市北京路上待审批建筑（根据建筑设计效果图建模）

城市通过信息化后，能够充分和高效地利用信息，使信息快速流动，不仅提高了对城市的管理效率，而且能大幅度提高生产和贸易效益，扩大生产规模，增加财富收入，提高服务质量，促进社会经济发展。

数字城市交通网络化后，还可以节约市中心宝贵的土地资源，减少市中心或商业区的交通拥挤，“让网络去跑腿”，既节省了经费，也加快了速度，减少了雇员，降低了成本，避免交通堵塞，节约了汽油，减少了污染。

未来的数字城市，还将是一个生态城市，具有蓝天、白云、森林、鲜花、清水和分布合理的现代化的建筑群与高速公路网。它既具有高效的、信息化的工作环境，又有舒适、方便、安全的现代化的生活环境。在数字城市中，人们可以高效、有序地工作，过着舒适安宁的生活。

四、虚拟学校

虚拟学校，又称远程教育、网络空间学校、网上学校，是指运用 Internet－Web 进行交互式教育过程的多媒体计算机网络系统。它是世界上最开放的、最大的、没有校园的学校。很多国家对于远程教育非常重视，欧洲还专门成立了远程教育大学协会，除了组织一些名牌大学的教授进行讲课外，还专门成立了“开放性大学”，专门从事远程教育。法国的远程教育大学联盟是由法国高等教育和科研部创办的，其中有 27 所大学和一些其他机构参加了这项任务，约有 3.6 万名学生。如今，由于 Internet－Web 的普及，并能连接千家万户，网上授课的方式受到更大的欢迎，几乎所有的人文科学和自然科学的课程都能进行，而且是多媒体的和双向的，即交互的，师生之间即使远隔万里，也能进行讨论和质疑，并能进行网上辅导。这种虚拟学校的工作，由“欧洲学习中心”负责，欧洲共有 50 个这样的中心，其中法国就有 4 个。在美国由远程教育协会负责这项工作。

目前，已有许多“远程教育/TV 教育”“卫星教育”，与其相应的有“教育 TV 台”。在我国开设“电视大学”已经有 5 年以上的历史。但虚拟学校是与传统意义上的学校完全不同的崭新的概念。学生只需坐在家中，就可以得到全世界最好老师的授课与指导，尤其是最先进的教具和影像化的教育方法，有助于学生对课程的理解。未来的学生可以和宇航员一起畅游太空，和潜水员一起到海底探险；也可以无需通过“时间隧道”到几百年前的历史时期或数亿年前的地质历史中去领略恐龙的生态环境等。这使得学生能获得深刻而又全面的知识，不仅对地球科学，包括地质、地理、天文、海洋、气象、环境、旅游专业有帮助，而且对历史、物理、工科、信息科学专业也是有帮助的。美国 NSF 主持了 Global School House Project，在 Internet 上建成了第一所开放的 Internet 小学，并正在筹备“全球学校网”。

虚拟学校是基于以 Internet 为基础的、以 WebGIS 为核心的数字地球的教育，和已有的传统学校相比，具有如下的特色。

（1）“远程教育/TV 教育”要受“TV 教育站”的限制，而且不能“双向”。数字地球技术系统可以与家家户户相连接。只要有 PC 计算机或 TV 加上辅助装置，就可以在家接受教育，如加上话筒就可以“双向”互动，有问有答，而且费用也不高。

（2）由于数字地球技术系统能够显示多维、空间性很强的动态对象，有利于学生对教学内容的理解。

（3）可以进行远程的仿真与虚拟实验，包括对存在的对象，或虚幻的对象进行实验；可以从内向外，从外向内进行观测；可以进行操作，而且符合物理的、力学的和生物学的规则，有身临其境的感觉。

（4）可以选择最好的教师、最先进的教具与教学设备进行教学，能产生最佳的效果。

（5）普及性好，教学效果好，节省人力、物力、财力和时间，减少交通拥挤。

虚拟学校是在以因特网（万维网）为基础的赛博空间中建立的交互方式距离教育与学习系统，这改变了传统的办学、办校方式，没有现实的学校地理位置和空间。

五、数字农业

数字农业（Digital Agriculture），又叫信息农业（Information Agriculture）或智能农业（Intelligence Agriculture），精细农业（Precision Agriculture，Precision Farming 或 Farming in inch）和虚拟空间农业（Cyber - farm），是指运用数字地球技术，包括多种分辨率的遥感技术（NOAA - AVHRR，1m 分辨率的卫星遥感），遥测技术（气温，土壤温度等遥测技术），GPS 技术，计算机网络技术，地理信息系统（GIS）技术等信息技术；土壤快速分析，自动滴灌与喷灌技术及自动耕作与收获技术，保存技术；定位到中、小尺度的农田，在微观尺度上直接与农业生产活动与生产管理相结合的高新技术系统。简单地说，数字农业就是把数字地球技术与现代农业技术相结合的综合的农业生产管理技术系统。数字农业是农业现代化、集约化的必由之路。

数字农业或精细农业，除了农业以外，还包括精细园艺、精细养殖、精细加工、精细经营与管理，甚至还包括农、林、牧、种、养、加、产、供和销等全部领域在内（汪懋华院士，1999）。

数字农业既不同于日本等国在 50—60 年代的“农业园艺化”，也不同于发达国家在 60—70 年代提出的“生态农业”和“绿色革命”，也不同于以色列的“农业工厂化”。它是以大田耕作为基础，以先进高技术为支撑的集约化和信息化的农业技术系统。它是指从耕地、播种、灌溉、施肥、中耕、田间管理、植物保护、产量预测到收获、保存、管理的全部过程实现数字化、网络化和智能化，全部应用遥感、遥测、遥控、计算机等先进技术，以实现农业生产的信息驱动，科学经营、知识管理、合理作业、促进农业增产的高技术系统。

随着微电子技术的迅速发展和实用化，推动了农业机械装备的机电一体化、智能化控制技术、农田信息智能化采集与处理技术的迅猛发展，加上生物工程、作物栽培、种子与肥料、病虫害监测与预测、作物栽培模拟与仿真，以及虚拟技术在农业生产中的应用，形成了智能农业装备、自动监控技术与系统优化决策支持技术系统，提高了农业产量和促进了农业的进步，同时为“数字农业”或“精细农业”的发展打下扎实的基础。

数字农业主要包括以下几个方面的内容。

1. 基础数据库建设（数字化）

（1）基础地理数据：主要包括1∶0.5万～1∶1万数字地形数据、自然水系、人工灌溉系统、道路、村庄、农业机械站、仓库，及土地利用与土地覆盖等状况数据。

（2）土地与土壤数据：主要包括以10m×10m即$100m^2$单位的土壤厚度、土壤成分与质地、土壤肥力（氮、磷、钾及有机养分的含量），以及每年施肥的种类与数量等数据。

（3）气候要素数据：历年以周为单位的平均温度、降水量、风向、风速、空间温度、冰雹、最高温度、最低温度，以及其他农业气候要素的数据。

（4）历年的农作物病、虫害资料以及防治措施与效果数据。

（5）历年（5年来）种植农作物的种类、管理方法，以及其产量记录数据。

（6）历年（5年来）农业管理措施及其效果评估，包括灌溉，施展中耕等。

2. 监测系统建设（遥感、遥测及网络化）

（1）遥感卫星技术，包括多种分辨率，从NOAA的1km分辨率的遥感技术，航空及其他遥感技术对土地、土壤，以及农作物的耕作与长势进行定期的监测，监测的频率根据需要和经济条件而定。

（2）运用各种传感术对土壤的温度、湿度等进行监测，传感所得数据用网络进行传输。

3. 预测，预报系统建设（智能化）

（1）天气灾害预报：根据NOAA资料，及当地气象台站的预报，进行分析对比，针对当地情况进行预报。

（2）病虫害监测及预测：根据农作物病、虫害的历史发生时间，进行严密监测，再根据病虫害的实际情况，结合天气趋势及其他环境条件进行预报。

（3）农作物产量预测：根据作物品种、长势及前三年内的产量与管理状况进行产量预测。一般需进行三次：第一次，出苗前及半个月；第二次，在开花前；第三次，成熟前半个月。以第三次预测为准。

4. 遥控系统建设（网络化、智能化）

（1）农业机械遥控系统：在GIS与CPS的协助下，特地为农业耕作目的服务的农业机械遥控系统，按编制好的规定程序进行操作，以完成各种农业活动，包括翻耕、播种、施肥、收割、烤干和入库的全部任务。

（2）农业自动灌溉、喷药遥控系统：农田的喷灌和滴灌系统都是自动化、智能化的。根据土壤湿度及农作物生长不同阶段的需求情况进行自动灌溉，所需水量也是自动控制的。

5. 农业调控与指挥系统（网络化、智能化）

（1）农业辅助决策补充：包括根据土地、土壤、气候状况的分析结果，提出农作物品种的选择、肥料的选择与配方、农药的选择与配方，确保土壤不污染的措施选择等。

（2）农业调控系统：根据辅助决策方案，最后由农业技术人做出决策，在自动调控系统的协助下完成各种农业操作过程。

数字农业是建立在现代农业理论与知识的基础上，运用数字地球技术系统对农业过程全面，或部分实现智能化，以达到增产和节约的目的。

复习思考题

1. 数字地球的基本概念是什么？
2. 信息时代与数字地球有何特点？
3. 数字地球的基本框架有什么意义？
4. 数字国土的研究包括什么？
5. 全球定位系统（GPS）的特点是什么？
6. 数字城市的功能系统起什么样的作用？
7. 虚拟学校，又称远程教育、网络空间学校，和已有的传统学校相比，具有什么特色？

附录 课堂实习参考计划

实习一 矿物的形态和物理性质

(一) 目的要求

(1) 认识矿物的形态和物理性质。

(2) 初步学习鉴定矿物形态和物理性质的方法，并掌握系统描述矿物标本的一般方法，为以后鉴定矿物打下基础。

(二) 课前准备

(1) 预习。矿物的概念，矿物的单体形态和集合体形态，矿物的光学性质、力学性质和其他性质。

(2) 用具。条痕板、小刀、摩氏硬度计、放大镜、手磁铁、稀盐酸和报告纸等。

(三) 实习步骤和方法

先由教师讲解肉眼观察与描述矿物形态和物理性质的方法。然后，学生在教师指导下观察矿物标本，观察矿物形态、颜色、光泽和透明度，以肉眼观察为主，其他矿物性质除详细观察外，还要按指定的方法进行实际操作。最后由学生独立观察和描述4块矿物标本并写出实习报告。

(四) 实习内容

1. 矿物的单体形态和集合体形态

(1) 柱状、针状：石英、电气石、绿柱石、辉锑矿。

(2) 纤维状、放射状：石棉、纤维石膏、红柱石。

(3) 板状、片状、鳞片状：石膏、黑钨矿、云母、石墨。

(4) 立方体、粒状：黄铁矿、杆栏石、石榴子石。

(5) 晶簇：石英晶簇、方解石晶簇、氟石晶簇。

(6) 致密块状：辉铜矿、闪锌矿。

(7) 结核和鲕状：钙结核、鲕状赤铁矿。

(8) 分泌体：玛瑙。

(9) 钟乳状和葡萄状：钟乳石、肾状赤铁矿、葡萄状硬锰矿。

(10) 被膜状：孔雀石、蓝铜矿。

(11) 土状：铝土矿、高岭石。

2. 矿物的颜色

红：辰砂；紫：紫水晶；乳白：石英；肉红：正长石；橙：雄黄；褐：褐铁矿；铅灰：方铅矿；砖红：赤铁矿；黄：雌黄；黑：黑色电气石；铜黄：黄铜矿；铁黑：磁铁

矿；绿：孔雀石；灰：铝土矿；铜红：自然铜；蓝：蓝铜矿；白：方解石。

3. 矿物的条痕色

樱红：赤铁矿；灰黑：方铅矿；绿褐：铬铁矿；绿黑：黄铁矿。

4. 矿物的光泽和透明度

（1）金属光泽不透明：黄铜矿、辉锑矿。

（2）半金属光泽不透明：磁铁矿、鲕状赤铁矿。

（3）金刚光泽半透明：浅色闪锌矿。

（4）玻璃光泽透明：水晶。

（5）脂肪光泽透明：石英断口。

（6）丝绢光泽半透明：石棉。

（7）珍珠光泽透明：白云母。

（8）松脂光泽半透明：闪锌矿。

（9）土状光泽半透明：高岭土。

5. 矿物的硬度

用摩氏硬度计或小刀、指甲刻画下列矿物：

辉钼矿（1），黑云母（2～3），软锰矿（2～3），菱镁矿（4～5），白钨矿（4.5），黄铁矿（6～6.5）。

6. 矿物的解理和断口

（1）一组极完全解理：云母、片状石墨、石膏。

（2）二组解理：正长石（一组完全、一组中等、二组直交）。

（3）三组完全解理：方解石。

（4）四组完全解理：氟石。

（5）二组中等解理：普通辉石。

（6）不完全解理：磷灰石。

（7）极不完全解理：石英。

7. 矿物的相对密度

用手掂量下列纯矿，判断其相对密度：

（1）相对密度小于2.5：石墨、蛋白石。

（2）相对密度2.5～4：长石。

（3）相对密度大于4：重晶石、方铅矿。

8. 矿物其他物理性质

（1）弹性：云母。

（2）挠性：绿泥石。

（3）脆性：方铅矿。

（4）磁性：磁铁矿、铬铁矿。

（5）滑感：滑石。

9. 矿物的化学性质

遇稀盐酸起反应：方解石、白云石。

（五）实验报告

观察并系统描述 4 块常见矿物（如石英、方解石、黄铁矿）的形态和物理性质。

（六）思考题

（1）石墨、黄铁矿、长石、石盐、赤铁矿、方解石各属于哪一大类矿物？

（2）在矿物结核体、分泌体、钟乳状体中，肉眼能辨认出双晶吗？

（3）为什么对矿物晶体用重力刻画条痕板得出的并非条痕色？

（4）观察矿物的解理时，为什么大多数不必打碎矿物晶体？

实习二　硅酸盐矿物的观察和鉴定

（一）目的要求

（1）学习肉眼鉴定矿物的方法并进行详细观察和系统描述。

（2）掌握硅酸盐类主要矿物的特征，为今后打下基础。

（二）课前准备

（1）预习。硅酸盐类主要矿物特征。

（2）用具。同实习一。

（三）实习步骤和方法

先由教师讲解硅酸盐类矿物的基本特征和肉眼鉴定的步骤和方法。然后，学生仔细观察、比较和描述应重点掌握的矿物，并观察非重点掌握的矿物。最后，由学生独立鉴定 4 块硅酸盐矿物。

（四）实习内容

（1）观察下列矿物，对要重点掌握的矿物（带 * 者）作记录：

橄榄石*、石榴子石*、滑石*、蛇纹石、红柱石、黄玉、绿帘石、绿柱石、电气石、普通辉石*、普通角闪石*、正长石*、斜长石*、石棉、云母*、绿泥石、高岭石*。

（2）鉴定 4 块未标名的硅酸盐矿物。

（五）实习报告

（1）系统描述黑云母、普通辉石、普通角闪石、正长石和斜长石 5 种矿物特征。

（2）鉴定和描述 4 种未标名的硅酸盐矿物。

（六）思考题

（1）肉眼鉴定矿物包括哪些项目？

（2）硅酸盐矿物有哪些基本特征？

（3）如何区别下列几组矿物：橄榄石与石榴子石；普通辉石与普通角闪石；正长石与斜长石；滑石与蛇纹石。

实习三　非硅酸盐矿物的观察和鉴定

（一）目的要求

（1）比较熟练地掌握肉眼鉴定矿物的方法。

(2) 掌握非硅酸盐类矿物鉴定特征，把重点掌握的各种矿物与相类似的其他矿物区别开来。

(二) 课前准备

(1) 预习。非硅酸盐类矿物特征。

(2) 用具。同实习一。

(三) 实习步骤和方法

先由教师讲解各大类非硅酸盐矿物的基本特征。然后，学生详细观察，比较各种非硅酸盐类矿物的特征，对重点掌握的矿物要反复观察，熟练掌握并做记录。最后由学生独立鉴定 4 种非硅酸盐类矿物。

(四) 实习内容

(1) 自然元素大类：石墨、金刚石。

(2) 硫化物大类：方铅矿、辰砂、黄铁矿、闪锌矿。

(3) 卤化物：钾盐、氟石。

(4) 氧化物和氢氧化物大类：石英、蛋白石、刚玉等。

(5) 含氧盐类：方解石、白云石、蓝铜矿。

(五) 实习报告

(1) 描述方铅矿、白云石和赤铁矿的矿物特征。

(2) 鉴定 4 种未知矿物。

(六) 思考题

(1) 如何区别下列 3 组矿物：石墨与辉钼矿；水晶与冰洲石；石英与方解石。

(2) 碳酸盐矿物能与盐酸起化学反应，其反应条件与程度有无区别？

实习四 岩浆岩的观察和鉴定

(一) 目的要求

(1) 学习鉴定和描述岩浆岩手标本的步骤和方法。

(2) 熟悉岩浆岩的结构、构造，并能肉眼鉴定。

(3) 掌握所观察的岩石标本特征。

(二) 课前准备

(1) 预习。岩浆岩的成分、结构和构造。

(2) 用具。条痕板、小刀、放大镜和报告纸等。

(三) 实习步骤和方法

首先由教师讲解肉眼观察、鉴定的步骤和方法。接着学生观察手标本。最后鉴定 3 块岩石手标本，并写出实习报告。

(四) 实习内容

(1) 超基性岩：杆栏岩、辉岩。

(2) 基性岩：玄武岩、辉长石。

(3) 中性岩：安山岩、闪长岩。

(4) 酸性岩：花岗岩、花岗斑岩。

(5) 碱性岩：正长岩、正长斑岩。

(6) 火山玻璃岩：浮岩、黑曜岩。

(五) 实习报告

(1) 描述花岗岩、流纹岩、闪长玢岩、玄武岩的特征。

(2) 鉴定并描述4块未标名的手标本。

(六) 思考题

(1) 岩浆岩中的各种结构、构造是怎样形成的？

(2) 如何区别正长石与斜长石？

(3) 如何区别岩浆岩中的黑云母、角闪石和辉石？

(4) 举例说明鉴定岩浆岩手标本的一般步骤和方法。

实习五　沉积岩的观察和鉴定

(一) 目的要求

(1) 认识沉积岩的各种结构、构造特征。

(2) 掌握沉积岩手标本的观察和描述方法。

(3) 根据沉积岩的特征分析其成因。

(二) 课前准备

(1) 预习。沉积岩结构、构造，以及主要沉积岩的特征。

(2) 用具。条痕板、小刀、放大镜、稀盐酸和报告纸等。

(三) 实习步骤和方法

类同于实习四。

(四) 实习内容

(1) 沉积岩的结构、构造：角砾状、砾状、砂质、粉砂质、泥质，化学和生物化学结构；各种类型层理、结核、波痕、雨痕、干裂及层面构造。

(2) 主要沉积岩：角砾岩、砾岩、石英砂岩、长石砂岩、粉砂岩、黏土岩、泥岩及页岩。

(五) 实习报告

描述砾岩、页岩、石灰岩、石英砂岩和白云岩手标本的特征。

(六) 思考题

如何识别下列几组现象：沉积岩的原生色和次生色；沉积岩的层理构造与喷出岩的流纹构造；沉积岩中的铁质、硅质、泥质与钙质胶结物。

实习六　变质岩的观察和鉴定

(一) 目的要求

(1) 识别各种变质岩的结构和构造特征。

(2) 掌握变质岩的鉴定和描述方法。

(3) 区分三大岩类，并掌握三大岩类主要岩石的特征。

(二) 课前准备

(1) 预习。变质作用及类型，变质岩的矿物成分、结构和构造。

(2) 用具。同实习五。

(三) 实习步骤和方法

类同于实习四。

(四) 实习内容

(1) 主要变质岩：石英岩、大理岩、片麻岩、板岩、片岩、千枚岩、矽卡岩、云英岩和混合岩。

(2) 比较三大岩类特征。

(五) 实习报告

(1) 描述片岩、片麻岩、大理岩、石英岩等变质岩手标本的特征。

(2) 鉴定3块未知岩石标本。

(六) 思考题

(1) 如何识别片理构造和层理构造，片麻构造和片状构造及流纹构造？

(2) 如何区别下列几组岩石：板岩与泥岩、片麻岩与花岗岩、石英岩与石英砂岩、大理岩与石灰岩、片岩与页岩。

实习七　褶皱、断层构造地质图的判读

(一) 目的要求

(1) 学会分析褶皱、断层地区地质图的方法。

(2) 能在地质图上分析褶皱的形态并判定其形成时代。掌握判定断层产状、类型和形成时代的方法。

(3) 掌握编绘地质剖面图的方法。

(二) 课前准备

(1) 复习第三章褶皱、断层的有关内容。

(2) 用具。一份地形地质图，铅笔，红色铅笔，三角尺，测角器，坐标纸和报告纸等。

(三) 实习步骤和方法

先由教师讲解褶皱、断层在地质图上的特征。然后由学生绘制剖面图，最后写出实习报告。

(四) 实习内容

(1) 褶皱、断层在地质图上的表现特征：

1) 判定褶皱、断层的存在，识别背斜和向斜。

2) 从两翼产状确定横剖面的类型。

(2) 褶皱时代的判定。

(3) 根据观察到的特征，写出实习报告。

实习八 地质图的综合分析

(一) 目的要求

(1) 学会编制区域综合地层柱状图的方法。

(2) 初步掌握综合分析地质图的方法，学习编写综合读图报告。

(3) 初步阅读本校野外实习区地质图，为今后地质野外实习打下基础。

(二) 课前准备

(1) 预习。岩浆岩体在地质图上表现特征，编制区域综合地层柱状图的步骤和方法，地质图综合分析方法。

(2) 用具。本校野外实习区地层的资料（包括地层单位、名称、代号、接触关系、厚度、岩性描述及重要化石）和地质图。绘图用具同实习七。

(三) 实习步骤和方法

类同实习七。

(四) 实习内容

(1) 岩浆岩体在地质图上的特征。

(2) 掌握编制区域综合地层柱状图的方法，利用实习区地层资料，编制区域综合地层柱状图。

(3) 作 1～2 条横切实习区主要地层和构造线的地质剖面图。

(4) 掌握地质图综合分析的步骤和方法。阅读实习区地质图，并编写读图报告。

(五) 实习报告

实习区读图报告应附有剖面图、地层柱状图。

(1) 本区地形特征。

(2) 构造层划分和地层分布特征。

(3) 各构造层岩相、构造和岩体分析。

(4) 地质发展简史。

实习九 化 石 观 察

(一) 目的要求

认识几种标准化石的形态，了解其生存时代和生态环境，巩固课堂知识。

(二) 课前准备

(1) 复习所讲的主要古生物化石。

(2) 用具。古生物挂图或幻灯片，主要是标准化石标本、放大镜。

(三) 观察内容

(1) 动物化石：莱得利基虫（$\in_1$），三叶虫（$\in$），德氏虫（$\in_2$），扬子贝（O_2），阿门角石（O_2），震旦角石（O_2），笔石（O），单笔石（S），珊瑚（S），弓石燕（D），

菊石（T）。

（2）植物化石：叠层石（Z），鳞木（C），芦木（C_2-P），翅羊齿（C_2-C_3），大羽羊齿（P_2），科达树（C—P），苏铁杉（T_3-K_1）。

（3）本地区其他标准化石若干种。

实习十 地貌图的分析

（一）目的要求

（1）学会编制地貌图。

（2）初步掌握分析地貌图的方法。

（二）课前准备

（1）预习地貌图的内容。

（2）用具：本校野外实习地层资料和地貌图。

（三）实习步骤和方法

类同实习八。

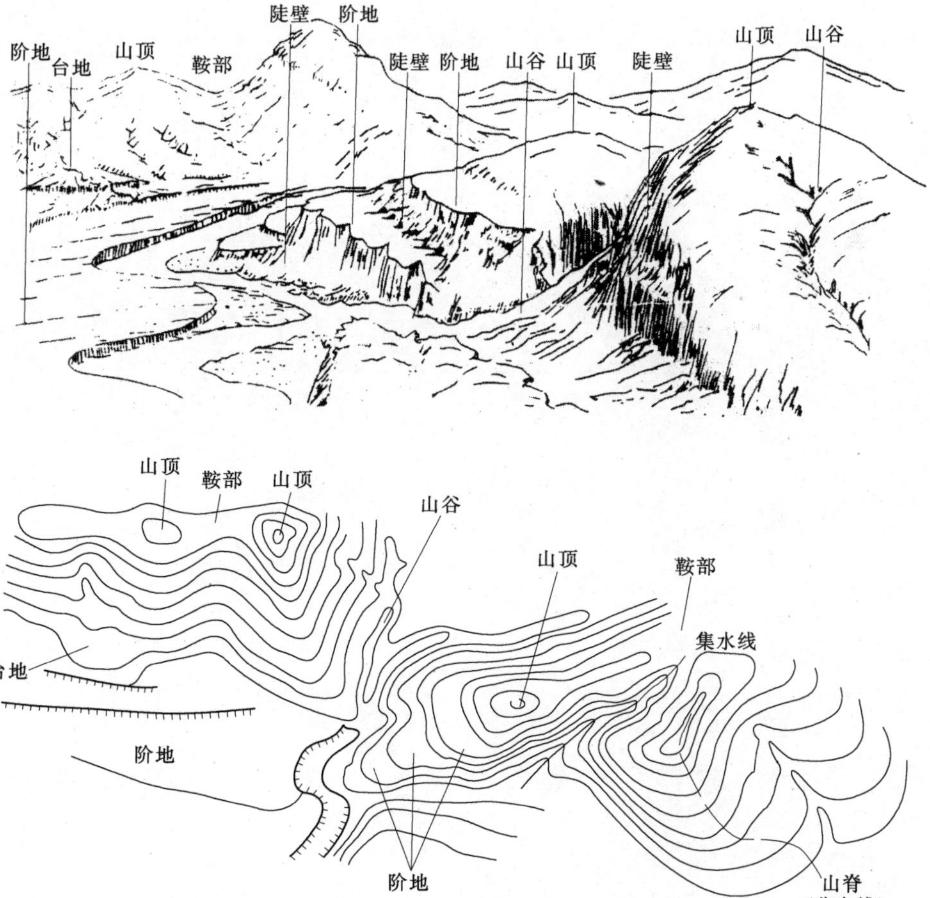

实习图 1 地貌实体与等高线图形相互描述的联系

（四）实习内容

（1）地貌图分析。

（2）地貌组成物质分析。

（3）地貌相对年代的分析。

（4）地质构造与地貌形体的分析。

通过地貌测量和航空摄影测量编制成的地貌图是常用的地学图件之一，它是应用等高线图形及其特殊符号把地表三维起伏形态定量而科学地投影在水平面上得到的地貌图。地貌图除表示地貌外，还表示其他自然和人文等内容。地貌图科学而准确地显示地表起伏形态的三维空间的数量和形体特征，为地貌图地貌分析提供了可行。实习图1概略显示了等高线图形与地貌实体之间的相互表述关系。

参 考 文 献

[1] 长春地质学院．矿产地质基础（上册）[M]．北京：地质出版社，1979.
[2] 华南农业大学．地质学基础 [M]．2版．北京：农业出版社，2001.
[3] 成都地质学院．动力地质学原理 [M]．北京：地质出版社，1978.
[4] 宋春青，张振春．地质学基础 [M]．4版．北京：高等教育出版社，2003.
[5] 邱光锡．地质学基础 [M]．上海：华东师范大学出版社，1991.
[6] 崔冠英．水利工程地质 [M]．4版．北京：中国水利水电出版社，2008.
[7] 陈南祥．工程地质及水文地质 [M]．3版．北京：中国水利水电出版社，2007.
[8] 武汉地质学院．构造地质学 [M]．北京：地质出版社，1979.
[9] 王根元．矿物学 [M]．北京：地质出版社，1991.
[10] 西北大学．矿物学 [M]．北京：地质出版社，1978.
[11] 王大纯．水文地质学基础 [M]．北京：地质出版社，1980.
[12] 李正根．水文地质学 [M]．北京：地质出版社，1980.
[13] 河北师范大学．普通自然地理学 [M]．北京：人民教育出版社，1978.
[14] 陈永文．中国自然地理 [M]．北京：高等教育出版社，1984.
[15] 北京大学．地质力学教程 [M]．北京：地质出版社，1978.
[16] 长春地质学院．矿产地质基础（下册）[M]．北京：地质出版社，1979.
[17] 金性春．漂移的大陆 [M]．上海：上海科学技术出版社，1980.
[18] 何忠．自然地理学 [M]．北京：水利电力出版社，1991.
[19] 马雪峰．森林水文学 [M]．北京：中国林业出版社，1993.
[20] 严钦尚，曾昭璇．地貌学 [M]．北京：高等教育出版社，1985.
[21] 北京大学，等．地貌学 [M]．北京：人民教育出版社，1978.
[22] 河北师大等四院校．普通自然地理 [M]．北京：人民教育出版社，1978.
[23] 王数．地质学与地貌学教程 [M]．北京：中国农业大学出版社，2005.
[24] 左建．地质地貌学 [M]．2版．北京：中国水利水电出版社，2007.
[25] 张咸恭，等．中国工程地质学 [M]．北京：科学技术出版社，2000.
[26] 杨树锋．地球科学概论 [M]．杭州：浙江大学出版社，1993.
[27] 杨景春．地貌学教程 [M]．北京：高等教育出版社，1985.
[28] 左建．水利工程地质 [M]．北京：中国水利水电出版社，2004.
[29] 张咸恭．工程地质学 [M]．北京：地质出版社，1979.
[30] 左建，等．水利工程地质学原理 [M]．3版．北京：中国水利水电出版社，2013.
[31] 左建，等．工程地质及水文地质学 [M]．3版．北京：中国水利水电出版社，2014.
[32] 林爱文．自然地理学 [M]．武汉：武汉大学出版社，2008.
[33] 吴泰然，等．普通地质学 [M]．北京：北京大学出版社，2003.
[34] 张根寿．现代地貌学 [M]．北京：科学出版社，2005.
[35] 郭永盛．自然地理学原理 [M]．北京：科学出版社，2007.
[36] 承继成，等．数字地球导论（二）[M]．北京：科学出版社，2000.
[37] 李建松．地理信息系统原理 [M]．武汉：武汉大学出版社，2006.

[38]　中国科学院地学部地球科学发展战略研究组. 21世纪中国地球科学发展战略报告［M］. 北京：科学出版社，2009.
[39]　张祖陆. 地质与地貌学［M］. 北京：科学出版社，2012.